Cornelia Bartels / Heike Göllner /
Jan Koolman / Edmund Maser und
Klaus-Heinrich Röhm
Tabletten, Tropfen und Tinkturen

Erlebnis Wissenschaft bei WILEY-VCH

Audretsch, Jürgen (ed.)
Verschränkte Welt
Faszination der Quanten
2002, ISBN 3-527-40318-3

Bartels, Cornelia / Göllner, Heike /
Koolman, Jan / Maser, Edmund / Röhm,
Klaus-Heinrich
Tabletten, Tropfen und Tinkturen
2005, ISBN 3-527-30263-8

Emsley, John
Sonne, Sex und Schokolade
Mehr Chemie im Alltag
2003, ISBN 3-527-30790-7

Emsley, John
Parfum, Portwein, PVC ...
Chemie im Alltag
2003, ISBN 3-527-30789-3

Emsley, John
Fritten, Fett und Faltencreme
Noch mehr Chemie im Alltag
2004, ISBN 3-527-31147-5

Froböse, Gabriele / Froböse, Rolf
Lust und Liebe – alles nur Chemie?
2004, ISBN 3-527-30823-7

Froböse, Rolf
Mein Auto repariert sich selbst
Und andere Technologien von übermorgen
2004, ISBN 3-527-31168-8

Genz, Henning
Nichts als das Nichts
Die Physik des Vakuums
2004, ISBN 3-527-40319-1

Häußler, Peter
Donnerwetter – Physik!
2001, ISBN 3-527-40327-2

Koolman, Jan / Moeller, Hans / Röhm,
Klaus-Heinrich (eds.)
Kaffee, Käse, Karies ...
Biochemie im Alltag
1998, ISBN 3-527-29530-5

Morsch, Oliver
Licht und Materie
Eine physikalische Beziehungsgeschichte
2003, ISBN 3-527-30627-7

Morsch, Oliver
Sandburgen, Staus und Seifenblasen
2005, ISBN 3-527-31093-2

Quadbeck-Seeger, Hans-Jürgen / Fischer,
Axel (eds.)
**Die Babywindel und 34 andere
Chemiegeschichten**
2000, ISBN 3-527-30262-X

Reitz, Manfred
Auf der Fährte der Zeit
*Mit naturwissenschaftlichen Methoden
vergangene Rätsel entschlüsseln*
2003, ISBN 3-527-30711-7

Renneberg, Reinhard / Reich, Jens
Liebling, Du hast die Katze geklont!
Biotechnologie im Alltag
2004, ISBN 3-527-31075-4

Schneider, Martin
Teflon, Post-it und Viagra
Große Entdeckungen durch kleine Zufälle
2002, ISBN 3-527-29873-8

Unger, Ekkehard
Auweia Chemie!
2004, ISBN 3-527-31238-2

Voss – de Haan, Patrick
Physik auf der Spur
Kriminaltechnik heute
2005, ISBN 3-527-40516-X

Zankl, Heinrich
Fälscher, Schwindler, Scharlatane
Betrug in Forschung und Wissenschaft
2003, ISBN 3-527-30710-9

Zankl, Heinrich
Nobelpreise
*Brisante Affairen, umstrittene
Entscheidungen*
2005, ISBN 3-527-31182-3

Cornelia Bartels / Heike Göllner /
Jan Koolman / Edmund Maser und
Klaus-Heinrich Röhm
Tabletten, Tropfen und Tinkturen

WILEY-VCH Verlag GmbH & Co. KGaA

Autoren

Dr. Cornelia Bartels
IntraMedic
Dornhofstraße 34
63263 Neu-Isenburg

Dr. Heike Göllner
Leberstr. 9
10829 Berlin

Prof. Jan Koolman
Institut für Physiologische Chemie
Universität Marburg
Deutschhausstr. 1–2
35037 Marburg

Prof. Edmund Maser
Institut für Experimentelle Toxikologie
Universitätsklinikum Schleswig-Holstein
Campus Kiel
Brunswiker Str. 10
24105 Kiel

Prof. Klaus-Heinrich Röhm
Institut für Physiologische Chemie
Forschungseinheit Lahnberge
Universität Marburg
35033 Marburg

Illustrationen von:

Dr. Timo Ulrichs
Max-Planck-Institut für Infektionsbiologie
Schumannstraße 21/22
10117 Berlin

Alle Bücher von Wiley-VCH werden sorgfältig erarbeitet. Dennoch übernehmen Autoren, Herausgeber und der Verlag in keinem Fall, einschließlich des vorliegenden Werkes, für die Richtigkeit von Angaben, Hinweisen und Ratschlägen sowie für eventuelle Druckfehler irgendeine Haftung.

Bibliografische Information Der Deutschen Bibliothek
Die Deutsche Bibliothek verzeichnet diese Publikation in der Deutschen Nationalbibliografie; detaillierte bibliografische Daten sind im Internet über <http://dnb.ddb.de> abrufbar.

© 2005 WILEY-VCH Verlag GmbH & Co. KGaA, Weinheim

Gedruckt auf säurefreiem Papier.

Alle Rechte, insbesondere die der Übersetzung in andere Sprachen, vorbehalten. Kein Teil dieses Buches darf ohne schriftliche Genehmigung des Verlages in irgendeiner Form – durch Photokopie, Mikroverfilmung oder irgendein anderes Verfahren – reproduziert oder in eine von Maschinen, insbesondere von Datenverarbeitungsmaschinen, verwendbare Sprache übertragen oder übersetzt werden. Die Wiedergabe von Warenbezeichnungen, Handelsnamen oder sonstigen Kennzeichen in diesem Buch berechtigt nicht zu der Annahme, daß diese von jedermann frei benutzt werden dürfen. Vielmehr kann es sich auch dann um eingetragene Warenzeichen oder sonstige gesetzlich geschützte Kennzeichen handeln, wenn sie nicht eigens als solche markiert sind.

All rights reserved (including those of translation into other languages). No part of this book may be reproduced in any form – by photoprinting, microfilm, or any other means – nor transmitted or translated into a machine language without written permission from the publishers. Registered names, trademarks, etc. used in this book, even when not specifically marked as such, are not to be considered unprotected by law.

Umschlaggestaltung: Himmelfarb, Eppelheim, www.himmelfarb.de
Satz: TypoDesign Hecker GmbH, Leimen
Druck und Bindung: Ebner & Spiegel GmbH, Ulm

ISBN-13: 978-3-527-30263-5
ISBN-10: 3-527-30263-8

Inhalt

Alles Chemie, oder?
Ein Wort vorab   IX

1   **Au Backe, mein Zahn!**
    Schmerzmittel   1

2   **Wie im Schlaf**
    Narkose und örtliche Betäubung   19

3   **Asthma, Rheuma, Morbus Crohn – überall hilft Cortison**
    Corticoide   35

4   **Der ständige Krieg**
    Antibiotika I: Geschichte und Grundlagen   50

5   **Fleming und der Zufall**
    Antibiotika II: Penicilline und Cephalosporine   67

6   **Sand im Getriebe**
    Antibiotika III: Transkriptions- und Translationshemmer   83

7   **Gut versteckt und schwer zu fassen**
    Wie bekämpft man Viren?   95

8   **Hatschi! Gesundheit!**
    Mittel gegen Erkältungskrankheiten   110

9   **Krank machen, um zu heilen?**
    Impfstoffe   122

Tabletten, Tropfen und Tinkturen. Cornelia Bartels, Heike Göllner, Jan Koolman, Edmund Maser
und Klaus-Heinrich Röhm
Copyright © 2005 WILEY-VCH Verlag GmbH & Co. KGaA, Weinheim
ISBN 3-527-30263-8

10 **Überreagiert**
Allergien und ihre Behandlung   136

11 **Nehmt's euch zu Herzen**
Herzmittel   151

12 **Alles im Fluss**
Gerinnungshemmer und Thrombolytika   168

13 **Des Guten zuviel**
Wie senkt man den Blutdruck?   184

14 **Briefe über das Fett im Blut**
Lipidsenker   200

15 **Die Last mit dem Zucker**
Behandlung des Diabetes mellitus   212

16 **Wohl bekomm's!**
Mittel zur Steuerung der Verdauung   230

17 **Mit Chemie gegen den Krebs**
Wirkungsweise von Cytostatika   246

18 **Besser als Schäfchen zählen?**
Schlaf- und Beruhigungsmittel   263

19 **Gestörte Kommunikation**
Degenerative Erkrankungen des Nervensystems   275

20 **Pflaster für die Seele**
Psychopharmaka   290

21 **Flucht aus dem Alltag**
Drogen   308

22 **Darf's etwas mehr sein?**
Mittel zur Stärkung der Potenz   325

23 **Nimmst du die Pille?**
Hormonale Empfängnisverhütung *338*

24 **Für Haut und Haare**
Kosmetika *355*

25 **Natürlich natürlich?**
Sinn und Unsinn von Naturheilmitteln *372*

26 **Alles nichts, oder?**
Placebos *388*

27 **Nicht alle Wege führen nach Rom**
Arzneimittel im Körper *401*

28 **Vertrauen ist gut, Kontrolle ist besser**
Entwicklung und Zulassung von Arzneimitteln *418*

29 **Glossar**
Pharmakodynamik *430*
Pharmakokinetik *431*
Zellen und Zellbestandteile *433*
Molekulare Genetik *435*
Zellvermehrung *437*
Krankheitserreger *438*
Stoffwechsel *440*
Enzyme *441*
Signalstoffe *443*
Membranen *444*
Signaltransduktion *446*
Blut *448*
Immunsystem *449*
Entzündung *451*

Nervensystem *453*
Neurotransmitter *454*

30 Der Beipackzettel
Zu Nebenwirkungen fragen Sie unsere Autorencrew *456*

Alles Chemie, oder?
Ein Wort vorab

Dieses Buch möchte Sie in die Wirkungsweise von Arzneimitteln einführen. Dazu laden wir Sie ein, uns auf einer Reise in den Mikrokosmos zu begleiten. Zwar wird auch von erkrankten Organen die Rede sein. Um aber zu verstehen, wie Arzneistoffe wirken, müssen wir hinabsteigen auf die Ebene der Zellen und Zellbestandteile und schließlich weiter zu den allerkleinsten Strukturen, den Molekülen und Atomen. Dort angekommen, befinden wir uns unversehens im Reich der *Biochemie*, der Chemie der Lebensvorgänge. Für den Fall, dass Sie mit den Grundkonzepten der Biochemie weniger vertraut sind, bieten wir Ihnen einen Anhang mit ausführlichen Begriffserklärungen. An geeigneten Stellen im laufenden Text verweisen wir darauf mit dem Symbol →.

Arzneimittel (Medikamente, Pharmaka) enthalten Wirkstoffe, chemische Substanzen, die in Körperfunktionen eingreifen und unterschiedliche Aufgaben erfüllen: Manche ersetzen einen fehlenden körpereigenen Stoff (*Substitution*), andere beeinflussen chemische Abläufe im Organismus fördernd (*Aktivierung*) oder hemmen (*Inhibition*). Beispiele für diese Wirkprinzipien finden sich im Buch an vielen Stellen.

Heute werden überwiegend Fertig-Arzneimittel eingesetzt, die rechtlich geschützte, mehr oder weniger phantasievolle Handelsnamen tragen (z. B. Valium®). Daneben gibt es für jeden Wirkstoff einen Freinamen (z. B. Diazepam für den Wirkstoff von Valium®), der von jedermann benutzt werden darf. *Originalpräparate* sind 18 Jahre lang patentrechtlich geschützt. Erst danach können die Wirkstoffe auch von anderen Firmen in so genannten *Generika-Präparaten* angeboten werden. Generika sind in der Regel preiswerter als Originalpräparate, weil den Anbietern weniger Forschungs- und Entwicklungsaufwand entsteht. Im Buch sind Handelsnamen mit dem Zusatz ® (*registered trademark*). Im Anschluss an jedes Kapitel haben wir gebräuchliche Präparate mit den zugehörigen Wirkstoffen und kurzen Anmerkungen zusammengestellt. Aufgrund der großen Vielfalt der Handelsnamen – für die meisten Wirkstoffe gibt es mehrere – beschränken wir uns in der Regel auf diejenigen, die vom Erstentwickler des betreffenden Wirkstoffs benutzt werden. Eine Wertung ist damit nicht verbunden.

Die Angriffsorte der meisten Arzneimittel in der Zelle sind *Makromoleküle* aus der Gruppe der Eiweiße (Proteine). Dazu gehören membranständige *Rezeptoren* und *Transporter* (→ Membranen), *Enzyme* (→ Enzyme) und andere funktionelle Proteine. Löst ein Arzneimittel an seinem Zielprotein die gleiche biologische Antwort aus wie der entsprechende körpereigene Wirkstoff, so handelt es sich um einen *Agonisten*: Das Medikament hat eine eigene (*intrinsische*) Aktivität. Bindet der Arzneistoff hingegen an das Protein, ohne eine biologische Antwort auszulösen, spricht man von einem *Antagonisten*. Einem solchen Arzneistoff fehlt zwar die intrinsische Aktivität, er blockiert aber durch seine Anwesenheit das Zielprotein und hemmt (*inhibiert*) dadurch dessen physiologische Wirkung.

Die meisten Wirkstoffe sind *nicht völlig selektiv*: Sie wirken an mehreren Angriffsorten in unterschiedlicher Weise. So kommt es zu unerwünschten Arzneimittelwirkungen (UAW), von denen kaum ein Wirkstoff frei ist. Was erwünscht ist und was nicht, hängt natürlich

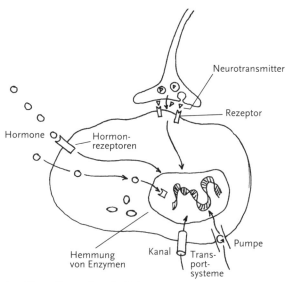

Angriffspunkte von Arzneimitteln

vom Zustand des Patienten und dem Behandlungsziel (der *Indikation*) ab. In der Umgangssprache (und auch in diesem Buch) werden UAW meist als »Nebenwirkungen« bezeichnet, obwohl mit letzterem Begriff streng genommen alle Wirkungen gemeint sind, die außerhalb der eigentlichen Indikation liegen, auch wenn sie erwünscht sind. Manchmal, z. B. bei den Cytostatika (s. Kap. 17), muss man schwerwiegende UAW in Kauf nehmen, weil es noch nicht gut gelungen ist, erwünschte und unerwünschte Effekte zu trennen. In solchen Fällen ist die Nutzen/Risiko-Abschätzung besonders schwierig. Stoffe, die nur schädliche Wirkungen haben, bezeichnet man als Gifte (Toxine); entscheidend für die Wirkung ist aber auch hier die *Dosis*.

Die Auswahl geeigneter Wirkstoffe zur Behandlung einer Krankheit und die richtige Dosierung dieser Substanzen erfordern viel Fachwissen und lange Erfahrung. Deshalb noch einmal der Hinweis: Dieses Buch ist keine Anleitung zur Selbstmedikation! Fragen Sie lieber (und nicht nur »zu Risiken und Nebenwirkungen«) Ihren Arzt oder Apotheker.

1
Au Backe, mein Zahn!
Schmerzmittel

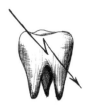

Cornelia Bartels

Ein ganz gewöhnlicher Freitag. MÜNCHEN, 3:30 Uhr in der Wohnung von Herrn S. – Langsam erhebt sich Herr S. aus dem Bett. Wie in Trance sucht er nach seinen Pantoffeln und zieht sich den Morgenmantel über. Schwankend geht er ins Badezimmer. Ohne das Licht anzuschalten, öffnet er den Schrank an der Wand und zieht ein Päckchen hervor. So starke Kopfschmerzen hat er schon lange nicht mehr gehabt! – BERLIN, 12:45 Uhr im Zimmer von Lara M. – Besorgt schaut Frau M. Lara an. In den letzten zwei Stunden hat sie die Wadenwickel ihrer Tochter alle 20 Minuten gewechselt, dennoch zeigt das Fieberthermometer immer noch 40 °C. »Das reicht jetzt«, denkt sie. »Damit wird es dir bald besser gehen«, sagt sie zu Lara, gibt ihr eine Tablette und streicht ihr liebevoll über das heiße Gesicht. – HAMBURG, 17:00 Uhr in einem Behandlungsraum der Zahnklinik – »In einer Zahnfleischtasche über Ihrem Weisheitszahn hat sich eine starke Entzündung gebildet. Durch die Öffnung der Tasche habe ich jetzt zunächst den Druck vermindert. Um die Entzündung nun aber zu unterdrücken, sollten Sie in den nächsten zwei Tagen zweimal täglich eine dieser Tabletten nehmen.«

Drei verschiedene Personen in ganz unterschiedlichen Situationen. Dennoch wurden Herr S., Laura und der Zahnpatient mit ein- und derselben Substanz behandelt, der allseits bekannten Acetylsalicylsäure (ASS). Wie und warum das möglich ist, soll dieses Kapitel klären.

Der lange Weg zum ASS

Die Linderung von Schmerzen ist ein Anliegen, das so alt ist wie die Menschheit. Belege für die Anwendung schmerzstillender Heilkräuter reichen 3500 Jahre zurück. In den als »Ebers-Papyrus« bekannten altägyptischen Schriften wird ein Absud aus getrockneten Myrte-Blättern zur Linderung rheumatischer Schmerzen beschrieben. Ungefähr tausend Jahre später empfahl Hippokrates den Saft der Pappel für bestimmte Augenerkrankungen, Extrakte aus Weidenrinde (z. B. der Silberweide, *Salix alba*) zur Linderung von Geburtsschmerzen und zur Fiebersenkung. Im Jahre 30 n. Chr. beschrieb Celsus die klassischen Symptome einer Entzündung – *rubor, calor, dolor, tumor* (lat. »Rötung, Erwärmung, Schmerz, Schwellung«; → Entzündung) – und verabreichte Weidenblätter, um diese zu kurieren. Im Mittelalter wurden Pflanzen wie das Mädesüß (*Spiraea ulmaria*) zur Herstellung heilender Säfte verwendet, da die Weidenbäume oftmals der Korbmacherei zum Opfer gefallen waren. Über eine erste »klinische Studie« zum medizinischen Gebrauch solcher Heilpflanzen berichtete 1763 Edmund Stone, Reverend in Chipping-Norton (Oxfordshire), in einem Brief an die Royal Society in London: »Nach meiner praktischen Erfahrung besitzt die Rinde eines englischen Baumes eine Substanz, die sehr wirksam gegen mit Schüttelfrost einhergehende Erkrankungen und Wechselfieber ist.« Er verabreichte über 50 Patienten zur Linderung dieser Leiden ein Pulver aus zerriebener Weidenrinde. Als wirksamste Dosis erwiesen sich 2 g seines Pulvers.

Gemeinsamer Bestandteil all dieser Heilmittel ist eine bitter schmeckende Substanz mit Namen *Salicin* (von *Salix*, dem Gattungsnamen der Weiden). *Salicin* kann über verschiedene Umwandlungsschritte in *Salicylsäure* überführt werden, die für die schmerzstillende Wirkung verantwortliche Substanz. 1875 wurde erstmals ein künstlich hergestelltes Salz der Salicylsäure zur Behandlung des rheumatischen Fiebers eingesetzt. Trotz des unangenehmen Geschmacks und der schlechten Magenverträglichkeit wurde die Salicylsäure so populär, dass ein Wettlauf pharmazeutischer Firmen auf der Suche nach wirksameren, besser verträglichen Abkömmlingen einsetzte. Felix Hoffmann, Chemiker bei Friedrich Bayer und Co., dessen Vater an rheumatischen Schmerzen litt, aber die Salicylsäure nicht mehr vertrug, gelang es, die Verbindung durch Veresterung mit Essigsäure zu »veredeln«. So entstand die Acetylsalicylsäure (ASS), die 1899 in die Medizin eingeführt wurde.

Ein Multitalent

Die Acetylsalicylsäure gehört zu einer größeren Gruppe von Substanzen, die fast alle in der Lage sind *Schmerzen zu stillen* (analgetische Wirkung), *Fieber zu senken* (antipyretische Wirkung) und *Entzündungen zu hemmen* (antiphlogistische Wirkung). Da sich diese Substanzen chemisch von den ebenfalls antiphlogistisch wirkenden Steroiden (den Glucocorticoiden, s. Kap. 3) unterscheiden, werden sie auch als *nichtsteroidale Analgetika-Antirheumatika* (*NSARs*) zusammengefasst. Die NSARs bilden die am meisten verkaufte Gruppe von Arzneimitteln. Heute werden z. B. jährlich weltweit etwa 20 000 t Acetylsalicylsäure produziert: dies entspricht pro Jahr einer mittleren Jahresdosis von etwa 30 Tabletten pro Erdenbürger.

Bevor wir auf die Wirkungsweise der Acetylsalicylsäure und der anderen NSARs eingehen, müssen wir zunächst verstehen, was Schmerz ist, wie Fieber entsteht und was bei einer Entzündung geschieht.

Warum es weh tut

Schmerz ist eines der häufigsten Symptome einer Gewebeschädigung oder einer Krankheit. Akut empfundener Schmerz ist ein nützliches Warnsignal, weil er zu Flucht- und Abwehrreaktionen führt. Er bewirkt nicht nur, dass wir die Finger schlagartig von einer heißen Kochplatte zurückziehen, er erleichtert oft auch die Diagnose von Erkrankungen. So weist uns der Zahnschmerz darauf hin, dass ein Zahn defekt oder einer bakteriellen Attacke ausgesetzt ist. Allerdings ist Schmerz, wenn er chronisch wird, nur quälend und nutzlos und wir würden uns gerne davon befreien. Schmerz entsteht, wenn Gewebe durch Quetschungen, Verbrennungen, chemische Substanzen, Stromschläge oder andere Einwirkungen geschädigt werden (Abb. 1).

Als Folge werden im betroffenen Gewebe *Schmerzstoffe* freigesetzt. Dazu gehören *Wasserstoff- und Kaliumionen* und Überträgerstoffe des Nervensystems, so genannte *Neurotransmitter* (→ Nervensystem) wie Acetylcholin, Serotonin, Histamin und Kinine. Diese Schmerzstoffe stimulieren freie Nervenendigungen, die *Nocizeptoren*, die in fast allen Geweben vorkommen. Die Reizung der Nocizeptoren führt nur zu

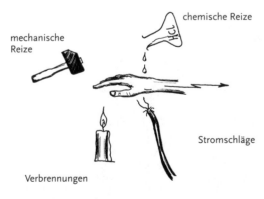

Abb. 1: Schmerzauslöser.

einer Schmerzempfindung, wenn der Reiz einen bestimmten Schwellenwert überschreitet; dann senden die Nocizeptoren über das Nervensystem Nervenimpulse an das Gehirn. Erst dort wird das Signal als Schmerz wahrgenommen.

Neben diesen Schmerzstoffen werden bei einer Gewebsschädigung vermehrt weitere Botenstoffe, so genannte *Prostaglandine*, gebildet. Ihnen kommt bei der Schmerzentstehung eine wichtige Rolle zu: Sie verstärken die Wirkung der anderen Schmerzstoffe, deren Ausschüttung allein oft nicht ausreicht, um die Nervenendigungen im Gewebe so stark zu stimulieren, dass sie Impulse an das Gehirn weiterleiten (Abb. 2).

Umgekehrt bedeutet dies, dass durch eine Hemmung der Prostaglandin-Bildung die Empfindlichkeit der Nervenendigungen gegenüber den Schmerzstoffen herabgesetzt wird. Sind also als Konsequenz einer Hemmung der Prostaglandin-Synthese weniger Prostaglandine vorhanden, so sind größere Mengen an Schmerzstoffen notwendig, um ein Schmerzsignal zu erzeugen. Genau dies ist der Angriffspunkt der NSARs wie z. B. der Acetylsalicylsäure: Sie hemmen die Bildung der Prostaglandine.

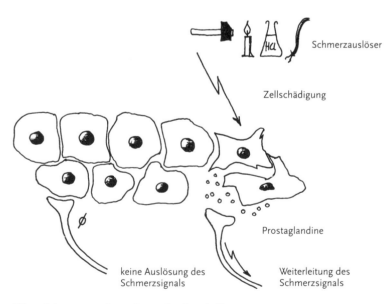

Abb. 2: Schmerzentstehung: Prostaglandine »helfen«.

Wenn der Kopf zu platzen droht

Die Ursachen für den bekannten und gefürchteten *Kopfschmerz*, unter dem fast alle von uns gelegentlich zu leiden haben, sind anders gelagert. Ausgelöst werden Kopfschmerzen häufig durch Verspannungen in der Kopf-, Nacken- und Schultermuskulatur, die ihren Ursprung in einer falschen Körperhaltung haben. Auch Stress und Überforderung können beteiligt sein. Eine besondere Form des Kopfschmerzes ist die *Migräne*, die 10–20 % der Bevölkerung betrifft und mit heftigen Schmerzattacken verbunden sein kann. Übelkeit und Erbrechen sind häufige Begleitsymptome.

Die genaue Ursache des Kopfschmerzes ist noch unbekannt. Es wird jedoch vermutet, dass Veränderungen des Blutflusses im Gehirn eine wesentliche Rolle spielen. So wird angenommen, dass beim Spannungskopfschmerz das Gehirn dem durch eine Verspannung verminderten Blutfluss entgegenwirkt, indem es aus seinen Blutgefäßen ein Prostaglandin (PGI_2) freisetzt, das seinerseits eine Gefäßerweiterung bewirkt, die Kopfschmerzen nach sich zieht. Eine Erweiterung von Blutgefäßen gilt auch als Ursache für Migräneattacken; allerdings kommt hier noch hinzu, dass weitere *Entzündungsmediatoren* freigesetzt werden (→ Entzündung). In beiden Fällen lässt sich durch die Hemmung der Prostaglandin-Synthese eine Schmerzlinderung erreichen. Bei leichten, kurzen Migräneattacken genügt häufig die Kombination aus einem NSAR und einem Mittel zur Unterdrückung des Brechreizes (einem *Antiemetikum*). Zur Behandlung von mittelschweren bis schweren und lang anhaltenden Migräneattacken wurde eine neue Wirkstoffgruppe entwickelt, auf die wir noch zurückkommen werden.

Schmerz lass nach

Für extreme Notfälle besitzt der Körper ein eigenes *schmerzhemmendes System* (*anti-nocizeptives System*). Es blockiert die Weiterleitung von Schmerzsignalen zum Gehirn und reduziert damit die Schmerzempfindung, da wir den Schmerz ja erst dort wahrnehmen. Die Existenz dieses Systems macht verständlich, warum man Schmerzen in extremen Stresssituationen, z. B. bei Verletzungen nach einem Verkehrsunfall, zunächst kaum bemerkt und erst nach dem Abklingen der Anspannung wahrnimmt. Das anti-nocizeptive System hat offensichtlich die Funktion, in Situationen, in denen der Organismus handlungsfähig bleiben muss, die lähmende Schmerzreaktion zu unterdrücken. Variationen in der Aktivität dieses Systems sind offensichtlich auch ein Grund für die unterschiedliche Schmerzempfindlichkeit von Patienten. Die Neuronen des anti-nocizeptiven Systems benutzen als Botenstoffe (→ Nervensystem) spezielle Peptide, die als *Dynorphine, Endorphine* und *Enkephaline* bezeichnet werden. Seit Jahrhunderten ist bekannt, dass die schmerzlindernden Inhaltsstoffe des *Opiums*, vor allem das Morphin, an die gleichen Rezeptoren binden wie die körpereigenen Peptide und deshalb das antinocizeptive System aktivieren. Man kann sich leicht vorstellen, dass sich hier ein weiterer Angriffspunkt für schmerzhemmende Substanzen bietet: jener der *Opiat-* oder *Opioid-Analgetika*.

Keiner mag's so heiß
Beim Menschen wird die Körpertemperatur im Rumpf und Kopf trotz großer Schwankungen in der Aufnahme und Abgabe von Wärme bei einem *Sollwert* von etwa 37 °C gehalten. Zur Regulation der Körpertemperatur gibt es verschiedene Mechanismen. Beispielsweise wird bei Wärmebelastung (z. B. bei Temperaturen über 30 °C) durch erhöhte Schweißbildung und gesteigerte Hautdurchblutung vermehrt Wärme abgegeben. Bei Kälte wird dagegen der Blutstrom durch Verengung der Gefäße vermindert und damit die Wärmeabgabe gedrosselt. Gleichzeitig wird die Wärmeproduktion erhöht. Die für die *Wärmeregulation* zuständigen Nervenzentren befinden sich in einem Hirnbereich namens *Hypothalamus*. Die eigentliche Ursache von Fieber ist nicht eine erhöhte Wärmebildung an sich, sondern die *Verstellung des Sollwerts* von 37 °C auf Werte von bis zu 40 °C und mehr. Sie kann durch eine Infektion hervorgerufen sein oder als Folge von Gewebsschäden, Entzündungen, Tumoren oder anderen krankhaften Zuständen auftreten.

Steigt der Sollwert, wird die normale Körpertemperatur als zu niedrig empfunden; der Körper fröstelt und versucht die Temperatur durch Kältezittern zu erhöhen. Das gemeinsame Merkmal fiebriger Zustände ist die verstärkte Bildung bestimmter Signalstoffe, so genannter *Cytokine*. Diese steigern die Produktion eines Botenstoffs im Hypothalamus, der für die Erhöhung des Sollwerts verantwortlich ist, nämlich des Prostaglandins PGE_2.

Vorderste Front

Fremdstoffe oder Krankheitserreger, die in einen Organismus eindringen, müssen rasch eliminiert bzw. abgewehrt werden, um Schäden zu vermeiden. Dies geschieht normalerweise durch eine Entzündung (→ Entzündung, Immunsystem), eine Reaktion in der Umgebung der Infektionsstelle, die durch Schmerz, Rötung, lokale Erwärmung und Schwellungen gekennzeichnet ist. Dabei werden zunächst verschiedene Immunzellen aktiviert, die u. a. zahlreiche Botenstoffe freisetzen, die die Abwehrleistung verstärken und koordinieren. Einige dieser Botenstoffe führen über Zwischenschritte auch zur Freisetzung von Prostaglandinen, der Stoffklasse, die wir bereits im Zusammenhang mit der Entstehung von Schmerz und Fieber kennen gelernt haben. Die Prostaglandine sind daher nicht nur an der Entstehung der Entzündungsreaktion beteiligt, sondern außerdem für die damit einhergehenden Schmerzen mit verantwortlich.

Prostaglandine überall

Dem aufmerksamen Leser wird nicht entgangen sein, dass ein- und dieselbe Klasse von Botenstoffen – die *Prostaglandine* – bei der Wahrnehmung von Schmerz, bei der Entstehung von Fieber und bei Entzündungsreaktionen eine wichtige Rolle spielt. Prostaglandine sind aber nicht nur negativ zu sehen: Bestimmte Prostaglandine werden auch im Magen und in der Gebärmutter gebildet. Im Magen dienen sie der Produktion des Schleims, der die Magenschleimhaut vor der Selbstverdauung schützt (s. u.); die Prostaglandine der Gebärmutter sind wichtig für die Wehenauslösung und Einleitung der Geburt. Angesichts der Allgegenwart der Prostaglandine fällt es nicht schwer, die »multifunktionelle« Wirkung der NSARs nachzuvollziehen, deren schmerzstillender, Fieber senkender und entzündungshemmender Effekt ja vor allem (obwohl nicht ausschließlich) auf der Hemmung der Prostaglandinsynthese beruht.

Sauer oder nicht? NSAR

Innerhalb der großen Gruppe der nicht-steroidalen Analgetika-Antirheumatika (NSARs) unterscheidet man Substanzen, die sich von Säuren ableiten (*saure NSARs*), von den sonstigen Vertretern (*nicht-sauren NSARs*). Zu den *sauren NSARs* gehören die schon erwähnte Acetylsalicylsäure (ASS) sowie Abkömmlinge der Arylessigsäure und Arylpropionsäure.

Die Wirkungsweise der ASS blieb trotz intensiver Forschungsarbeit jahrzehntelang ungeklärt. Erst Studien aus dem Jahre 1970 von John R. Vane, William Smith und Albert Willis am Royal College of Surgeons in London konnten beweisen, dass sich die schmerzstillende und Fieber senkende Wirkung der ASS auf die Hemmung eines Schlüsselenzyms der Prostaglandinsynthese gründet (→ Enzyme). Für seine Leistungen bei der Aufklärung der Wirkungsweise der NSARs wurde John R. Vane im Jahre 1982 mit dem Nobelpreis ausgezeichnet.

An der Wurzel gepackt

Um die Wirkungsweise von ASS und der anderen NSARs verstehen zu können, müssen wir kurz auf die Mechanismen eingehen, die im Körper zur Bildung der Prostaglandine führen. Prostaglandine sind Abkömmlinge einer Fettsäure (der *Arachidonsäure*), die normalerweise in den Zellmembranen verankert ist. Unter der Einwirkung verschiedener Enzyme wird Arachidonsäure aus den Membranen freigesetzt und zu Prostaglandinen umgebaut. Eines der wichtigsten Enzyme ist dabei die *Cyclooxygenase* (abgekürzt *Cox*) (Abb. 3). Sie kommt in zwei unterschiedlichen Formen (Cox-1 und Cox-2) vor und wird in einigen Geweben bei Entzündungen, in Tumoren, aber auch unter bestimmten Stressbedingungen vermehrt gebildet. Dadurch kommt es zu erhöhten Prostaglandin-Konzentrationen und damit zu Schmerzen und/oder Entzündungen.

ASS hemmt beide Cyclooxygenase-Formen und blockiert dadurch die Synthese aller Prostaglandine. Deshalb wirkt die Substanz nicht nur schmerzstillend (*analgetisch*), sondern immer auch Fieber senkend (*antipyretisch*) und entzündungshemmend (*antiphlogistisch*). Die Hemmung der Cyclooxygenase durch ASS ist nicht umkehrbar und hält so lange an, bis neue Cyclooxygenase synthetisiert worden ist. Im Gegensatz dazu hemmen die meisten anderen NSARs die Cyclooxygenase reversibel. Die Unterschiede in der Wirksamkeit der sauren und nicht-sauren NSARs ergeben sich vor allem aus Unterschieden in der Aufnahme durch die Gewebe sowie dadurch, dass die beiden Formen der Cyclooxygenase unterschiedlich effektiv beeinflusst werden. Arylpropionsäurederivate, z. B. Ibuprofen, werden bei ähnlicher Wirksamkeit in der Regel etwas besser vertragen als die ASS. Außer-

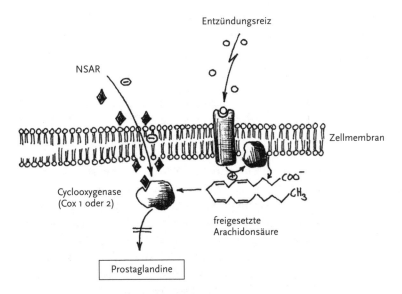

Abb. 3: Wirkungsmechanismus nicht-steroidaler Analgetika-Antirheumatika (NSAR).

dem sind die Vertreter dieser Klasse teilweise besser wasserlöslich, so dass schneller wirksame Konzentrationen im Blut erreicht werden. Abkömmlinge der Arylessigsäure, z. B. Diclofenac, werden häufig bei akuten Schmerzen, etwa bei Muskelverletzungen oder postoperativ, aber auch bei rheumatischen Schmerzen eingesetzt.

Zu den nicht-sauren NSARs gehören Pyrazolonderivate und Abkömmlinge des Anilins. In Deutschland ist das Anilinderivat Paracetamol eines der am häufigsten verschriebenen Schmerzmittel. Es wird vorwiegend bei leichten bis mäßigen Schmerzen angewendet und besitzt im Gegensatz zu ASS keine entzündungshemmende Wirkung. Paracetamol reichert sich wie die meisten nicht-sauren Analgetika im Gewebe kaum an, während es im zentralen Nervensystem relativ hohe Konzentrationen erreicht. Entsprechend werden nur geringe Nebenwirkungen auf den Magen-Darm-Trakt und die Nieren beobachtet (s. u.). Ein wichtiges Mitglied der Gruppe der Pyrazolonderivate ist das Metamizol. Es ist gut wasserlöslich und wird vor allem bei starken Schmerzen eingesetzt. Da Metamizol neben seinem schmerzstillenden Effekt zusätzlich eine muskelentspannende (*spas-*

molytische) Wirkung besitzt, hilft es besonders gegen Schmerzen, die auf krampfartigen Muskelkontraktionen beruhen (z. B. bei Koliken).

Cool down

Wie bereits erwähnt, kann bei *Fieber* durch Hemmung der Synthese von PGE_2 (Prostaglandin E_2) der verstellte Sollwert korrigiert werden. Als Folge davon versucht der Organismus die Körpertemperatur zu senken. In der Phase abfallenden Fiebers sind daher Schweißausbrüche typisch, die durch vermehrte Wärmeabgabe dazu beitragen, die Körpertemperatur wieder abzusenken. Neben der Behandlung mit Antipyretika gibt es einige Hausmittel zur Fiebersenkung wie kalte Umschläge, Teil- und Vollbäder. Diese Behandlungen beeinflussen immer nur den so genannten *Istwert* der Körpertemperatur, indem sie das Blut direkt abkühlen. Ein Vorteil dieser Anwendungen ist, dass sie sehr viel schneller wirken als Fieber senkende Medikamente. Zu bedenken ist dabei allerdings, dass Umschläge und Bäder den *Temperatur-Sollwert* nicht beeinflussen. Deshalb kann es vorkommen, dass der Körper auf die verminderte Bluttemperatur mit einer gesteigerten Wärmeproduktion reagiert. Bei der Behandlung von Fieber sollte man auch nicht vergessen, dass es sich bei Fieber eigentlich um eine nützliche Reaktion handelt, die die Abwehr der verantwortlichen Krankheitserreger unterstützt. Lebensbedrohlich hohes Fieber (> 41 °C) muss jedoch immer behandelt werden, wobei beide Verfahren (Senkung des Istwerts durch Umschläge oder Bäder und Senkung des Sollwerts durch NSARs) kombiniert werden sollten.

Dolor, rubor, calor

Ursachen vieler Schmerzen sind Entzündungen. Da Prostaglandine (gemeinsam mit vielen anderen Faktoren) auch für die Entstehung von *Entzündungen* verantwortlich sind (→ Entzündung), können die NSARs über die Hemmung der Cyclooxygenase das Fortschreiten von Entzündungsreaktionen bremsen. Als entzündungshemmende Wirkstoffe (Antiphlogistika) finden sie vor allem bei der Behandlung muskulärer und skelettaler Schmerzen sowie bei rheumatischen Erkrankungen klinischen Einsatz. Für die antiphlogistische Wirkung von ASS sind allerdings bis zu 10fach höhere Dosen notwendig als für die Schmerzstillung. Noch wirksamere Antiphlogistika, die Glucocorticoide, werden Kapitel 3 beschrieben.

Die Kehrseite der Medaille

Wie die meisten Arzneistoffe haben auch die NSARs unerwünschte Wirkungen auf den Körper (Abb. 4). In höheren Dosen führen sie häufig zu Unverträglichkeiten im Magen-Darmbereich, zu Verdauungsstörungen (*Dyspepsie*) und Sodbrennen. Die Wirkungen der NSARs auf den Magen werden durch mindestens zwei Mechanismen vermittelt. Zum einen kann die durch die Wirkstoffe verursachte lokale Reizung im Magen eine direkte Schädigung der Schleimhaut durch die Magensäure bewirken (s. auch Kap. 16). Der zweite Mechanismus betrifft wieder die Prostaglandine, die im Magen normalerweise eine nützliche Funktion ausüben: Sie reduzieren die Säuresekretion und steigern den Blutfluss in der Magenschleimhaut, wodurch der Abtransport schädlicher Substanzen gefördert wird. Gleichzeitig verstärken bestimmte Prostaglandine die Sekretion von

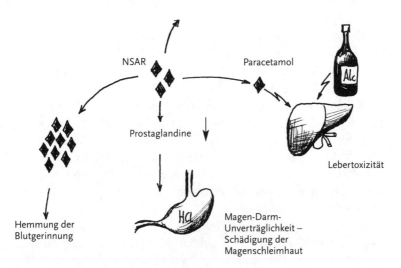

Abb. 4: Unerwünschte Wirkungen der NSARs.

Magenschleim, der die Schleimhaut vor der Säure abschirmt. Diese Schutzfunktionen können die Prostaglandine natürlich nicht mehr übernehmen, wenn ihre Bildung durch die Gabe von NSARs gehemmt wird.

Die sauren NSARs reichern sich aufgrund ihres Säurecharakters und ihres hohen Eiweißbindungsvermögens besonders in eiweißreichem Gewebe an. Da hierzu entzündetes Gewebe (*gewünschte Anreicherung*), aber auch die Schleimhaut des Magen-Darm-Traktes, die Nierenrinde, das Blut und das Knochenmark (*unerwünschte Anreicherung*) gehören, treten Nebenwirkungen der sauren NSARs primär in diesen Organsystemen auf. Eine andere Nebenwirkung der NSARs ist die Unterdrückung der Wehentätigkeit. Außerdem kann es bei der Einnahme einiger NSARs zu einer *Hemmung der Blutgerinnung* kommen (s. Kap. 12). Bei ASS beruht diese Nebenwirkung hauptsächlich darauf, dass für die Aggregation der Blutplättchen ein Signalstoff notwendig ist, der mit Hilfe der Cyclooxygenase gebildet wird. Diese gerinnungshemmende Wirkung von ASS macht man sich z. B. bei der Prophylaxe von Herzinfarkt und Schlaganfall zunutze.

Die Mutter der Porzellankiste
Während die NSARs bei gesunden Menschen normalerweise nur geringe unerwünschte Wirkungen zeigen, gibt es Patientengruppen, bei denen die Wahrscheinlichkeit für das Auftreten bestimmter Nebenwirkungen erhöht ist. Bei Personen mit Herzinsuffizienz, Leberzirrhose oder chronischen Nierenerkrankungen können die NSARs den ohnehin verminderten Blutfluss durch die Nieren zusätzlich senken und damit die Funktion der Niere erheblich einschränken. Zudem fördern NSARs die Rücknahme von Salz und Wasser in der Niere, wodurch es zum Auftreten von Ödemen kommen kann. Einige Patienten mit Asthma, Nasenpolypen oder einer chronischen Nesselsucht zeigen nach Einnahme von ASS und anderen NSARs allergieähnliche Überempfindlichkeitsreaktionen (s. Kap. 10). Ähnliche Nebenwirkungen treten auch bei Patienten auf, die allergisch auf den Lebensmittelfarbstoff Tartrazin reagieren. Der Ursache ist bis heute unbekannt.

Bei der Einnahme von NSARs sind mögliche Wechselwirkungen mit anderen Wirkstoffen zu beachten. So erhöht sich beispielsweise bei gleichzeitiger Einnahme von Glucocorticoiden (s. Kap. 3) das Risiko von Magen-Darm-Beschwerden bis hin zu Blutungen. Patienten, die wegen Nierenerkrankungen medikamentös behandelt werden, sollten die Einnahme von NSARs ebenfalls vermeiden. Außerdem können NSARs die blutzuckersenkende Wirkung oraler Antidiabetika steigern (s. Kap. 15) und die Toxizität bestimmter Rheumamittel erhöhen. Generell sollte in all diesen Fällen wie auch während der Schwangerschaft und der Stillzeit sowie bei Kindern die Einnahme von NSARs nur auf ärztliche Anweisung erfolgen.

Jetzt neu!

Wie wir bereits erfahren haben, gibt es im menschlichen Körper zwei verschiedene Cyclooxygenase-Formen; beide (Cox-1 und Cox-2) sind an der Synthese von Prostaglandinen beteiligt. Der wesentliche Unterschied zwischen beiden Enzymen besteht in ihrer Verteilung im Organismus. So gibt es Gewebe, in denen bevorzugt nur eine der beiden Cyclooxygenase-Formen vorkommt, aber auch solche, die beide Enzyme enthalten. Die Aufklärung der molekularen Struktur der beiden Cyclooxygenasen zeigte, dass ihre aktiven Zentren (→ Enzyme) zwar ähnlich, aber nicht identisch sind. Diese Unterschiede bildeten die Basis für die Entwicklung neuer Wirkstoffe, die jeweils nur eine der beiden Cox-Formen hemmen. Solche *selektiven Inhibitoren* passen nach dem Schlüssel-Schloss-Prinzip immer nur zu einem der beiden Enzyme, während das andere weiterarbeiten kann. Dies vermindert die Nebenwirkungen, die bei herkömmlichen NSARs auf der »unerwünschten« Hemmung der Prostaglandinsynthese in gesunden Gewebe beruhen. Deshalb werden die selektiven Hemmstoffe auch als »*better aspirins*« bezeichnet.

Einige dieser Wirkstoffe (z. B. Celecoxib) sind bereits auf dem Markt. In klinischen Studien wurde gezeigt, dass sie bei degenerativen Gelenkerkrankungen (Arthrosen) und rheumatoider Arthritis in ihrer Wirksamkeit mit der herkömmlicher NSARs vergleichbar sind. Weiterhin erwiesen sie sich als wirksame Analgetika bei mittleren bis schweren Schmerzzuständen, z. B. nach Zahnoperationen oder bei Menstruationsbeschwerden. Der Vorteil der neuen NSARs liegt in ihrer besseren Verträglichkeit. Außerdem wurden bisher keine wesentlichen Wechselwirkungen mit anderen Arzneimitteln beobachtet. Da Langzeitdaten zu diesen Wirkstoffen noch nicht vorliegen, ist eine abschließende Bewertung allerdings verfrüht. Tatsächlich wurde einer der selektiven Cox-2-Inhibitoren (Rofecoxib, Vioxx®) im September

2004 wieder vom Markt genommen, da eine längerer Einnahme dieses Medikaments mit einem gesteigerten Herzinfarkt- und Schlaganfallrisiko einherzugehen scheint.

Forschungsergebnisse aus den letzten Jahren deuten darauf hin, dass selektive Cox-Hemmstoffe auch bei der Behandlung anderer Krankheiten helfen könnten. So ist Cox-2 offenbar an Entzündungsprozessen beteiligt, die für die Degeneration von Gehirnbereichen bei der *Alzheimer-Krankheit* (s. Kap. 19) mit verantwortlich sind. Selektive Cox-2-Hemmstoffe scheinen diese Prozesse zumindest zu verlangsamen, wobei aber auch hier das letzte Wort noch nicht gesprochen ist.

Schweres Geschütz

Während sich NSARs zur Behandlung leichter bis mittelschwerer Schmerzen und chronischer Schmerzzustände eignen, sind bei sehr starken, akuten Schmerzen und Tumorschmerzen Wirkstoffe aus der Gruppe der Opioid-Analgetika angezeigt. »Opioid-« bedeutet »opiumartig« und weist auf die Quelle der natürlichen Opioide hin, den getrockneten Milchsaft unreifer Fruchtkapseln des Schlafmohns (*Papaver somniferum*). Opium enthält neben Morphin, dem bekanntesten Opioid, weitere wirksame Verbindungen, von denen hier Codein, Papaverin und Noscapin genannt seien.

Das Suchtpotenzial der Opioide (siehe Kap. 21) beschleunigte die Suche nach potenten, aber nicht süchtig machenden Schmerzmitteln. Kurz vor dem 2. Weltkrieg wurden synthetische Präparate dieser Art in die klinische Medizin eingeführt.

Die ersten Vertreter der bereits erwähnten endogenen (körpereigenen) Opioide entdeckten John Hughes und Hans Kosterlitz im Jahre 1975. Bei diesen Substanzen handelte es sich um Peptide, die wegen ihres Vorkommens im Gehirn »Enkephaline« genannt wurden (gr. *en kephalon* = »im Kopf«). Kurz darauf wurden weitere Peptide entdeckt, die β-Endorphine und Dynorphine. Terminologisch unterscheidet man »Opiate« und »Opioide«. Opiate sind Wirkstoffe, die im Opium vorkommen (Morphin, Codein), während »Opioid« für alle Substanzen mit morphinähnlicher Wirkung verwendet wird. Dazu gehören die endogenen »Opioid-Peptide«, die Opiate und viele synthetische Wirkstoffe. Endorphin ist ein Überbegriff für die endogenen Opioid-Peptide: Enkephaline, Dynorphine und β-Endorphine.

Abgeklemmt

Wie bereits beschrieben, besitzt der Körper ein eigenes anti-nociceptives System, dessen Aufgabe darin besteht, die Weiterleitung von Schmerzsignalen über das Nervensystem zum Gehirn zu erschweren und damit die Schmerzempfindung in Gefahrensituationen herabzusetzen. Dieses System wird normalerweise durch die endogenen Endorphine aktiviert, die an Opioid-Rezeptoren (→ Signaltransduktion) von Nervenzellen binden und dadurch indirekt die Freisetzung bestimmter Neurotransmitter (→ Nervensystem, Neurotransmitter) hemmen, die für die Weiterleitung der Schmerzsignale zum Gehirn verantwortlich sind. Das Schmerzsignal erreicht dann das Gehirn entweder nur in stark abgeschwächter Form oder gar nicht mehr.

Die Wirkung der Opioid-Analgetika beruht darauf, die hemmende Wirkung der *körpereigenen Endorphine* zu imitieren. Sie binden wie diese an Opioid-Rezeptoren im Rückenmark und im Gehirn und blockieren so die Weiterleitung des Schmerzsignals. Im Vergleich zu den NSARs, die vor allem am Ort der schmerzinduzierenden Schädigung – also im Gewebe – wirken, sind Opioid-Analgetika vorwiegend auf der Ebene des zentralen Nervensystems aktiv (ZNS; → Nervensystem). Außerdem können sie im limbischen System (einem Bereich des Gehirns, der für Emotionen verantwortlich ist) das Schmerzerlebnis so verändern, dass Schmerzen als nicht mehr so unangenehm und bedrohlich empfunden werden.

Von den vielen Opioiden sind hier nur wenige aufgeführt. **Morphin**, die Muttersubstanz der Opiate, gehört zu den stark wirkenden Opioiden, während die Wirksamkeit des chemisch sehr ähnlichen **Codeins** deutlich schwächer ist. Als Schmerzmittel wird Codein meist in Kombination mit Nicht-Opioid-Analgetika eingesetzt. Gleichzeitig ist es ein viel verwendetes *hustenhemmendes Medikament*. Wie Tramadol fällt Codein nicht unter das Betäubungsmittel-Gesetz. Fentanyl, ebenfalls ein synthetisches Opioid, ist eines der stärksten Analgetika. Es ist etwa 125-mal wirksamer als Morphin. Wegen seiner relativ kurzen Wirkdauer von etwa 30 Minuten wird es oft zur Betäubung bzw. zur Narkose bei kleineren chirurgische Eingriffen und zur akuten Schmerzbehandlung in Notfallsituationen eingesetzt (s. Kap. 2).

Licht und Schatten

Neben ihrer schmerzstillenden Wirkung haben Opioid-Analgetika viele weitere – meist unerwünschte – Wirkungen auf das zentrale Nervensystem (siehe Tabelle 1).

Tabelle 1: Nebenwirkungen der Opioid-Analgetika

Zentrale Nebenwirkung	Erklärung
Sedative Wirkung	Beruhigung
Tranquilisierende Wirkung	Beseitigung von Angstgefühlen
Euphorisierende Wirkung	Verbesserung der Stimmungslage
Antitussive Wirkung	Hemmung des Hustenreflexes
Atemdepressiver Effekt	Hemmung der Atmung
Obstipation	Hemmung der Darmbewegung, Verstopfung

Eine wichtige, besonders wenig erwünschte Nebenwirkung ist der *atemdepressive Effekt*: Das Atmungszentrum im Gehirn spricht nicht mehr normal auf die Signale an, die sonst die Atmung kontrollieren. Patienten mit Lungenerkrankungen und Kinder reagieren hier besonders empfindlich.

Die gefürchtete psychische und physische Abhängigkeit sowie eine Toleranzentwicklung sind bei der Anwendung von Opioiden als Analgetika nur bei Missbrauch zu befürchten (s. Kap. 21). Bei kontrollierter und korrekter Anwendung unter der Aufsicht des Arztes ist die Gefahr dieser Nebenwirkungen sehr gering. Aus oft übertriebener Angst vor Missbrauch und Abhängigkeit und dem großen bürokratischen Aufwand bei der Verschreibung von Betäubungsmitteln werden diese hochwirksamen Medikamente im Vergleich zum europäischen Ausland von deutschen Ärzten leider auch heute noch zu selten verschrieben.

Die Qual der Wahl

Bei der Behandlung von Schmerzzuständen gibt es für den Arzt einiges zu bedenken. Mittel der Wahl zur Linderung *leichter bis mittlerstarker Schmerzen* (Kopf-, Zahn- und Gliederschmerzen, postoperativer Schmerzen) sind die Nicht-Opioid-Analgetika, d. h. die NSARs. Ihre kurzfristige Anwendung ist in der Regel unproblematisch. Dies gilt auch für eine *Fieber senkende* Therapie. Dabei sollte aber immer beachtet werden, dass Fieber keine Krankheit ist, sondern eine körpereigene Reaktion, die der Infektabwehr dient und deshalb nicht in jedem Fall beseitigt werden muss.

Bei der Behandlung von *Kopfschmerzen* ist zu bedenken, dass eine lange andauernde Einnahme von Schmerzmitteln zum *medikamenteninduzierten Dauerkopfschmerz* führen kann. Bundesweit werden jährlich 30 000 Menschen wegen solcher Schmerzen stationär behandelt. Die Ursache ist, dass die ständige Einnahme ungünstig zusammengesetzter Schmerzmittel schnell dazu führen kann, dass der Körper als Gegenreaktion die Schmerzempfindlichkeit immer mehr steigert. Ein sorgfältig durchdachter Einsatz von Schmerzmitteln und der Verzicht auf Wirkstoffkombinationen ist deshalb von entscheidender Bedeutung.

Zur Behandlung von schwerer Migräne wurde kürzlich eine neue Wirkstoffgruppe eingeführt, die Triptane (z. B. Sumatriptan). Diese Substanzen leiten sich von der Aminosäure Tryptophan ab und beeinflussen Serotonin-Rezeptoren im Zentralnervensystem. Triptane normalisieren die im Migräneanfall erweiterten Gefäße und hemmen die Freisetzung von Entzündungsmediatoren.

Die chronische Einnahme von NSARs, unter Umständen über Jahre, ist wegen der bereits behandelten Wirkungen auf verschiedene Organe (Magen-Darm-Trakt, Leber, Niere) nicht ohne Risiko. Außerdem ist beim Einsatz von NSARs immer zu bedenken, dass die Medikamente generell nur Symptome – Schmerz, Fieber, Entzündung – verhindern oder vermindern können; die Krankheit selbst können sie nicht heilen. So sind sie beispielsweise nicht in der Lage, das Fortschreiten von Gewebsveränderungen zu unterdrücken. Neben der symptomatischen Behandlung bedarf es deshalb stets einer ursächlichen Therapie.

Bei der Anwendung von Opioid-Analgetika ist ein besonders sorgfältiges Abwägen von Nutzen und Risiko geboten, wobei auf jeden Fall zwischen akuten und chronischen Schmerzen differenziert werden muss. So lindern die Opioid-Analgetika zwar symptomatisch Schmerzen, Husten und auch Durchfallerkrankungen, beseitigen aber genauso wenig wie die NSARs die bestehende Grunderkrankung. Die tägliche Einnahme von Opioiden birgt zudem immer die Gefahr der Toleranzentwicklung (s. Kap. 21), auch das Suchtpotenzial darf nicht außer Acht gelassen werden. Aus diesem Grund sollte bei schwachen bis mäßigen Schmerzen auf die Einnahme von Opioid-Analgetika verzichtet werden. Bei sehr starken chronischen Schmerzen (z. B.

Phantomschmerzen oder Neuralgien), die die Lebensqualität massiv beeinträchtigen, sollte allerdings die Anwendung eines Opioids in Betracht gezogen werden. Auch sehr starke akute Schmerzen und Tumorschmerzen sind eindeutige Indikationen zur Anwendung von Opioid-Analgetika. Im Operationssaal und bei schmerzhaften Eingriffen haben die Opioide als Schmerzmittel erheblich an Bedeutung gewonnen, sie können auch bei Kindern sicher angewendet werden.

Wirkstoffe und Handelsnamen

Wirkstoff	Handelsname	Bemerkungen
Acetylsalicylsäure (ASS)	Aspirin®	NSAR, analgetisch, antiphlogistisch, antipyretisch, gerinnungshemmend
Celecoxib	Celebrex®	selektiver Cyclooxygenase-Hemmer
Codein	Codicaps®, Codipront®	natürliches Opiat, v. a. gegen Husten eingesetzt
Diclofenac	Voltaren®	NSAR, hemmt vorwiegend Cox-2
Fentanyl	Fentanyl-Janssen®	synthetisches Opioid, meist zur Narkose eingesetzt
Ibuprofen	Aktren®, Brufen®, Tabalon®	NSAR
Metamizol	Baralgin®, Novalgin®	NSAR, v. a.
Morphin	Morphin Merck®, MST-Mundipharma®	natürliches Opiat
Noscapin	Capval®	Opioid
Paracetamol	ben-u-ron®	–
Sumatriptan	Imigran®	Triptan, gegen Migräne
Tramadol	Tramal®	synthetisches Opioid

2

Wie im Schlaf
Narkose und örtliche Betäubung

Heike Göllner und Karen Krüger

Montag, 6:30 Uhr. Ich habe die ganze Nacht schlecht geschlafen. Immer wieder kreisen meine Gedanken um die gleichen Fragen. Werde ich etwas mitbekommen? Werde ich Schmerzen haben? Werde ich wieder aufwachen? Ich versuche mich zu beruhigen: Es ist nur ein kleiner so genannter »Routineeingriff«. Aus dem Wirrwarr von Gedanken und Ängsten werde ich jäh herausgerissen. Die Tür geht auf. Das Neonlicht brennt in meinen Augen. Ich höre meinen Herzschlag. Eine Spritze, ich werde ruhiger. Es ist soweit: Meine erste Operation ...

Gute alte Zeiten?

Auch wenn wir eine Narkose als fremd und bedrohlich empfinden – heutzutage sind die Medizin ohne Operationen und eine Operation ohne Narkose schlicht unvorstellbar. Allein in Deutschland werden jährlich etwa 800 000 Narkosen vorgenommen, wobei nur noch in einem verschwindend geringen Prozentsatz der Fälle ernste Komplikationen auftreten. Dank langjähriger Erfahrung und intensiver Forschung ist es heute möglich, Operationen ohne Schmerzen und »wie im Schlaf« auszuführen. Dies war nicht immer so: Noch im Jahre 1839 meinte der französische Chirurg Alfred Velpeau: »*Schmerzen bei Operationen zu vermeiden ist eine Schimäre, die man heute nicht weiterverfolgen darf.*« Schon sieben Jahre später aber, am 16. Oktober 1846, gelang dem damals 27-jährigen Zahnarzt William Thomas Green Morton im Massachusetts General Hospital in Boston die erste erfolgreiche Narkose. Zwar hatte sein Kollege Horace Wells bereits zuvor versucht, Patienten mit Hilfe von **Lachgas** in einen Zustand der Bewusst- und Schmerzlosigkeit zu versetzen; der Erfolg war jedoch nur mäßig gewesen. Das Wundermittel, mit dem Morton der Durchbruch gelang, war so genannter **Schwefeläther**, d. h. Ethylether ($CH_3CH_2\text{-}O\text{-}CH_2CH_3$, Abb. 1), der aus einer Mischung von Schwefelsäure und Ethanol freigesetzt und vom Patienten eingeatmet wurde. Doch der Siegeszug des Äthers hielt nicht lange an. Die Substanz be-

Abb. 1: Narkose anno dazumal.

sitzt zwar gute narkotische Eigenschaften, ist aber brennbar und an der Luft explosiv.

Ungefähr ein Jahr nach der Entdeckung des Schwefeläthers führte der Edinburgher Arzt Sir James Young Simpson vor allem zur Schmerzlinderung bei Geburten das Chloroform ($CHCl_3$) ein. Das Vertrauen in das neue Narkotikum war so groß, dass Queen Victoria am 7. April 1853 ihr Kind unter Chloroform-Behandlung zur Welt brachte. Doch kam es in der Folgezeit nach Behandlung mit Chloroform immer wieder zu Todesfällen. Da heute eine Vielzahl wirksamerer und sicherer Narkotika zur Verfügung stehen, verzichtet man inzwischen völlig auf den Gebrauch von Äther oder Chloroform.

Die ersten Verfahren zu örtlichen Betäubung stammen ebenfalls aus der zweiten Hälfte des 19. Jahrhunderts. Der zunächst verwendete Naturstoff Cocain wurde Anfang des 20. Jahrhunderts von synthetischem Procain abgelöst, dem ersten Vertreter einer Wirkstoffklasse, die noch heute in abgewandelter Form zur Lokalanästhesie Verwendung findet. Doch zurück zur Narkose.

Die drei Säulen der Narkose

Narkose ist definiert als »ein umkehrbarer medikamentös herbeigeführter Zustand, bei dem sich Eingriffe in Bewusstlosigkeit, ohne Schmerzempfindung, Abwehrreaktion und ohne stärkere körperliche Reflexe durchführen lassen«. Das Ziel jeder Narkose sind also Bewusstlosigkeit, Schmerzfreiheit und Muskelentspannung – zusammengefasst unter dem Begriff *Anästhesie* (Empfindungslosigkeit).

Narkotisch aktive Substanzen müssen in ihrer Wirkung auf das zentrale Nervensystem eine bestimmte Reihenfolge einhalten: Zunächst soll das Großhirn beeinflusst werden, dann das Rückenmark und erst bei höherer Dosierung die vegetativen Zentren im Hirnstamm (→ Nervensystem). Dadurch bleibt die Regulation von Atmung, Herz und Kreislauf auch während der Narkose erhalten. Meist genügt ein einziger Wirkstoff nicht, um alle diese Effekte auszulösen.

Die *Kombinationsnarkose* hat mehrere Vorteile: Einmal ermöglicht sie eine bessere Kontrolle der einzelnen Wirkungen, zum anderen können die Einzelmedikamente in ihrer Dosierung niedriger gehalten und somit störende Nebenwirkungen eingeschränkt werden. Das Narkotikum *Halothan* zum Beispiel wirkt stark *hypnotisch* (bewusstseinsausschaltend), führt aber erst nach Verlust des Bewusstseins zu Schmerzfreiheit. Deshalb ist die zusätzliche Gabe von Schmerzmitteln notwendig. Wie wir im nächsten Abschnitt sehen werden, gibt es ein Stadium der Narkose, in dem starke Muskelbewegungen auftreten. Damit sich die Patienten bei heftigen unkontrollierten Bewegungen nicht verletzen, werden häufig Medikamente verabreicht, die die Muskulatur erschlaffen lassen (*Muskelrelaxanzien*). Die Muskelerschlaffung ist besonders schwer zu erreichen. So wirkt z. B. das eingangs erwähnte *Lachgas* zwar schmerzstillend, jedoch kaum anästhetisch und überhaupt nicht muskelrelaxierend. Deshalb ist es kein Wunder, dass Horace Wells mit seiner reinen Lachgasnarkose keinen durchschlagenden Erfolg hatte.

Die moderne Kombinationsnarkose beinhaltet in der Regel folgende Maßnahmen:

- eine »*Prämedikation*« zur Beruhigung,
- die Einleitung der Narkose durch ein *Injektionsnarkotikum*,
- die Gabe eines *Muskelrelaxans*, das Muskeln erschlaffen lässt,
- die Aufrechterhaltung der Narkose durch *Inhalationsnarkotika* und
- die künstliche Beatmung zur Versorgung mit *Sauerstoff*.

Die Spritze davor

Kaum ein Patient geht ohne Ängste in eine Operation. Um diese zu dämpfen, bekommt er vor Einleitung der Narkose eine Tablette oder Spritze zur Beruhigung (*Prämedikation*). Dies hat weitere Vorteile: Durch die Prämedikation können die eigentlichen Narkotika niedriger dosiert und die Belastung für den Organismus damit gesenkt werden. Häufig verwendete Medikamente der Prämedikation sind Benzodiazepine (s. Kap. 18) z. B. Midazolam, Opioide oder Neuroleptika (s. Kap. 20).

Einmal Bewusstlosigkeit und zurück

Bei einer Allgemeinanästhesie (»Vollnarkose«) durchlebt der Patient mehrere Phasen. Begleitet wird er dabei vom Narkosearzt, dem Anästhesisten.

Das *erste Stadium* beginnt mit der Einleitung der Narkose mit Narkotika, die speziell auf den Patienten und die Art der Operation abgestimmt sind. Sie führen zum Verlust des Bewusstseins und der Aufhebung der Schmerzempfindung. Daher bezeichnet man dieses Stadium auch als *Analgesiestadium* (Analgesie = Zustand der Schmerzlosigkeit). Meist wird dem Patienten zu Beginn der Narkoseeinleitung über eine Gesichtsmaske Sauerstoff zugeführt. Außerdem wird in der Regel (vom Patienten unbemerkt) ein kleines Rohr aus Plastik oder Gummi in die Luftröhre eingeführt (Intubation). Über diesen Tubus erfolgt dann die Beatmung und auch die Zufuhr des Narkosegasgemisches. Er verhindert zudem, dass die Zunge nach hinten fällt und den Rachen verschließt oder dass Mageninhalt in die Lunge gelangt.

Die *zweite Phase* (das *Exzitationsstadium*) sollte im Interesse aller Beteiligten möglichst rasch durchlaufen werden. Es kann zu Halluzinationen und extremen emotionalen Reaktionen kommen (Schreien, Lachen, heftige Bewegungen). Blutdruck und Herzfrequenz des Patienten (manchmal auch des Operationsteams) können in dieser Phase erhöht sein. Gefährliche Komplikationen sind Unregelmäßigkeiten der Atmung oder Erbrechen.

Ist die Exzitationsphase überwunden, kann im *dritten Stadium*, dem *Toleranzstadium*, die Operation beginnen. Während der Operation wird die Tiefe der Narkose am Charakter der Atmung, dem Grad der Muskelrelaxation (Entspannung), dem Ausfall bestimmter Reflexe und der Größe der Pupillen bestimmt. Der Anästhesist kontrolliert nicht nur die Vitalfunktionen (Blutdruck, Herzschlag, Atmung, Sauerstoffsättigung des Blutes), sondern überprüft auch ständig die Tiefe der Narkose, damit der Patient nicht in die äußerst unerwünschte *Vergiftungsphase* abgleitet, in dem die Atmung auszusetzen beginnt und die Gefahr eines Kreislaufversagens besteht. Am Ende der Operation ist die Arbeit des Anästhesisten noch nicht getan. Nun gilt es, den Patienten durch alle Stadien wieder zurück in die »bewusste Welt« zu begeleiten (*Ausleitung*). In diesem Stadium wird auch der Beatmungsschlauch wieder entfernt, bevor der Patient völlig wach ist. Im Gegensatz zur Einleitung kann der Anästhesist während der Ausleitung nur wenig Einfluss auf die Geschwindigkeit des Vorgangs nehmen. Sein Verlauf hängt hauptsächlich von den pharmakokinetischen Eigenschaften des Narkotikums ab, d. h. davon, wie schnell es seine Wirksamkeit verliert (→ Pharmakokinetik). Der Zustand zwischen Benommenheit und Wachsein kann bei manchen Substanzen über Stunden anhalten, in denen der Patient ständig beobachtet werden muss.

Tief durchatmen

Inhalationsnarkotika sind narkotisch wirksame Substanzen in Dampf- oder Gasform, die über die Lunge aufgenommen werden. Die »Klassiker« Schwefeläther und Chloroform gehören zu dieser Gruppe. Beide sind allerdings kaum noch in Gebrauch. Chloroform wird wegen seiner hohen Giftigkeit nicht mehr eingesetzt. Äther-Narkosen sind von einem langen Exzitationsstadium in der Aufwachphase gekennzeichnet, das Sitzwachen nötig machte. Die heutigen Dampfnarkotika gehören alle zu den mehrfach *halogenierten Kohlenwasserstoffen*. Bei Normaldruck sind sie nicht brennbare Flüssigkeiten mit Siedepunkten um 50 °C, die durch einen Verdampfer dem Beatmungsgemisch zugeleitet werden. Häufig verwendet werden Halothan, Enfluran und Isofluran. Das wichtigste Gasnarkotikum ist Lachgas.

Wie sie zu Kopfe steigen ...

Die Wirksamkeit einer Inhalationsnarkose hängt vor allem von der Verteilung des Wirkstoffs zwischen Atemluft, Blut und Nervengewebe ab. In der Lunge vermengt sich das Beatmungsgemisch zunächst mit dem gasförmigen Inhalt der Lungenbläschen. Ist der *Partialdruck* des Narkotikums (d. h. sein Beitrag zum Gesamtdruck des Gemischs) hoch genug, gelangt es ins Blut und bindet dort an die Lipide der Blutzellmembranen und an Plasmaproteine (→ Membranen, Blut). Mit dem Blutstrom wird das Narkotikum durch den ganzen Körper transportiert; es lagert sich wegen seiner lipophilen Eigenschaften auch im Fettgewebe ab. Erst wenn Blut und Fettgewebe gesättigt sind, gelangt das Narkotikum ins Gehirn, wobei die Blut-Hirn-Schranke kein Hindernis darstellt. Mit einem Wort: Die Geschwindigkeit, mit der die Wirkung eines Inhalationsnarkotikums einsetzt, hängt von seinem Lösungsverhalten ab.

Bei den Gasnarkotika, die schlecht blutlöslich sind, stellt sich das Verteilungsgleichgewicht innerhalb weniger Minuten ein; für die besser löslichen Dampfnarkotika liegt dieser Wert eher im Bereich von Stunden. Deshalb sind für die Gasnarkotika die zur Einleitung und zur Erhaltung einer Narkose benötigten Konzentrationen fast gleich, während bei Dampfnarkotika zur Einleitung eine höhere Konzentration gewählt wird, um die Zeit bis zum Konzentrationsausgleich zu verkürzen und schneller das Toleranzstadium zu erreichen. Für die Narkoseerhaltung wird dann der Partialdruck abgesenkt. Auch für die Narkoseausleitung ist die Löslichkeit entscheidend. Gasnarkotika sind innerhalb von Minuten aus dem Blut verschwunden. Bei den Dampfnarkotika dauert dieser Prozess deutlich länger und kann auch nicht, wie bei der Einleitung, durch Veränderungen der Konzentration abgekürzt werden.

Halothan ist eine sehr wirksame Substanz, bei der schon niedrige Partialdrücke für eine Narkose ausreichen. Weil es angenehm riecht, wird es meist in der Kombinationsnarkose zur Narkoseeinleitung eingesetzt. Etwa 80 % des verabreichten Halothans werden unverändert über die Lunge ausgeatmet, der Rest wird zum großen Teil im Gewebe gebunden und mit der Zeit zu nicht flüchtigen Produkten abgebaut. Bei ungünstigen Narkosebedingungen, z. B. bei mangelnder Sauerstoffversorgung, können sich Abbauprodukte in der Leber anhäufen und dann zu Leberschäden (einer so genannten Halothan-Hepatitis) führen. Deshalb sollte eine Halothan-Narkose innerhalb eines Vierteljahres nicht wiederholt werden. Dieser Umstand und andere Nachteile haben den Einsatz von Halothan reduziert. Enfluran hat eine größere therapeutische Breite (→ Pharmakodynamik), d. h. Atem- und Kreislaufzentrum werden erst bei viel höheren Konzentrationen negativ beeinflusst. Die Ausscheidung von Enfluran erfolgt fast ausschließlich über die Atemluft. Ein Nachteil der Substanz ist, dass sie bei Patienten mit Krampfneigung, z. B. bei Epileptikern, Muskelzuckungen und begleitende Störungen im Gehirn auslösen kann. Isofluran ist ein Dampfnarkotikum, das kaum verstoffwechselt wird. Die Wirkung von Muskelrelaxanzien in einer Kombinationsnarkose wird verstärkt. Isofluran lässt den peripheren Gefäßwiderstand sinken, als Folge fällt der Blutdruck ab. Der stechende Geruch des Narkotikums ist unangenehm. Die ähnlich gebauten, relativ neuen Inhalationsanästhetika Desfluran und Sevofluran haben eine sehr geringe Blutlöslichkeit und zeichnen sich deshalb durch eine deutlich verbesserte Steuerbarkeit aus.

Gut lachen

Gasnarkotika sind – wie der Name sagt – bei Normaldruck gasförmig. Geliefert werden sie in Stahlflaschen, wo sie unter hohem Druck flüssig vorliegen. Der wohl bekannteste Vertreter ist Lachgas, chemisch Distickstoffmonoxid, N_2O. Schon im 19. Jahrhundert erfreute es sich als »Stickoxydul« großer Beliebtheit, wobei es nicht immer einer ernsthaften Narkose diente, sondern auch gern zur Volksbelustigung auf Jahrmärkten eingesetzt wurde. Ahnungslose Opfer atmeten das Gas ein und zeigten dann völlig unkontrolliert die erstaunlichsten Verhaltensweisen. In abgewandelter Form hat sich diese Unsitte erhalten: Lachgas wird gelegentlich in Diskotheken in Luftballons angeboten (Abb. 2). Bei richtiger Dosierung enthemmt es oder beschert dem Opfer im Exzitationsstadium mehr oder weniger süße Träume. Doch Vorsicht: Wird eine bestimmte Dosis überschritten, endet die Party vorzeitig in der Bewusstlosigkeit.

Lachgas ist ein relativ schwach wirkendes Narkotikum, das im Gewebe kaum gebunden wird. Die narkotische Wirkung ist so gering, dass ein Anteil von 80 % N_2O in der Atemluft noch nicht für eine tiefe Narkose ausreicht. Die schmerzdämpfende (analgetische) Wirkung von N_2O ist dagegen relativ stark. Lachgas eignet sich deshalb gut für

Abb. 2: Lachgas.

eine Kombinationsnarkose mit anderen Narkotika und Muskelrelaxanzien. Ist die Sauerstoffzufuhr ausreichend, werden die Atmung und der Blutdruck kaum beeinflusst. Während des Exzitationsstadiums können Halluzinationen auftreten, die der Patient nach dem Erwachen für wirkliche Erlebnisse hält.

Nichts Genaues weiß man nicht

Die Inhalationsnarkotika haben ganz unterschiedliche chemische Strukturen, weshalb ausgeschlossen werden kann, dass es einen einheitlichen »Narkoserezeptor« für all diese Wirkstoffe gibt. Stattdessen nimmt man an, dass sich die Inhalationsnarkotika in der lipophilen Membran der Nervenzelle »lösen«. Dieser rein physikalische Vorgang bedingt Veränderungen der Membranstruktur, die die Funktion von Ionenkanälen behindern und Ionen den Durchtritt erschweren (→ Membranen). Dies wiederum hemmt die elektrische Erregbarkeit der Nervenfasern und die Erregungsausbreitung im Gehirn. Die Lipophilie (Fettlöslichkeit) eines Inhalationsnarkotikums ist deshalb der entscheidende Faktor für seine Wirksamkeit. Die skizzierte Theorie klingt zwar einleuchtend, ist aber – biochemisch gesehen – in verschiedener Hinsicht unbefriedigend. Dagegen versteht man die Wirkungsweise der im nächsten Abschnitt beschriebenen Injektionsanästhetika besser.

Versteckspiel

Injektionsanästhetika werden als Flüssigkeit in die Blutbahn injiziert. Damit umgeht man die durch Partialdruck und Blutlöslichkeit begrenzte Bioverfügbarkeit der Inhalationsanästhetika. Injektionsnarkotika werden bei Kurznarkosen oder zur Überbrückung des unangenehmen Exzitationsstadiums bei Inhalationsnarkosen eingesetzt. Sie wirken schnell, weil sie das gut durchblutete Gehirn zuerst erreichen. Andererseits lässt ihre Wirkung auch rasch wieder nach. Dies geschieht weniger durch Abbau in der Leber, sondern durch eine Umverteilung in allen Geweben des Körper (zum Beispiel im Muskel und in der Haut). Dadurch nimmt die Konzentration des Narkotikums im Gehirn ab – der Patient beginnt aufzuwachen. Doch jetzt fangen die Probleme erst an: In welchem Gewebe befindet sich das Narkotikum? In welchen Konzentrationen liegt es dort vor? Jede Nachinjektion wird zum Risiko. Waren die körpereigenen Speicher schon »voll«, kann eine Nachinjektion das Aufwachen des Patienten um Stunden verzögern. Mit einem Wort: Die Wirkung der Injektionsanästhetika lässt sich schlechter steuern; wie schon gesagt, werden die Mittel aber im Rahmen einer balancieren Anästhesie gern zusammen mit Inhalationsanästhetika eingesetzt.

Eines der wichtigsten Injektionsanästhetika ist das 1962 hergestellte synthetische Ketamin. Es kann auch in den Muskel (intramuskulär) gespritzt werden. Im Bereich der Notfallmedizin ist es unersetzlich. So kann der Notarzt z. B. eingeklemmte Unfallopfer durch Ketamin in Narkose versetzen, ohne aufwendige Zugänge zu den Gefäßen legen zu müssen. Während Ketamin früher als Gemisch zweier isomerer Formen (S(+)-Ketamin und R(-)-Ketamin) verabreicht wurde, setzt man heute nur noch das wirksamere S(+)-Ketamin ein. Es hat deutlich stärkere schmerzhemmende Eigenschaften als das Isomerengemisch, zeigt eine höhere anästhetische Wirkung und verkürzt die Aufwachzeit. Gerade bei Verwendung von Ketamin ist dies wichtig, da es in der Ausleitung häufig zu Halluzinationen, Tunnelvisionen und anderen bizarren Wirkungen kommt. Viele Patienten beschreiben als sehr unangenehmes Gefühl auch ein »Herauslösen« des Körpers aus seiner Umwelt. Durch Benzodiazepine (s. Kap. 18) lassen sich diese Nebenwirkungen abschwächen. Während man in der medizinischen Anwendung versucht, der »bad trips« Herr zu werden, suchen andere genau diese Wirkung. In der Drogenszene ist Ketamin als »Vitamin K«, »Special-K« oder »Super-K« im Umlauf. Meist wird es noch mit Opiaten oder LSD gemischt (s. Kap. 21). Die Wirkungsweise von S(+)-Ketamin ist kompliziert. Wahrscheinlich beeinflusst es mehrere unterschiedliche Rezeptoren im Gehirn. Die wohl wichtigste Wirkung entfaltet S(+)-Ketamin im Gehirn an einem Glutamat-Rezeptor (dem NMDA-Rezeptor). Glutamat ist der wichtigste erregende Neurotransmitter des Gehirns (→ Neurotransmitter).

Etomidat, ein Imidazol-Derivat, ist eine Alternative. Es wirkt ausschließlich hypnotisch (einschläfernd), weshalb zusätzlich Schmerzmittel und Muskelrelaxanzien verabreicht werden müssen. Etomidat eignet sich besonders gut für die Einleitung der Narkose und hat kaum Nebenwirkungen, abgesehen von einer gelegentlichen Verminderung der Cortisolsynthese in der Nebenniere. Cortisol, ein körpereigenes Hormon, hemmt u. a. Entzündungsreaktionen (→ Entzündung; s. Kap. 3). Durch die verminderte Cortisolproduktion kann es nach der Operation zur Beeinflussung der Wundheilung kommen.

Opioide wie Fentanyl werden nicht nur zur Behandlung von Schmerzen (s. Kap. 1), sondern auch immer häufiger in der Anästhesie angewandt. Da sie auch in hohen Dosen das Bewusstsein nicht vollständig ausschalten, werden sie meist in Verbindung mit Inhalationsanästhetika verabreicht. Durch Dämpfung des Atemzentrums kann es zu einer verminderten Atmung (Atemdepression) kommen. Deshalb sollte der Patient während einer solchen Narkose beatmet werden.

Auch Barbiturate wie Thiopental und Methohexital können die Narkose unterstützen. Sie wirken hypnotisch (einschläfernd), fördern jedoch die Schmerzempfindlichkeit. Deshalb können sie nur in Kombination mit Schmerzmitteln verabreicht werden. Aufgrund ihres alkalischen pH-Werts von 10 kann es nach der Injektion zu Reizungen der Gefäße kommen. Schließlich sei noch Propofol erwähnt, das kaum Übelkeit und Erbrechen auslöst und deshalb gern eingesetzt wird.

Ganz relaxt

Zwar gehören die Muskelrelaxanzien nicht zu den Narkotika, sie stellen aber die dritte wichtig Säule der balancierten Anästhesie dar. Nur an einem ruhigen entspannten Körper ist eine Operation durchführbar. Für die Entspannung der Muskulatur finden zwei Wirkstoffgruppen Anwendung, die *nicht depolarisierenden* und die *depolarisierenden* Muskelrelaxanzien. Nicht depolarisierende Muskelrelaxanzien, z. B. Vecuronium, blockieren die Bindung des Neurotransmitters Acetylcholin (→ Neurotransmitter) an seinen Rezeptor auf Muskelzellen und verhindern so den Einstrom von Ionen und damit die Kontraktion der Muskeln. Depolarisierende Muskelrelaxanzien, z. B. Suxamethonium binden ebenfalls an diese Rezeptoren und öffnen sie, verhindern dann aber, dass sie sich wieder schließen. In beiden Fällen können Reize in Form von Aktionspotenzialen nicht mehr auf die Muskelzellen übertragen werden. Die Muskulatur reagiert auf ankommende Nervensignale einfach nicht mehr – sie ist vollkommen »relaxt«.

Wenn alles taub wird

Die örtliche Betäubung (*Lokalanästhesie*) kennt fast jede(r) vom Besuch beim Zahnarzt (Abb. 3). Kaum hat man die Schrecksekunde des Einstichs hinter sich, beginnt es in der Wange zu kribbeln. Sie wird unempfindlich, nur Druck wird noch dumpf wahrgenommen. Dazu kommt das Gefühl, als würde alles dick und steif. Wenn man den Mund ausspülen will, wollen einem die Lippen nicht gehorchen und oft »sabbert« man beim Ausspucken. Manchmal bekommt man sogar Herzklopfen und schweißige Hände. Aber zum Glück verschwinden alle diese Reaktionen in umgekehrter Reihenfolge, wie sie gekommen sind. Nach ein paar Stunden bleibt nichts zurück.

Abb. 3: Trost der Schwachen.

Die Wahrnehmung von Schmerz ist eigentlich ein normaler Vorgang, ein Warnsystem, das dem Organismus mögliche Bedrohungen meldet (s. Kap. 1). Millionen von Schmerzsensoren sind überall im Körper verteilt. Werden sie erregt, schicken sie elektrische Signale durch Nervenfasern über das Rückenmark ins Gehirn, das schließlich den Schmerz wahrnimmt. Lokalanästhetika verhindern, dass diese Schmerzreize ins Gehirn gelangen, indem sie Natriumkanäle in den Nervenfasern »verstopfen«.

Natriumkanäle sind kleine Öffnungen in der Membran der Nervenzellen, die auf elektrische Reize hin Natriumionen in die Zelle strömen lassen. Dies führt zu neuen elektrischen Erregungen, die als Schmerzsignal ans Gehirn weitergeleitet werden. Ist der Einstrom von Natriumionen blockiert, wird das Schmerzsignal unterbrochen. Lokalanästhetika wirken aber nicht nur auf Nervenbahnen, die für die Schmerzübermittlung verantwortlich sind, sondern legen für eine gewisse Zeit alle Nervenfasern in der Umgebung der Einstichstelle lahm. Lediglich die Empfindlichkeit der einzelnen Bahnen gegenüber dem Medikament ist unterschiedlich. Glücklicherweise werden zuerst die sensiblen, schmerzleitenden Fasern blockiert. Erst danach verschwinden die Empfindungen von Kälte/Wärme, Berührung und Druck. Wesentlich später fallen dann auch so genannte motorische Nervenfasern aus, die Signale vom Gehirn zu den Muskeln senden. Bei besonders empfindlichen Personen kann auch das sympathische Nervensystem (→ Nervensystem) betroffen sein. Dann erweitern sich die Blutgefäße und die Herzfunktion kann beeinträchtigt sein. Deshalb dürfen Lokalanästhetika – wie der Name sagt – nur örtlich eingesetzt werden. Würden sie das zentrale Nervensystem erreichen, käme es zu starker Erregung, zu Krämpfen und schließlich zur Atemlähmung.

Wie kann es aber sein, dass die Nervenfasern auf Lokalanästhetika mit so unterschiedlicher Empfindlichkeit reagieren? Der Grund liegt in ihrem verschiedenen Aufbau. Die Fortsätze (Axone) der Nervenzellen sind in der Regel durch eine *Markscheide* elektrisch isoliert (→ Nervensystem). Diese Hülle ist in regelmäßigen Abständen eingeschnürt. Dies beschleunigt die Fortleitung der elektrischen Erregung, die von Schnürring zu Schnürring »springt«. Von den genannten Bahnen sind die schmerzleitenden sensiblen Fasern die dünnsten und der Abstand zwischen den Schnürringen ist der kleinste. Die Weiterleitung der Erregung kommt schon zum Erliegen, wenn drei bis vier aufeinander folgende Schnürringe durch Lokalanästhetika blockiert sind. Daher muss nur ein sehr kleiner Teil der Faser mit dem Anästhetikum durchtränkt werden, um die ganze Nervenbahn lahm zu legen.

Cocaine damals und jetzt

1884 gab es erste Versuche, den Naturstoff Cocain (s. Kap. 21) zur örtlichen Betäubung einzusetzen. Man versuchte, Operationen am Auge durchzuführen, das durch vorheriges Einträufeln einer Cocain-Lösung unempfindlich gemacht worden war (Oberflächenanästhesie). Der Experimentator war kein Geringerer als Sigmund Freud, der später auf ganz anderem Gebiet, der Psychoanalyse, berühmt werden sollte (und auch selbst dem Cocain nicht abgeneigt war). 1892 unterspritzte der deutsche Chirurg Carl Ludwig Schleich zum ersten Mal das Operationsgebiet mit einer Cocain-Lösung und legte damit die Grundlagen der *Infiltrationsanästhesie*. Schließlich begründete 1898 August Bier durch Einspritzen von Cocain in den Rückenmarkskanal die *Leitungsanästhesie* (zum Beispiel die Lumbalanästhesie). Eine weitere Verbesserung der Lokalanästhesie wurde 1897 von dem Leipziger Chirurgen Heinrich Braun eingeführt. Er schlug vor, der Injektionslösung als gefäßverengende Zusätze die Hormone Noradrenalin oder Adrenalin beizumischen (s. Kap. 13). Durch ihren Einsatz erreicht man eine verminderte Durchblutung im Operationsgebiet. Die relative Blutleere erleichtert einerseits die Übersicht im Operationsfeld, andererseits wird das Lokalanästhetikum langsamer vom Wirkort abtransportiert; die Wirkungsdauer verlängert sich und die benötigte Dosis an Lokalanästhetikum kann reduziert werden.

Schon bald nach Einführung von Cocain als Lokalanästhetikum wurde klar, dass es als »harte« Droge für medizinische Anwendungen wenig geeignet war, und man begann nach Ersatzstoffen zu suchen. 1905 gelang die Synthese von Procain, das dieselben anästhesierenden Eigenschaften wie Cocain, jedoch kein Suchtpotenzial aufweist. Bis heute sind die meisten Wirkstoffe nach dem gleichen Muster aufgebaut. Das »klassische« Procain gehört zum Estertyp. Es wird im Gewebe schnell abgebaut und ist deshalb nur kurz wirksam. Als Oberflächenanästhetikum ist es nicht brauchbar. Lidocain gehört zum so genannten Säureamid-Typ. Es wirkt rasch und wird relativ langsam abgebaut. Es kann sowohl zur Injektions- als auch zur Oberflächenbetäubung eingesetzt werden. Mepivacain ähnelt Lidocain, hat aber eine noch längere Wirkdauer und erweitert die Gefäße nicht. Deshalb kann auf den Zusatz gefäßaktiver Substanzen verzichtet werden. Dies ist von Vorteil, wenn sich der Einsatz von Adrenalin verbietet. Bupivacain hat sich als Langzeitanästhetikum des Säureamidtyps bewährt. Die Wirkdauer beträgt 2–5 Stunden. Articain ist ein neues Lokalanästhetikum mit einem Wirkungseintritt innerhalb von zwei Minuten, langer Wirkdauer (1,5–3 Stunden) und guter Durchdringung des Knochens. Es wird in Deutschland vor allem in der Zahnmedizin eingesetzt. Wesentlich für die Wirkung all dieser Substanzen ist der vom pH-Wert abhängige Ladungszustand der Aminogruppe. Die aus Lipiden aufgebaute Hülle der Nervenfasern kann das Molekül nur in der ungeladenen, hydrophoben Transportform durchdringen. Im Inneren der Zelle angelangt, muss es die positiv geladene Form eines Kations annehmen, um wirksam zu werden. Wichtig ist jetzt, dass die schon erwähnten Natriumkanäle in der Zellmembran blockiert werden, denn diese sind für die Weiterleitung der Schmerzimpulse entscheidend. Der unveränderliche hydrophobe Molekülabschnitt um den aromatischen Ring lagert sich in die Wand des Natriumkanals ein und der hydrophile, positiv geladene Anteil taucht in das wasserfreundliche Innere des Kanals ein. Die positiv geladenen Natriumionen werden so am Membrandurchtritt gehindert und die Erregungsleitung gestoppt: Der Schmerz kann nicht weitergeleitet werden (Abb. 4).

Dass die Wirksamkeit der Lokalanästhetika vom pH-Wert abhängt, ist von Bedeutung, wenn in entzündetes Gewebe injiziert wird, des-

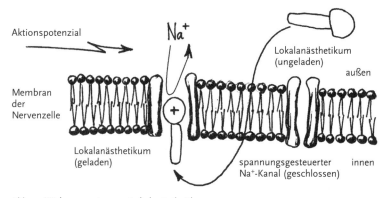

Abb. 4: Wirkungsweise von Lokalanästhetika.

sen pH-Wert niedriger ist als normal. Das Problem besteht darin, dass bei einem pH-Wert unter 7 nur noch geringe Anteile des Wirkstoffs in der lipidlöslichen Form vorliegen, weshalb nicht genügend Moleküle den Wirkort im Inneren der Nervenzelle erreichen können. Die effektive Konzentration ist dann zu niedrig, um die Erregungsfortleitung zu blockieren und die Tiefe der Anästhesie reicht nicht aus.

Im »Schlaf« sprechen

Die Kriterien einer Narkose sind Bewusstlosigkeit, Schmerzfreiheit und Entspannung, die einer Lokalanästhesie sind lokale Schmerzfreiheit bei vollem Bewusstsein. Nun gibt es aber auch Operationen, bei denen der gesamte Körper schmerzfrei sein soll, der Patient aber dennoch ansprechbar bleiben muss. So ist es bei bestimmten Operationen am Gehirn wichtig, dass der Patient auf Fragen, wie zum Beispiel der Beweglichkeit (Motorik) der Hand, antworten und reagieren kann. Für diese medizinischen Fälle wird die *Neuroleptanalgesie* angewandt. Der Name verrät schon die Wirkstoffe: Zum einen wird ein Neuroleptikum (s. Kap. 20), zum anderen ein Analgetikum (zum Beispiel das Opioid Fentanyl) eingesetzt. Der Patient bleibt während der gesamten Operation ansprechbar, kann sich danach aber an nichts erinnern (Amnesie). Da die Belastung des Herz-Kreislaufsystems bei der Neuroleptanalgesie gering ist, wird sie gern bei schwerkranken und älteren Patienten zusammen mit einem schwachen Anästhetikum eingesetzt. Hauptkomplikation ist eine mögliche Atemlähmung durch die Analgetika. Problematisch ist die Anwendung der Neuroleptanalgesie bei Parkinson-Patienten, deren Symptome durch Neuroleptika verstärkt werden können (s. Kap. 19).

... Langsam wache ich aus meinem »Schlaf« auf. Von weitem höre ich meinen Namen. Nur mühsam gelingt es mir, die Augen zu öffnen. Ich schaue in ein freundliches Gesicht: »Willkommen zurück, Sie haben alles gut überstanden.«

Wirkstoffe und Handelsnamen

Wirkstoff	Handelsname	Bemerkungen
Benzodiazepin		
Midazolam	Dormicum ®	Prämedikation diagnostische Eingriffe (Magenspiegelung)
Injektionsanästhetika		
Etomidat	Hypnomidate ®	Narkoseeinleitung
Ketamin	Ketanest®	Narkose und Schmerzmittel der Notfallmedizin
Propofol	Disoprivan ®	Narkoseeinleitung; diagnostische Eingriffe
Barbiturate		
Thiopental	Trapanal ®	Narkoseeinleitung; epileptischer Anfall
Methohexital	Brevimytal ®	Narkoseeinleitung; epileptischer Anfall
Inhalationsanästhetika		
Halothan	Fluothane®	ausgeprägt hypnotisch; nicht analgetisch
Lachgas	–	stark analgetisch; schwach anästhetisch
Enfluran	Ethrane®	stark hypnotisch; nicht analgetisch
Isofluran	Forene®	stark hypnotisch; nicht analgetisch
Desfluran	Suprane®	verbesserte Steuerbarkeit
Sevofluran		verbesserte Steuerbarkeit
Muskelrelaxanzien		
Vecuronium	Norcuron®	zur Intubation und während der Operation
Suxamethonium	Lysthenon®	zur Intubation und während der Operation
Lokalanästhetika		
Procain	Novocain®	örtliche Betäubung
Lidocain	Xyloneural®	örtliche Betäubung
	Xylocain®	Herzrhythmusstörungen
Mepivacain	Meaverin®	örtliche Betäubung
Articain	Ultracain®, Ubistesin®	örtliche Betäubung
Bupivacain	Carbostesin®	örtliche Betäubung (Geburtshilfe)
Opioid		
Fentanyl	Fentanyl-Janssen®	Neuroleptanalgesie, starke chronische Schmerzen

3

Asthma, Rheuma, Morbus Crohn – überall hilft Cortison.
Corticoide

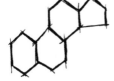

Claudia Pauligk und Verena Schneider

Der Auftrag kam vom amerikanischen Geheimdienst: Der Wissenschaftler Edward C. Kendall sollte mit allem Nachdruck die Forschung an einem Hormonpräparat vorantreiben, dem er sich schon zuvor jahrelang gewidmet hatte. Kendall hatte die Arbeit jedoch wegen ihrer Kostspieligkeit an einem wichtigen Punkt aufgeben müssen, und nun erlaubte ihm die staatliche Finanzierung die Fortsetzung. Woher kam dieses plötzliche Interesse von »ganz oben«? Die Ursache war ein bloßes Gerücht. Es war das Kriegsjahr 1941. Amerikanische Agenten hatten von einem Medikament der Deutschen gehört, einer angeblichen »Wunderwaffe«, die es Piloten erlauben sollte, in 10 000 Meter Höhe zu fliegen, was bei Luftangriffen einen unglaublichen Vorteil bedeutet hätte. Wie sich später herausstellte, war die Meldung völlig haltlos. Ihr wahrer Kern bestand in der Tatsache, dass auch deutsche Wissenschaftler die Herstellung der Hormone verfolgten, an denen auch Kendall arbeitete. Dieser machte während der zwei Kriegsjahre, in denen er vom Staat unterstützt wurde, große Fortschritte. Wenn sich seine Entdeckungen auch nicht für die Kriegsführung nutzen ließen, sollten sie doch zu einem der vielseitigsten Heilmittel führen, dem Cortison.

Eigentlich beginnt die Geschichte dieses Hormons und seiner Verwandten, die man heute als *Glucocorticoide* bezeichnet, mit der Entdeckung ihres Entstehungsortes, der *Nebennieren* (Abb. 1). Der englische Arzt Thomas Addison hatte um 1850 bei plötzlich Verstorbenen eine Zerstörung dieser unauffälligen Organe beobachtet und schloss daraus, dass sie lebenswichtige Stoffe produzieren. Die Krankheit (heute *Morbus Addison* genannt) beginnt mit Schwäche, Müdigkeit, Verdauungs- und Herzrhythmusstörungen und endet unbehandelt tödlich. Bald fand man, dass Nebennierenextrakte das Leiden deutlich bessern, und wandte diese Methode fast ein Jahrhundert lang an.

Heute wissen wir, dass die Nebennieren, die oberhalb und *neben* beiden Nieren liegen, wichtige *Hormondrüsen* sind (→ Signalstoffe) und außer Glucocorticoiden weitere Hormone produzieren. In den 1930er Jahren begannen der schon erwähnte Kendall sowie (unabhängig von ihm) Tadeus Reichstein und Otto Wintersteiner die In-

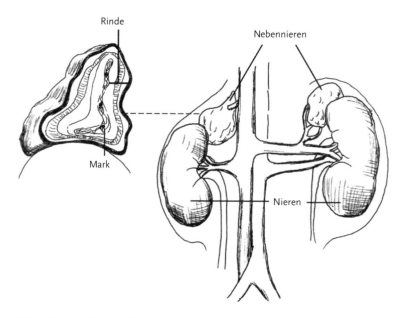

Abb. 1: Lage und Bau der Nebennieren.

haltsstoffe der Nebenniere zu untersuchen und entdeckten neben Cortison weitere Hormone. Wegen deren geringer Konzentration gestalteten sich die Arbeit sehr schwierig. So benötigte Kendall z. B. zur Isolierung von 1 g Cortison 500 kg Nebennieren von insgesamt 20 000 Rindern. Nachdem es 1947 gelungen war, Cortison auch synthetisch herzustellen, waren erstmals auch klinische Studien möglich, die vor allem der Mediziner Philip Hench vorantrieb. Besonders spektakulär verlief 1948 die Cortison-Behandlung einer Patientin (»Mrs G.«) mit schwerem, therapieresistentem Gelenkrheumatismus. Bereits nach wenigen Tagen verschwanden die Schmerzen, die Patientin konnte sich wieder bewegen und ein normales Leben führen. Zusammen mit Hench und Reichstein bekam Kendall 1950 den Nobelpreis für Medizin.

Bald musste man allerdings feststellen, dass die Cortisontherapie nicht nur Wunder wirkt, sondern auch mit schwerwiegenden Nebenwirkungen verbunden ist. Deshalb ging man zu synthetischen Abkömmlingen der natürlichen Nebennierenhormone über, die bei besserer antientzündlicher Wirkung weniger unerwünschte Effekte zeigen. Im Jahre 1955 entstanden als erste synthetische Glucocorticoide

Prednison und Prednisolon, in den 1960er Jahren folgte das Dexamethason.

Klein, aber oho!

Der Zungenbrecher »Glucocorticoide« verrät zweierlei: Der erste Teil des Wortes leitet sich vom griechischen Wort *glykys* ab, was »süß« bedeutet. Was die Glucocorticoide mit Zucker zu tun haben, wird noch zur Sprache kommen. Der zweite Wortteil (*-corticoid*) weist darauf hin, dass die Substanz aus der Rinde (lat. *cortex*) der Nebennieren stammt. Die Nebennieren sind aus zwei verschiedenen Schichten aufgebaut, dem Nebennierenmark und der Nebennierenrinde. Im *Mark* wird vor allem das Hormon Adrenalin gebildet (s. Kap. 8). Die *Rinde* wird mikroskopisch in drei Zonen unterteilt, die alle die Bildung von Steroidhormonen zur Aufgabe haben. Neben den Glucocorticoiden sind dies Mineralocorticoide und männliche Geschlechtshormone, die Androgene. Von den Glucocorticoiden kommen im menschlichen Körper Cortisol, Cortison und Corticosteron vor, wobei Cortisol mit einer Menge von 15–40 mg pro Tag das mengenmäßig wichtigste darstellt.

Stress beginnt im Kopf

Weil die Glucocorticoide im Organismus lebenswichtige Funktionen erfüllen, muss ihre Freisetzung aus den Nebennieren ins Blut genau kontrolliert werden. Dafür sorgt ein kompliziertes Regelsystem, das flexibel auf eine Änderung der äußeren Bedingungen reagiert (Abb. 2). Stress wird in höheren Zentren des Gehirns registriert und verarbeitet. Dies führt dazu, dass im Hypothalamus (einem Teil des Zwischenhirns) zunächst CRF (Corticotropin Releasing Factor) ausgeschüttet wird. Dieser hormonähnliche Faktor bewirkt, dass die Hirnanhangsdrüse (Hypophyse) das Adrenocorticotrope Hormon (ACTH) freisetzt. ACTH schließlich sorgt in der Nebenniere für die Bildung und Ausschüttung von Steroidhormonen ins Blut. Der Regelkreis wird durch die im Blut zirkulierenden Glucocorticoide geschlossen, die die Ausschüttung von CRF im Hypothalamus und von ACTH in der Hirnanhangsdrüse hemmen. Damit bremsen sie ihre eigene Freisetzung, sobald eine ausreichende Hormonmenge im Blut vorhanden ist. Von außen zugeführte Glucocorticoide greifen genau-

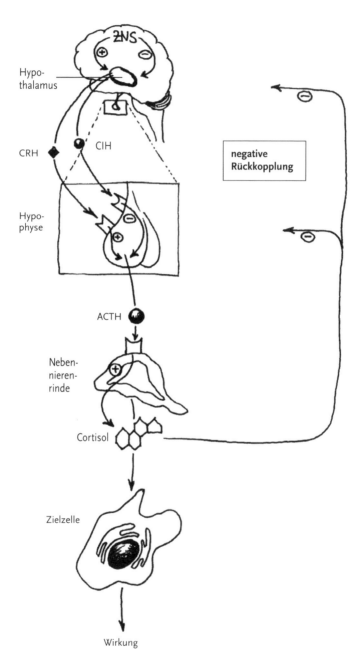

Abb. 2: Steuerung der Cortisolausschüttung.

so in den geschilderten Regelkreis ein. Darüber hinaus unterliegt die Cortisolausschüttung einem festen tageszeitlichen Rhythmus mit einem Maximum am frühen Morgen und einem Minimum gegen Mitternacht (Abb. 3).

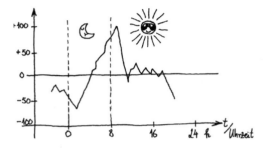

Abb. 3: Tagesrhythmus des Cortisolspiegels.

Glucocorticoide können in der Nebenniere nur in geringen Mengen gespeichert werden. Sobald ACTH einen Bedarf meldet, müssen sie neu synthetisiert werden. Bei Stress kann die Produktion deshalb bis auf das 10fache ansteigen. Die Glucocorticoide werden aus Cholesterin gebildet (s. Kap. 14), das in fünf Schritten zu Cortisol (Hydrocortison) umgebaut wird, ein sechster führt zum Cortison.

Grenzenlos wirksam

Glucocorticoide beeinflussen fast alle Organe. Zusammen mit anderen Hormonen halten sie wichtige Körperfunktionen im Gleichgewicht. In psychischen oder physischen Stresssituationen hilft die verstärkte Bildung von Glucocorticoiden dem Körper, sich an die Belastung anzupassen. Wie aber können so unterschiedliche Aufgaben durch ein und dieselbe Hormongruppe erfüllt werden? Um dies zu verstehen, müssen wir kurz auf den Wirkungsmechanismus der Glucocorticoide eingehen (Abb. 4).

Da Glucocorticoide fettlöslich sind, diffundieren sie leicht durch Zellmembranen (→ Pharmakokinetik) und gelangen so an ihren Angriffsort im Zellinneren. Dort bindet das Hormon als sogenannter *Ligand* an einen *Rezeptor* (→ Signalstoffe). Zwei Ligand-Rezeptor-Komplexe verbinden sich und wandern in den Zellkern, wo sich die Erbinformation in Form von *Desoxyribonucleinsäure* (DNA) befindet. Die DNA ist in verschiedene funktionelle Abschnitte, die *Gene*, eingeteilt

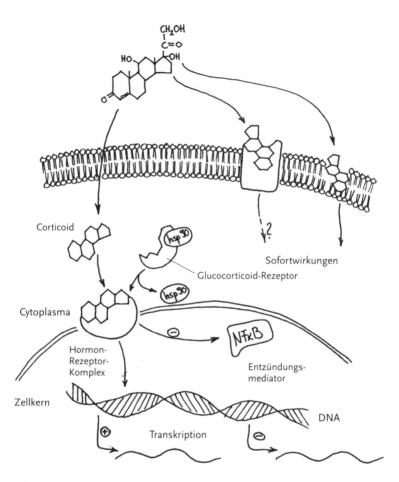

Abb. 4: Wirkungsmechanismus der Corticoide in der Zelle.

(→ Molekulare Genetik). Bestimmte Gene reagieren auf Glucocorticoide, weil sie spezifische »Andockstellen« (Glucocorticoid response elements, GRE) für das Ligand-Rezeptor-Paar enthalten. Sobald der ligandenbesetzte Rezeptor an das GRE bindet, wird das entsprechende Gen abgelesen (transkribiert). Das vom Gen kodierte Protein wird gebildet und sorgt dann zusammen mit anderen für die Wirkungen des Glucocorticoids. GRE kontrollieren in den Zellen verschiedener Gewebe jeweils andere Gene, was erklärt, warum Glucocorticoide unterschiedliche Antworten auslösen können; in einigen Fällen rufen sie keine Verstärkung, sondern eine *Verminderung* der Transkription hervor. Besonders wichtig ist dies für die entzündungshemmenden Eigenschaften der Glucocorticoide, die zu einem guten Teil auf der Hemmung der Bildung so genannter *Entzündungsmediatoren* beruht (→ Entzündung). Die Aktivierung bzw. Hemmung der Transkription durch Hormone bezeichnet man auch als *Transkriptionskontrolle*.

Die Neubildung von Proteinen dauert natürlich eine gewisse Zeit, so dass die Wirkung des Cortisols frühestens nach zwei Stunden, manchmal auch erst nach Tagen einsetzt. Es gibt aber auch *Sofortwirkungen*, die bereits nach wenigen Minuten auftreten und deshalb zur Behandlung verschiedener akut bedrohlicher Krankheitszustände genutzt werden. Wenn Glucocorticoide in so hoher Konzentration vorliegen, dass alle Rezeptoren besetzt sind, können sie sich in Zellmembranen einlagern und diese gewissermaßen abdichten. Neuere Ergebnisse deuten darauf hin, dass es in der Zellmembran Rezeptoren für Glucocorticoide gibt. Von diesen verspricht man sich neue Behandlungsmöglichkeiten für viele Krankheiten vom zentralen Nervensystem über den Bereich Herz-Kreislauf bis hin zur Unfruchtbarkeit.

Die Vielfalt im Einzelnen.
Physiologische Wirkungen der Glucocorticoide

Auf den ersten Blick erscheinen die Wirkungen des Cortisols unübersichtlich, weil sie so verschieden sind. Einleuchtend werden sie erst, wenn man sich die Aufgabe des Hormons nochmals vor Augen führt. Glucocorticoide werden in verstärktem Maße freigesetzt, wenn sich der Körper auf *langfristigen* Stress einstellen muss. Aber auch schon zur Bewältigung des Alltags brauchen wir Cortisol, das in wechselnden Mengen rund um die Uhr ausgeschüttet wird (Abb. 3). Es macht uns z. B. morgens fit zum Aufstehen. Cortisol ist dabei ein Mitstreiter des Adrenalins, das für die Anpassung an *plötzliche* Stresssituationen zuständig ist.

Allgemein wirken Glucocorticoide als *katabole* Hormone, d. h. sie begünstigen *abbauende* Stoffwechselprozesse. Im *Zuckerstoffwechsel* wirken die Glucocorticoide als Gegenspieler des Insulins (s. Kap. 15). Sie fördern die Neubildung von Glucose (*Gluconeogenese*) aus Eiweißbausteinen und erhöhen dadurch den Blutzuckerspiegel. Darauf beruht eine der unerwünschten Wirkungen, der so genannte »Steroid-Diabetes«, auf den wir noch zurückkommen werden. Im *Fettstoff-*

wechsel spielen Glucocorticoide eine ähnliche Rolle: Sie beeinflussen den Fettabbau nicht direkt, verstärken aber die Anregung des Fettabbaus durch Adrenalin. Beim Fasten kommt es so zu erhöhtem Abbau von Fettreserven. Außerdem fördern die Glucocorticoide Fettablagerungen an bestimmten Stellen des Körpers, besonders im Gesicht, im Nacken und am Körperstamm.

Auch die *Knochenbildung* wird durch Glucocorticoide beeinflusst. Während diese in geringen Mengen die Neubildung von Knochenmaterial fördern, wird bei hohen Dosen die Ausreifung von Vorläuferzellen gehemmt, und die Aufnahme von Calcium für die Mineralisation des Knochens aus dem Darm sinkt. All dies kann zu einer Abnahme der Knochenmasse (*Osteoporose*) führen.

Für die Aufrechterhaltung des normalen *Blutdrucks* sind ebenfalls Glucocorticoide notwendig. Sie vermindern z. B. die Durchlässigkeit der Blutgefäße. Die Herzleistung wird durch eine Zunahme von so genannten β-Rezeptoren (s. Kap. 11) gesteigert. Die Wirkung von Substanzen, die durch Gefäßverengung den Blutdruck steigern, wird gefördert und die Bildung von gefäßerweiternden Substanzen wird gehemmt. Cortisol verstärkt zudem die Durchblutung der Niere und ermöglicht so die Ausscheidung überschüssigen Körperwassers.

Auch für die *Entwicklung des Fetus*, besonders der fetalen Lunge, spielt das Cortisol eine wichtige Rolle. Bei drohender Frühgeburt kann der Mutter Cortisol verabreicht werden, um die Lungenreifung des Ungeborenen zu beschleunigen.

Von Kopf bis Fuß. Anwendung bei Krankheiten

Glucocorticoide gehören zu den am häufigsten eingesetzten Medikamenten. Zum Hormonersatz, z. B. bei Ausfall der Nebennierenfunktion, werden die Hormone in Mengen angewendet, wie sie vom Körper selbst gebildet werden, zur Therapie von Krankheiten werden sie jedoch meist viel höher dosiert. Je nach Anwendungsgebiet werden sie in die Blutbahn (d. h. *systemisch*) verabreicht oder auf die Haut aufgetragen (*topische Anwendung*).

Die Glucocorticoide gehören zu den stärksten bekannten *Entzündungshemmern*, da sie in Prozesse eingreifen, die nach der Aktivierung des Immunsystems ablaufen (→ Immunsystem, Entzündung). Besonders wertvoll ist die Therapie mit Glucocorticoiden bei chronischen Entzündungen, die entstehen können, wenn das Immunsystem überreagiert oder sich gegen körpereigene Strukturen wendet (so genannte *Autoimmunkrankheiten*). Zu dieser Gruppe gehört der entzündlich-rheumatische Formenkreis, z. B. die *rheumatoide Arthritis* (»Gelenkrheuma«), entzündliche Darmerkrankungen wie der *Morbus Crohn* sowie das *Bronchialasthma* und die *Allergien* (s. Kap. 16). Heute werden in der Regel synthetische Corticoide eingesetzt, die bei höherer Wirksamkeit und längerer Wirkdauer weniger unerwünschte Wirkungen entfalten als natürliche Hormone.

Die *rheumatoide Arthritis*, auch chronische Polyarthritis genannt, ist eine chronisch entzündliche Erkrankung, die überwiegend die Gelenke betrifft. Die Patienten werden von Schmerzen, Gelenkschwellungen und Einschränkungen der Beweglichkeit geplagt. Ohne ausreichende Behandlung droht den betroffenen Gelenken Versteifung, Verformung und schließlich die Zerstörung. Ziel der Therapie ist es, die Entzündung stoppen, Gelenkveränderungen aufzuhalten und durch Schmerzlinderung die Benutzung der Gelenke wieder zu ermöglichen. Glucocorticoide werden schon frühzeitig im Krankheitsverlauf eingesetzt. Jedoch müssen sie immer mit einem Mittel der so genannten Basistherapie kombiniert werden, wie z. B. dem Cytostatikum Methotrexat (s. Kap. 15), Gold-Verbindungen oder Immunsuppressiva wie Leflunomid. Bei starken Beschwerden, wie sie auch durch *Arthrose* (altersbedingten Gelenkverschleiß) hervorgerufen werden, können Glucocorticoide direkt ins Gelenk gespritzt werden. Bei Gelenkentzündungen, die durch *Gicht* hervorgerufen sind, werden heute neben Colchicin (einem Wirkstoff der Herbstzeitlose) auch Glucocorticoide eingesetzt. In der Langzeittherapie der Gicht haben Glucocorticoide allerdings keinen Platz; hier helfen eher Diät und Medikamente, die den Harnsäuregehalt des Blutes vermindern.

Die Glucocorticoide sind auch eine der wichtigsten Wirkstoffgruppen zur Behandlung von *Hauterkrankungen*. Als Beispiele seien *Neurodermitis, allergische Hauterscheinungen* (s. Kap. 10) oder *Psoriasis* (Schuppenflechte) genannt. Hier wird besonders die entzündungshemmende und Juckreiz stillende Wirkung der Corticoide ausgenutzt. Solange nur kleine Hautareale für eine beschränkte Zeit behandelt werden, ist der Nutzen meist um ein Vielfaches höher als das Nebenwirkungsrisiko. Dennoch sollte immer ein Medikament mit möglichst niedrigem Glucocorticoid-Gehalt gewählt werden. Bei großflächiger Anwendung, hoch dosierten Präparaten, dicht abschließenden Verbänden und einer geschädigten Hornschicht können Nebenwirkungen im ganzen Körper auftreten. Mit Bakterien oder Viren infizierte Haut, beispielsweise bei Akne oder Herpes, sollte nicht mit Glucocorticoiden behandelt werden, da diese, wie erwähnt, die Immunabwehr schwächen. Bei topischer Anwendung muss zudem beachtet werden, dass die Aufnahme von Glucocorticoiden an verschiedenen Körperstellen unterschiedlich ist. Je nach Auftragestelle werden 1–10 % der Glucocorticoid-Dosis aufgenommen. An geschützten Körperregionen, wie unter den Achseln und in der Leiste, sollten glucocorticoidhaltige Medikamente nur vorsichtig und in niedrigster Dosierung angewendet werden. Auch frei verkäufliche Corticoidsalben sollten auf keinen Fall über längere Zeit ohne ärztlichen Rat angewendet werden.

Bei *Bronchialasthma* sind Glucocorticoide fester und wichtiger Bestandteil der Langzeittherapie. Beim Asthmaanfall schwillt die Schleimhaut der Atemwege an, die feinen Muskelstränge in den Wänden der Bronchien verengen diese noch mehr, zusätzlich blockiert zäher Schleim die Atemwege. Das Atmen fällt dem Betroffenen spürbar schwer, jede Anstrengung wird unmöglich und Panik kommt auf (s. Kap. 10). Glucocorticoide sorgen für weit gehende Anfallsfreiheit und mehr Lebensqualität, da sie in Mechanismen eingreifen, die für die Entstehung von Asthmaanfällen wichtig sind: Sie verhindern Entzündungen und Schwellungen der Schleimhaut der Atemwege, sie bremsen die Schleimbildung und erleichtern den Abtransport des Schleims. Zudem unterstützen sie Wirkstoffe, die die Bronchien erweitern. Die bevorzugte Anwendungsform bei Asthma ist die *Inhalation*, also das Einatmen des Medikaments in feinster Verteilung. Das Inhalieren gehört zu den lokalen (*topischen*) Anwendungen, da die Schleimhaut der Lungen auch zu den Körperoberflächen zählt. Den ganzen Organismus betreffende (*systemische*) Nebenwirkungen werden so weit gehend verhindert. Der Erfolg hängt allerdings von der richtigen Inhalationstechnik ab, bei der das Verschlucken des Medikamentes verhindert werden muss. Deshalb verwenden die Patienten Inhalationshilfen, so genannte *Spacer* – großvolumige Plastikgefäße, in die das Glucocorticoid vernebelt wird, so dass die gesamte Dosis über mehrere Atemzüge eingeatmet wird.

Auch entzündliche *Darmerkrankungen*, welche die Patienten mit Bauchkrämpfen, Schmerzen und Durchfällen plagen, lassen sich durch Glucocorticoide lindern. Die schwere akute *Colitis ulcerosa*, eine Entzündung des Dickdarms, wird mit hochdosierten Glucocorticoiden in Tablettenform behandelt. Auch Einläufe mit lokal wirksamen Glucocorticoiden haben sich bewährt, bei denen mit Wirkungen auf den Gesamtorganismus kaum zu rechnen ist. Für die Behandlung von entzündlichen Dünndarmerkrankungen (z. B. *Morbus Crohn*) gibt es Corticoidpräparate, die ihren Wirkstoff gezielt im Dünndarm freisetzen. Für die Langzeittherapie ist jedoch Sulfasalazin besser geeignet.

Nach *Organtransplantationen* helfen Glucocorticoide, das Immunsystem in Schach zu halten, um eine Abstoßung des körperfremden Gewebes zu verhindern oder zu verzögern. Dabei werden die Glucocorticoide zusammen mit weiteren *immunsuppressiven* Medikamenten eingesetzt. In vielen Fällen ist für die Patienten danach wieder ein nahezu normales Leben möglich. Mit einer hochdosierten Stoßtherapie über wenige Tage können in manchen Fällen akute Schübe der *multiplen Sklerose* erfolgreich behandelt und Rückfälle bis zu zwei Jahre lang verhindert werden.

Hohe Dosen an Glucorticoiden werden direkt in eine Vene verabreicht, wenn rasch starke Wirkungen erzielt werden sollen, z. B. die oben erwähnten Sofortwirkungen. Auf diese Weise werden zum Beispiel starke Asthmaanfälle oder der *Status asthmaticus*, ein lebensbedrohlicher, lang anhaltender Asthmaanfall, behandelt. Bei Schwellungen des Gehirns und bei starken allergischen Reaktionen (s. Kap. 10) werden Glucocorticoide intravenös gegeben. In solchen Fällen können sie zu echten Lebensrettern werden. Auch bei vielen anderen Krankheiten, sogar in der cytostatischen Therapie von Leukämien (s. Kap. 17) werden Corticoide mit Erfolg eingesetzt.

No Drug is Perfect

Bekannter als die vielfältigen Anwendungen und Wirkungen der Glucocorticoide sind ihre Nebenwirkungen. Diese unerwünschten Effekte werden verständlich, wenn man noch einmal die physiologischen Effekte der Glucocorticoide betrachtet: Sie steigern den Blutzuckerspiegel und können deshalb bei Menschen mit einer Neigung zum *Diabetes mellitus* einen so genannten *Steroid-Diabetes* auslösen (s. Kap. 13). Auch bei Patienten ohne Zuckerstoffwechselstörung muss regelmäßig der Blutzuckerspiegel kontrolliert werden, um einen Steroid-Diabetes frühzeitig zu erkennen. In hoher Dosis können Glucocorticoide zur *Osteoporose* führen. Dieser Gefahr kann man durch ausreichende Bewegung, gesunde und calciumreiche Ernährung sowie durch Gabe von Vitamin-D-Präparaten begegnen. Bewegung ist überdies wichtig, weil Menschen, die Glucocorticoide einnehmen, zur *Gewichtszunahme* neigen, wobei es besonders zur *Fettablagerung* am Körperstamm, im Nacken im Gesicht kommt. Die Erhöhung des *Blutdrucks* durch Corticoide macht regelmäßige Kontrollen und eventuell die medikamentöse Senkung erforderlich (s. Kap. II).

Die ebenfalls erwähnte Hemmung der Bindegewebsbildung kann zum Dünnerwerden der Haut, einer so genannten »Pergamenthaut«, sowie zur Ausweitung kleinster Blutgefäße führen. Die roten Streifen, die dann besonders an der Bauchhaut auftreten, werden als Striae bezeichnet. Sie sind Zeichen der Überdehnung der Haut bei Gewichtszunahme und gleichzeitiger der Schwäche des Bindegewebes. Akne, eine Erkrankung der Haarfollikel besonders der Gesichtshaut, wird durch Corticoide ebenfalls begünstigt (»Steroidakne«).

Da Entzündungs- und Immunreaktionen durch Glucocorticoide gedämpft werden, kann es zu einer erhöhten *Infektionsneigung* kommen. Zudem wird auch die *Wundheilung* verzögert. Für Patienten ist entsprechende Vorsicht geboten, und es sollte gegebenenfalls frühzeitig ein Arzt aufgesucht werden. Bei der gleichzeitigen Einnahme von NSARs (s. Kap. I) und Glucocorticoiden ist die Gefahr eines *Magengeschwürs* stark erhöht. Da ein Anstieg des Augeninnendrucks und eine Trübung der Linse des Auges auftreten können, sollte regelmäßig ein Augenarzt konsultiert werden, um eventuelle Folgeschäden zu verhindern. Werden Kinder mit Glucocorticoiden behandelt, kann es zu einer *Wachstumsverzögerung* kommen. Wird die Therapie vor dem Abschluss des Wachstums beendet, kann der Wachstumsrückstand noch aufgeholt werden. Durch Glucocorticoide können schließlich auch bestehende psychische Störungen verstärkt werden. Auch bei bisher unauffälligen Personen kommt es gelegentlich zum Auftreten von Depressionen. Allerdings wirken Glucocorticoide bei vielen Menschen eher euphorisierend. Wie sich dieser scheinbare Gegensatz erklären lässt, ist noch nicht bekannt.

Grundsätzlich ist das Risiko, dass bei der Behandlung mit Glucocorticoiden Nebenwirkungen auftreten, für jeden Menschen unterschiedlich. Wie bei allen hoch wirksamen Medikamenten sind die unerwünschten Wirkungen außerdem von der eingenommenen Menge und der Anwendungsdauer abhängig. Bei Glucocorticoiden ist vor allem die so genannte *Cushing-Schwelle* (siehe unten) zu beachten. Wird eine bestimmte Dosis längere Zeit eingenommen, kann diese Schwelle überschritten werden.

Die Rinde unter Gips

Durch eine Einnahme von Glucocorticoiden kommt es über den oben beschriebenen Regelkreis zu einer Hemmung der ACTH-Ausschüttung. Werden Glucocorticoide oberhalb der Cushing-Schwelle länger als vier Wochen eingenommen, reduziert die Nebennierenrinde deren Produktion. Dies ist mit der Rückbildung der Muskelmasse unter einem Gipsverband vergleichbar. So wie die Muskeln wieder trainiert werden müssen, erholt sich auch die Funktionsfähigkeit der Nebennierenrinde nach dem Absetzen der Glucocorticoide nur langsam. Für Stresssituationen steht unter diesen Umständen zu wenig Cortisol zur Verfügung, und es kommt zu Addison-ähnlichen Symptomen. Daher dürfen Glucocorticoide auf keinen Fall schlagartig abgesetzt werden. Nach langfristiger, ununterbrochener Einnahme von Glucocorticoiden muss die Unterfunktion der Nebennierenrinde berücksichtigt werden und das Hormon in Stresssituationen wie bei Operationen oder nach Verletzungen ergänzt werden.

Mit Kanonen auf Spatzen?

Bevor eine Krankheit mit Glucocorticoiden behandelt wird, sollte geklärt werden, ob der zu erwartende Nutzen die möglichen Nebenwirkungen rechtfertigt. Es ist außerdem zu prüfen, ob bestehende Grunderkrankungen wie Infektionen eine Behandlung prinzipiell verbieten. Ist die Entscheidung für eine Glucocorticoidtherapie gefallen, muss die individuell geeignete Dosis gefunden werden. In vielen Fällen beginnt man mit einer hohen Dosis, die nach einigen Tagen langsam gesenkt wird, sobald eine Verbesserung des Gesundheitszustands des Patienten dies erlaubt. Ist eine Langzeittherapie notwendig, wird die niedrigste gerade noch wirksame Glucocorticoid-Dosis angestrebt. Dies wird als Niedrig-Dosis-Therapie bezeichnet. Das Medikament ist, entsprechend dem Tagesrhythmus der körpereigenen Ausschüttung, morgens einzunehmen. Erlaubt die Schwere einer Erkrankung dies nicht, so werden zwei Drittel der Tagesdosis morgens und der Rest abends eingenommen. Auf diese Weise wird eine Unterfunktion der Nebennierenrinden am ehesten verhindert.

Auf dem Weg der Verbesserung

Seit die Wirkungsmechanismen der Glucocorticoide im Einzelnen bekannt sind, versuchen die Pharmahersteller, durch gezielte Strukturveränderungen der Moleküle die Wirksamkeit zu erhöhen und gleichzeitig die unerwünschten Wirkungen zu reduzieren. In vielen Fällen war diese Strategie erfolgreich: Bei manchen Abkömmlingen wurde im Vergleich zu Cortisol eine mehrtausendfach höhere Wirksamkeit erreicht. Ursache dafür ist hauptsächlich eine stärkere Bindung der synthetischen Glucocorticoide an den Glucocorticoid-Rezeptor.

Als viel schwieriger erwies sich die Verminderung unerwünschter Wirkungen. Die Bindung von Glucocorticoiden an ihren Rezeptor hat immer den gleichen Effekt. Bis heute ist dieses Problem nicht befriedigend gelöst. Allerdings ist es gelungen, das Verhältnis von Wirkung zu Nebenwirkungen deutlich zu verbessern. Wo es besonders günstig ist, spricht man von »soft steroids«. Ein Weg dahin ist die Entwicklung von Wirkstoffen, die besonders schnell abgebaut werden (→ Pharmakokinetik). Solche Substanzen haben genügend Zeit, an der Stelle zu wirken, wo sie verabreicht werden, nicht aber, um sich im ganzen Organismus zu verbreiten. Eine bestimmte Art von Nebenwirkungen ließ sich fast völlig ausschalten: Glucocorticoide und Mineralocorticoide sind einander so ähnlich, dass Cortisol und verwandte Stoffe auch an den Rezeptor für Mineralocorticoide binden. Da Mineralocorticoide den Salz- und Wasserhaushalt regulieren, kann die Einnahme von Glucocorticoiden beides aus dem Gleichgewicht bringen. Durch gezielte Strukturveränderungen ist es gelungen, Wirkstoffe zu entwickeln, die ausschließlich an Glucocorticoid-Rezeptoren binden. Damit sind Nebenwirkungen, die durch den Rezeptor der Mineralocorticoide hervorgerufen werden, heute nahezu ausgeschlossen.

Wissen ist Gesundheit

Glucocorticoide sind vielseitige und hochwirksame Arzneimittel. Seit ihrer Einführung vor 50 Jahren sind sie aus der Therapie vieler Erkrankungen nicht mehr wegzudenken. Der Erfolg jeder langfristigen Therapie mit Glucocorticoiden hängt allerdings nicht nur vom Arzt, sondern auch von der Kooperation des Patienten ab. Ärzte sollten Glucocorticoide nur verschreiben, wenn zu erwarten ist, dass die unvermeidlichen Nebenwirkungen in einem vernünftigen Verhältnis zu den positiven Effekten stehen. Patienten, die Glucocorticoide einnehmen müssen, sollten sich umfassend über erwünschte und unerwünschte Wirkungen informieren und durch aktive Mitarbeit und Selbstkontrolle zum Therapieerfolg beitragen. Bei aller gebotenen Vorsicht – Glucocorticoide verdienen unseren Respekt, nicht unsere Ablehnung.

Wirkstoffe und Handelsnamen

Wirkstoff	Handelsname	Anwendung(en)	Wirkungsweise
Budesonid	Pulmicort®	Asthma	synthetisches Corticoid zur topischen Anwendung
Colchicin	Colchicum dispert®	akute Gichtanfälle	Naturstoff aus der Herbstzeitlose
Cortisol	Hydrocortison	Hormonersatztherapie	körpereigenes Corticoid
Dexamethason	Fortecortin®	Allergien, Asthma	synthetisches Corticoid zur systemischen Anwendung
Leflunomid	Arava®	rheumatische Arthritis	Immunsuppressivum
Methotrexat	Lantarel®, Metex®	schwere Arthritis	Cytostatikum
Prednicarbat	Dermatop®	Hauterkrankungen	synthetisches Corticoid zur topischen Anwendung
Prednisolon	Decortin®	Hormonersatztherapie, Arthritis, Asthma	synthetisches Corticoid zur systemischen Anwendung
Sulfasalazin	Azulfidine®	entzündliche Darmerkrankungen	Entzündungshemmer
Triamcinolon	Delphicort®	Arthritis, Asthma, Allergien	synthetisches Corticoid zur systemischen Anwendung

4
Der ständige Krieg
Antibiotika I: Geschichte und Grundlagen

Holger Lindner

»Es ist nirgend eine Seuche, es ist eine Arznei dafür«, lautet ein deutsches Sprichwort. In der Tat haben die großen Seuchen der Vergangenheit wie Pest, Cholera und Tuberkulose ihre Schrecken weit gehend verloren, sie alle lassen sich heute mit Antibiotika behandeln. Die Karriere dieser Wirkstoffe begann 1928 mit der Entdeckung eines bakterientötenden Stoffwechselprodukts aus dem Schimmelpilz *Penicillium notatum* durch Alexander Fleming. Er taufte die unbekannte Substanz, die die Geschichte der Medizin verändern sollte, auf den Namen Penicillin. Viele weitere Antibiotika folgten, und lange sah es aus, als hätte die Medizin die Infektionen fest im Griff. Doch die Erreger hielten dagegen und viele von ihnen wurden resistent gegen die klassischen Antibiotika. Heute ist die Forschung wieder intensiv auf der Suche nach neuen Substanzen und alternativen Wirkprinzipien, um dieser Bedrohung zu begegnen.

Der Begriff Antibiotikum wurde erst 1942 durch den Bakteriologen Selman A. Waksman geprägt (s. Kap. 6). Antibiotika sind natürliche, niedermolekulare Stoffwechselprodukte von Mikroorganismen, die das Wachstum von Bakterien hemmen (*bakteriostatische Wirkung*) oder diese abtöten (*bakterizide Wirkung*, Abb. 1). Mittlerweile ist es üblich, auch ganz oder teilweise synthetische antibakterielle Wirkstoffe als Antibiotika zu bezeichnen. Letztlich kann ein Antibiotikum allein den Patienten nicht völlig von seiner Infektion befreien. Es kann aber die Anzahl der Erreger so stark reduzieren, dass die Infektion durch das Immunsystem (→ Immunsystem) gänzlich eliminiert oder zumindest wieder beherrscht werden kann. Damit ein Antibiotikum als Medikament eingesetzt werden kann, darf es ausschließlich für Bakterien giftig sein (→ Krankheitserreger), nicht aber für den Patienten.

Die meisten der derzeit gebräuchlichen Antibiotika wirken auf einem von zwei grundsätzlich verschiedenen Wegen:
- Antibiotika der ersten Gruppe schädigen die bakterielle Zellwand oder greifen in ihre Synthese ein. Die Zellwand ist für Bakterien einzigartig und nichtbakterielle Zellen bleiben daher unbeeinträchtigt (s. Kap. 5).

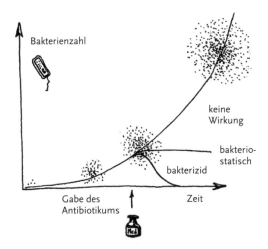

Abb. 1: Bakterizide und bakteriostatische Wirkung.

- Zur zweiten Gruppe gehören Antibiotika, die die bakterielle Synthese von Nucleinsäuren und Proteinen hemmen. Da sich die molekulare Maschinerie dieser Stoffwechselvorgänge in Bakterien und kernhaltigen Zellen deutlich unterscheidet, bildet sie ein ideales Ziel zur selektiven Bekämpfung einer bakteriellen Infektion (s. Kap. 6).

Die beiden nachfolgenden Kapitel beschäftigen sich im Einzelnen mit diesen Wirkungsmechanismen.

Alte Seuchen

Gottes Zorn und schädliche Ausdünstungen der Erde (seit der Antike als *Miasmen* bezeichnet) waren die populärsten Erklärungen für Seuchen wie die Pest im Mittelalter oder die Cholera im 19. Jahrhundert. Die große Pestepidemie der Jahre 1348 bis 1350 prägte in Europa die Wahrnehmung von Krankheiten schlechthin. Der Pesterreger *Yersinia pestis* kam vermutlich über die Seidenstraße aus Zentralasien nach Europa. Schätzungsweise ein Viertel der europäischen Bevölkerung wurde im 14. Jahrhundert Opfer des »schwarzen Todes«, der noch bis zur Mitte des 18. Jahrhunderts durch Europa zog. In den 1820er Jahren machte sich das Bakterium *Vibrio cholerae* in Form der asiatischen Cholera von China aus über Persien und den Kaukasus

Abb. 2: Apotheke des Todes: Trinkwasser als Seuchenherd.

Richtung Europa auf und erreichte 1832 Paris. Bis zum ersten Weltkrieg brach in Europa fünfmal die Cholera aus. Die Erkrankung wurde vornehmlich durch Trinkwasser verbreitet, das mit Fäkalien verunreinigt war (Abb. 2).

Nach dem Obduzieren Hände waschen!

Der in Wien tätige ungarische Arzt Philipp Semmelweis vermutete 1844, dass das weit verbreitete Kindbettfieber durch einen Erreger oder eine giftige Substanz ausgelöst wurde, die Ärzte und Studenten nach ihrem Umgang mit Leichen auf die Mütter übertragen hatten. Er forderte seine Kollegen auf, sich künftig regelmäßig auf ihrem Weg vom Obduktionssaal zur Wöchnerinnenstation die Hände zu waschen. Durch diese Hygienemaßnahme sank die Anzahl der Todesfälle durch Kindbettfieber von 12 % auf 1,5 %. Seiner ungarischen Herkunft und des Vorwurfs wegen, die Ärzte selbst hätten den Tod zu den Frauen gebracht, musste Semmelweis das Krankenhaus jedoch verlassen. Während die Sterberate in Wien daraufhin wieder anstieg, profitierte die Wöchnerinnenstation in Budapest von den Einsichten ihres neuen Mitarbeiters Semmelweis.

Gefahr erkannt ...

Kein Arzt, sondern der französische Chemiker Louis Pasteur machte 1865 die Theorie populär, dass Mikroorganismen Krankheiten auslösen können: Die französische Seidenindustrie lag zu dieser Zeit durch eine Erkrankung ihrer Rohstofflieferanten, der Seidenraupen, am Boden. Pasteur beobachtete mit dem Mikroskop in den befallenen Raupen und den Maulbeerblättern, von denen sie sich ernährten, Mikroorganismen, die er für die Krankheitserreger hielt. Seine Empfehlung, alle erkrankten Raupen und Pflanzen zu vernichten, half der Seidenindustrie wieder auf die Beine. Pasteur setzte sich im Anschluss auch dafür ein, dass die Chirurgen ihre Instrumente durch Hitze sterilisierten, um sie keimfrei zu machen. Bald reduzierte der routinemäßige Einsatz von Jodtinktur, noch heute Bestandteil jeder Hausapotheke, oder ähnlicher Mittel zur Desinfektion offener Wunden die Anzahl der Wundinfektionen drastisch. Bis 1900 hatten schließlich sterilisierte Gummihandschuhe und die Gazemaske als Atemschutz Einzug in den Operationssaal gehalten. Mittlerweile waren im Labor des Mediziners Robert Koch neue Techniken zur Kultivierung von Bakterien entwickelt worden, mit deren Hilfe Koch den Milzbrandbazillus (*Bacillus anthracis*) sowie die Erreger der Tuberkulose (*Mycobacterium tuberculosis*) und der Cholera identifizierte und isolierte. Koch und Pasteur gelten heute als Begründer der Bakteriologie.

Die Erfolge des letzten Jahrhunderts bei der Eindämmung von Infektionskrankheiten basierten neben der Anhebung des Lebensstandards besonders auf der allgemeinen Akzeptanz der Erkenntnis, dass diese Krankheiten durch Erreger übertragen werden. Dies war Voraussetzung für die Verbreitung von öffentlichen und individuellen Hygienemaßnahmen. Unter Medizinhistorikern bleibt jedoch umstritten, was neben der verbesserten Hygiene den Rückgang bakterieller Erkrankungen wie Tuberkulose, Syphilis, Gonorrhö, Diphtherie, Bakterienruhr, Durchfall, Lungenentzündung, Kindbettfieber, Scharlach, Harnwegsinfekten und Sepsis (»Blutvergiftung«) verursacht hat. Eine Schule schreibt dies hauptsächlich der Anhebung des Lebensstandards und der verbesserten Ernährung zu, während eine zweite im großflächigen Einsatz von Antibiotika seit den 1940er Jahren den wichtigeren Faktor sieht.

Magische Pfeile

Die Idee, eine Infektion mit einem direkt und ausschließlich auf den Erreger wirkenden Medikament zu behandeln, wurde erstmals von dem deutsche Mediziner *Paul Ehrlich* formuliert. Solche »magischen Pfeile« sollten bei richtiger Dosierung allein den Krankheitskeim treffen und das Gewebe des Wirts unbeschadet lassen.

Abb. 3: Antibiotika – der Hammer.

Mit Nummer 606 gegen Syphilis

In den 1870er Jahren hatte Ehrlich Techniken zur Anfärbung des Zellkerns mit synthetischen Farbstoffen entwickelt. Nun untersuchte er an Versuchstieren die Verteilung solcher Farbstoffe in verschiedenen Geweben. 1891 zeigte er, dass sich Bakterien und Malariaparasiten gezielt durch Methylenblau anfärben lassen. Der Farbstoff zeigte sogar eine geringe therapeutische Wirkung gegen den Erreger der Malaria tertiana, *Plasmodium vivax*. Diese Versuche markieren den Beginn der chemotherapeutischen Forschung.

1899 zog Ehrlich von Berlin nach Frankfurt, wo er eine großangelegte Suche nach Wirkstoffen gegen den Erreger der gefürchteten afrikanischen Schlafkrankheit startete. Wie beim Malariaerreger handelt es sich dabei um ein Protozoon, einen kernhaltigen Einzeller, der durch stechende Insekten übertragen wird (→ Krankheitserreger).

1907 entdeckte Ehrlich, dass der Farbstoff *Trypanrot*, richtig dosiert ins Blut injiziert, gegen den Erreger wirksam war, ohne den Patienten zu schaden. Ehrlich vermutete, die Azogruppe des Farbstoffmoleküls (–N=N–) sei für die Giftigkeit verantwortlich, was ihn auf eine analoge Kombination aus Arsenatomen (–As=As–) brachte. Arsen ist dem Stickstoff chemisch ähnlich, aber weitaus giftiger. Es begann ein wahlloses Ausprobieren aller möglichen Arsenverbindungen. Der japanische Student Sahachiro Hata aus Ehrlichs Team testete die arsenhaltige Substanz mit der laufenden Nummer 606 (Neoarsphenamin) an einem mit dem Syphiliserreger infizierten Kaninchen und heilte es dadurch überraschenderweise. Der Grund für Hatas Erfolg war eine chemische Umsetzung von Nummer 606, die den Stoff gleichsam aktiviert, aber in der Kultur des isolierten Syphiliserregers nicht stattfindet. Ehrlich sorgte unter Aufbietung all seiner Überredungskünste dafür, dass die Substanz in Kliniken zur Anwendung kam. Das unter dem Namen Salvarsan® (»gesundes Arsen«) berühmt gewordene Mittel war der erste rein synthetische Arzneistoff.

Sulfonamide, die ersten Allrounder

Der Erfolg von Salvarsan weckte das Interesse der chemischen Industrie an synthetischen antibakteriellen Mitteln. In den Labors von Bayer experimentierte 1935 Gerhard Domagk mit Mäusen, die er mit Streptokokken infizierte, Erregern von Hirnhautentzündung und Atemwegserkrankungen. Er verabreichte den Tieren u. a. den roten Farbstoff Prontosilrot: Wie erhofft überlebten die Mäuse, nicht aber die Streptokokken. Kurz entschlossen behandelte Domagk auch seine an einer schweren Streptokokkeninfektion erkrankte Tochter mit Prontosilrot. Das zehn Monate alte Mädchen verfärbte sich daraufhin zwar rot, aber die Behandlung rettete dem Kind wahrscheinlich das Leben. Eine groß angelegte klinische Studie belegte 1936, dass Prontosil® auch gegen Streptokokken-bedingtes Kindbettfieber wirkt. Innerhalb von drei Jahren war das Mittel weltweit als »Wunderdroge« im Einsatz. Ernest Fourneau und Jacques Trefouël am Pasteur Institut in Paris zeigten, dass Prontosil® erst im Organismus in das bakterientötende Sulfanilamid (p-Aminobenzolsulfonamid) umgewandelt wird. Schnell fanden die Chemiker heraus, dass sich durch Austausch eines der Wasserstoffatome am schwefel-stickstoffhaltigen Teil der Substanz gegen andere Atomgruppen neue antibakterielle Eigen-

Abb. 4: Paul Ehrlich und das Salvarsan.

schaften erzeugen ließen. Beim Einsatz dieser als *Sulfonamide* bezeichneten Medikamente (s. Kap. 7) kapitulierten die Bakterien reihenweise. Insbesondere die tödlichen Fälle von bakterieller Lungenentzündung gingen drastisch zurück. Allerdings war den Sulfonamiden nur eine kurze Periode des Ruhmes beschieden.

Neue Antibiotika bei Ausgrabungen entdeckt

Pasteur berichtete bereits 1877, dass manche Bakterien beim Kontakt mit anderen Mikroorganismen absterben. 1939 isolierte der Mikrobiologe René J. Dubos mit Gramicidin und Tyrocidin aus dem Bodenbakterium *Bacillus brevis* erstmals gezielt mikrobielle Bakterizide. Selman A. Waksman wurde 1943 mit einem Bodenpilz der Gattung *Streptomyces* fündig und isolierte das vor allem bei Tuberkulose wirksame Aminoglycosid Streptomycin (s. Kap. 5). Ebenfalls aus *Streptomyces* wurde 1947 das aufgrund seiner Giftigkeit besonders vorsichtig einzusetzende Chloramphenicol isoliert (s. Kap. 6). 1944 gewann Benjamin M. Duggar mit seinen Kollegen nach der Analyse tausender Bodenproben die ersten Tetracycline aus *Streptomyces*-Arten (s. Kap. 6). Wie Penicillin waren die Tetracycline gegen ein sehr breites Spektrum von Erregern wirksam. Als sogenannte *Breitbandantibiotika* hatten sie entscheidenden Anteil am Rückgang von Infektionskrankheiten.

Penicillin für alle! Der Siegeszug der Antibiotika

Der britische Biochemiker Howard W. Florey und sein deutschstämmiger Kollege Ernest B. Chain waren auf Alexander Flemings Arbeit über das Penicillin gestoßen. 1941 reicherten sie diese β-Lactamverbindung (s. Kap. 5) in Mengen an, die genügten, um ihre klinische Wirksamkeit gegen eine Reihe von Erregern nachzuweisen. Der Krieg zwang Florey, die Entwicklung von Verfahren zur großtechnischen Produktion von Penicillin in den Vereinigten Staaten weiter voranzutreiben. Gegen Kriegsende ersetzte Penicillin die Sulfonamide bereits weit gehend. Abgesehen von gelegentlichen allergischen Reaktionen (3 % aller Fälle) hat Penicillin so gut wie keine Nebenwirkungen. Dies und seine Wirksamkeit gegen so verschiedene Erkrankungen wie Lungenentzündung, Gonorrhö, Syphilis, Kindbettfieber, Scharlach und Hirnhautentzündung machten Penicillin zum wichtigsten Medikament überhaupt. Halbsynthetisch hergestellte Varianten des Penicillins erweiterten später das antibiotische Spektrum (s. Kap. 5).

Aus Alt mach Neu

Nach wie vor ist die chemische Veränderung etablierter Antibiotika natürlichen Ursprungs ein wichtiger Ansatz, um ihre antibakterielle Wirksamkeit, ihre pharmakokinetischen Eigenschaften (→ Pharmakokinetik) und ihre Stabilität zu verbessern. So ist mittlerweile die vierte Generationen von Cephalosporin-Antibiotika im Einsatz (s. Kap. 5). Die Muttersubstanz dieser β-Lactamverbindungen wurde 1948 von Giuseppe Brotzu aus dem Pilz *Cephalosporium acremonium* isoliert, den er in einem Abwasserkanal gefunden hatte.

Die Entwicklung des rein synthetischen Wirkstoffs Isoniazid machte die Tuberkulose von einer tödlichen Geißel zu einer behandelbaren Krankheit. Weitere Meilensteine in der Herstellung synthetischer Antibiotika waren das Nitrofurantoin und die Nalidixinsäure. Beide bewähren sich bis heute in der Behandlung von Harnwegsinfektionen, da sie größtenteils über die Nieren mit dem Urin ausgeschieden werden und somit rasch an den Infektionsort gelangen. Vor allem in Japan wurde daraufhin intensiv an Analogen der Nalidixinsäure geforscht. Dies führte zu einer Gruppe noch wirksamerer Antibiotika mit einem breiteren Wirkungsspektrum, den Fluorochinolonen, die außerdem einen völlig neuen Wirkungsmechanismus zeigen (s. Kap. 6).

Neue Seuchen

Dank des Einsatzes von Pestiziden, Antibiotika und moderner Hygiene ist in den entwickelten Ländern heute das Ausbrechen einer Pest-Epidemie wohl unwahrscheinlich. In Nordamerika findet sich jedoch der Pesterreger noch immer in einem Großteil der Erdhörnchenpopulation, vereinzelte Pestfälle werden dort nach wie vor gemeldet. Im Herbst 1994 brach in Indien eine Pestepidemie aus, die jedoch mit Hilfe von Insektiziden und Antibiotika rasch gestoppt werden konnte. 1992 rüttelte der sogenannte Ledberg-Bericht vom medizinischen Institut der Nationalen Akademie der Wissenschaften in den USA die Fachwelt auf: Er zeigte überzeugend eine fatale Fehleinschätzung der seuchenhygienischen Situation nicht nur in den Entwicklungsländern, sondern auch in den Industrienationen auf. Das Wiederauftreten von Seuchen droht dem Bericht zufolge wegen mangelnder öffentlicher Gesundheitsfürsorge, demographischer Veränderungen, internationaler Mobilität von Menschen und Gütern, ökologischer Faktoren und nicht zuletzt durch mikrobiologische Anpassungsprozesse.

Im Darm und auf den Bäumen

Zwar kommen in Deutschland derzeit keine bakteriellen Infektionskrankheiten großen Stils vor, doch wird eine seit Jahren grassierende bakterielle Epidemie in der Öffentlichkeit verdrängt: Durchfallerkrankungen, vor allem durch Salmonellen und toxinbildende Verwandte des Darmbakteriums *Escherichia coli*. Während rund 200 000 Fälle jährlich gemeldet werden, liegt die Dunkelziffer um das Zehnfache höher. Die *Lyme-Krankheit*, auch als Zecken-Borreliose bekannt, wurde erst Mitte der 1970er Jahre in der Ortschaft Lyme im US-Bundesstaat Connecticut als eigenes Krankheitsbild erkannt.

Der afrikanische Meningitis-Gürtel

Die Meningokokken-Meningitis, eine oft tödliche Entzündung der Hirn- und Rückenmarkshäute, tritt in den Industrieländern nur noch selten auf. Entwicklungsländer hingegen werden immer wieder von schweren Epidemien heimgesucht. Alle fünf bis zwölf Jahre kommt eine mehrere Jahre lang anhaltende Welle von Hirnhautentzündungen über den afrikanischen »Meningitis-Gürtel«, der sich zwischen Gambia und Äthiopien über den ganzen Kontinent erstreckt. Durch rasche Gabe von Antibiotika lässt sich zwar die Sterblichkeit auf 10 % senken, doch nur mit Hilfe ausländischer Organisationen ist eine entsprechende medizinische Versorgung sicherzustellen. Statt moderner Antibiotika ist in diesen Ländern der Einsatz der billigeren Sulfonamide noch weit verbreitet.

Tuberkulose – ein globaler Notfall

Robert Koch berichtete 1883 vor der Physiologischen Gesellschaft in Berlin von der Isolierung und Kultivierung des *Mycobacterium tuberculosis*. In den darauf folgenden Jahren verlor diese auch als »Schwindsucht« bekannte Volksseuche *Tuberkulose* ihre Schrecken. Trotzdem kam es nach dem Zweiten Weltkrieg als Folge von Mangelernährung und schlechter Hygiene noch einmal zu einer Epidemie. Obwohl Antibiotika zur Behandlung von Tuberkulose heute so gut untersucht sind wie kein anderes antibakterielles Medikament, ist schätzungsweise ein Drittel der Erdbevölkerung mit Tuberkelbakterien infiziert. In Deutschland führt die Tuberkulose immer noch die Liste der tödlich verlaufenden Infektionskrankheiten an. Oft besteht gleichzeitig eine andere Grunderkrankung (wie zum Beispiel ein *Diabetes mellitus*, s. Kap. 15), oder es liegt eine Erkrankung vor, die mit Immunsuppressiva behandelt werden muss (s. Kap. 10). Die medikamentöse Therapie der Tuberkulose ist komplex: mindestens ein halbes Jahr lang muss eine Kombination aus drei verschiedenen Antibiotika verabreicht werden.

Widerstand zwecklos?

Auch etablierte Antibiotika haben in Einzelfällen immer wieder versagt. Die Mechanismen, die zu dieser Entwicklung führten, haben sich wider Erwarten als äußerst vielfältig entpuppt. Prinzipiell kann sich bei jedem Bakterium eine Resistenz gegen jedes gebräuchliche Antibiotikum ausbilden. Sie kann entweder spontan auftreten oder von anderen Bakterien übernommen werden.

Die Achillesferse der β-Lactam-Antibiotika

Bakterien können einem Antibiotikum trotzen, weil sie eine aktive Gegenstrategie entwickelt haben oder weil sie ganz einfach unempfindlich geworden sind (Abb. 5). Zum Beispiel können die Penicilline als β-Lactam-Antibiotika durch bestimmte Enzyme (β-Lactamasen, in diesem Fall so genannte *Penicillinasen*) abgebaut werden (s. Kap. 5). Galten die nach dem gleichen Wirkprinzip wie die Penicilline funktionierenden Cephalosporine zunächst noch als frei von dieser Schwäche, kennt man inzwischen auch entsprechende *Cephalosporinasen*.

Anpassung durch Genmutation: Eine Frage der Zeit

Genmutationen, die die Aminosäuresequenz eines Proteins verändern, sind bei Bakterien relativ häufig. Sie treten spontan auf oder werden durch äußere Einflüsse veranlasst. Da ein einzelnes Bakterium in wenigen Stunden Hunderttausende von Nachkommen hervorbringen kann, ist es sehr wahrscheinlich, dass zumindest einer davon eine Mutation im Gen z. B. der β-Lactamase trägt. Der Austausch eines Aminosäurerests im oder nahe dem aktiven Zentrum (→ Enzyme) kann das Enzym unter Umständen gegen weitere, bisher unverdauliche β-Lactam-Antibiotika wirksam machen und die betreffende Zelle dadurch gegen diese Antibiotika resistent werden lassen.

Eine Mutation kann auch den *Wirkort* eines Antibiotikums verändern: Die Aufgabe des Enzyms *Gyrase* zum Beispiel ist es, durch das Einführen und Schließen von Strangbrüchen in die chromosomale Desoxyribonucleinsäure (DNA) die wohlgeordnete Struktur des bakteriellen Erbmaterials aufrechtzuerhalten. Ohne diese Ordnung kann das Bakterienchromosom seine Funktion nicht mehr erfüllen. Genau hier greifen die Fluorochinolone an (s. Kap. 6). Ein einziger Aminosäureaustausch kann die Empfindlichkeit der Gyrase auf Fluorochinolone jedoch bereits verringern. Nachfolgende Mutationen können den Effekt steigern und diese Antibiotika schließlich wirkungslos werden lassen (Abb. 5).

Unempfindlich wird ein Bakterium auch dann, wenn das Antibiotikum einfach nicht mehr in die Zelle hinein gelangt. Zum Beispiel wurden Veränderungen in der Durchlässigkeit der Bakterienzellwand aufgrund von Genmutationen beobachtet, die die Aufnahme von Tetracyclinen verhindern. Die Aufnahme von Aminoglycosiden wie zum Beispiel Streptomycin hängt meist von Transportproteinen ab, die offensichtlich für das Bakterium verzichtbar sind, wenn durch ihr Fehlen eine Resistenz erkauft werden kann. Noch wirkungsvoller als dieser komplette Ausschluss ist das aktive Entfernen eines Antibiotikums durch einen Pumpmechanismus (Abb. 5).

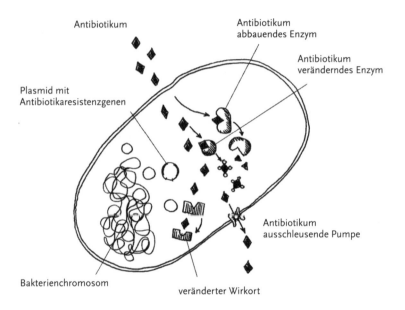

Abb. 5: Resistenzmechanismen bei Bakterien.

Das Glycopeptid Vancomycin, von dem noch die Rede sein wird, verhindert den endgültigen Aufbau der Bakterienzellwand durch Bindung an die Dipeptidgruppe D-Alanyl-D-Alanin des Grundbausteins des Zellwandgerüsts (s. Kap. 5). Durch den Ersatz des zweiten D-Alaninrests dieser Gruppe durch einen Lactatrest umgingen als erste bestimmte Darmbakterien, Enterokokken, die Wirkung von Vancomycin.

Deine Resistenz, meine Resistenz, unsere Resistenzen

Zusätzlich zum spontanen Auftreten von Antibiotikaresistenzen durch Mutationen sorgen verschiedene Mechanismen des Genaustauschs zwischen Bakterien für die Verbreitung und Neukombination vorhandener Resistenzen über Artengrenzen hinweg (Abb. 6). Im einfachsten Fall wird die freie DNA mit einem Resistenzgen aus einem abgestorbenen Bakterium durch ein anderes Bakterium unspezifisch aufgenommen (Abb. 6). Nach einer solchen *Transformation* kann das Gen ins Bakterienchromosom oder in ein kleines, ringförmiges DNA-Molekül, ein *Plasmid*, integriert und von hier aus aktiv werden. Im Gegensatz zur zufälligen Transformation können Plasmide, oft Träger mehrerer Resistenzen, gezielt durch Konjugation zwischen Bakterien übertragen werden (Abb. 6). Die dritte Möglichkeit der Übertragung besteht durch eine Infektion mit einem Phagen, einem Bakterienvirus, das sich in einer vorangegangenen Wirtszelle bakterielle Erbinformationen einverleibt hat und diese nun mit seinem eigenen Genom in den neuen Wirt überträgt (Abb. 6). Gelangt ein Resistenz-Gen durch Transformation oder Phageninfektion in eine neue Bakterienzelle, so ist es oft bereits in ein so genanntes *Transposon* eingebaut. Das sind DNA-Sequenzen, die das Gen auf beiden Seiten flankieren und seine Integration in ein neues Erbmolekül wie ein Plasmid oder das Bakterienchromosom ermöglichen.

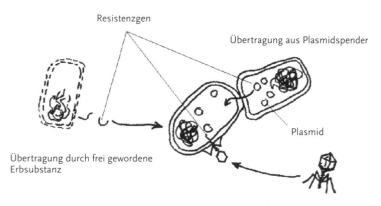

Abb. 6: Übertragung von Resistenzgenen.

Richtig dosiert ist halb kuriert

Mit einer zu niedrig dosierten, über einen längeren Zeitraum verteilten oder zu früh abgebrochenen Behandlung steigt die Gefahr einer Resistenzentstehung: Zwar sind empfindliche Bakterien bald erledigt, resistente Stämme überleben jedoch und machen sich auf dem geräumten Feld breit. Bei der Behandlung kommt es darauf an, die Anzahl der Keime durch das Antibiotikum rasch so weit zu senken, dass sie durch das Immunsystem beherrscht werden können. Wird kein Antibiotikum eingesetzt, bedeutet das Erlangen einer Antibiotikaresistenz (auf welchem Weg auch immer) für ein Bakterium meist einen Nachteil: Eine Mutation oder die Bürde zusätzlichen genetischen Materials bringt meist eine Einbuße an allgemeiner Fitness mit sich. Die Konkurrenten um Wachstumsressourcen, ob von der gleichen oder einer anderen Bakterienart, sind dann im Vorteil.

Die Mikrobengesellschaft im Ungleichgewicht

Durch Antibiotika wird nicht nur das Spektrum krankheitserregender Keime, sondern auch das harmloser, empfindlicher Bakterien beeinflusst, die als sogenannte Kommensalen zum Beispiel im Darm, den oberen Atemwegen oder auf der Haut leben. Auch sie werden durch eine Antibiotikabehandlung dezimiert und können ebenfalls Resistenzmechanismen entwickeln, die wiederum, wie oben beschrieben, auf krankheitserregende Bakterien übergehen können. Durch den häufigen Gebrauch von Antibiotika wurden auf diesem Weg bestimmte Kommensalen zu den am meisten gefürchteten Krankenhauskeimen. Aber nicht nur der Antibiotikaeinsatz im medizinischen Bereich, auch der in der Landwirtschaft hat bereits deutliche Spuren im Resistenzgut von Bakterien hinterlassen. Da zwischen dem Individuum und seiner Umgebung ein Austausch von Bakterien stattfindet, kann man eine Familie, eine Krankenhausstation oder auch die Bevölkerung eines ganzen Landes als Ökosystem für Bakterien betrachten. Daran ändern spezielle Hygienemaßnahmen nichts Wesentliches. Sie können sogar auf die prinzipiell gleiche Weise wie Antibiotika zur Entstehung unausrottbarer Keime beitragen. Die Entstehung und Verbreitung von neuen Resistenzen wird meist erst in Krankenhäusern offensichtlich, wo sich bei geschwächten Patienten die Vermehrung gewöhnlicher Kommensalen zu tödlichen Infektionen auswachsen kann. Solche als »Problemkeime« bezeichneten Erreger sind allzu oft nur noch durch Ausschöpfung des Arsenals an Antibiotika zu behandeln.

Problemkeime

Die Liste der Problemkeime führt derzeit *Staphylococcus aureus* an, ein Bakterium, das etwa 10 % der Bevölkerung auf der Haut tragen. Die Gefahr ist groß, den Keim durch eine offene Wunde in die Blutbahn zu verschleppen. Kurz nach Einführung des Penicillins wurde auch das Auftreten resistenter Stämme in Krankenhäusern bekannt. Das Gleiche passierte in den 1970er Jahren kurz nach Einführung des noch potenteren Antibiotikums Methicillin. Dieses Medikament gab dem bis heute im Krankenhaus gefürchteten, mehrfachresistenten Stamm seinen Namen MRSA (Methicillin-Resistant Staphylococcus Aureus). Seit 1956 steht den Medizinern das gegen MRSA wirksame Antibiotikum Vancomycin zur Verfügung. Wohl wissend, dass die Gefahr der Resistenzbildung besteht, sollte es ausschließlich als Notanker dienen, als *Reserveantibiotikum* zum Einsatz in Fällen, in denen kein anderes Mittel mehr wirksam ist. Jedoch gibt es die Befürchtung, *S. aureus* werde einmal die Vancomycinresistenz von Enterokokken (s. o.) übernehmen; 40 Jahre nach seiner Einführung versagte auch Vancomycin erstmals bei einer MRSA-Infektion.

Gegen Vancomycin resistente Enterokokken sind meist auch von vornherein unempfindlich gegen Tetracycline, Aminoglycoside und viele Penicilline. *Enterococcus faecalis* ist außerdem resistent gegen Cephalosporine, deren häufiger Einsatz ihre Ausbreitung begünstigt hat. Mittlerweile verursacht *E. faecalis* 5–15 % aller Entzündungen der Herzinnenhaut (Endokarditis). 1988 wurde erstmals in Europa und ein Jahr später in den Vereinigten Staaten von einem vancomycinresistenten Enterokokkenstamm (VRE für *Vancomycin-Resistant Enterococci*) berichtet. Doch die Karriere der VRE verlief dies- und jenseits des Atlantiks unterschiedlich: Im Gegensatz zu den Vereinigten Staaten wurde in Deutschland und Dänemark noch Anfang der 1990er Jahre das dem Vancomycin chemisch verwandte Glycopeptid Avoparcin jährlich tonnenweise in der Vieh- und Geflügelmast eingesetzt. Durch die Verfütterung von Antibiotika gewinnen die Tiere bis zu fünf Prozent an Körpergewicht. Die genauen Gründe für den wachstumsfördernden Effekt sind nicht bekannt, doch wurde in

Schweden, wo der Gebrauch von Antibiotika in der Tiermast seit 1986 verboten ist, der gleiche Effekt durch verbesserte Hygiene im Tierstall erreicht.

Streptococcus pneumoniae und *Pseudomonas aeruginosa* sind zwei weitere häufige »Krankenhauskeime«. Die Mehrfachresistenzen dieser Erreger sind in erster Linie dem Antibiotikaeinsatz im Krankenhaus zuzuschreiben. Streptokokken sind an sich normale Bewohner unserer Schleimhäute. *S. pneumoniae*, einer der häufigsten Krankheitserreger in dieser Gruppe, verursacht Mittelohrentzündung, Lungenentzündung, Sepsis und Hirnhautentzündung. Erst vor 15 Jahren wurde von einer Unempfindlichkeit des Erregers gegen Penicillin auf verschiedenen Kontinenten berichtet. Seitdem hat sich das Spektrum der gegen den Keim wirksamen Mittel immer weiter eingeschränkt. In den USA wurde bereits das Reserveantibiotikum Vancomycin eingesetzt. Das Bakterium *P. aeruginosa* lebt im Darm und auf der Haut Gesunder, hat jedoch das Potenzial, die verschiedensten ökologischen Nischen zu besiedeln und Krankheiten zu verursachen. Oft vermehrt sich der vielfachresistente Keim in den Atemwege von Mukoviszidosepatienten und in offenen Wunden, vor allem nach Verbrennungen. Zusätzlich zu seinen Antibiotikaresistenzen hat sich *P. aeruginosa* eine sehr widerstandsfähige äußere Polysaccharidkapsel zugelegt, mit der er der Immunabwehr widerstehen und sogar nach der Aufnahme durch Fresszellen (Makrophagen) überleben kann.

Damit Sie auch morgen noch gesund werden können

Antibiotika sind die Medikamente der Wahl zur Behandlung von bakteriellen Infektionen. Was aber muss geschehen, damit sie angesichts der enormen Anpassungsfähigkeit der bakteriellen Krankheitserreger auch in Zukunft noch wirksam sind? Bei der Einnahme von Antibiotika sollten unbedingt die ärztlichen Angaben befolgt werden. In der Klinik sollte der Erreger möglichst vor der Behandlung identifiziert und auf seine Antibiotikaempfindlichkeit hin untersucht werden, damit gezielt ein den Keim treffendes Medikament eingesetzt werden kann. Für niedergelassene Ärzte mangelt es leider an entsprechenden diagnostischen Tests. Sie verschreiben meist auf der Grundlage der Symptome ein gegen den vermuteten Erreger mit einiger Wahrscheinlichkeit wirksames Breitbandantibiotikum. Mit Tests, die zwischen viralen und bakteriellen Infektionen unterscheiden könnten, ließe sich nach Schätzungen der Weltgesundheitsorganisation der Konsum von Antibiotika um die Hälfte reduzieren! Besondere Bedeutung kommt auch der Hygiene beim Krankenhauspersonal zu. Nicht zuletzt im regelmäßigen Händewaschen nach jedem Patientenkontakt, wie Semmelweis es bereits 1844 forderte, steckt immer noch ein großes Potenzial zur Verhinderung der Übertragung von Krankenhauskeimen.

Die Entwicklung und Zulassung neuer Antibiotika ist seit 20 Jahren rückläufig. Die synthetischen Oxazolidinone stellen die einzige wirklich neue Wirkstoffklasse unter den Antibiotika der letzten 30 Jahre dar, von denen der Wirkstoff Linezolid erst 2000 zugelassen wurde. Die Entwicklung von Antibiotika war der Startschuss zu einem Rennen zwischen der Medizin und antibiotikaresistenten Erregern, in dem heute wieder die Bakterien die Nase vorn haben. Für den Ausgang des Wettlaufs wird letztendlich entscheidend sein, ob es weiterhin gelingt, neue Antibiotika zu entwickeln, mit denen auch Infektionen durch resistente Erreger behandelt werden können.

5
Fleming und der Zufall
Antibiotika II: Penicilline und Cephalosporine

Cornelia Bartels

Paris um 1830. Im Hause von Violetta Valéry – einem Stern am Nachthimmel der Pariser Halbwelt – trifft sich eine Abendgesellschaft. Unter den Gästen befindet sich auch Alfred Germont, der der Dame des Hauses, trotz ihres Lebenswandels glühende Verehrung entgegenbringt. Auf Grund eines durch ihre Tuberkulose ausgelösten Schwächeanfalls muss sich Violetta im Verlaufe des Abends zurückziehen. Alfred Germont nutzt diese Gelegenheit, um ihr seine Liebe zu gestehen. Sie, die die wahre Liebe bisher nicht kannte, ist entzückt. Im Glauben vor den Toren einer besseren Welt zu stehen, verspricht sie ihm, sie wiedersehen zu dürfen, sobald die Kamelie, die sie ihm reicht, verblüht ist. Die beiden werden ein Liebespaar, bis Violetta von ihrer Vergangenheit eingeholt wird: Der Verlobte von Alfreds Schwester weigert sich, diese zu heiraten, solange Alfred mit »der Halbweltdame« liiert ist. So bittet Alfreds Vater Violetta, sich von ihrer großen Liebe zu trennen. Violetta, die Alfreds Familie nicht ins Unglück stürzen will, ist zur Trennung bereit. Ihrem Geliebten hinterlässt sie nur einen Brief, in dem sie die wahren Gründe ihres Fortgehens verschweigt. Alfred ist gekränkt, ahnt jedoch, dass Violetta ihm nicht die volle Wahrheit gesagt hat. Auf einen Maskenball trifft er sie wieder. Auf Grund ihres Versprechens Alfreds Vater gegenüber bittet Violetta ihn, das Haus zu verlassen. Von ihrer lieblosen Abweisung enttäuscht, beschimpft Alfred sie als Dirne und wirft ihr ihren »Lohn« für die vergangene Zeit vor die Füße. Violetta erleidet erneut einen Schwächeanfall. Erst jetzt erkennt Alfreds Vater seinen Fehler, Violetta ihrer Vergangenheit wegen verurteilt zu haben. Er erzählt seinem Sohn von seiner Unterredung mit Violetta und ermutigt ihn, sie zurückzuholen. Als Alfred jedoch Violettas Haus erreicht, liegt diese bereits im Sterben.

Wahrhaft tragisch, die Geschichte von der Kameliendame! Ob sie sich wirklich so zugetragen hat oder ob sie nur der Phantasie von Alexandre Dumas entsprungen ist, bleibt unbekannt. Fest steht jedoch, dass sie Giuseppe Verdi so bewegt hat, dass er sie zum Thema seiner Oper »La Traviata« machte. Dies geschah nicht ohne Grund: Noch im 19. Jahrhundert – genauso wie in den Jahrhunderten zuvor – waren bakterielle Infektionen wie die Tuberkulose unheilbar. Das Leben war durch Erfahrungen mit Tuberkulosekranken geprägt. So wie heute wahrscheinlich jeder einen Menschen kennt, der an Krebs erkrankt ist, gab es früher immer einen Tuberkulosekranken im Kreis der Bekannten. Neben Dumas verarbeiteten auch andere Künstler der Zeit in ihren Werken das grausame Schicksal von Menschen, die an Tuberkulose litten. So erliegt auch die Mimi aus Giacomo Puccinis »La Bohème« ihrer Tuberkulose, bevor sie endgültig mit ihrem Geliebten zusammenkommen kann.

Der Einfluss bakterieller Infektionen auf unsere Kultur zeigt sich nicht nur in den Werken Verdis und Puccinis. Künstler gehörten selbst zu den Opfern bakterieller Infektionen. So erlagen beispielsweise die Literaten Honoré de Balzac, Franz Kafka und David Herbert Lawrence sowie der Musiker Frédéric Chopin dem todbringenden *Mycobacterium tuberculosis,* dem Erreger der Tuberkulose. Franz Schubert fand dagegen durch eine Infektion mit *Salmonella typhi,* dem Typhuserreger, einen frühen Tod.

Bakterielle Infektionen haben nicht nur unsere Kultur beeinflusst, sondern auch in den Verlauf der Geschichte eingegriffen. So starben im 14. Jahrhundert in Europa mehr als 25 Millionen Menschen an der Pest. Erreger des »Schwarzen Todes« ist das Bakterium *Yersinia pestis.* Theorien besagen, dass diese sich weltweit verbreitende *Epidemie (Pandemie)* einen nicht unwesentlichen Beitrag zum Ende des Mittelalters leistete und damit eine neue Epoche – die Renaissance – einläutete: Durch die verminderte Bevölkerungszahl mussten die niederen Schichten viel weniger um Nahrung und Arbeit kämpfen; gleichzeitig stieg das Vermögen der wohlhabenden Familien durch die Hinterlassenschaften der Verstorbenen erheblich an. Wie wäre die Geschichte wohl verlaufen, wenn man den Erreger der Pest und die anderer bakterieller Infektionen schon viel früher hätte bekämpfen können?

Entdeckung der Antibiotika

Bereits im Mittelalter wurde grünes, mit Schimmelpilzen infiziertes Brot als Wundheilmittel verwendet. Zu dieser Zeit wusste man natürlich noch nichts von krankheitserregenden Mikroorganismen oder antibiotisch wirkenden Substanzen. Diese erste Form der »Behandlung bakterieller Infektionen« ist sicherlich aus langjährigen Erfahrungen erwachsen. Die Entdeckung des Penicillins durch Alexander Fleming ist dagegen einem reinen Zufall zu verdanken.

Alexander Fleming war ein englischer Biologe. Nach dem ersten Weltkrieg, in dem er an der Front gekämpft hatte, kehrte er nach London an das St. Mary´s Hospital zurück, um seine wissenschaftlichen Arbeiten fortzusetzen. In den vier Kriegsjahren hatte er erkannt, dass bakterielle Infektionen sowohl für die Frontsoldaten als auch für die verletzten Zivilisten gefährlicher sein konnten als die Verletzungen durch den direkten Kampf mit dem Feind. So widmete er sich in der folgenden Zeit der Suche nach Substanzen, die gegen Bakterien wirken. Bei diesen Arbeiten entdeckte er u. a. das *Lysozym*, ein schwach antibakteriell wirkendes Enzym (→ Enzyme), das in verschiedenen Körperflüssigkeiten wie den Tränen vorkommt. Gegen die wirklich gefährlichen infektiösen Bakterien zeigte Lysozym jedoch leider keine nennenswerte Wirkung. Im weiteren Verlauf seiner wissenschaftlichen Arbeit sollte Alexander Fleming dann aber auf das erste, bis heute zu den wirkungsvollsten Bakteriziden gehörende Antibiotikum stoßen – das Penicillin.

Kreatives Chaos?

Alexander Fleming zählte nicht zu den besonders ordentlichen Menschen. Von vielen seiner Kollegen wurde er wegen des in seinem Labor herrschenden Durcheinanders belächelt, das man im Nachhinein aber auch als »kreatives Chaos« auffassen könnte (Abb. 1).

Für seine Experimente züchtete er Bakterien der Art *Staphylococcus aureus* auf Nährböden, so genannten *Agarplatten*. Diese Platten wurden für Tests mit den potenziell antibakteriell wirkenden Substanzen verwendet. Im September 1928 stapelten sich wieder einmal viele gebrauchte Agarplatten in Flemings Labor. Bevor er diese endgültig in den Müll warf, betrachtete er sie nochmals. Dabei machte er eine erstaunliche Entdeckung: Eine der Platten war von einem Schimmelpilz besiedelt worden, und in der Umgebung der Schimmelpilzkolonie hatte sich ein Bereich gebildet, in dem keine Bakterien mehr wuchsen (Abb. 2). Mikrobiologen bezeichnen dies als einen *Hemmhof*. Offensichtlich hatte der Schimmelpilz – es handelte sich um *Penicillium notatum* – eine Substanz abgesondert, die entweder die Bakterien direkt abtötete oder sie in ihrem Wachstum hemmte.

Fleming, der diese zufällige Beobachtung sofort richtig deutete, züchtete den Pilz und gab der darin enthaltenen antibakteriell wirkenden Substanz den Namen Penicillin, abgeleitet vom Namen des Schimmelpilzes. Da sich die Aufreinigung des Penicillins aus dem Pilz schwieriger gestaltete als ursprünglich angenommen, dauerte es

Abb. 1: Kreatives Chaos? Flemings Labor.

weitere zehn Jahre, bis die Substanz in reiner Form zur Verfügung stand. Erst 1939 gelang es dem Pathologen Howard Walter Florey in Zusammenarbeit mit dem Chemiker Ernst Boris Chain und weiteren Mitarbeitern, Penicillin aus dem Schimmelpilz zu isolieren. Erste Versuche *in vitro* (im Reagenzglas) und *in vivo* (an Mäusen) schlossen sich an. Sie waren erfolgreich! So konnten z. B. mit Streptokokken infizierte Mäuse durch die Gabe sehr geringer Konzentrationen an Penicillin geheilt werden. Bis genügende Mengen davon aus dem Schimmelpilz gewonnen und gereinigt waren, um die ersten menschlichen Patienten behandeln zu können, vergingen aber noch weitere zwei Jahre.

Bakterien angreifen: Wo liegen die Schwachstellen?

Die wichtigste Eigenschaft einer antibiotisch wirkenden Substanz ist ihre *selektive Wirkung* auf Mikroorganismen. »Selektiv« bedeutet in diesem Zusammenhang, dass das Antibiotikum gegenüber menschlichen Zellen nur geringe Giftigkeit (Toxizität) aufweist. Wem nützt ein Antibiotikum, das neben den die Krankheit verursachenden Bakterien gleichzeitig auch menschliche Zellen schädigt? Eine spezifische Wirkung auf Bakterien ist nur dann möglich, wenn eine Substanz in einen Stoffwechselprozess eingreift, der in dieser Form nur in Bakterien abläuft, nicht aber in tierischen oder menschlichen Zellen (s. auch Kap. 4).

Bakterienzellen unterscheiden sich hinsichtlich ihres Aufbaus und Stoffwechsels in vielfacher Weise von unseren Zellen. Dies wird bereits bei der Betrachtung von Bakterien unter dem Mikroskop deutlich: Bakterienzellen besitzen keinen Zellkern, ihre Zellmembran zeigt eine andere Zusammensetzung als die menschlicher Zellen (→ Zellen). Außerdem haben Bakterien eine weitere Zellbegrenzung – eine mechanisch stabile *Zellwand*, die die Zelle gegen die Umgebung schützt. Da eine solche Zellwand in menschlichen Zellen nicht existiert, eignet sie sich gut als Angriffspunkt für antibiotisch wirkende Substanzen (Abb. 2). Neben Penicillin gibt es eine Reihe weiterer Antibiotika, die die bakterielle Zellwand schädigen. Sie werden

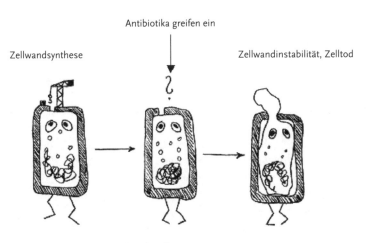

Abb. 2: Die Zellwand als Schwachstelle.

zur Gruppe der zellwandangreifenden Antibiotika zusammengefasst (s. auch Kap. 4).

Antibiotika, deren Wirkort die bakterielle Zellwand ist, können bereits existierende Zellwände nicht einfach zerstören; sie blockieren lediglich den Aufbau neuer Zellwandstrukturen. Das bedeutet, dass solche Antibiotika Bakterien nur dann schädigen, wenn sie wachsen und sich teilen. Ruhende Bakterien werden nicht abgetötet. Um alle gegen ein Antibiotikum empfindlichen Bakterien zu erreichen und bei der Teilung zu töten, muss das Antibiotikum deshalb immer über einen längeren Zeitraum eingenommen werden.

Alle auf einen Schlag

Leider wirken Antibiotika nicht nur gegen die krankheitserregenden Bakterien. Sie schädigen auch viele Bakterienarten, die mit uns in friedlicher *Symbiose* leben. So findet man beispielsweise im menschlichen Dickdarm eine charakteristische Bakterienbesiedlung (*Darmflora*, s. Kap. 16), die wichtige Aufgaben erfüllt: Sie ist an der Abwehr von Krankheitserregern beteiligt, die in den Darm eindringen, und produziert wichtige Vitamine wie das Vitamin K, das wir für die Synthese von Blutgerinnungsfaktoren benötigen (s. Kap. 12). Bei einer Therapie mit einem Antibiotikum kann es zur Zerstörung der Darmflora kommen, ein Umstand, der einige der Nebenwirkungen der Substanzen erklären kann.

Wenn wir die Wirkungsweise der zellwandangreifenden Antibiotika verstehen wollen, müssen wir uns zunächst genauer mit dem Aufbau der bakteriellen Zellwand beschäftigen.

Ein gut durchdachtes Bauprinzip: Die Bakterienzellwand

Die Zellwand der Bakterien ist der Zellmembran, die die Zelle nach außen begrenzt, aufgelagert. Sie schützt die Bakterien vor Umwelteinflüssen, verleiht ihnen Festigkeit und gibt ihnen ihre charakteristische Gestalt. Würden Bakterien keine Zellwand besitzen, könnten sie starke Veränderungen in der chemischen Zusammensetzung ihrer Umgebung nicht überstehen. Ohne Zellwand würden sie beispielsweise in sehr verdünnten Lösungen als Folge des hohen osmotischen Druckes einfach platzen.

Den wichtigsten Bestandteil der Bakterienzellwand bezeichnet man als *Murein*. Während die Zusammensetzung des Mureins bei verschiedenen Bakterienarten variieren kann, ist sein Bauprinzip immer gleich: Er besteht aus Abkömmlingen (Derivaten) von Zuckern, die durch eine Kette von ungewöhnlichen Aminosäuren miteinander verknüpft sind (Abb. 3).

Neben Murein gibt es weitere Zellwandstrukturen, die den Bakterien besondere Eigenschaften verleihen und auch zur Systematisierung der Bakterienarten genutzt werden. So unterscheidet man je nach dem Verhalten von Bakterien bei der so genannten »Gramfärbung« zwei große Gruppen: die *grampositiven Bakterien*, die blauviolett angefärbt werden, und die *gramnegativen Bakterien*, die eine rote Farbe annehmen.

Unterschiede in der Zellwandzusammensetzung führen dazu, dass die Zellwand angreifenden Antibiotika nicht alle Bakterienarten in gleicher Weise schädigen. Einige Antibiotika wirken nur gegen bestimmte Bakterienarten, andere, die »*Breitbandantibiotika*«, haben ein breites Wirkungsspektrum. Zu Letzteren gehören u. a. die **Tetracycline** (s. Kap. 6) und **Carboxypenicilline**. Breitbandantibiotika werden vor allem dann eingesetzt, wenn es nicht möglich ist, die für die Krankheit verantwortliche Bakterienart eindeutig zu identifizieren. Heute gilt bei der Behandlung bakterieller Infektionen jedoch die Regel: Immer das Antibiotikum wählen, das bevorzugt gegen den aktuellen Krankheitserreger wirkt, mit anderen Worten, eines mit einem *schmalen Wirkungsspektrum*. Auf diese Weise werden z. B. die Bakterien der körpereigenen Darmflora teilweise verschont und es treten weniger Nebenwirkungen auf.

Da die meisten Antibiotika, die Zellwände angreifen, die Synthese des Mureins stören, müssen wir dessen Aufbau im Detail betrachten. Das Murein legt sich um die Bakterienzelle wie ein großes, reißfestes Stahlnetz. Es ist ein Makromolekül, in dem verschiedene Grundbausteine netzartig miteinander verknüpft sind. Dabei handelt es sich um Peptide und Zucker (»Glycane«), deshalb wird das Makromolekül von Biochemikern auch als »*Peptidoglycan*« bezeichnet (Abb. 3).

In Abbildung 3 ist zu erkennen, dass das Murein aus Zuckerfäden besteht, die durch Peptidketten aus drei bis sechs Aminosäuren miteinander verbunden sind. Die durch die Peptide bewirkte Verknüpfung der Zuckerketten bezeichnet man als *Quervernetzung* oder *Crosslinking*. Man könnte sich nun vorstellen, dass bei der Synthese des Mu-

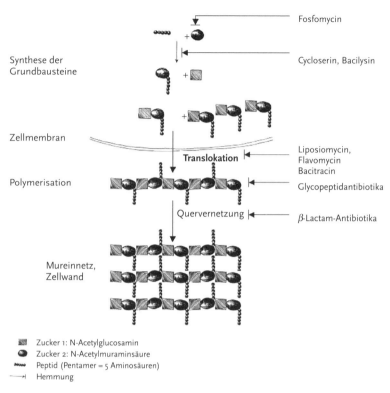

Abb. 3: Hemmstoffe der Zellwandsynthese.

reins zunächst die Zuckermoleküle zu langen Fäden zusammengeknüpft und diese dann durch vorgefertigte Peptidketten miteinander verbunden werden – leider ist es in Wirklichkeit nicht ganz so einfach. Der sich immer wiederholende Baustein des Mureins ist ein so genanntes *Disaccharidpentapeptid,* ein Molekül aus zwei (= di) Zuckern und fünf (= penta) Aminosäuren. Dieser Baustein wird aus zwei verschiedenen Molekülen aufgebaut: aus einem Aminozucker (N-Acetylglucosamin) und einem bereits mit einer Peptidkette versehenen zweiten Zucker (N-Acetylmuraminsäure-Pentapeptid). Die Synthese des Disaccharidpentapeptids erfolgt im Cytoplasma der Bakterienzelle. Zunächst werden die einzelnen Zuckermoleküle gebildet. Bevor sie miteinander verknüpft werden, wird dem zweiten Zucker (N-Aceylmuraminsäure) die Pentapeptidkette angehängt. Der entstandene Grundbaustein des Mureins wird nun durch die Zellmembran nach außen transportiert und in die Zellwand eingebaut. Diese *Trans-*

lokation wird durch besondere Moleküle der Zellmembran, so genannte »Carrier« (Translokasen), ermöglicht. Auf der Außenseite der Zellmembran erfolgen die letzten beiden Schritte: Zunächst werden die Grundbausteine durch eine Polymerisation (*Transglycosylierung*) zu langen Ketten verknüpft. Im zweiten Schritt werden die an den Ketten hängenden Peptide miteinander verbunden oder »quervernetzt«. Auf diese Weise entsteht das Netz aus Murein, das in der Fachsprache als »Mureinsacculus« bezeichnet wird. Der Mureinsacculus ist der entscheidende Bestandteil der Zellwand. Wie die Stahlbewehrung einer Betonwand gibt er ihr die mechanische Festigkeit bei Zug.

Spezialisten am Werk

An jedem Teilschritt der Zellwandbiosynthese sind ein oder mehrere spezialisierte *bakterielle Enzyme* beteiligt (→ Enzyme). So katalysieren *Transglycosylasen* den vorletzten Schritt, die Verknüpfung der Zuckerketten. Im letzten Schritt sorgen verschiedene *Peptidasen* (Transpeptidasen, Endopeptidasen und Carboxypeptidasen) für die Verknüpfung der Peptide.

Bakterien wachsen und teilen sich. Deshalb unterliegt die Zellwand der Bakterien einem ständigen Auf- und Abbau. In Wachstums- und Vermehrungsphasen wird das Mureinmolekül durch *Autolysine* an verschiedenen Stellen aufgebrochen, damit in die entstandenen Lücken neues Zellwandmaterial eingefügt werden kann. Wird nun die Neusynthese der Zellwand durch ein Antibiotikum gehemmt, können die Lücken nicht mehr geschlossen werden. Die Zellwand verliert ihre Stabilität und die Bakterien sterben ab.

Es liegt auf der Hand, dass der komplizierte Prozess der bakteriellen Zellwandsynthese ganz unterschiedliche Angriffspunkte für antibiotisch wirkende Substanzen bietet. Manche Wirkstoffe können die Synthese der Grundbausteine blockieren oder ihren Transport durch die Zellmembran hemmen. Andere Antibiotika greifen in die letzten Schritte der Murein-Biosynthese ein: Sie blockieren die Reaktionen der Verlängerung und der Quervernetzung.

Auf den Leim gegangen. Wie Enzyme getäuscht werden

Auch wenn Antibiotika, die in die Synthese der Zellwand eingreifen, verschiedene Schritte des Zellwandaufbaus blockieren, arbeiten sie doch alle nach dem gleichen Prinzip. Sie täuschen die Bakterien in der Art eines trojanischen Pferdes, indem sie eine für die Synthese der Bakterienzellwand wichtige Substanz imitieren. Durch diesen Trick verwechselt das zuständige Enzym das Antibiotikum mit seinem richtigen Substrat (kompetitive Hemmung; → Enzyme). Wird das Antibiotikum vom bakteriellen Enzym gebunden, ist es bereits zu spät! Anders als die Mureinbausteine können die Antibiotika nicht in die Zellwand eingebaut werden. Sie blockieren das Enzym dauerhaft und sorgen dafür, dass es auch die richtigen Substrate nicht mehr umsetzen kann. Eine Zellwandsynthese ist dann nicht mehr möglich.

Wirkstoffe dieser Art bezeichnet man auch als »*Selbstmord-Substrate*«, weil sie, als harmlose Substrate getarnt, das Enzym in den Untergang treiben.

Von nichts kommt nichts!
Hemmstoffe der Bausteinsynthese

Die Hemmstoffe der Synthese der Murein-Grundbausteine greifen bereits in die ersten Schritte der Zellwandsynthese ein, die im Cytoplasma der Bakterienzellen ablaufen. Fosfomycin hemmt beispielsweise ein Enzym, das an der Bildung des Murein-Bausteins N-Acetylmuraminsäure beteiligt ist. Die Blockade dieses Enzyms erfolgt nach dem oben beschriebenen Prinzip.

Das Fosfomycin verbindet sich fest mit dem Enzym, dadurch wird die Bindungsstelle für das eigentliche Substrat besetzt und das Enzym ist nicht mehr funktionsfähig – der Grundbaustein des Mureins, das Disaccharidpentapeptid, kann nicht mehr gebildet werden

Ein weiteres Antibiotikum, das einen frühen Schritt der Zellwandbiosynthese blockiert, ist das D-Cycloserin. Es imitiert das Substrat von Enzymen, die für die Synthese des Peptidanteils des Mureins notwendig sind.

Das Wirkungsprinzip von Bacilysin ist noch hinterhältiger: Dieses Dipeptid imitiert ein Molekül, das für die Synthese der Pentapeptidkette benötigt wird. Es wirkt nicht durch Bindung und anschließende Blockade des entsprechenden Enzyms, sondern es wird vom Enzym zu Anticapsin umgesetzt, einer giftigen Substanz, die das Bakterium abtötet.

Die zweite Front. Hemmstoffe des Baustein-Transports

Eine zweite Gruppe von Antibiotika, die in die Zellwand-Biosynthese eingreifen, bildet Substanzen, die den Transport der Murein-Bausteine durch die Zellmembran hemmen. An diesem Vorgang sind besondere Membranproteine, so genannte Transportproteine (Carrier), beteiligt (→ Membranen). Biochemisch gesehen handelt es sich dabei um Enzyme, die den Transport der Zellwandbausteine durch eine Membran katalysieren (Translokasen). Für antibakteriell wirkende Substanzen ergeben sich verschiedene Angriffspunkte. Einmal kann die Bindung des zu transportierenden Bausteins an den Carrier unterbunden werden – auf diese Weise wirkt z. B. das Liposidomycin. Zum anderen kann auch die Bildung das Carriers selbst durch Antibiotika gehemmt werden. Dies ist beim Flavomycin der Fall. Der dritte Angriffspunkt ergibt sich daraus, dass der Carrier bei jedem Transportvorgang einen Reaktionszyklus aus Phosphorylierung und Dephosphorylierung durchmacht. Antibiotika wie das Bacitracin setzen an dieser Stelle an, hemmen die Dephosphorylierung des Carriers und verhindern damit dessen Regeneration.

Letzte Chance. Hemmstoffe des Murein-Aufbaus

Die sogenannten *β-Lactam-Antibiotika* bilden die größte Gruppe der Antibiotika, die die letzten Schritte der Zellwandsynthese – die Verknüpfungsreaktionen – hemmen. Zu ihnen gehören die **Penicilline** und die **Cephalosporine**. Sie werden als β-Lactam-Antibiotika bezeichnet, weil sie eine spezielle chemische Struktur, den β-Lactamring, enthalten (Abb. 4).

Antibiotika dieser Gruppe wirken alle auf die gleiche Weise: Sie hemmen das Enzym, die *Glycopeptid-Transpeptidase*, das den letzten Schritt der Murein-Biosynthese katalysiert – das bereits erwähnte Crosslinking, bei dem die Zuckerstränge durch die Verknüpfung der Peptidketten vernetzt werden.

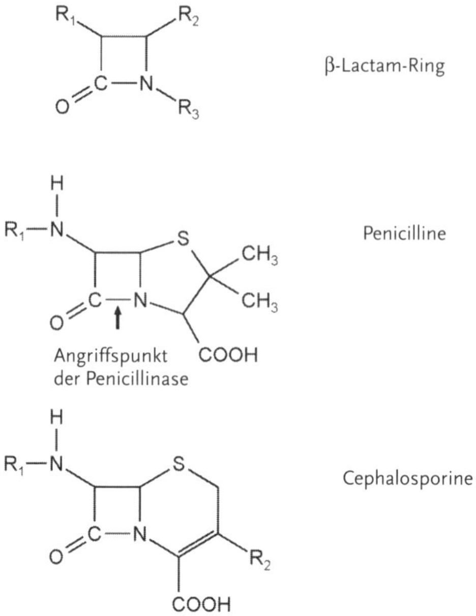

Abb. 4: Grundstruktur der β-Lactam-Antibiotika.

Penicilline – die Klassiker

Zu der Gruppe der Penicilline gehören verschiedene natürliche und halbsynthetische Abkömmlinge der *6-Aminopenicillansäure* (enthält den β-Lactamring und gilt als Muttersubstanz der Penicilline). Diese Verbindung selbst ist kaum in der Lage, Bakterien wirksam abzutöten. Eine antibakterielle Wirkung ergibt sich erst durch die Verknüpfung der 6-Aminopenicillansäure mit zusätzlichen Molekülgruppen. So entsteht eine ganze Palette von Penicillinen, die sich in vielen Eigenschaften unterscheiden. Die einfachen Penicilline beispielsweise sind gegenüber den so genannten β-Lactamasen (*»Penicillinasen«*) empfindlich. Diese Enzyme werden von Bakterien, insbesondere von *Staphylokokken*-Stämmen, zum Schutz vor Antibiotika gebildet. Penicillinasen sind in der Lage, den β-Lactamring einiger Penicilline und Cephalosporine (dann bezeichnet man sie als *Cephalosporinasen*) aufzuspalten, wodurch das Antibiotikum seine Aktivität verliert (vgl. Abb. 4). Man könnte sie also als eine Art »Abwehrarmee« der Bakterien gegen die einfachen β-Lactam-Antibiotika betrachten (s. auch Kap. 4).

Durch die Verknüpfung der 6-Aminopenicillansäure mit besonderen chemischen Resten lässt sich verhindern, dass die β-Lactamasen den β-Lactamring spalten können. Zusätzlich versucht man, durch Gabe von so genannten *β-Lactamase-Inhibitoren*, die abbauenden Enzyme zu hemmen. Werden Antibiotika, die gegen β-Lactamase empfindlich sind, mit solchen Hemmstoffen kombiniert, bleiben sie länger wirksam.

Bei dem von Alexander Fleming 1928 zufällig entdeckten Penicillin handelte es sich um das **Penicillin G** (Benzylpenicillin), das zu den natürlich vorkommenden, einfachen Penicillinen gehört. Es ist einerseits sehr gut verträglich, andererseits aber schlecht fettlöslich und kann deshalb nicht gut in die Körperzellen eindringen (s. Kap. 27). Daher können Bakterien, die *innerhalb* menschlicher Zellen leben, wie zum Beispiel die das Fleckfieber auslösenden *Rickettsien*, durch Penicillin G nicht abgetötet werden. Ein weiterer Nachteil von Penicillin G ist seine geringe Säurestabilität. Oral (über den Mund) aufgenommen, wird es bereits im Magen von der Magensäure gespalten und damit inaktiviert. Es muss also anders zugeführt werden, z. B. durch Injektion. Penicillin G kann auch als sogenanntes *Depotpräparat* verwendet werden. In diesem Fall wird der negativ geladene Wirkstoff zusammen mit einer positiv geladenen Substanz (z. B. Procain) intramuskulär (in den Muskel) injiziert. Die beiden entgegengesetzt geladenen Substanzen bilden schlecht wasserlösliche Salze, aus denen Penicillin G nur sehr langsam freigesetzt wird. Auf diese Weise kann seine Wirkungsdauer verlängert werden. Leider ist das Penicillin G gegenüber den β-Lactamasen sehr empfindlich. Trotz dieser Nachteile wird es in bestimmten Fällen auch heute noch verwendet.

Durch chemische Veränderung der Grundstruktur der Penicilline ergibt sich die Möglichkeit, ihre Eigenschaften gezielt zu variieren. So verfügt man heute über Penicilline, die nicht mehr von der Magensäure angegriffen werden (u. a. **Penicillin V**), und solche, die resistent gegenüber den β-Lactamasen (»penicillinasefest«) sind, z. B. die **Isoxazolyl-Penicilline**. Auch Penicilline mit einem viel breiterem Wirkungsspektrum als dem des **Penicillins G** sind bereits auf dem Markt (z. B. die **Carboxypenicilline**). Da bei einer Veränderung der Grundstruktur der Penicilline jeweils auch erwünschte Eigenschaften verloren gehen, gibt es kein Penicillin, das gleichzeitig alle günstigen Eigenschaften besitzt. Der Arzt muss also in jedem Fall speziell entscheiden, welches Antibiotikum sich zur Behandlung einer bakteriellen Infektion am besten eignet.

Cephalosporine – die Newcomer

Die Cephalosporine stammen wie auch die Penicilline aus Pilzen. Sie gehören ebenfalls zur Gruppe der β-Lactam-Antibiotika und hemmen die Synthese der Zellwand nach dem oben beschriebenen Prinzip. Die Cephalosporine besitzen eine etwas andere Grundstruktur als die Penicilline (Abb. 5) und sind im Gegensatz zu diesen von vornherein säurestabil, so dass sie oral verabreicht werden könnten. Im Allgemeinen werden sie im Darm jedoch nur langsam resorbiert. Deshalb kann es bei oraler Gabe zu einer massiven Schädigung der Darmflora kommen. Aus diesem Grund werden Cephalosporine in den meisten Fällen injiziert. Gegenüber Penicillinasen sind sie in der Regel unempfindlich. Leider gibt es jedoch auch Bakterien, die *Cephalosporinasen* bildenden, welche in spezifischer Weise den β-Lactamring der Cephalosporine zerstören. Die Cephalosporine sind – ebenso wie die anderen Antibiotika, die an der Bakterienzellwand angreifen – meist gut verträglich.

Sie können auch anders: Glycopeptid-Antibiotika

Die *Glycopeptidantibiotika* bilden neben den β-Lactam-Antibiotika eine zweite wichtige Gruppe von antibakteriell wirkenden Substanzen, die in die späte Phase der Zellwandbiosynthese von Bakterien eingreifen. Wie ihr Name schon sagt, bestehen diese sehr kompliziert gebauten Antibiotika aus einem Zuckeranteil und einem aus Aminosäuren-aufgebauten Peptidanteil (gr. *glyko* = »süß«). Ihr Angriffspunkt bei der Mureinsynthese liegt vor dem der β-Lactam-Antibiotika. Während die β-Lactam-Antibiotika die Quervernetzung hemmen, blockieren die Glycopeptidantibiotika bereits die Bildung der langen Zuckerfäden, d. h. die Polymerisation oder auch *Transglycosylierung*. Dies gelingt ihnen durch Bindung an die Peptidkette des Disaccharid-Grundbausteins, wodurch dieser unbrauchbar wird.

Zu den Glycopeptidantibiotika gehören unter anderem das Vancomycin und das Teicoplanin.

Ihre Vorteile liegen darin, dass sie auf Grund des Fehlens eines β-Lactamrings gegenüber den β-Lactamasen unempfindlich sind und deshalb von den Bakterien nicht so einfach inaktiviert werden können. Einige Bakterien haben jedoch bereits auch gegen Glycopeptidantibiotika eine Abwehrstrategie entwickelt (s. Kap. 4). Die Glycopeptidantibiotika können im Magen-Darm-Kanal nicht resorbiert werden und sind für den Menschen meist weniger gut verträglich als Penicilline und Cephalosporine.

Nobody is Perfect. Nebenwirkungen

Im Vergleich zu anderen Medikamenten zeigen Antibiotika trotz ihrer enormen Wirkung auf Bakterien im Menschen im Allgemeinen nur geringe Nebenwirkungen. Dies beruht – wie bereits erwähnt – darauf, dass sie in bakterientypische Prozesse eingreifen, die in menschlichen Zellen gar nicht (wie die Zellwandsynthese) oder auf andere Weise ablaufen (s. Kap. 6).

Leicht zu erklären sind die Nebenwirkungen, die auf die Schädigung der mit dem Menschen in Symbiose lebenden Bakterien (der Darmflora) zurückgehen, u. a. Durchfallerkrankungen und Störungen der Blutgerinnung. Letzteres beruht darauf, dass die Bakterien der Darmflora einen Teil des Vitamin K bilden, welches für die Synthese bestimmter Blutgerinnungsfaktoren benötigt wird (s. Kap. 12). Da die Darmflora auch eine Schutzfunktion durch Keimabwehr übernimmt, können sich nach ihrer Zerstörung im Darm leichter pathogene Bakterien ansiedeln (s. Kap. 16). Diese Erscheinung wird als *Superinfektion* bezeichnet. Neben diesen »natürlichen Nebenwirkungen« kommt es in manchen Fällen zu einer allergischen Reaktion des Patienten gegen das Antibiotikum (s. Kap. 10).

Manche Nebenwirkungen sind sehr selten, verdienen aber doch Beachtung. So können Penicilline in extrem hohen Dosen im zentralen Nervensystem (z. B. nach Injektion in den Liquorraum) neurotoxische Effekte wie Krämpfe auslösen. Die Glycopeptide und Cephalosporine rufen in sehr wenigen Fällen Schädigungen der Nieren hervor, da sie über die Nieren ausgeschieden werden. Bestimmte Cephalosporine können auch eine Alkoholunverträglichkeit hervorrufen, da sie neben dem Enzym der bakteriellen Zellwandsynthese gleichzeitig das am Alkoholabbau beteiligte Enzym *Aldehyd-Dehydrogenase* hemmen.

Die Macht im Verborgenen

Seit mehr als drei Milliarden Jahren besiedeln Bakterien die Erde. Sie sind damit eine der ersten Lebensformen auf unserem Planeten. Wenn auch nicht immer ganz offensichtlich, haben die Bakterien doch häufig auf den Verlauf unserer Geschichte Einfluss genommen. Bis zur Entdeckung der Antibiotika gab es kaum Möglichkeiten zur Bekämpfung akuter bakterieller Infektionen. Alexander Flemings Beobachtungen im Jahre 1928 bedeuteten somit eine Revolution. Man nahm an, nun sei endlich die Waffe gefunden, die den Menschen befähigen werde, sich von der »Herrschaft der Bakterien« zu befreien. Heute – etwa 70 Jahre später – müssen wir jedoch feststellen, dass dieser Schluss ein wenig voreilig war. Zwar haben wir mit Hilfe der Antibiotika einige Teilsiege errungen, doch gewonnen ist der Kampf noch lange nicht.

Wirkstoffe und Handelsnamen

Wirkstoff	Handelsname	Bemerkungen
Bacitracin	z. B. in Nebacetin®	–
Carboxypenicilline	Betabactyl®	–
Cephalosporine:		
z. B. Cefazolin	Elzogram®	sollen aufgrund häufiger Kreuzreaktionen mit Penicillinen bei Penicillinallergie nicht eingesetzt werden
D-Cycloserin	Seromycin® (USA)	Antituberkulotikum; in Deutschland nicht erhältlich
Fosfomycin	Fosfocin®, Monuril®	–
Isoxazolyl-Penicilline:		
z.B. Oxacillin	Stapenor®	penicillinasefest; gute Wirkung bei penicillinasebildenden Staphylokokken
Dicloxacillin	Dichlor-Stapenor®	
Flucloxacillin	Staphylex®	
Penicillin G	z. B. Penicillin G-»Grünenthal®"	wirksam u.a. gegen Pneumokokken, Streptokokken
Penicillin V	Isocillin®, Antibiocin®	säurestabil; findet vor allem Anwendung bei Infektionen im Hals-, Nasen- und Ohren-Bereich
Teicoplanin	Targocid®	wirkt nur bei grampositiven Bakterien
Tetracycline:		
z. B. Doxycyclin	Vibramycin®	wurden in der Vergangenheit häufig angewendet, weshalb viele Erreger inzwischen resistent sind
Minocyclin	Klinomycin®	
Vancomycin	Vancomycin-CP-Lilly®	wirkt nur bei grampositiven Bakterien

6

Sand im Getriebe.
Antibiotika III: Transkriptions- und Translationshemmer

Timo Ulrichs

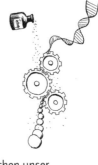

Das Leben in der Erde (genauer die Mikrobiologie des Bodens) hatte es Selman Abraham Waksman angetan: Dies war sein Hauptforschungsgebiet am Rutgers College im US-Bundesstaat New Jersey in den 1920er und 1930er Jahren. Bald wurde er zu einem der angesehensten Experten weltweit. Er widmete sich intensiv der Charakterisierung der im Boden lebenden Bakterien, der Erforschung organischer Zersetzungsprozesse und der Humusentstehung. Ihm verdanken wir im Wesentlichen unser Wissen darüber, wie durch bakterielle Abbauprozesse im Boden Nährstoffe entstehen, die den (Mutter-)Boden für neues Leben fruchtbar machen. Das Leben im Boden ist ohne Zweifel ein spannendes Forschungsgebiet an sich; dass Waksman darüber hinaus noch etwas anderes entdeckte, das seinen Namen im Zusammenhang mit Arzneimitteln und diesem Buch erwähnenswert macht, war jedoch kein Zufall.

Schon im späten 19. Jahrhundert befassten sich Biologen mit Mikroben, die Substanzen bilden, welche andere Mikroben abtöten. Man wusste, dass pathogene Keime vernichtet werden, wenn sie in den Erdboden eingebracht werden, offensichtlich von dort ansässigen Mikroorganismen. Diese Beobachtungen wurden zunächst nicht weiter verfolgt und erst zu Anfang des 20. Jahrhunderts wieder aufgegriffen. Waksman war nicht der Erste, der nach bakteriellen Wirkstoffen suchte, die gegen andere, pathogene Keime eingesetzt werden können. Erfolge bei der Suche nach diesen Substanzen, für die Waksman später den Begriff *Antibiotika* prägte, waren bereits von anderen Wissenschaftlern beschrieben worden (s. Kap. 4). Ein trauriger Anlass führte Ende der 1940er Jahre zur Intensivierung der Suche nach antibiotisch wirksamen Substanzen: der Zweite Weltkrieg war ausgebrochen und brachte entsetzliches Leid und Not in viele Teile der Welt. Kriegsbedingte Verwundungen, Hunger und Unterernährung sowie mangelnde Hygiene führten zu einem drastischen Anstieg von Infektionskrankheiten und Seuchen.

Waksman konzentrierte seine Suche auf die Bodenbakterien, mit denen er sich am besten auskannte. Er entwickelte eine Methode, um in kurzer Zeit Tausende von Bakterien auf antibiotische Wirksamkeit testen zu können. Bei den *Actinomyceten*, einer bis dahin wenig bekannte Bakterienart, wurde er fündig. Die aus den Bakterien isolierten Substanzen, die *Actinomycine*, erwiesen sich als chemotherapeutisch wirksam. Das von dem deutschen Arzt und Bakteriologen Gerhard Domagk isolierte Actinomycin C wird noch heute bei der Behandlung von Tumoren des Immunsystems und der Hodgkin-Krankheit eingesetzt (s. Kap. 17). Ein Jahr später isolierte Waksman Actinomycin D, das als Cytostatikum bei Wilmstumoren, einem besonders bösartigen Nierentumor bei Kindern, eingesetzt wird. So wichtig diese Cytostatika auch waren, sie zeigten noch nicht den antibiotischen Effekt, nach dem Waksman so sehr suchte.

Abb. 1: Waksman bei der Arbeit.

Erst nach dem Testen einer großen Zahl weiterer Bodenbakterien stieß Waksmans Forschergruppe schließlich auf das Bakterium *Streptomyces griseus*. Eine daraus isolierte Substanz, das **Streptomycin**, erwies sich als wirksam gegen andere Bakterien. Die eigentliche Sensation war jedoch, dass Streptomycin u. a. gegen *Mycobacterium tuberculosis* wirkte, den Erreger der Tuberkulose, für den es bis dahin noch keine wirksame Behandlung gab. Durch diese Entdeckung wurde

Waksman schlagartig berühmt und 1952 mit dem Nobelpreis für Medizin geehrt.

Die Geschichte von Selman Abraham Waksman und der Entdeckung des Streptomycins zeigt dreierlei:
- Erkenntnisse in der Wissenschaft beruhen in den meisten Fällen auf mühevoller geduldiger Kleinarbeit und nur selten auf genialen Geistesblitzen.
- Im Kampf gegen die bakteriellen Infektionserreger kann sich der Mensch der Substanzen bedienen, die Bakterien gegeneinander einsetzen.
- Auch scheinbar unwichtige Forschungsgebiete wie die Mikrobiologie des Bodens, die zur sogenannten »Grundlagenforschung« gehören, finden zuweilen wichtige Anwendungen und tragen zum Fortschritt der Menschheit bei.

Nun bleibt noch zu klären, warum die von Waksman so bezeichneten Antibiotika eine derart wirksame Waffe im Kampf gegen Infektionserreger sind. Dazu lohnt es sich, das gespannte Verhältnis zwischen unserem körpereigenen Abwehrsystem und den pathogenen Mikroorganismen ein bisschen genauer zu beleuchten.

Ein ständiges Hochrüsten

Tagtäglich ist unser Körper zahlreichen Angriffen von Mikroorganismen ausgesetzt. Jedes Mal, wenn Krankheitserreger in den Körper eindringen und es schaffen, sich dort festzusetzen und zu vermehren, stellt dies eine Verletzung der Integrität des Körpers dar, gegen die er sich zur Wehr setzen muss, damit die Eindringlinge nicht die Oberhand gewinnen. Dies tut der Körper vorrangig mit Hilfe des Immunsystems (→ Immunsystem). Dieses Abwehrsystem nimmt sofort den Kampf auf, wenn es die Oberflächenstrukturen der jeweiligen Eindringlinge als körperfremd erkennt und entsprechend aktiviert wird. In den meisten Fällen gelingt es dem Immunsystem, mit den Krankheitserregern fertig zu werden, sie selbst und von ihnen infizierte Zellen abzutöten und so die Krankheitsgefahr zu bannen. Dabei »merkt« es sich Oberflächenstrukturen der Eindringlinge, um bei einer erneuten Attacke um so schneller und heftiger reagieren zu können (s. auch Kap. 10).

Im Laufe der Evolution, während der sich der menschliche Organismus ständig mit mikroskopisch kleinen Angreifern wie Bakterien, Viren, Pilzen oder Parasiten auseinander setzen musste (→ Krankheitserreger), haben die Kontrahenten immer raffiniertere Methoden entwickelt, um Angriff oder Verteidigung der jeweils anderen Seite lahmzulegen oder zu umgehen. Bakterien beispielsweise haben sich Oberflächenstrukturen zugelegt, die das Immunsystem nur schwer als fremd erkennt und die darüber hinaus als exzellente Panzerung gegen Angriffe der Immunzellen wirken. Außerdem können sich manche Bakterienarten im Inneren von Körperzellen verstecken und sogar vermehren. Das Immunsystem hat im Laufe der Evolution ebenfalls aufgerüstet: Der unübersehbaren Vielzahl von potenziellen Angreifern steht eine ebenso große Vielfalt an spezifischen Immunzellen gegenüber, die sich nach Aktivierung blitzschnell vermehren. Sie arbeiten mit anderen Zellen des Immunsystems zusammen, die über unspezifische Abwehrmechanismen verfügen. Manchmal kommt es jedoch vor, dass das Immunsystem mit der Bekämpfung der Krankheitserreger nicht mehr fertig wird. Unser Körper erkrankt dann an der Infektion und kann aus eigenen Kräften die Eindringlinge nicht wieder loswerden. Diese können sich sehr schnell (meist exponentiell durch Teilung) vermehren und ausbreiten. In einer solchen Situation muss von außen eingegriffen werden.

Im Kampf gegen Krankheitserreger hat die Medizin Medikamente entwickelt, die gezielt die Erreger schädigen. Sie greifen in Prozesse ein, die für den jeweiligen Mikroorganismus spezifisch sind und in unseren Zellen nicht vorkommen. Solche Medikamente sind *antibiotisch wirksam.*

Antibiotika, die *an Oberflächenstrukturen* der Erreger angreifen, werden im Kapitel über die Penicilline besprochen (s. Kap. 5). In diesem Kapitel soll eine Gruppe von Antibiotika behandelt werden, die gezielt wichtige biochemische Prozesse *im Inneren des Erregers* behindern oder blockieren und so seine Aktivität und sein Wachstum hemmen: Die Antibiotika wirken wie Sand im Getriebe der Kriegsmaschinerie der Erreger und geben so dem Immunsystem Zeit und Gelegenheit, zum Gegenangriff überzugehen (Abb. 2). Das von Waksman entdeckte **Streptomycin** gehört zu dieser Gruppe von Antibiotika. Im Folgenden soll zunächst der allgemeine Wirkungsmechanismus dieser Antibiotika erläutert werden, bevor auf die einzelnen Vertreter gesondert eingegangen wird.

Störung beim Lesen: Hemmung der Proteinbiosynthese

Körperzellen des Menschen, ebenso wie Bakterienzellen, sind nur dann voll funktionstüchtig und erfüllen ihre Aufgaben, wenn sie in der Lage sind, nach dem genetischen Bauplan Proteine herzustellen. Diese dienen den Zellen als Strukturelemente (im Cytoskelett bei Körperzellen oder in der Zellwand bei Bakterien) oder erfüllen andere spezifische Funktionen, die für die Zelle lebenswichtig sind, z. B. die Katalyse des Stoffwechsels durch Enzyme.

Die Proteinbiosynthese in Bakterien und anderen Einzellern funktioniert nach den gleichen Prinzipien wie in menschlichen Zellen, wobei es im Detail entscheidende Unterschiede gibt, die für die Wirkung der Antibiotika wichtig sind: Das für ein Protein codierende Gen in der doppelsträngigen DNA wird mit Hilfe verschiedener Enzyme in eine einsträngige messenger-RNA (mRNA) umgeschrieben (*Transkription*). Anschließend wird die mRNA als Matrize für die Synthese des entsprechenden Proteins an Ribosomen benutzt (*Translation*, Abb. 2).

Wie allgemein bekannt ist, entspricht jeder Aminosäure im Protein ein Codon aus drei Basen im Gen der DNA und in der entsprechenden mRNA. Die Vorgänge der Proteinbiosynthese laufen am Ribosom ab. Die Translation von der mRNA-Sequenz in die Aminosäurenabfolge des fertigen Proteins erfolgt durch die Vermittlung der transfer-RNAs (tRNAs), Molekülen, die an das jeweilige Codon der mRNA binden und gleichzeitig die korrespondierende Aminosäure an die ent-

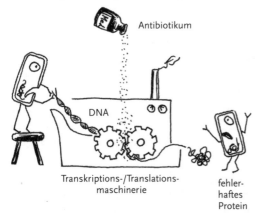

Abb. 2: Sand im Getriebe.

stehende Aminosäurenkette anhängen können (→ Molekulare Genetik). Das Ribosom hält für diesen Vorgang zwei Bindungsstellen für tRNAs bereit, so dass an einer Position eine tRNA mit der entstehenden Aminosäurenkette bindet und an der anderen eine neue tRNA andocken kann (Schritt 1). Das aus RNA bestehende Enzym *Peptidyltransferase* verbindet die Aminosäure der neuen tRNA mit der bereits fertig gestellten Kette (Schritt 2). Gleichzeitig trennt sich die tRNA der vorangehenden Aminosäure von der Kette und wird aus ihrer Position am Ribosom entfernt (Schritt 3). Das Ribosom kann nun entlang der mRNA um eine Position vorrücken und ist für die Bindung einer neuen tRNA bereit (Schritt 4). An der letzten Position der mRNA befindet sich ein Stopcodon, das nach Bindung eines Faktors die hydrolytische Abspaltung der letzten Aminosäure von ihrer tRNA und die Auflösung des mRNA-Ribosomenkomplexes bewirkt. Damit ist das Protein fertig und die Translation beendet. Die aufgeführten Schritte der Proteinbiosynthese und die daran beteiligten Komponenten findet man auch in Bakterien. An den geringen Unterschieden im Vergleich zu menschlichen Zellen, etwa hinsichtlich der Strukturen der beteiligten Enzyme, setzt die Wirkung von Antibiotika an, die von Bakterien gebildet werden, wenn sie sich gegen konkurrierende Mikroorganismen durchsetzen wollen. Diese Antibiotika hemmen spezifisch einzelne der geschilderten Teilprozesse von Transkription und Translation.

Antibiotika, die in die Proteinbiosynthese eingreifen, wurden aus Kulturen von *Streptomyces*- und *Micromonospora*-Bakterien gewonnen. Zur besseren Unterscheidung enden die Namen von Antibiotika aus der ersten Gruppe mit »-*mycin*«, die aus der zweiten mit »-*micin*«. Die Tetracycline (z. B. Doxycyclin) hemmen spezifisch die Anlagerung neuer tRNAs an das Ribosom (Schritt 1, Abb. 3). Dadurch kann das Ribosom nicht vorrücken, und es kommt zum Abbruch der Proteinsynthese. Tetracycline wirken bakteriostatisch und werden gegen ein breites Erregerspektrum eingesetzt.

Tetracycline **sind wirksam gegen**	Tetracycline **werden angewendet bei**
Meningokokken, Gonokokken, Salmonellen, Yersinien, Listerien, Shigellen, Streptokokken, Rickettsien, Chlamydien, Mycoplasmen, Borrelien	Lungeninfektionen, Haut- und Weichteilinfektionen, Urogenitalinfektionen, Fleckfieber, Zeckenbissfieber, Trachom, Einschlusskonjunktivitis, atypischer Pneumonie, Lyme-Arthritis

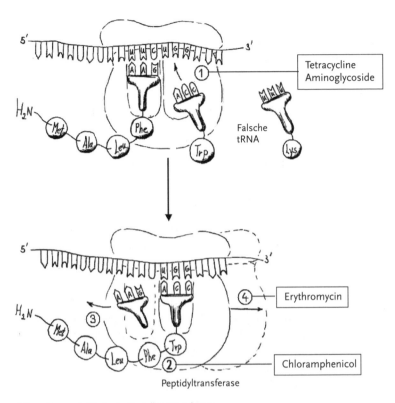

Abb 3: Hemmstoffe der bakteriellen Translation

Aminoglycoside, zu denen neben dem von Waksman isolierten Streptomycin auch Gentamicin und Neomycin zählen, bewirken die Anlagerung falscher tRNAs, die nicht mit dem jeweiligen Codon der mRNA korrespondieren. Die Folge ist die Produktion eines »nonsense-Proteins«, das seine Funktion nicht erfüllen kann. Aminoglycoside wirken bakterizid und treffen besonders gramnegative Bakterien. Streptomycin und Kanamycin wurden zur Behandlung der Tuberkulose eingesetzt.

Aminoglycoside **sind wirksam gegen**	Aminoglycoside **werden angewendet**
Klebsiellen, Pseudomonaden, Enterobakteriaceen, Staphylokokken, Mycobakterien	als Kombinationspartner bei schweren Infektionen: Sepsis, Lungen-, Urogenitalinfektionen, Herzmuskelentzündung etc.; bei lokalen Infektionen: Wunden, Knochen-, Weichteilinfektionen.

Störung beim Lesen: Hemmung der Proteinbiosynthese

Chloramphenicol hemmt die Peptidyltransferase, so dass die Aminosäurenkette nicht verlängert werden kann (Schritt 2, Abb. 3). Es wirkt bakteriostatisch und kann aufgrund seiner vergleichsweise einfachen chemischen Struktur synthetisch hergestellt werden. Erythromycin verhindert das Vorrücken des Ribosoms zum nächsten Codon der mRNA (Schritt 3, Abb. 3). Es wirkt vornehmlich auf grampositive Erreger.

There is no free lunch. Risiken und Nebenwirkungen

Tetracycline sind vor allem in der ambulanten Praxis von großer Bedeutung, da sie gegen ein breites Spektrum von Erregern eingesetzt werden können und darüber hinaus leicht anwendbar sind: Viele Vertreter, wie Tetracyclin, Oxytetracyclin, Doxycyclin und Minocyclin, können als Tablette geschluckt werden und müssen nicht intravenös verabreicht werden. Bei lebensbedrohlichen Infektionen sollten Tetracycline allerdings nicht eingesetzt werden, da sie nur bakteriostatisch wirken. Tetracycline sind kontraindiziert (nicht anwendbar) bei schwangeren Frauen und bei Kindern vor dem Abschluss der Zahnentwicklung, da es zu schädigenden Einlagerungen des Antibiotikums in die Zähne kommen kann. Wichtig ist außerdem, dass bei hohen Dosierungen Leber- und Nierenschäden auftreten können, da sich die Hemmung der Proteinbiosynthese dann auch auf Körperzellen erstrecken kann. Darüber hinaus wirken Tetracycline photosensibilisierend, d. h. es kommt zu Hautveränderungen unter Sonneneinstrahlung. Deshalb sollten ausgedehnte Sonnenbäder während der Tetracyclin-Einnahme vermieden werden. Die Aufnahme der Tetracycline kann durch die Anwesenheit mehrwertiger Ionen (wie Ca^{2+}, Al^{3+} oder Mg^{2+}) im Magen-Darm-Trakt herabgesetzt werden, weil dann die Resorption durch Chelatbildung vermindert wird. Deswegen sollten Tetracycline nicht zusammen mit Milch oder anderer Nahrung eingenommen werden.

Aminoglycoside (wie Gentamicin, Tobramycin oder Amikacin) wirken als *Breitspektrum-Antibiotika* und werden in der Klinik oft zusammen mit β-Lactam-Antibiotika (z. B. Penicillinen, Kap. 6) zur Behandlung lebensbedrohlicher Infektionen eingesetzt. Sie werden meist intravenös gegeben und die Dosierung muss engmaschig kontrolliert werden, da die therapeutische Breite gering ist (→ Pharmakodynamik). Geringfügige Dosissteigerungen können bereits zu recht gravierenden Nebenwirkungen führen, zu denen bleibende Schädigungen der Nieren, der

Ohren und des Gleichgewichtssinnes zählen. Deshalb werden Aminoglycoside zumeist als einmalige hochdosierte Kurzinfusion oder intramuskulär verabreicht. Auf diese Weise kann zum einen das schnelle Anfluten des Antibiotikums im Blut kontrolliert werden und zum anderen sichergestellt werden, dass dieses seine bakterizide Wirkung entfaltet, eine kritische Konzentration aber nicht überschreitet und dadurch toxisch wirkt.

Chloramphenicol kann ebenfalls schwere Nebenwirkungen entfalten – die schwerwiegendste ist eine irreversible Knochenmarkschädigung – und wird deshalb nur nach strengster Indikationsstellung eingesetzt. Es ist heute bei keiner Infektion mehr Mittel der ersten Wahl und dient manchmal als Reserveantibiotikum, z. B. bei Sepsis oder Meningitis, wenn andere Therapeutika nicht zum Erfolg führen.

Erythromycin gehört zu der Gruppe der Makrolide. Es hat ein verhältnismäßig schmales Wirkungsspektrum, das dem von Penicillin G gleicht (Kap. 5) und wird vor allem bei Atemwegsinfektionen sowie in der Kinderheilkunde verwendet, und zwar immer dann, wenn Penicilline aufgrund von Resistenzen oder Allergien nicht eingesetzt werden können. Grundsätzlich besteht auch hier die Gefahr, dass sich schon sehr bald nach Erythromycin-Gabe Resistenzen entwickeln, so dass der Einsatz durch den Arzt sehr überlegt erfolgen sollte. Weitere, neue Makrolide sind Roxithromycin, Clarithromycin und Azithromycin.

Bakterien einwickeln. Hemmung der DNA-Funktion

Ein weiteres Ziel von Antibiotika ist die DNA der Bakterien. Angriffe auf dieses wichtige Molekül treffen gleichsam die Steuerungszentrale des Erregers, denn die Neusynthese der DNA (*Replikation*) ist Voraussetzung für die Teilung. Die korrekte Ablesung der DNA und das Umschreiben in mRNA ist der erste Schritt auf dem Weg zur Proteinbiosynthese (s. o.) und damit Voraussetzung für das Zellwachstum. Antibiotika, die an der DNA der Bakterien angreifen, schädigen glücklicherweise die menschliche DNA weit weniger und sind deshalb in der Regel gut verträglich.

Nur zu überlegtem Gebrauch empfohlen

Antibiotika, die in die vulnerable (empfindliche) Phase der DNA-Replikation eingreifen sind besonders wirksam. Nach der Replikation muss die DNA-Doppelhelix wieder verdrillt werden, damit sie als kompakte Struktur im Bakterieninneren nicht zuviel Platz beansprucht. Dafür ist das Enzym *Gyrase* (Topoisomerase II) verantwortlich, das die Bakterien-DNA öffnet, verdrillt und wieder verschließt (Abb. 4). Eine Hemmung der Gyrase wirkt bakterizid.

Gyrasehemmer der neueren Generation wirken auf zahlreiche Erreger, sowohl grampositive wie gramnegative. Wegen ihrer einfachen Verabreichung und Dosierung finden sie immer häufiger Anwendung bei bakteriellen Infektionen. Die wirksamsten Gyrasehemmer sind die *Fluorochinolone* wie Ciprofloxacin und Ofloxacin. Sie sollten allerdings nur dann eingesetzt werden, wenn andere Antibiotika versagen, damit nicht unnötigerweise Resistenzen erzeugt werden. Gyrasehemmer wie Vancomycin (s. Kap. 5) sind eigentlich »*Panzerschrankantibiotika*«, d. h. Reserve-Antibiotika, die der verantwortungsbewusste Arzt nur dann hervorholt, wenn alle anderen therapeutischen Möglichkeiten ausgeschöpft sind und er sich keinen anderen Rat mehr weiß. Fluorochinolone finden bei bakteriellen Infektionen aller Art Anwendung. Wichtigste Indikation von Norfloxa-

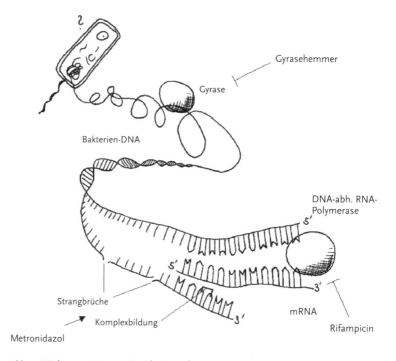

Abb. 4: Wirkungsweise von Transkriptionshemmern.

cin sind Harnwegsinfekte. Da es die höchste Wirkkonzentration ohnedies im Urin erreicht, ist Norfloxacin hier das Mittel der Wahl.

Mit Vorsicht zu genießen

Eine weitere Gruppe von Antibiotika, die an der Bakterien-DNA angreifen, sind die *Nitroimidazol-Derivate*. Sie schädigen die DNA direkt durch Strangbrüche in der Doppelhelix oder durch Komplexbildung mit ihren Basen (Abb. 5). Die Wirksamkeit der Nitroimidazol-Derivate setzt eine sauerstoffarme Umgebung voraus. Deshalb wirken sie besonders gut gegen obligat (streng) anaerob wachsende Bakterien und Einzeller wie die Erreger der Amöbenruhr und Trichomonaden, die Erreger von Vagina- und Harnwegsentzündungen. Metronidazol, ein *Nitroimidazol-Derivat*, wirkt sehr gut bakterizid gegen anaerobe Bakterien und Einzeller (s. o.). Allerdings sollte es nicht länger als zehn Tage lang in Folge eingesetzt werden, da es im Verdacht steht, beim Menschen kanzerogen (krebserzeugend) zu wirken. Wegen einer möglichen teratogenen (fruchtschädigenden) Wirkung darf es auch nicht in der Frühschwangerschaft gegeben werden.

Oldie but goodie

Rifampicin, ein Medikament, das gegen Tuberkulose eingesetzt wird, hemmt die DNA-abhängige RNA-Polymerase der Bakterien und damit die Transkription der DNA in mRNA (Abb. 5). Rifampicin wird nicht nur bei der Therapie der Tuberkulose verabreicht, sondern auch bei Staphylokokkeninfektionen des Herzmuskels und des Knochenmarks sowie bei Legionelleninfektionen. Die Patienten müssen darauf hingewiesen werden, dass es zu Allergien kommen kann. Außerdem sollten sie wissen, dass sich durch Rifampicin Körpersekrete wie der Schweiß orangerot verfärben können. Darüber hinaus macht es orale Kontrazeptiva unwirksam (s. Kap. 23). Bei der Therapie der Tuberkulose ist Rifampicin auch heute noch unverzichtbar. Es muss in Kombination mit mindestens zwei weiteren Antibiotika über viele Monate hinweg eingenommen werden. Während Rifampicin die Proteinbiosynthese hemmt, greifen die übrigen Antibiotika in andere Stoffwechselprozesse von *M. tuberculosis* ein. Durch den Angriff auf unterschiedliche Wirkorte soll vermieden werden, dass sich resistente Erreger bilden.

Seit Waksmans Zeiten hat sich auf dem Gebiet der Antibiotika viel getan. Trotz dieser Fortschritte gefährdet heute die Zunahme resistenter Erreger den Erfolg der antiinfektiösen Therapie. Hoffen wir, dass es uns gelingt, in diesem Wettrennen auch künftig die Nase vorn zu behalten.

Wirkstoffe und Handelsnamen

Wirkstoff	Handelsname	Gruppe, Wirkungsweise
Actinomycin D	Lyovac-Cosmegen®	Cytostatikum, heute selten eingesetzt
Amikacin	Biklin®	Aminoglycosid, TLH, bz
Chloramphenicol	Paraxin®, Chloramsaar®	TLH, BB, bs, starke Nebenwirkungen
Ciprofloxacin	Ciprobay®	Gyrasehemmer, TSH, bz
Doxycyclin	Vibramycin®	Tetracyclin, TLH, BB, bs
Erythromycin	Erythrocin®, Erycinum®	Makrolid, TLH, bs
Gentamicin	Refobacin®	Aminoglycosid, TLH, bz
Kanamycin	Kanamytrex®	Aminoglycosid, TLH, bz, heute selten eingesetzt
Metronidazol	Clont®, Flagyl® u.a.	Nitroimidazol, TSH, bs
Minocyclin	Klinomycin®, Lederderm®	Tetracyclin, TLH, BB, bs
Neomycin	Bycomycin®	Aminoglycosid, TLH, bz
Norfloxacin	Barazan®	Gyrasehemmer, TSH, bz
Ofloxacin	Tarivid®	Gyrasehemmer, TSH, bz
Rifampicin	Eremfat®, Rifa®	TSH, bz, gegen Tuberkulose
Streptomycin	Strepto®, Streptomycin®	Aminoglycosid, TLH, bz
Tetracyclin	Achromycin®	Tetracyclin, TLH, BB, bs
Tobramycin	Gernebcin®, Brulamycin®, Tobra-cell®	Aminoglycosid, TLH, bz

BB = Breitband-Antibiotikum, bs = bakteriostatisch, bz = bakterizid,
TLH = Translationshemmer, TSH = Transkriptionshemmer

7

Gut versteckt und schwer zu fassen
Wie bekämpft man Viren?

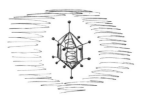

Markus Kleinschmidt

Viren gibt es überall. Kaum ein Organismus, der nicht von Viren befallen werden kann: Menschen, Tiere, Pflanzen und sogar Bakterien – ob sie im Erdboden leben, in der Tiefsee oder im Darm eines Hundes –, alle werden von Zeit zu Zeit von diesen ungebetenen Gästen heimgesucht.

Trotz ihres einfachen Aufbaus haben Viren raffinierte Mechanismen entwickelt, um sich vor der körpereigenen Abwehr ihrer Wirte zu schützen. Dies und die Fähigkeit von Viren, sich ständig zu verwandeln macht die wirksame Behandlung von Viruserkrankungen so schwierig.

Die kleinsten Schmarotzer der Welt

Viren messen im Schnitt nur den zehntausendsten Teil eines Millimeters. Selbst die besten Lichtmikroskope reichen nicht aus, um sie zu erkennen. Es war deshalb lange Zeit unklar, ob es sich bei Viren (Singular: *das* Virus) um echte Erreger handelt oder – wie ihr lateinischer Name *virus* (dt. Gift, Schleim) andeutet – um giftige Stoffe. Im Jahre 1898 arbeiteten die Mikrobiologen Friedrich Löffler und Paul Frosch mit einem solchen »Gift«, das sie aus Rindern isoliert hatten, die von der Maul- und Klauenseuche befallen waren. Sie beobachteten dabei Folgendes: Zum einen war das »Gift« filtrierbar, d. h. mit einer Flüssigkeit, die ein für Bakterien undurchlässiges Filter passiert hatte, konnte man weitere Rinder infizieren (Abb. 1). Zum anderen ließ sich das unbekannte Agens von einem Tier auf das andere übertragen, wobei stets der gleiche Krankheitsverlauf auftrat. Das »Gift« musste sich also vermehrt haben und war damit als Erreger identifiziert. Ungeklärt blieb jedoch die Frage, warum sich Viren nicht außerhalb ihrer Wirte vermehren können. Während sich Bakterien in Nährmedien in großen Mengen züchten lassen, wollte dies bei Viren nicht gelingen. Der scheinbare Widerspruch erklärt sich durch das biologische Prinzip des *Parasitismus*. Wie wir heute wissen, besitzen Viren keine eigene Ausstattung zur Energieversorgung und Vermehrung, sondern nutzen einfach Enzyme, Energielieferanten und Struktur-

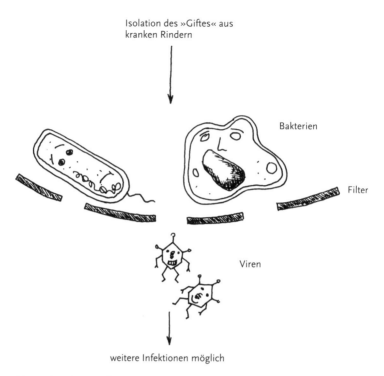

Abb. 1: Filtrierbare »Gifte«.

komponenten ihrer Wirte (→ Enzyme, Stoffwechsel). Mit anderen Worten: Viren sind so klein, weil sie auf den größten Teil der Ausstattung verzichten können, die normale Zellen zum Leben brauchen. Alles Notwendige verpacken sie in ein Volumen, das nicht mehr als den billionsten Teil eines Sandkorns ausmacht.

Nach Entwicklung des *Elektronenmikroskops* gelangen im Jahre 1935 erstmals »Schnappschüsse« von Viruspartikeln. Seitdem haben wir genaue Vorstellungen von Aufbau und Struktur vieler Virusarten (Abb. 2). Jedes Virus besitzt eine äußere Schutzhülle, ein *Capsid*, das im Inneren das Erbgut (*Genom*) beherbergt. Beide Strukturkomponenten können sich in Art, Größe und Zusammensetzung erheblich unterscheiden.

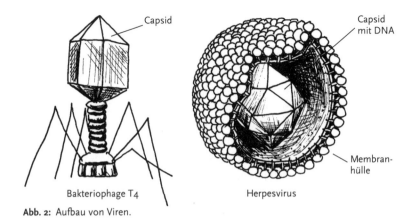

Abb. 2: Aufbau von Viren.

Viren sind undogmatisch

Mit der stetig wachsenden Zahl neu entdeckter Viren seit Beginn des 20. Jahrhunderts ergab sich die Notwendigkeit, eine sinnvolle *Systematik* einzuführen. Die ersten Klassifizierungsversuche waren allerdings nicht wirklich systematisch. So entstanden Namen wie Tabak-Mosaik-, Kuhpocken- oder Adenovirus (*adeno* = »Drüse«). Andere Bezeichnungen beziehen sich auf die Art der Erkrankung, z. B. Gelbfieber-, Masern- oder Hepatitisvirus. Bezeichnungen dieser Art sind nicht hilfreich, weil ein einzelnes Virus unterschiedliche Organe befallen oder verschiedene Krankheiten hervorrufen kann; umgekehrt kann ein- und dasselbe Krankheitsbild von verschiedenen Viren verursacht werden. Ein Beispiel dafür sind die Leberentzündungen (Hepatitiden): Zunächst brachte man damit zwei Viren in Verbindung und unterschied sie durch die Bezeichnungen *Hepatitis-A- und Hepatitis-B-Virus*. Bald erkannte man, dass weitere Viren eine Hepatitis hervorrufen können. Bis ihr Erbgut mit Hilfe molekularbiologischer Methoden analysiert werden konnte, fasste man sie unter dem umständlichen Begriff *NonA-NonB-Hepatitisviren* zusammen. Heute kennen wir neben Hepatitis A- und B-Viren fünf weitere Hepatitis-Erreger, die konsequenterweise mit den Buchstaben C, D, E, F und G versehen wurden. Diese sieben Vertreter gehören allerdings zu fünf verschiedenen Virusfamilien.

Das heute gültige System zur Klassifizierung von Viren geht auf die Forscher Andre Lwoff, Robert Horne und Paul Tournier zurück.

Dieses LHT-System basiert auf *drei Kriterien*. Das erste bezieht sich auf die *Art des Erbguts*. Der normale Informationsfluss in einer Zelle – von DNA über RNA zur Proteinsynthese (→ Zellvermehrung, Molekulare Genetik) – ist als »*Dogma der Molekularbiologie*« in die Lehrbücher eingegangen. Viele Viren ignorieren dieses Dogma einfach. So enthalten die meisten Virusarten überhaupt keine DNA sondern nutzen RNA für ihr Genom. Man bezeichnet diese Gruppe daher auch als *RNA-Viren*. Die so genannten *Retroviren*, zu denen auch das HIV gehört, stellen das Dogma sogar auf den Kopf. Sie lassen ihr RNA-Genom zunächst in doppelsträngige DNA umschreiben. Dieser Vorgang, kurz als *reverse Transkription* bezeichnet, ist ein Hauptangriffspunkt für Medikamente gegen das HIV (s. u.). Das zweite Kriterium zur Einteilung der Viren betrifft den *Aufbau des Capsids*. Als drittes Merkmal ist schließlich ausschlaggebend, ob das Viruspartikel von einer *Membranhülle* umgeben ist oder nicht (Abb. 2).

Nach dem LHT-System ergaben sich für human- und tierpathogene Viren bisher 25 Familien. Greifen wir als Beispiel die Familie der *Picornaviren* heraus. »Picorna« ist ein Kunstwort. Es setzt sich zusammen aus den Komponenten »pico« und »RNA« und deutet an, dass es sich bei diesen Viren um besonders kleine Vertreter der RNA-Viren handelt. Picornaviren besitzen ein ikosaedrisches (von 20 gleichseitigen Dreiecken begrenztes) Capsid. Eine Membranhülle ist nicht vorhanden. Bekannte Vertreter dieser Familie sind der Erreger der Maul- und Klauenseuche, das Hepatitis-A-Virus, der Erreger der Poliomyelitis (Kinderlähmung) sowie die Rhinoviren, die banale Erkältungen (Schnupfen) auslösen. Zu den Viren mit einer Membranhülle gehören das Herpes-Virus (Abb. 2), die Influenza-Viren, das HIV und das Herpesvirus, ein DNA-Virus. Auch für Insekten-, Pflanzen-, Pilz- und Bakterienviren gibt es Systematiken. Ein bekanntes Pflanzenvirus ist das Tabak-Mosaik-Virus (TMV), das mosaikförmige Schäden an Pflanzen hervorruft. Besonders komplex ist der Bakteriophage T4, ein DNA-Virus, das nur Bakterien infiziert (Abb. 2).

AIDS

Kaum ein Virus hat das Zeitgeschehen dramatischer beeinflusst als das HIV (Human Immunodeficiency Virus), der Erreger der erworbenen Immunschwächekrankheit AIDS (Acquired Immunodeficiency Syndrome). Seit 1981 die ersten Fälle in den USA auftraten, wurden mehr als 65 Millionen Menschen infiziert, über 20 Millionen starben bereits an den Folgen der Erkrankung. Ein Großteil der Infizierten lebt heute in Entwicklungsländern.

Das HI-Virus wird während des ungeschützten Sexualverkehrs sowie über offene Wunden oder Blutkonserven übertragen. Damit es sich vermehren kann, muss das HIV – wie alle Viren – in Körperzellen eindringen. HI-Viren befallen vor allem *T-Helferzellen*, eine Untergruppe der weißen Blutkörperchen (Leukocyten), die einen Teil des Immunsystems bilden (→ Immunsystem). Hierin liegt der Grund für die Immunschwäche von HIV-Infizierten: Je mehr T-Helferzellen durch die HI-Viren zerstört werden, desto leichter fällt es anderen Erregern, zum Beispiel dem *Candida*-Pilz oder dem Cytomegalievirus (CMV), sich in den Patienten zu vermehren. AIDS-Infizierte leiden also nicht so sehr an der HIV-Infektion selbst, sondern vor allem an Infektionen durch so genannte *opportunistische Erreger*, die ein nicht geschädigtes Immunsystem kaum gefährden könnten.

Wie man sich Einlass verschafft ...

Betrachten wir den Vermehrungszyklus eines Virus am Beispiel des HIV etwas näher. Wie bereits erwähnt, gehört es zu den *Retroviren*. Im Innern des Viruspartikels liegt das Genom aus einzelsträngiger RNA, mit ihm assoziiert sind einige Proteine und Enzyme. Umschlossen wird der Innenraum von einem kegelförmigen Capsid, das wiederum von einer aus Lipiden aufgebauten Hüllmembran umgeben ist, in der weitere Proteine verankert sind. Eines dieser Proteine (das so genannte gp120) ist in der Lage, an einen bestimmten Rezeptor auf der Oberfläche der Wirtszelle zu binden (→ Membranen, Signaltransduktion). Mit diesem Vorgang, der *Adsorption*, beginnt die Virusinfektion (Abb. 3). Im Anschluss daran vermittelt ein weiteres virales Membranprotein die *Verschmelzung* (Fusion) von Virus- und Zellmembran. Dadurch gelangt das Capsid in das Cytoplasma der Wirtszelle (→ Zellen). Das Eindringen des Viruspartikels in die Zelle nennt man *Penetration*. Anschließend wird eines der Enzyme im Capsid aktiv: die *Reverse Transkriptase* schreibt das RNA-Erbgut der HI-Viren in doppelsträngige DNA um.

... und sich auf Kosten anderer vermehrt

Das in DNA umgeschriebene Genom des Virus gelangt in den *Zellkern*, den Ort, an dem die Wirtszelle ihre DNA beherbergt. Hier wird

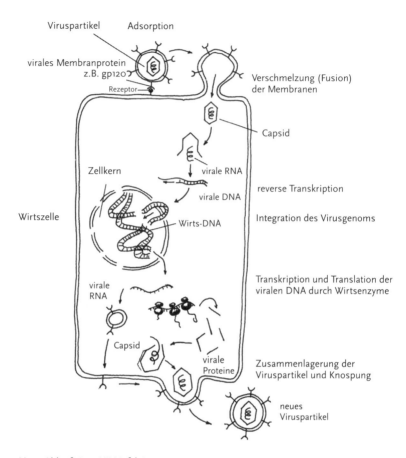

Abb. 3: Ablauf einer HIV-Infektion.

die Virus-DNA durch ein weiteres virales Enzym in das Wirtsgenom eingebaut. Man spricht von der *Integration* des Virus (Abb. 3). Dieses Ereignis ist per se schon gefährlich, da sich die Virus-DNA an beliebiger Stelle in die DNA integrieren und somit ein für die Zelle wichtiges Gen zerstören kann. Ist das Virusgenom erst einmal in die DNA des Wirts eingebaut, wird es sozusagen »unsichtbar« und kann lange in diesem Zustand verharren. Erst wenn das Virus sich mit Hilfe der Wirtszelle vermehrt, besteht überhaupt eine Möglichkeit einzugreifen.

Wie bereits erwähnt, lassen Viren bei ihrer Vermehrung zelluläre Enzyme für sich arbeiten (Abb. 3). Die DNA des Virus wird dabei genauso behandelt wie zelleigene DNA. Gene werden abgelesen (transkribiert) und ihre Information für die Herstellung von Proteinen, die Translation, verwendet (→ Molekulare Genetik). Alle Komponenten des Viruspartikels werden also von der Wirtszelle selbst hergestellt. Sie lagern sich an der Cytoplasmamembran an und werden durch *Knospung* freigesetzt (Abb. 3). Das Viruscapsid wird dabei von einem Teil der Plasmamembran der Wirtszelle umhüllt und abgeschnürt. Darin enthalten sind bereits die Proteine, die das Virus für eine Adsorption an eine neue Zielzelle benötigt.

Bevor sich die neu entstandenen Partikel zu infektiösen Viren entwickeln können, muss ein großes Vorläuferprotein in seine Einzelteile zerlegt werden. Dabei entstehen die Reverse Transkriptase und andere Enzym sowie Strukturproteine, die sich zum kegelförmigen Capsid zusammenlagern. Die Spaltung des Vorläuferproteins durch ein peptidspaltendes Enzyme des Virus (die *HIV-Protease*) ist ein essenzieller Vorgang der Virusreifung und ein weiterer Ansatzpunkt für Virustatika (Abb. 4).

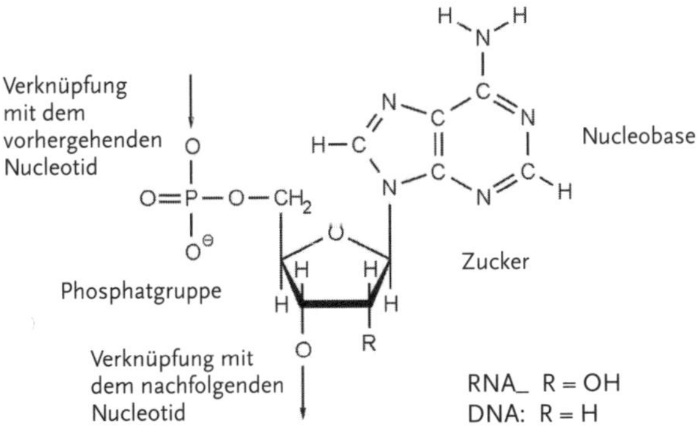

Abb. 4: Struktur eines Nucleotids.

Rüsten vor dem Angriff. Schutzimpfungen

Der beste Weg, sich vor einer Virusinfektion zu schützen, ist immer noch die *Immunisierung* (s. auch Kap. 9). Ein Blick ins Impfbuch verrät: Von Kindesbeinen an erhalten wir Schutz gegen Polio, Masern, Mumps, Diphtherie und Tetanus. Diesen und anderen Erregern kann man durch Schutzimpfungen wirksam begegnen, während dies beim HIV immer noch nicht gelungen ist.

Bei einer Infektion durch Krankheitserreger bildet der Körper *Antikörper*, die bei der Eliminierung des Erregers eine wesentliche Rolle spielen (→ Immunsystem). Manche Viren vermehren sich so schnell, dass es dem Immunsystem nicht gelingt, rechtzeitig auf eine Infektion zu reagieren. Ist der Körper jedoch durch eine vorausgegangene Schutzimpfung vorbereitet, d. h. zum Zeitpunkt der Infektion bereits Antikörper gegen den Erreger vor, kann das Immunsystem sofort in Aktion treten und die Vermehrung des Erregers verhindern.

Bei Immunisierungen unterscheidet man zwischen *Lebendimpfstoffen* und *Totimpfstoffen* (s. Kap. 9). Bei der ersten Gruppe handelt es sich um genetisch veränderte Viren, die ihr Infektionspotenzial beibehalten haben, jedoch nur noch ein stark abgeschwächtes Krankheitsbild hervorrufen. Solche *attenuierten* Viren werden bei Schutzimpfungen gegen Masern, Mumps und Röteln eingesetzt, um nur einige zu nennen. Obwohl es weniger wahrscheinlich ist als ein Sechser im Lotto, besteht bei Lebendimpfstoffen theoretisch die Gefahr, dass sich die *attenuierten Viren* in Erreger »zurückverwandeln«. Bei Totimpfstoffen ist dies unmöglich. Bei diesen handelt es sich um genetisch unveränderte aber inaktivierte »tote« Viren. Diese »natürlichen« Erreger werden unter höchsten Sicherheitsvorkehrungen in Hühnereiern oder Zellkulturen vermehrt und dann gereinigt, bevor sie durch die Behandlung mit Formaldehyd abgetötet werden. Auf diese Weise entstehen z. B. Impfstoffe gegen Influenza (Grippe), Polio, Hepatitis, FSME (Frühsommer-Meningoencephalitis) und Tollwut.

Totimpfstoffe sind im Allgemeinen weniger effektiv als Lebendimpfstoffe und müssen in mehreren Dosen in kurzen Abständen verabreicht werden. Gegen Grippeviren wird jedes Jahr ein neuer Impfstoff entwickelt, weil diese Erreger ihr Erbgut und damit ihre Eigenschaften besonders rasch verändern. Die Weltgesundheitsorganisation (WHO) lässt durch verschiedene Labors auf der ganzen Welt die im Umlauf befindlichen Virusstämme analysieren und legt dann auf Grund dieser Daten fest, welche von ihnen vor der »Grippesaison« im Winter als Impfstoffe zum Einsatz kommen.

Den Viren ins Handwerk pfuschen. Virustatika

Medikamente, die gegen spezifische Eigenschaften von Viren gerichtet sind, nennt man *Virustatika*. Bevor wir diese Wirkstoffe genauer betrachten, ist hier zum besseren Verständnis eine kurze Übersicht über ihre Angriffspunkte widergegeben. Die heute gebräuchlichen Virustatika lassen sich in folgende Gruppen einteilen:

- Nucleosid- und Nucleotidanaloga (gegen HI-, Hepatitis-B-, Herpes- und Cytomegalieviren),
- »nicht-nucleosidische« Reverse-Transkriptase-Hemmer (gegen HIV),
- Pyrophosphatanaloga (gegen Cytomegalieviren),
- Fusionshemmer (gegen HIV),
- Proteasehemmer (gegen HIV,)
- Neuraminidasehemmer (gegen Influenzaviren),
- Penetrationshemmer (gegen Influenzaviren) und
- »Antisense«-Medikamente (gegen Cytomegalieviren).

Die häufigsten Darreichungsformen der Virustatika sind Tabletten oder Kapseln. Ausnahmen sind Ribavirin, ein Nucleosidanalogon, das als Inhalationslösung bei Atemwegsinfektionen durch das Respiratory-syncytial-Virus (RSV) eingesetzt wird, und Enfurtivid, ein gegen HIV gerichteter Fusionshemmer, der subkutan injiziert wird (s. u.).

Mehr als die Hälfte der verfügbaren Virustatika richtet sich gegen HIV, an dessen Beispiel in den folgenden Abschnitten auch die Wirkungsweise der meisten Virustatika erläutert wird. Moderne Virustatika verzögern zwar den Krankheitsverlauf, können ihn jedoch nicht völlig aufhalten. Bevor wir auf die einzelnen Wirkstoffe eingehen, sei noch vorausgeschickt, dass die medikamentöse HIV-Therapie immer als *Kombinationstherapie* mit mindestens drei verschiedenen Medikamenten angelegt werden muss. Gegen einzelne Virustatika wird das Virus aufgrund seiner Anpassungsfähigkeit in der Regel innerhalb kürzester Zeit resistent. In Industrieländern fallen für einen AIDS-Patienten allein für die Arzneimittel Kosten von etwa 10 000 Euro jährlich an. Für die viel zahlreicheren AIDS-Patienten in Afrika wurden von den Herstellern die Preise zwar auf etwa 1000 Euro pro Jahr gesenkt, aber auch diese Summe liegt immer noch weit außerhalb der finanziellen Möglichkeiten der meisten Afrikaner.

Schlamperei erwünscht

Es ist ungemein schwer, ein Virus selektiv zu schädigen. Da für seine Vermehrung überwiegend körpereigene, zelluläre Enzyme verantwortlich sind, versucht man Schwachstellen in den wenigen viruseigenen Proteinen zu finden. Zu den viralen Enzymen gehören vor allem *Polymerasen*, also die Enzyme, die für die Vervielfältigung des Genoms verantwortlich sind (→ Molekulare Genetik, Zellvermehrung). Im Falle von HIV ist dies die bereits erwähnte *Reverse Transkriptase*. Eine Schwachstelle dieses Enzyms ist, dass es nicht genau überprüft, ob die richtigen Bausteine in die entstehende Abschrift des Genoms eingebaut werden. Diese Bausteine, so genannte *Nucleotide*, bestehen aus drei Komponenten einer Nucleobase, einem Zuckerrest und einer Phosphatgruppe (Abb. 5). In DNA und RNA sind vier verschiedene Nucleotide über die Zucker und Phosphatreste miteinander verknüpft. Beide Nucleinsäure-Arten unterscheiden sich in der Art des Zuckers und in der Zusammensetzung ihrer Basen (→ Zellen). Eine phosphatfreie Kombination aus Base und Zucker wird als *Nucleosid* bezeichnet.

Die ersten Wirkstoffe, die wir näher betrachten, sind *Nucleosidanaloga*. Sie haben große Ähnlichkeit mit Thymidin-, Cytosin- bzw. Guaninnucleosiden und werden von der Zelle zunächst auch als solche behandelt. Ebenso wie andere Nucleoside werden sie phosphoryliert und

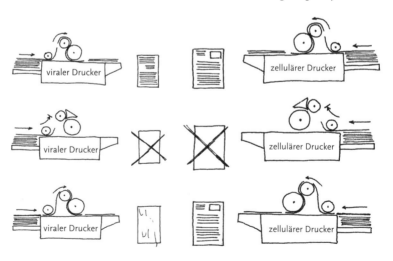

Abb. 5: Das Bild vom Drucker: selektive Hemmung von Enzymen.

danach den Polymerasen zum Einbau in den entstehenden DNA-Strang angeboten. Der therapeutische Effekt, der von ihnen ausgeht, liegt in der veränderten Zuckerstruktur. Die Zuckeranteile sind nämlich so abgewandelt, dass kein weiteres Nucleotid über eine Phosphatgruppe an sie geknüpft werden kann. Beim Zidovudin ist die so genannte 3'-OH-Gruppe des Zuckers durch einen Azidrest blockiert. Beim Aciclovir, das häufig gegen Infektionen mit dem Herpes-simplex-Virus eingesetzt wird, ist diese OH-Gruppe gar nicht mehr vorhanden. Baut die virale Reverse Transkriptase ein solches Analogon in die DNA ein, kommt es deshalb unweigerlich zu einem Abbruch der DNA-Synthese. Solche Fehler unterlaufen der Reversen Transkriptase häufig, da sie im Gegensatz zu den zellulären Polymerasen nicht die Möglichkeit besitzt, »falsche« Bausteine wieder zu entfernen.

1997 kam mit Cidofovir das erste *Nucleotidanalogon* auf den Markt. Es wirkt nach dem gleichen Prinzip wie die Nucleosidanaloga, muss aber nicht erst durch Phosphorylierung umgewandelt werden. Inzwischen sind in Deutschland 16 Wirkstoffe aus dieser Gruppe für die Bekämpfung von Virusinfektionen zugelassen, die u. a. die Polymerasen von Hepatitis-B-, Herpes- und Cytomegalieviren hemmen.

Die Kehrseite der Medaille

Für die Therapie scheint es auf den ersten Blick ein Glücksfall zu sein, dass Polymerasen der Virusvermehrung dermaßen fahrlässig arbeiten. Bei näherer Betrachtung wird aber klar, dass fehlerbehaftete Polymerasen dem Virus nützlich sind. Durch die ungenaue Arbeitsweise der Polymerasen wird nämlich das Erbgut verändert, d. h. das Virus mutiert. In (für das Virus) günstigen Fällen verschafft sich der Erreger dadurch einen *Selektionsvorteil*, indem er z. B. »lernt«, sich der Immunantwort des Körpers zu entziehen. Diese Wandlungsfähigkeit der Viren durch ständige Mutationen ist ein wesentlicher Grund dafür, dass der Körper die Vermehrung des HIV nicht aufhalten kann.

Enzyme in Fesseln

Die oben erwähnten Nucleosidanaloga entfalten ihr Wirkung indirekt. Die Reverse Transkriptase kann aber auch durch die Bindung eines chemischen Stoffs direkt in ihrer enzymatischen Aktivität gehemmt werden, so dass die Synthese der viralen DNA nicht mehr möglich ist (s. u., → Enzyme). Nevirapin, Efavirenz und Delavirdin sind solche »*nicht-nucleosidischen*« *Reverse-Transkriptase-Hemmer*.

Vergleichbar ist die Wirkung von Foscarnet auf die Polymerasen von Cytomegalieviren. Foscarnet ist einem Reaktionsprodukt ähnlich, das beim Einbau von Nucleotiden in die DNA entsteht. Dieses Produkt heißt Pyrophosphat. Foscarnet, mit chemischem Namen Phosphonoameisensäure, ist das erste und bisher einzige Medikament in der Gruppe der *Pyrophosphat-Analoga*. Zwar wirkt dieses Virustatikum gegen viele verschiedene Viren, es darf aber wegen seiner schlechten Verträglichkeit nur bei AIDS-Patienten mit lebens- bzw. augenlichtbedrohenden Erkrankungen durch eine Zweitinfektion mit Cytomegalieviren verabreicht werden.

Du kommst hier nicht rein!

Wie erwähnt, besteht der erste Schritt einer Virusinfektion in der Anlagerung (Adsorption) eines viralen Oberflächenproteins an einen Rezeptor auf der Außenseite der Wirtszelle (Abb. 3). HIV-Partikel binden beispielsweise über das Oberflächenprotein gp120 an einen besonderen Rezeptor von T-Helferzellen (CD4). Daraufhin verändert ein weiteres virales Oberflächenprotein (gp41) seine Struktur und dringt in die Membran der Zelle ein. Auf diese Weise wird die Verschmelzung (Fusion) der beiden Membranen eingeleitet. Enfurtivid ist ein Medikament, das die Strukturveränderung des gp41-Proteins und damit die Fusion des Virus mit der Membran verhindert. Man klassifiziert Enfurtivid deshalb als *Fusionshemmer*.

Sabotage!

Enzyme sind molekulare Maschinen, die ebenso wie Maschinen in einem Fabrikgebäude in ihrer Funktion gestört werden können. Schiebt man z. B. einen Keil zwischen die Walzen einer Druckmaschine, wird diese unverzüglich ihre Arbeit einstellen. Kein Papier wird mehr nachgezogen, kein Blatt mehr bedruckt (Abb. 5, Reihe 2). Falls wir verhindern wollten, dass die Druckerei ein uns unliebsames Schriftstück vervielfältigt, hätten wir unser Ziel erreicht. Den Drucker haben wir an einer Stelle gehemmt, die der Nachfuhr des Papiers dient. Die eigentliche Funktion des Druckers, also das Bedrucken des Blatts, war nicht der Angriffspunkt unserer Bemühungen.

Ein ähnlicher Ansatz ist übertragbar auf die Innenwelt unserer Zellen. Um ein virales Enzym auf analoge Weise zu schädigen, könnten wir ein Medikament verabreichen, das aus molekularen Keilen besteht. Es würde wahrscheinlich seine Wirkung in der Zelle entfalten, jedoch nicht nur den Drucker lahm legen. sondern auch alle anderen Maschinen, die Walzen besitzen und damit bald den gesamten Betrieb. Das Dilemma wird deutlich: Ein Medikament muss gegen eine Besonderheit des Zielenzyms gerichtet sein, das heißt, es muss *selektiv* erkannt und darf nicht umgesetzt werden. Um beim Druckerei-Beispiel zu bleiben: Ein spezieller Hemmstoff für den Drucker wäre ein Papier, das an Format und Dicke den Druckauftrag erfüllt, also eingezogen, aber *nicht bedruckt* werden kann, weil es z. B. eine farbabweisende Oberfläche besitzt (Abb. 5, Reihe 3).

Im biochemischen Kontext ist das Papier das *Substrat* einer Reaktion. Der Drucker ist das *Enzym*, das die Reaktion katalysiert und das bedruckte Papier stellt das Produkt dar. Ein substratähnlicher Stoff (das farbabweisende Papier) kann als *Antagonist* den Ablauf der Reaktion verhindern. Ähnliche Überlegungen stellte die pharmazeutischen Forschung an, als es darum ging, Hemmstoffe für die HIV-Protease zu entwickeln. Durch *Molecular Modeling* (s. Kap. 28) wurden chemische Substanzen entwickelt, die vom Enzym zwar erkannt und gebunden, jedoch nicht in Produkte umgewandelt werden können. Auf diese Weise entstanden *Proteasehemmer* gegen HIV, darunter Saquinavir, Ritonavir, Indinavir und Nelfinavir.

Mit einer ähnlichen Strategie gelang es vor einigen Jahren auch, mit Zanamivir und Oseltamivir neue Medikamente gegen Influenza (Virusgrippe) zu entwickeln. Diese Wirkstoffe hemmen ein virales Oberflächenenzym, die *Neuraminidase*, die zum Eindringen des Virus in die Zelle und ebenso bei seiner Freisetzung benötigt wird. Gegenüber Amantadin, dem Klassiker der Influenzatherapie, besitzen Zanamivir und Oseltamivir den Vorteil, dass sie gegen beide Influenzatypen (A und B) wirksam und für den Patienten wesentlich verträglicher sind. Amantadin, das auch beim Parkinson-Syndrom eingesetzt wird (s. Kap. 19), wirkt nur bei Influenza A, wo der Wirkstoff selektiv einen Ionenkanal des Influenza-A-Virus blockiert (→ Membranen) und damit die Freisetzung von Viruspartikeln innerhalb der Zelle verhindert. Daher bezeichnet man Amantadin auch als *Penetrationshemmer*. Influenza-B-Viren besitzen zwar ein ähnliches Kanalprotein, dieses wird jedoch von Amantadin nicht blockiert.

Kleine RNA ganz groß?

Die bisher besprochenen Virustatika gegen HIV sind gegen die Enzyme Reverse Transkriptase, HIV-Protease und gegen das Oberflächenprotein gp41 gerichtet. Ein weiterer denkbarer Angriffspunkt im Kampf gegen HIV ist die Integration der Virus-DNA ins menschliche Genom (Abb. 3). Möglicherweise aber liegt der Schlüssel zukünftiger Therapien in einer völlig neuen Generation von Hemmstoffen, deren Wirkmechanismus sich vollkommen von den hier vorgestellten unterscheidet. Durch das Stichwort *RNAi* (*RNA interference*; engl. *interference* = »Störung, Einschreiten«) wird eine Methode charakterisiert, bei der kleine RNA-Moleküle in Zellen eingeschleust werden, um die Translation von bestimmten Boten-RNA-Molekülen zu verhindern (→ Molekulare Genetik). Welches Gen davon betroffen ist, wird allein durch das kleine RNA-Molekül bestimmt, das immer eine gegenläufige (engl. *antisense*) Sequenz zur Nucleotidabfolge der Boten-RNA darstellt. Der Mechanismus dieses Vorgangs ist noch nicht vollständig aufgeklärt und eine Darstellung des jetzigen Wissensstands würde den Rahmen dieses Kapitels sprengen.

Mit Fomivirsen gelangte schon 1999 ein solches »*Antisense*«-*Medikament* auf den europäischen Markt. Es richtet sich gegen eine von Cytomegalieviren verursachte Netzhautentzündung (Retinitis), die opportunistisch bei AIDS-Patienten auftritt. Obwohl an der Wirksamkeit dieses Präparats keine Zweifel bestehen, wurde es 2002 aufgrund geringer Absatzzahlen EU-weit vom Markt genommen. Patienten, die das Medikament benötigen, müssen es seither aus der Schweiz beziehen. Nach dem Vorbild von Fomivirsen werden derzeit weitere Medikamente entwickelt oder befinden sich bereits auf dem Weg der Zulassung. Die Erwartungen sind groß. Von diesem neuen Medikamenttyp versprechen sich Pharmaunternehmen ein wirksames Werkzeug nicht nur gegen Viren sondern vor allem gegen die Entstehung von Tumoren.

Wirkstoffe und Handelsnamen

Klasse/Wirkstoff(e)	Handelsname	Anwendungen/Bemerkungen
Antisense Medikamente		
Fomivirsen	Vitravene®	CMV (bei AIDS-Patienten); UAW: Augenentzündungen, erhöhter Augeninnendruck
Fusionshemmer		
Enfuvirtid	Fuzeon®	HIV; wird subkutan injiziert; UAW: lokale Reaktionen
Neuraminidasehemmer:		
Oseltamivir	Tamiflu®	Influenza A + B; UAW: Übelkeit, Erbrechen
Zanamivir	Relenza®	Influenza A + B; UAW: in der Regel keine
Nucleosidanaloga:		
Aciclovir	Zovirax®	Herpesviren; UAW: in der Regel keine
Ribavirin	Virazole®	Atemwegsinfektionen; UAW: Hautausschlag
Zidovudin	Retrovir®	HIV; UAW: Mangel an neutrophilen Granulocyten, Blutarmut
Nucleotidanaloga:		
Cidofovir	Vistide®	CMV (AIDS-CMV-Superinfektion); UAW: Nierenschädigung
NNRTH*)		
Delavirdin	Rescriptor®	HIV; UAW: Hautausschlag, Übelkeit
Efavirenz	Sustiva®	HIV; UAW: Schwindel, Schlaflosigkeit
Nevirapin (NVP)	Viramune®	HIV; UAW: Hautausschlag
Penetrationshemmer:		
Amantadin	PK Merz®, Symmetrel®	Influenza A; Parkinson; UAW: Störung des ZNS
Proteasehemmer:		
Indinavir	Crixivan®	HIV; UAW: Bauchschmerzen, Übelkeit, Diarrhoe
Nelfinavir	Viracept®	HIV; UAW: Diarrhoe
Ritonavir	Norvir®	HIV; UAW: Übelkeit, Diarrhoe, Erbrechen, Fehlempfindung
Saquinavir	Invirase®, Fortovase®	HIV; UAW: Diarrhoe
Pyrophosphatanaloga		
Foscarnet	Foscavir®	CMV, bindet DNA-Polymerasen und hemmt diese; UAW: eingeschränkte Nierenfunktion
Kombinationspräparate:		
Lamivudin + Zidovudin	Combivir®	HIV; Kombination zweier Nucleosidanaloga
Lamivudin, Zidovudin + Abacavir	Trizivir®	HIV; Kombination dreier Nucleosidanaloga
Lopinavir + Ritonavir	Kaletra®	HIV; Kombination zweier Proteasehemmer (Lopinavir ist nur gemeinsam mit Ritonavir wirksam)

NNTRH = nicht-nucleosidische Hemmstoffe der Reversen Transkriptase ;
UAW = unerwünschte Arzneimittelwirkungen; CMV = Cytomegalieviren

8

Hatschi! Gesundheit!
Mittel gegen Erkältungskrankheiten

Tobias Geisel

Wie lange ist es her, dass Sie ihre letzte Erkältung hatten? Eine Woche? Einen Monat oder zwei? Oder sitzen Sie vielleicht gerade mit einer verschnupften Nase über diesem Buch? Erkältungskrankheiten gehören zu den häufigsten Erkrankungen der Menschen. Jeder von uns macht pro Jahr im Durchschnitt eine bis drei Erkältungen durch. Besonders im Frühling und im Herbst sieht man schniefende und hustende Menschen auf den Straßen, denn während dieser Jahreszeiten sind unsere Abwehrkräfte besonders geschwächt und Erkältungsviren, die uns eigentlich immer umschwirren, haben beste Voraussetzungen, uns zu infizieren. Es kann natürlich auch passieren, dass jemand, der bereits erkältet ist, uns mit den lästigen Krankheitserregern überschüttet und uns dadurch ansteckt. Da kann man halt nichts machen – oder doch?

Jahr für Jahr ziehen wir uns Erkältungen zu, ohne immun zu werden wie gegen Kinderkrankheiten, weil es zahlreiche, immer wieder neue Varianten der über 200 Viren gibt, die Erkältungen verursachen können (s. Kap. 7, → Krankheitserreger). Die meisten gehören zur Gruppe der Rhino-, Korona- oder Parainfluenza-Viren (Abb. 1). Gefährlicher, aber zum Glück nicht so häufig sind die Influenza-Viren. Sie verursachen fast jährlich eine mehr oder weniger ausgedehnte Epidemie (die berüchtigte winterliche »Grippewelle«) und verbreiten sich rasch über den Erdball. Alles, was Sie im Folgenden lesen, bezieht sich allerdings nicht auf diese echte Grippe, sondern auf ganz banale Erkältungen.

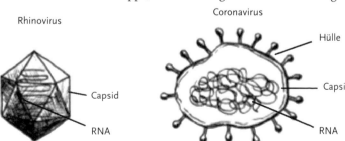

Abb. 1: Erkältungsviren.

Tabletten, Tropfen und Tinkturen. Cornelia Bartels, Heike Göllner, Jan Koolman, Edmund Maser und Klaus-Heinrich Röhm
Copyright © 2005 WILEY-VCH Verlag GmbH & Co. KGaA, Weinheim
ISBN 3-527-30263-8

Das alte Lied

Wenn wir uns erkälten, d. h. von einem der genannten Viren infiziert wurden, äußert sich das nach einiger Zeit in Schnupfen, Husten, Heiserkeit, Kopfschmerzen, Halsschmerzen, einem entzündeten Rachen, manchmal auch in Fieber, Ohrenschmerzen und Gliederschmerzen. Nach sieben bis zehn Tagen ist das Schlimmste normalerweise wieder vorbei. Sollte eine Erkältung wesentlich länger dauern oder das Fieber über 39 °C steigen und hoch bleiben, sollte man unbedingt den Arzt aufsuchen, denn dann haben sich vielleicht Bakterien im Körper breit gemacht, die – im Gegensatz zu den Viren – mit Antibiotika bekämpft werden können (s. Kap. 4–6). Bei viralen Erkältungskrankheiten müssen wir uns damit zufrieden geben, die *Symptome* zu behandeln. Eine ursächliche Bekämpfung mit Medikamenten ist bisher nur sehr eingeschränkt möglich (s. Kap. 7).

»Eine Erkältung dauert mit Medikamenten sieben Tage, ohne Medikamente eine Woche«

Wer kennt diesen Spruch nicht? Auch wenn da sicher etwas dran ist, können wir uns heute zum Glück diese sieben Tage ein wenig erleichtern. Wenn Sie sich abends einmal die Werbespots ansehen (anstatt gleich ab- oder umzuschalten), werden Sie feststellen, wie groß die Palette der Präparate ist, die uns angeblich vom Husten und Schnupfen befreien (und mit Sicherheit von unserem Geld). Im Folgenden werden wir die Erkältungssymptome der Reihe nach betrachten und für jedes Symptom ein passendes Mittel suchen.

Raus damit! Husten als Waffe

Hätten Sie gedacht, dass die Luft, die Sie beim Husten ausstoßen, Geschwindigkeiten von bis zu 1000 km/h erreichen kann? Husten ist eine Abwehrreaktion unseres Körpers: Er versucht, Stoffe, die der Lunge schaden könnten, loszuwerden, indem er sie herausbläst. Beim Einatmen von Staub funktioniert dieser Mechanismus ganz gut, bei Erkältungen leider nicht. Beim Erkältungshusten ist die Schleimhaut der Bronchien als Reaktion auf die eingedrungenen Krankheitserreger entzündet (→ Entzündung) Dies löst auf zwei verschiedenen Wegen Husten aus. Einmal senden die Bronchien Nervensignale an das Hustenzentrum im »verlängerte Rückenmark« (*Medulla oblonga-*

ta), das oben an das Rückenmark angrenzt. Von dort aus werden dann in umgekehrter Richtung Signale an diejenigen Muskeln geschickt, die für das Husten benötigt werden, und damit wird der Husten ausgelöst (Abb. 2).

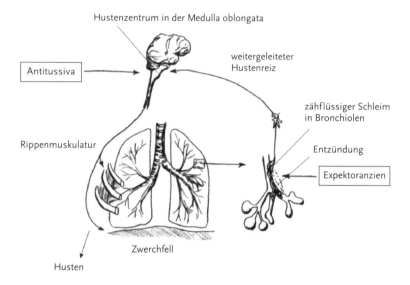

Abb. 2: Wirkungsweise von Antitussiva und Expektoranzien.

Signale an das Hustenzentrum können auch von zähflüssigem Schleim ausgelöst werden, der sich in Reaktion auf die Entzündung in den Bronchien ansammelt. Er verursacht den Hustenreiz, weil er wie ein Fremdkörper die kleinen Atemwege verlegt.

Bei Erkältungen läuft der Husten meist in zwei Phasen ab. Es beginnt mit *unproduktivem Husten*, der als Nebeneffekt der Schleimhautentzündung entsteht. Dieser Husten ist trocken und quälend, hört sich oft schlimm an und hat einen bellenden Charakter. Er hält uns schon mal eine ganze Nacht lang wach, und es ist gut, wenn er durch Medikamente gelindert werden kann.

Trockenen *Reizhusten* kann man mit sogenannten *Antitussiva* (hustenstillenden Mitteln) unterdrücken. Diese Wirkstoffe dämpfen das Hustenzentrum und lassen uns ruhiger schlafen. Zu den besonders wirksamen Antitussiva zählen die Opiate Codein und Dextromethorphan, Bei diesen Abkömmlingen des Morphins (s. Kap. 1) ist die Suchtgefahr weit geringer als bei anderen Opioiden, weil sie fast ausschließlich den Hustenreiz beeinflussen. Das Abhängigkeitsproblem sollte aber trotzdem nicht unterschätzt werden (s. Kap. 21)! Noscapin, ein weiteres Morphinderivat, dämpft ebenfalls den Hustenreiz. Es ist noch besser verträglich als Codein, hat deutlich weniger Nebenwirkungen und ist frei von einer Suchtgefährdung. Clobutinol und Pentoxyverin sind weitere Wirkstoffe zur Bekämpfung von Reizhusten. Sie gehören nicht zu den Opioiden und werden als hustenstillende Säfte und in Tablettenform angeboten.

Die zweite Phase ist der *produktive Husten*. Nun hat die Schleimhaut – ebenfalls als Reaktion auf die Entzündung – damit begonnen, größere Mengen von *Schleim* zu bilden. Er enthält Krankheitserreger und abgestorbene Zellen, vor allem Leukocyten (→ Immunsystem). Der Schleim verstopft die Bronchien und muss deshalb unbedingt abgehustet werden. Er ist aber oft sehr hartnäckig, weil er so zähflüssig ist, und das Abhusten bereitet Mühe und Schmerzen. In dieser Phase ist der Husten rasselnd und manchmal lang anhaltend. Es wäre aber grundverkehrt, diesen Husten mit Antitussiva zu bekämpfen. Ganz im Gegenteil – wir müssen dem Körper helfen, den Schleim loszuwerden, indem wir ihn flüssiger machen. Dadurch verstärkt sich zunächst der Hustenreiz, doch mit dem Abhusten des Schleimes verringert er sich dann auch wieder.

Schleim besteht überwiegend aus Wasser. Seine geleeartige Konsistenz erhält er durch eingelagerte Makromoleküle, so genannte *Mucine*, die das Wasser binden und das Ganze zusammenhalten. Zähflüssiger Schleim hat einfach einen geringeren Wasseranteil als dünnflüssiger. Es gibt nun zwei Möglichkeiten, den Schleim zu verflüssigen. Entweder erhöht man den Wasseranteil des Schleims, oder man spaltet die Mucine durch eine gezielte chemische Reaktion. Die wohl bekannteste Mucin spaltende Substanz ist Acetylcystein. Dieses Derivat der natürlichen Aminosäure Cystein enthält eine Thiolgruppe und ist deshalb in der Lage, in Mucinen Schwefelatome voneinander zu trennen, die zu Disulfid-Brücken verbunden sind. Acetylcystein wird als Aerosol (s. Kap. 1) direkt in die Bronchien eingebracht oder muss in hohen Dosen (1–2 g pro Tag) oral eingenommen werden, wenn es wirken soll. Weitere häufig eingesetzte Schleimlöser, so genannte *Expektoranzien*, sind Bromhexin und Ambroxol. Sie wirken ähnlich wie Acetylcystein.

Die andere Möglichkeit, den Bronchialschleim zu verflüssigen, besteht darin, den Wasseranteil im Schleim zu vergrößern. Am einfachsten erreicht man das durch das Trinken von heißen Getränken, z. B. in Form von Lindenblütentee. Selbstverständlich kann man die beiden Methoden auch kombinieren, indem man reichlich trinkt und gleichzeitig Expektoranzien einnimmt.

Rotz und Wasser

Wenn es im Hals kratzt, ahnen wir schon, dass es bis zum ersten Niesanfall nicht mehr lange dauern wird. Eine Erkältung ohne *Schnupfen* ist selten. Wie beim Husten die Bronchialschleimhaut, ist beim Schnupfen die Nasenschleimhaut entzündet. Eine solche Entzündung verbessert generell die Chancen des Immunsystems, den Kampf gegen die Viren zu gewinnen (→ Entzündung). Die vermehrte Durchblutung transportiert Abwehrstoffe und Immunzellen heran, wodurch allerdings die Schleimhaut anschwillt – die Nase ist »verstopft«. Die größere Durchlässigkeit der Blutgefäße bewirkt, dass die Immunzellen besser zu den virusbefallenen Zellen gelangen. Dadurch dringt aber auch vermehrt Wasser aus den Gefäßen nach außen ins Gewebe. Die Schleimdrüsen produzieren aufgrund des Überangebotes an Wasser verstärkt dünnflüssigen Schleim – die Nase »läuft«.

Das *Niesen* ist eine Abwehrreaktion, die den mit Erregern beladenen Schleim aus der Nase herausschleudern soll. Wie beim Husten sendet die gereizte Schleimhaut über Nervenfasern Signale ans Gehirn, das daraufhin verschiedenen Muskeln, die am Niesreflex beteiligt sind, die Anweisung erteilt, sich ruckartig zusammenzuziehen. Gegen das Niesen können wir nicht viel ausrichten, aber die verstopfte Nase macht uns doch ganz schön zu schaffen. Zum Glück ist dagegen ein Kräutlein gewachsen.

Die Weite der Blutgefäße wird über das so genannte *vegetative Nervensystem* eingestellt. Es besteht aus zwei gegensätzlich wirkenden Anteilen – dem Sympathikus und dem Parasympathikus. (→ Nervensystem). Die Wand der Arteriolen – das sind kleinste Arterien, die z.B. die Nasenschleimhaut mit Blut versorgen – enthält so genannten α-*Rezeptoren* (→ Signaltransduktion), deren Aktivierung bewirkt, dass sich die Blutgefäße verengen. α-Rezeptoren reagieren besonders empfindlich auf das Hormon *Noradrenalin*, das von Nervenfasern des sympathischen Nervensystems gebildet wird, die den Gefäßwänden direkt anliegen. In ihrem Verlauf haben sie winzige Verdickungen, so genannte Varikositäten. Dort ist Noradrenalin in größeren Menge gespeichert. Wird der Sympathikus aktiviert, laufen elektrische Impulse die Nervenfasern entlang und bewirken, dass sich die Varikositäten entleeren. Noradrenalin tritt aus, bindet an α-Rezeptoren und aktiviert sie. Dies löst eine Kette von Reaktionen aus, die letzten Endes glatte Muskelfasern in der Wand der Arteriolen dazu bringen, sich zusammenzuziehen. Die Schleimhaut wird dann weniger durchblutet und schwillt ab.

Dasselbe geschieht auch, wenn wir erschrecken. »Schreck« ist im Grunde nichts anderes als eine plötzliche Aktivierung des sympathischen Nervensystems. Achten Sie einmal darauf: Ihre Nase verstopft viel eher, wenn Sie vor dem Fernseher sitzen und Chips knabbern, als wenn Sie körperlich in Bewegung sind. Das kommt daher, dass in Ruhe der parasympathische Teil des vegetativen Nervensystems aktiviert ist. Er hat zwar keinen direkten Einfluss auf die Weite der Blutgefäße, aber wenn er angeschaltet ist, ist der Sympathikus »off-line«. Folglich wird in der Nase kein Noradrenalin frei und sie verstopft leichter, wenn Sie einen Schnupfen haben. Da wir aber nicht den ganzen Tag von einem Schreck in den anderen fallen können und auch nicht ständig auf Achse sind, wenn wir Schnupfen haben, müssen wir einen anderen Weg finden, die Nase frei zu bekommen. Hilfe bieten Wirkstoffe, die Noradrenalin in ihrer chemischen Struktur ähneln und deshalb auch ähnliche Wirkung zeigen. Diese so genannten *Sympathomimetika* heißen zum Beispiel Xylometazolin, Oxymetazolin oder Tetryzolin und sind in den handelsüblichen Nasensprays und -tropfen enthalten. Sie dringen in die Nasenschleimhaut ein und aktivieren dort genau wie Noradrenalin die α-Rezeptoren (Abb. 3).

Auch diese Medaille hat ihre Kehrseite. Reduzieren wir durch Gefäßverengung die Blutzufuhr der Nasenschleimhaut, fehlen ihr Sauerstoff und andere Stoffe, die vom Blut antransportiert werden. Der Körper reagiert darauf trotzig. Lässt die Wirkung der Sympathomimetika nach, stellen sich die Gefäße der Nasenschleimhaut besonders weit, um wieder an die Stoffe zu gelangen, die ihr vorenthalten wurden – mit dem Resultat, dass die Nase verstopfter ist als vorher. Wenn wir jetzt noch mehr Spray benutzen, damit die Nasenschleimhaut wieder abschwillt, gewöhnt sich die Nase an die ständige Belastung und stellt nach einiger Zeit die Gefäße grundsätzlich weit. Auch wenn wir längst wieder gesund sind, brauchen wir dann das Nasenspray, um frei atmen zu können – wir sind von der Zufuhr von Sympatho-

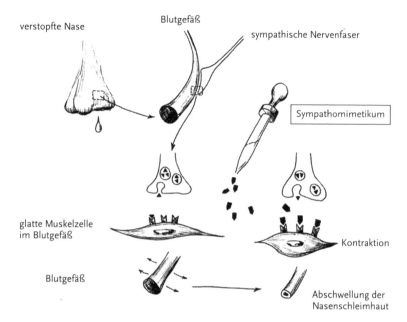

Abb. 3: Wirkungsweise von Sympathomimetika.

mimetika abhängig geworden. Um das zu verhindern ist es wichtig, blutgefäßverengende Medikamente nur in größeren Abständen (höchstens alle 6–8 Stunden) und maximal eine Woche lang anzuwenden.

Auch wenn α-Sympathomimetika ihre Tücken haben, sollte man bei starken Erkältungen auf Nasensprays nicht ganz verzichten. Das Abschwellen der Schleimhäute ist nicht nur gut für die Nase sondern auch für die *Nasennebenhöhlen*, nämlich die *Stirnhöhlen* im Stirnbein über den Augen, die *Kieferhöhlen* über den Zähnen im Oberkiefer und die *Siebbeinzellen* und andere in der Tiefe hinter der Nase. Die Nasennebenhöhlen (*Sinus*) haben die Aufgabe, die Atemluft warm und feucht zu halten. Sie sind mit besonders gut durchbluteter Schleimhaut ausgekleidet, die viel Wärme an die Luft abgeben kann. Schwillt die Schleimhaut in den Nebenhöhlen zu stark an, kann sich Sekret anstauen und starke Schmerzen verursachen. Voller Schleim und heiß von der Entzündung sind die Nebenhöhlen dann ein idealer Nährboden für Bakterien. Eine eitrige Stirnhöhlenentzündung kann sehr hartnäckig sein und sollte unbedingt vermieden werden. Nasensprays mit α-Sympathomimetika können hier vorbeugen, indem sie die Verstopfung der Nebenhöhlen verhindern und dazu beitragen, dass das Sekret abfließen kann. Dampfbäder und Inhalationen haben einen ähnlichen Effekt, wenn ihre Wirkung auch nicht so lange anhält. Expektoranzien wie **Acetylcystein, Bromhexin** und **Ambroxol** können ebenfalls unterstützend wirken. Weiterhin sei erwähnt, dass Sympathomimetika auch die Eustachi-Röhre (*Tuba auditiva*, vereinfacht »Tube«) erreichen können, die Verbindung vom Mittelohr zum Nasen-Rachen-Raum. Sie machen sie durchgängig, verhindern einen Sekretrückstau im Mittelohr und damit eine Mittelohrentzündung als Komplikation der Erkältung.

Vierbeiner haben übrigens viel weniger Probleme mit den Nasennebenhöhlen, da diese so angelegt sind, dass der Schleim gut ablaufen kann, wenn der Kopf nach vorne gebeugt ist. Dass *Homo sapiens* sich eines Tages aufrichten würde, war nicht eingeplant.

Gegen Schnupfen gibt es nicht nur Sprays sondern auch Tabletten. Sie enthalten Wirkstoffe wie **Phenylephrin, Carbinoxamin** oder **Norephedrin** die ebenfalls auf α-Rezeptoren wirken und so den Schnupfen lindern. Allerdings verteilen sie sich nach dem Schlucken im ganzen Körper und haben deshalb unerwünschte Wirkungen wie Herzklopfen, Schwierigkeiten beim Wasserlassen und manchmal sogar Herzrhythmusstörungen. Patienten mit Bluthochdruck sollten solche Tabletten nicht einnehmen, da sie nicht nur in der Nase, sondern überall im Körper Gefäße verengen und so den Blutdruck weiter erhöhen.

Das Laufen der Nase könnte man im Prinzip auch dadurch beenden, dass man den Gegenspieler des Sympathikus, den *Parasympathikus*, ausschaltet. Dazu gibt es auch Wirkstoffe, z. B. Atropin, einen Inhaltsstoff der Tollkirsche, und verwandte Substanzen. Die erheblichen Nebenwirkungen dieser Stoffe stehen allerdings in keinem vernünftigen Verhältnis zum erzielten Vorteil (dem Abschwellen der Nasenschleimhaut).

Louis Armstrong lässt grüßen

Heiserkeit entsteht meist dadurch, dass die angeschwollene Schleimhaut in den oberen Atemwegen der Stimme eine andere Klangfarbe verleiht. Hier spielen die Nebenhöhlen ebenfalls eine besondere Rolle, weil sie wichtige Resonanzkörper für die Stimmbildung darstellen. Heiserkeit kann aber auch daher rühren, dass die Erreger die Kehlkopfschleimhaut und damit die Stimmbänder direkt befallen haben. Die Stimmbänder im Inneren des Kehlkopfes können dann so stark anschwellen, dass Betroffene keinen Ton mehr herausbekommt. Leider kann man dagegen wenig tun. Das Einzige, was helfen könnte, sind allgemein entzündungshemmende Mittel, wie sie in vielen Kombinationspräparaten gegen grippale Infekte enthalten sind (s. Kap. 1); mehr dazu am Ende dieses Kapitels.

Sängers Fluch

Sie kommen meistens ganz plötzlich: Man wacht morgens mit Schluckbeschwerden auf oder merkt beim Essen, dass plötzlich das Schlucken schwer fällt. *Halsschmerzen* können sehr unangenehm werden. Hauptsächlich sind die *Tonsillen*, die Gaumenmandeln, betroffen, weil sie viel lymphatisches Gewebe enthalten, das einen wichtigen Teil des Immunsystems bildet. Setzen sich hier Krankheitserreger fest, reagiert das Gewebe unter Umständen mit einer heftigen Entzündung. Besonders morgens, wenn die Schleimhäute ausgetrocknet sind, weil wir im Schlaf weniger schlucken, reiben die wunden Mandeln schmerzhaft aneinander.

Das Beste, das wir dagegen tun können, sind zunächst heiße Getränke und Lutschbonbons, die den Hals feucht halten. Einige Halstabletten enthalten zusätzlich oberflächlich betäubende Substanzen (Lokalanästhetika, s. Kap. 2) wie *Lidocain*. So mancher Patient empfindet allerdings das pelzige Gefühl im Mund, das diese Wirkstoffe hervorrufen, als unangenehm. Außerdem können Lokalanästhetika bei empfindlichen Personen Allergien auslösen. Gurgellösungen und viele Lutschtabletten enthalten antiseptisch oder schwach antibiotisch wirksame Substanzen, die verhindern sollen, dass sich Bakterien auf den Mandeln niederlassen, z. B. *Cetylpryridinium*, *Tyrothricin* oder *Chlorhexidin*, um nur einige zu nennen.

Es ist sicherlich sinnvoll, bakteriellen Infektionen im Hals vorzubeugen: Wenn die kleinen Plagegeister sich erst einmal breit gemacht haben, wird es richtig unangenehm. Wir bekommen Fieber und der Hals kann so zuschwellen, dass Essen und Trinken, im akuten Notfall sogar das Atmen schwer werden (»Angina«, *Angina tonsillaris*). Nicht nur deshalb ist es notwendig, dass eine bakterielle Halsentzündung mit Antibiotika behandelt wird. Geschieht dies nicht, so kann einige Wochen nach der Mandelentzündung ein so genanntes *rheumatisches Fieber* entstehen, das durch Antikörper gegen die Bakterien ausgelöst wird. Es ist gefürchtet, weil in seiner Folge Herzklappen so leiden können, dass sie operativ ersetzt werden müssen. Außerdem können die Antikörper auch andere Organe wie die Niere angreifen und chronisch schädigen.

Horch, was kommt von draußen rein?

Im Verlauf einer Erkältung kann auch das Mittelohr betroffen sein. Die Viren wandern dabei vom Nasen-Rachen-Raum aus durch die oben erwähnte Eustachi-Röhre nach oben und machen sich im Mittelohr breit. Hier hilft, wie bereits erwähnt, ein Nasenspray, um die Verbindung zwischen Rachen und Mittelohr offen zu erhalten, damit das Sekret abfließen kann. Sonst staut es sich und drückt von innen gegen das Trommelfell, was äußerst schmerzhaft ist. Außerdem können sich im warmen, feuchten Milieu Bakterien niederlassen.

Das Trommelfell ist bei einer Mittelohrentzündung häufig mit betroffen und bereitet Schmerzen. Hier können Ohrentropfen Abhilfe leisten. Sie enthalten lokal betäubende Wirkstoffe wie **Procain** oder **Lidocain** (s. Kap. 2); manchen Lösungen sind entzündungshemmende und schmerzstillende Mittel wie **Cholinsalicylat** oder **Phenazon** zugesetzt. Der Wirkungsmechanismus solcher Medikamente (nichtsteroidale Antiphlogistika) wird in Kapitel 2 behandelt.

... holla hi, holla ho!

Bei Kopf- und Gliederschmerzen helfen die im Kapitel 1 behandelten Analgetika (**Paracetamol**, **Acetylsalicylat (ASS)**, **Ibuprofen**) am besten. Sie lindern nicht nur die Schmerzen, sondern senken auch das Fieber. Fieber unter 38 °C sollte man eher gar nicht bekämpfen: Bei erhöhten Körpertemperaturen sind die Immunzellen aktiver und damit die Abwehr der Viren wirkungsvoller. Erst wenn das Fieber höher steigt, wird der Arzt die Abwehr mit weiteren Maßnahmen unterstützen.

Hilft viel viel? Ein Wort zu Kombinationspräparaten

Die Pharmaindustrie bietet uns eine breite Palette von Tabletten und Säften gegen grippale Infekte an. Was auch immer die Werbung verspricht, seien Sie sicher: Nirgends auf der Welt werden Sie ein Präparat finden, das Sie über Nacht von Ihrer Erkältung kuriert. Wenn Sie auf der Packung einmal nachschauen, welche Wirkstoffe sie enthält, werden sich wundern! In manchem Medikament ist nicht viel mehr drin als Alkohol, der Ihnen beispielsweise helfen kann, abends trotz Kopf- und Gliederschmerzen einzuschlafen. In diesem Fall trinken Sie vielleicht besser gleich einen steifen Grog – aber lassen Sie das bitte nicht zur Gewohnheit werden ...

Viele Präparate gegen Erkältungskrankheiten enthalten Kombinationen von Schmerz- und entzündungshemmenden Stoffen (NSARs, s. Kap. 1) mit Antitussiva und/oder Sympathomimetika (s. Wirkstofftabelle am Ende des Kapitels). Die Kombination bewirkt allerdings nicht »automatisch«, dass diese Präparate besser oder schneller wirken als Einzelsubstanzen. Außerdem wird Präparaten gegen Erkältungskrankheiten oft auch Ascorbinsäure (Vitamin C) zugesetzt. Ascorbinsäure ist als Vitamin zwar lebensnotwendig (u. a. weil es das Immunsystem unterstützt). Allerdings ist umstritten, ob es Erkältungskrankheiten akut bessert oder ihnen bei regelmäßiger Einnahme vorbeugt. Viele Präparate enthalten ein Vielfaches der täglich benötigten Menge an Ascorbinsäure (60 bis 120 mg). Auch das ist nicht unbedingt sinnvoll, weil überschüssige Ascorbinsäure nicht gespeichert, sondern umgehend über die Niere ausgeschieden wird. Zu große Mengen können langfristig zur Bildung von Nierensteinen beitragen.

Menthol tut wohl

Es gibt in Apotheken und Drogerien alle möglichen Salben oder Cremes, die man auf die Brust reiben, in Wasser aufgelöst inhalieren oder auf die Nasenflügel streichen kann. Sie enthalten aus Pflanzen gewonnene *ätherische Öle* wie Kampfer, Menthol, Thymol, Cineol und viele andere. Auch manche Tabletten oder Kapseln enthalten ätherische Öle, z. B. Myrtol. Die ätherischen Öle haben in der Tat eine Wirkung, die sie aber nur entfalten können, wenn sie mit einer von der Erkältung betroffenen Oberfläche, also den Schleimhäuten, in Berührung kommen. Ihr Wirkungsmechanismus ist nicht vollständig geklärt. Sie lösen die Spannung der glatten Muskulatur in den Bronchien (spasmolytische Wirkung) und setzen vermutlich einen kleinen Entzündungsreiz, der bewirkt, dass die Blutgefäße etwas weiter und leichter durchlässig werden. Außerdem werden die Drüsen angeregt, dünnflüssiges Sekret zu bilden. Werden ätherische Öle inhaliert, können sie helfen, zähflüssigen Schleim zu verflüssigen, den Husten zu lindern oder die Nasennebenhöhlen frei zu bekommen. Wie man ätherische Öle inhaliert – ob durch eine Einreibung oder bei einem Dampfbad –, ist weniger wichtig.

In Form von Bonbons gelutscht können ätherische Öle helfen, die Schleimhaut der Gaumenmandeln oder der Stimmbänder feucht zu halten und so Halsschmerzen oder Heiserkeit zu lindern. Manche Öle, z. B. *Pfefferminzöl* wirken entzündungshemmend und leicht betäubend, natürlich nicht so stark wie Lidocain. Zu den sagenhaften sonstigen Wirkungen, die bestimmten Ölen zugeschrieben werden (z. B. *Schwarzkümmelöl* oder *Teebaumöl*), schweigt des Sängers Höflichkeit.

An dieser Stelle angelangt, verfügen Sie hoffentlich über alle Informationen, die sie brauchen, um aus der Palette der nicht verschreibungspflichtigen Präparate gegen Erkältungen Ihren ganz persönlichen Cocktail zusammenzustellen. Vielleicht nehmen Sie auch lieber gar nichts ein und warten die sprichwörtlichen sieben bis zehn Tage ab. In jedem Fall: Gute Besserung!

Wirkstoffe und Handelsnamen

Wirkstoff	Handelname	Wirkungsweise
Acetylcystein	Fluimucil®	Expektorans
Ambroxol	Mucosolvan®	Expektorans
Bromhexin	Bisolvon®	Expektorans
Codein	Codicaps®, Codipront®	Antitussivum
Dextromethorphan	z. B. Bexin®	Antitussivum
Lidocain	Xylocain®	Lokalanästhetikum
Oxymetazolin	Nasivin®	β-Sympathomimetikum
Noscapin	Capval®	Antitussivum
Pentoxyverin	Sedotussin®	Antitussivum
Tetryzolin	Rhinopront®	β-Sympathomimetikum
Xylometazolin	Otriven®, Olynth®	β-Sympathomimetikum

Kombinationspräparate

Präparat	Wirkstoffe	Gruppe
Doregrippin Filmtabletten	Paracetamol Phenylephrin	Analgetikum, Antiphlogistikum Sympathomimetikum
Grippostad Erkältungssaft	Dextromethorphan Paracetamol	Antitussivum Analgetikum, Antiphlogistikum
Wick MediNait Erkältungssaft	Dextromethorphan Doxylamin Ephedrin Paracetamol	Antitussivum Antihistaminikum, Sedativum Sympathomimetikum Analgetikum, Antiphlogistikum

9

Krank machen, um zu heilen?
Impfstoffe

Jan Sulzer

Am 1. August 1999 kam ein freiberuflicher Kameramann von einer 12-tägigen Reise durch die Elfenbeinküste zurück. Nach anfänglichem leichtem Unwohlsein entwickelte sich bei ihm im Laufe des Tages ein starkes Krankheitsgefühl und Fieber. Malaria konnte ausgeschlossen werden. Laut Auskunft des Patienten war vor seiner Abreise eine Gelbfieberimpfung durchgeführt worden. Bei der Untersuchung im Krankenhaus ergaben sich Anzeichen für eine starke Leberschädigung. Leib- und Kopfschmerzen traten auf. Am 3. August wurde der schwerkranke Patient unter dem Verdacht auf ein virusbedingtes hämorrhagisches Fieber (Ebola-, Marburg- oder Lassa-Fieber) in die Isolierstation des Virchow-Klinikums in Berlin eingeliefert. Die Leberzerstörung ging unaufhaltsam weiter, es kam zu inneren Blutungen und der Patient fiel ins Koma. Am 6. August 1999, dem Todestag des Kameramanns, wurde im Labor eine Gelbfieberinfektion nachgewiesen. Spätere Nachforschungen ergaben, dass doch keine Gelbfieberimpfung stattgefunden hatte.

Der Weg der Natur

Um sich gegen Bakterien und Viren zu verteidigen, verwendet der Körper verschiedene Strategien. Man unterscheidet dabei zwischen weniger effektiven, aber sofort zur Verfügung stehenden Mechanismen und hochspezialisierten Strategien, die etwas Zeit benötigen, bis sie aktiv werden können (→ Immunsystem). Impfungen haben das Ziel, das Immunsystem und damit den Körper zu stärken und ihn gegenüber Krankheitserregern widerstandsfähiger zu machen.

Kommt es zu einer Infektion, werden eingedrungene Erreger oder deren Bestandteile durch bestimmte Zellen des Immunsystems teilweise zerlegt und die Bruchstücke der Erreger auf der Zelloberfläche »präsentiert«. Dies versetzt andere Immunzellen in die Lage, gezielt Abwehrproteine, so genannte *Antikörper*, gegen diese Bruchstücke zu produzieren. Bei der Erstinfektion mit einem Erreger dauert es 48–96 Stunden, bis es zur Antikörperbildung kommt. Nach Ende der Infektion bleiben so genannte Gedächtniszellen zurück, die bei einer erneuten Infektion mit dem Erreger viel schneller reagieren können, so dass die Antwort des Immunsystems nicht erst nach vier Tagen sondern bereits nach wenigen Stunden beginnt. Der Vorteil dieser schnellen Antwort liegt darin, dass sich die Erreger in der kurzen Zeit nicht so stark vermehren können. Der Körper muss sich mit einer geringeren Anzahl auseinander setzen und die Infektion läuft unbemerkt oder zumindest viel schwächer ab.

Den beschriebenen Mechanismus macht man sich bei der so genannten *aktiven Impfung* zu Nutze. »Aktiv« heißt diese Art der Impfung, weil der Körper aktiv auf den Impfstoff reagiert: Durch die Spritze wird in einen Muskel ein Wirkstoff eingebracht, der eine Abwehrreaktion hervorruft. Er enthält Erregerbestandteile oder Erreger, die abgetötet oder in ihrer Wirkung so abgeschwächt sind, dass sie normalerweise keine volle Infektion mehr hervorrufen können. Dennoch kommt es zu einer Aktivierung des Immunsystems und entsprechende Gedächtniszellen werden gebildet.

Anders ausgedrückt: Durch aktive Impfungen wird das Immunsystem im Kontakt mit abgeschwächten Erregern so trainiert, dass die Reaktionszeit auf echte Infektionen verkürzt ist. Je nach Wirkstoff sind mehrere Impfungen erforderlich, gelegentlich mit Auffrischungen alle zehn Jahre.

Im Gegensatz dazu ist die so genannte *passive Impfung* nur einige Wochen lang wirksam. In diesem Fall injiziert der Arzt fertige Antikörper, die gezielt gegen einen bestimmten Erreger oder Stoff gerichtet sind. Der Schutz tritt sofort nach der Injektion ein, jedoch werden vom körpereigenen Immunsystem keine Antikörper mehr gebildet. Der Impfschutz wird deshalb mit der Zeit immer schwächer und erlischt schließlich, wenn alle Antikörper verbraucht sind. Der Einsatzbereich der passiven Impfung liegt in zwei Bereichen: erstens bei Menschen, die aufgrund einer erworbenen oder angeborenen Abwehrschwäche keine effektive Immunantwort ausbilden können, und zweitens bei Krankheitsfällen, in denen ein sofortiger Schutz erforderlich ist, z. B. nach einem Biss durch ein an Tollwut erkranktes Tier, als Antitoxin nach einem Schlangenbiss oder auch in der Schwangerschaft, wenn eine aktive Impfung nicht möglich ist.

Alles Bio

Zur passiven Impfung verwendet man entweder Antikörper von Tieren oder Antikörpermischungen aus menschlichem Blut (so genannte Immunglobulin-Präparate). Zur Herstellung von tierischen Antikörpern infiziert man Pferde oder auch Ziegen so lange mit einem entsprechenden Erreger, bis die Tiere eine ausreichend Menge an Antikörpern gebildet haben. Aus dem Blut der Tiere werden dann die entsprechenden Antikörper isoliert und soweit wie möglich von tierischen Fremdstoffen gereinigt. Ein solches »Impfserum« (Serum: flüssiger Anteil des Blutes) ist dann therapeutisch einsetzbar (Abb. 1). Die Wirkungsdauer tierischer Seren liegt allerdings deutlich unter de-

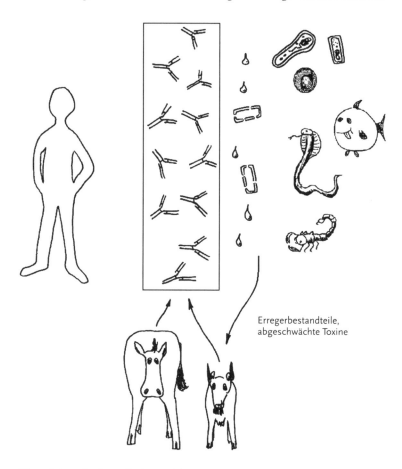

Erregerbestandteile, abgeschwächte Toxine

Abb. 1: Schutz durch passive Immunisierung.

nen menschlicher Immunglobuline. Ein weiteres Problem mit Impfseren aus Tieren ist, dass das Immunsystem des Geimpften das tierische Serum als fremd erkennt und allergisch reagieren kann. Deshalb bevorzugt man, soweit möglich, von Menschen gewonnene Antikörper. Bei sehr giftigen Proteinen, z. B. dem Toxin des Bakteriums *Clostridium botulinum* (dem zweitstärksten bekannten Gift nach dem des Kugelfisches), wird man dies aus nahe liegenden Gründen gar nicht erst versuchen. Immerhin ist es möglich, ein Antitoxin (Antikörper gegen das Toxin) aus Pferden zu gewinnen, ebenso wie Antitoxine gegen Diphtherie, Gasbrand sowie Schlangen- und Skorpiongifte.

Aktive Impfstoffe enthalten, wie bereits erwähnt, abgeschwächte oder abgetötete Erreger, einzelne Bestandteile des Erregers oder nur dessen inaktiviertes Toxin.

Die Entwicklung und Prüfung von Impfstoffen folgt den gleichen Regeln wie die normale Arzneimittelprüfung (s. Kap. 28), jedoch wird die Zulassung nicht durch das Bundesinstitut für Arzneimittel- und Medizinprodukte erteilt, sondern durch das Paul-Ehrlich-Institut (Bundesamt für Sera und Impfstoffe). Dieses prüft auch in der weiteren Herstellung jede einzelne Charge und genehmigt deren Verkauf. Die Prüfung von Seiten des Herstellers reicht in diesem Fall nicht aus.

Sicher ist sicher ... .

Es gibt in Deutschland (im Gegensatz zum Beispiel zur früheren DDR) zur Zeit keine Impfpflicht. Um dennoch einen möglichst guten Schutz der Bevölkerung zu erreichen, werden bestimmte Impfungen von der *Ständigen Impfkommission* des Robert-Koch-Instituts in Berlin (STIKO) empfohlen, einer Gruppe von Spezialisten, die aufgrund epidemiologischer Daten und neuester wissenschaftlicher Erkenntnissen Richtlinien erarbeitet. Dabei ist es sinnvoll, zwischen den Standardimpfungen, die jeder erhalten sollte, und speziellen Indikationsimpfungen für Reisende bzw. einzelne Berufsgruppen zu unterscheiden. So sollten Personen, die tagtäglich mit vielen Menschen zu tun haben (z. B. Busfahrer, Kassiererinnen, Ärztinnen oder Lehrer) gründlich geimpft sein, da sie ein hohes Ansteckungsrisiko tragen und andererseits Infektionen an viele andere Personen weitergeben können.

Zum Standard gehören Impfungen gegen Diphtherie, Wundstarrkrampf (Tetanus), Keuchhusten (Pertussis), Kinderlähmung (Polio),

Abb. 2: Nicht immer, aber immer öfter.

Mumps, Masern, Röteln, Hirnhautentzündung/Kehlkopfentzündung ausgelöst durch *Haemophilus influenzae* B sowie Hepatitis B (Abb. 2). Diese Impfungen sollten in den ersten 15 Lebensmonaten durchgeführt werden. Aktuell aufgenommen wurde auch die Impfung gegen Windpocken (Varizellen), worüber noch diskutiert wird. Zu den Indikationsimpfungen für bestimmte Personengruppen zählen Impfungen gegen Tollwut, Tuberkulose, Frühsommer-Meningoencephalitis (FSME), Gelbfieber, Hepatitis A, Grippe (Influenza), Lungenentzündung (durch Pneumokokken), Hirnhautentzündung durch Meningokokken und Typhus.

... aber nicht immer ...

Zwei Wochen nach akut behandlungsbedürftigen Erkrankungen und 3–4 Wochen vor einer geplanten Operation wird in der Regel nicht geimpft, es sei denn, es handelt sich um eine therapeutische Maßnahme. Dies gilt z. B. für den Schutz vor Wundstarrkrampf (Tetanus) nach einer Verletzung . Besteht eine Allergie gegen Zusatzstoffe in einem Serum (z. B. Neomycin, Streptomycin oder Hühnereiweiß), so sollten diese Impfstoffe nicht verabreicht werden. Auch während einer Schwangerschaft sollte man auf alle Impfungen verzichten, die nicht dringend notwendig sind. Dies betrifft insbesondere Lebendimpfstoffe. Ist es im Rahmen einer Impfung zu unerwünschten Wirkungen gekommen, sollte bis zur Klärung der Ursache keine weitere Impfung mit dem betreffenden Impfstoff durchgeführt werden. Andererseits besteht kein Grund, eine Impfung zu verschieben, wenn der Impfling Kontakt zu Personen mit ansteckenden Krankheiten hatte, an chronischen Erkrankungen leidet oder mit Antibiotika behandelt wird. Neigt der Impfling zu Fieberkrämpfen, kann vorsorglich ein fiebersenkendes Mittel (z. B. Paracetamol) gegeben werden. Dann spricht nichts gegen die Durchführung einer Impfung.

Pauschal heißt es manchmal »Ein akut erkranktes Kind sollte nicht geimpft werden.« Grundsätzlich ist dies richtig, jedoch zählen einfache Infekte mit Temperaturen unter 38,5 °C, Ekzeme oder lokalisierte Hautinfektionen nicht zu den Impfhindernissen. Frühgeborene sollten, unabhängig von ihrem Geburtsgewicht, ihrem jeweiligen Alter entsprechend geimpft werden. Im Mutterleib und noch eine gewisse Zeit nach der Geburt sind sie durch mütterliche Antikörper geschützt. In den ersten Wochen nach der Geburt bekommen Säuglinge eine geringe Zahl mütterlicher Antikörper über die Milch, jedoch wird das eigene Immunsystem des Säuglings jetzt durch den Kontakt mit der Außenwelt stimuliert.

... und nicht immer problemlos!

Auch Impfungen haben *unerwünschte Wirkungen*. Dazu zählen Schmerzen, Schwellungen und Rötungen im Bereich der Eintrittsstelle sowie erhöhte Temperatur. Solche Reaktionen treten meist innerhalb der ersten 72 Stunden auf und verschwinden nach kurzer Zeit wieder. Zusätzliche, vom Impfstoff abhängige Reaktionen, wie sie nach Masern- und Rötelnimpfungen bei Erwachsenen auftreten, werden später besprochen. Auch lokale Entzündungen, kleine Blutungen oder andersartige Verletzungen kommen vor, wie sie auch bei Blutabnahmen oder kleinen Operationen möglich sind. Dieses Risiko wird durch sorgfältiges Arbeiten des Impfenden in Grenzen gehalten.

Bei *Allergien* gegen den Impfstoff (s. Kap. 10) kommt es gelegentlich zu Nesselsucht, Hautjucken, Kreislaufstörungen oder sehr selten zum allergischen Schock, der im Extremfall zum Tode führen kann. Die gleiche Reaktion zeigen auch Menschen, die gegen Wespenstiche oder Haselnüsse allergisch sind. In letzteren Fall kann sogar der Genuss von Vollmilch-Nuss-Schokolade lebensbedrohlich sein. Wichtig ist: Es sterben weitaus mehr Menschen an den Folgen von Infektionskrankheiten, als an den Impfungen, die diese Krankheit verhindern. Impftodesfälle sind extrem selten.

Besondere Vorsicht ist auch bei *immungeschwächten Patienten* geboten. Besteht nach Einnahme immunsuppressiver Medikamente (s. Kap. 3 und 17) oder durch Erkrankungen eine Immunschwäche, muss jede Impfung individuell überprüft werden. Passive Impfungen, sowie Impfungen mit Totimpfstoffen und mit abgeschwächten Toxinen sind unbedenklich, jedoch kann ihre Wirksamkeit herabgesetzt sein; unter Umständen sind mehrere Impfungen notwendig, um einen ausreichenden Schutz aufzubauen. Abgeschwächte Lebendimpfstoffe können bei solchen Personen eine heftigere Reaktion verursachen als bei Gesunden. Aus diesem Grund sind z. B. selbst bei symptomlosen HIV-Infizierten Impfungen gegen Windpocken und Tuberkulose nicht erlaubt. Zeigen sich bei solchen Personen bereits Krankheitssymptome, sind auch Impfungen gegen Masern, Mumps und andere Impfungen mit Lebendimpfstoffen nicht empfehlenswert.

Während der *Schwangerschaft* sollte auf aktive Impfungen verzichtet werden, es sei denn, sie sind dringend geboten. Dies betrifft vor allem Impfungen mit Lebendimpfstoffen gegen Gelbfieber, Masern, Mumps, Röteln oder Windpocken. Passive Impfungen sind nicht problematisch, wirken aber nur, wenn sie rechtzeitig verabreicht werden.

Gesunde Kinderkrankheiten?

Als Argument gegen die Impfung von Kindern und Säuglingen wird gelegentlich vorgebracht, es handle sich bei den betreffenden Krankheiten ja um Kinderkrankheiten, die jeder »durchmachen« müsse. Der allgemeine Sprachgebrauch versteht unter »Kinderkrankheiten« lästige, aber lösbare Probleme, z. B. wenn der Tankdeckel bei einem neuen Auto nicht richtig passt. In der Medizin sind damit Krankheiten gemeint, die *besonders leicht* von einem Menschen auf den anderen übertragen werden. Da wir erst nach Kontakt mit dem Erreger einen Schutz aufbauen können, erkranken wir an solchen Infekten meist schon als Kinder. Später kommen wir zwar weiterhin mit den Erregern in Berührung, haben aber bereits gelernt, uns dagegen zu wehren. Trotzdem sind Kinderkrankheiten alles andere als harmlos. Noch vor wenigen Jahrzehnten sind bei uns viele Kinder an solchen Krankheiten verstorben oder haben bleibende Schäden erlitten. Wie gefährlich Kinderkrankheiten sein können, zeigt ein Blick in die Entwicklungsländer, wo immer noch Tausende von Kindern an Masern sterben.

Alles nach Plan

Entsprechend den Impfempfehlungen der STIKO (Fassung 23.07.04) sollten bis zum 18. Lebensjahr folgende Impfungen durchgeführt werden: Diphtherie, Keuchhusten, Wundstarrkrampf, *Haemophilus influenzae* Typ B, Hepatitis B, Kinderlähmung, Masern, Mumps, Röteln und Windpocken. Der Impfkalender (Tabelle 1) zeigt das empfohlene Impfalter sowie Mindestabstände zwischen den Impfungen an. Um die Zahl der Injektionen möglichst gering zu halten, sollten Kombinationsimpfstoffe verwendet werden, die gleichzeitig mehrere Impfstoffe enthalten. Dadurch können sich die Abstände entsprechend den Angaben des Herstellers ändern. Ganz wichtig: Aufgeführt sind die *Mindestabstände*. Werden sie überschritten, braucht man den Impfzyklus nicht neu zu beginnen. Auch nach Jahren gilt noch: Jede Impfung nützt, jede Impfung schützt!

Tabelle 1. Vereinfachter Impfplan nach der STIKO.

	Lebensmonat					Lebensjahr	
Impfung	2–3	3–4	4–5	11–14	15–23	5–6	9-17
Diphtherie, Tetanus, Keuchhusten (DTaP)	1.	2.	3.	4.			
Haemophilus influenzae B	1.	2.	3.	4.			
Kinderlähmung	1.	2.	3.	4.			A
Hepatitis B	1	2	3.	4.			G
Mumps, Masern, Röteln				1.	2.		
Varizellen				1.			?
Diphtherie/Tetanus (Td)						A	A
Pertussis (aP)							A

A – Auffrisch-Impfung alle 10 Jahre, G – Grundimmunisierung für alle, die nicht geimpft wurden, bzw. die einen unvollständigen Impfschutz haben, – Abhängig von verschiedenen Faktoren

Die gefährlichen Zehn

Im folgenden Abschnitt werden die wichtigsten Krankheiten besprochen, gegen die heute ein Impfschutz empfohlen wird.

Die *Diphtherie* ist eine Infektionskrankheit, die bei engem Kontakt zwischen Menschen übertragen wird. Der Erreger, das Bakterium *Corynebacterium diphtheriae*, produziert ein Toxin, das den ganzen Körper, insbesondere aber das Herz sowie den Mund- und Rachenraum schädigt. Im Rachen kann die Schleimhaut in Form weißer Beläge von abgestorbenen Zellen bedeckt sein. Durch die Schwellung des Gewebes besteht in schweren Fällen Erstickungsgefahr. In 5–10 % der Fälle verläuft die Krankheit tödlich. Diphtherie kann in jedem Lebensalter auftreten und ist bei Kleinkindern, abwehrgeschwächten Personen und Alkoholikern gehäuft mit Komplikationen und Todesfällen verbunden. Bei der gut verträglichen Impfung wird das inaktivierte Toxin verabreicht. In den USA führte die Impfung zu einem Rückgang der Erkrankungen von 206 000 im Jahr 1921 auf nur noch fünf im Jahr 1991.

Der Begriff »*Keuchhusten*« wurde von dem englischen Arzt Sydenham im 17. Jahrhundert geprägt. Er beschreibt den heftigen Husten, der nach einer Infektion des Rachens mit dem Bakterium *Bordetella pertussis* auftreten kann. Am Beginn der Krankheit steht ein einfacher Schnupfen mit Husten und leichtem Fieber, dann folgt der Übergang zu den typischen wochenlang anhaltenden Hustenanfällen. Gefährlich ist Keuchhusten besonders für Säuglinge und für alte Menschen. Da die Erreger sehr leicht übertragen werden, ist eine frühzeitige Impfung ab dem 3. Lebensmonat sinnvoll. Inzwischen wird dazu ein zellfreier Impfstoff verwendet, der im Vergleich zu dem älteren Präparat deutlich weniger Nebenwirkungen zeigt. Zum Schutz von Neugeborenen kann eine gleichzeitige Impfung von Eltern und Geschwistern sinnvoll sein.

Wundstarrkrampf (Tetanus) wird durch das Bakterium *Clostridium tetani* verursacht. Der Erreger bildet ein Toxin, der zu einer Lähmung der Muskulatur führt. Es kommt zur Kieferklemme, zu Schluckbeschwerden, einer Verkrampfung der Rückenmuskulatur mit Überstreckung und Schmerzen und im schlimmsten Fall zu einer Atemlähmung. Trotz der Erfolge der Intensivmedizin sterben immer noch viele Patienten. Tetanus-Bakterien sind auf der ganzen Welt verbreitet und können bei jeder Verletzung in den Körper eindringen. Daher wird bereits ab dem 3. Lebensmonat mit der Impfung begonnen. Wichtig ist, dass die Tetanus-Schutzimpfung alle 10 Jahre aufgefrischt werden muss, damit immer genügend Antikörper vorhanden sind. Der Impfstoff enthält inaktiviertes Toxin, ist sehr gut verträglich und kann auch als Kombinationsimpfstoff mit Diphtherie verabreicht werden.

Infektionen mit *Haemophilus influenzae* B (HiB) betreffen vorwiegend Säuglinge und Kleinkinder. Besonders gefährlich ist ein Befall des Kehlkopfs, wo die massive Schwellung des Gewebes zu einem Verschluss der Atemwege führen kann, wenn nicht rechtzeitig eingegriffen wird. Auch für 50 % aller bakteriellen Hirnhautentzündungen vor dem vierten Lebensjahr ist der Erreger verantwortlich. Die Erkrankung führt fast immer zu einer verzögerten Entwicklung der Sprache, des Gehörs und der Intelligenz. Selbst bei rechtzeitiger Behandlung versterben 5 % der infizierten Kinder. Deshalb wird die erste Impfung bereits ab dem dritten Lebensmonat empfohlen. Der Impfstoff ist gut verträglich. Es gibt ihn einzeln und in Kombination.

Die früher verbreitete *Kinderlähmung* (Poliomyelitis) ist durch Lähmungen und Muskelabbau gekennzeichnet. Verursacht wird sie durch ein Virus (s. Kap. 7), das Zellen im Rückenmark befällt und schädigt. Besonders gefährlich sind Lähmungen der Atem- und Schluckmuskulatur. Bis vor kurzem wurde gegen Polio die so genannte »Schluckimpfung« mit abgeschwächten lebenden Erregern eingesetzt. Dabei besteht jedoch ein geringes Risiko, dass der Impfling oder ungeschützte Kontaktpersonen an Polio erkranken. Bei uns hält man dieses Risiko inzwischen sogar für höher als das Risiko, mit dem eigentlichen Erreger infiziert zu werden. Da die Kinderlähmung in anderen Ländern noch nicht verschwunden ist, gibt es mittlerweile einen inaktivierten Impfstoff, der keine Erkrankung mehr auslösen kann. Mit der Impfung sollte im dritten Lebensmonat begonnen werden.

Im Jahre 1995 wurde die Impfung gegen *Hepatitis B* auf Empfehlung der Weltgesundheitsorganisation (WHO) in das nationale Impfprogramm aufgenommen. Die Infektion verläuft sehr unterschiedlich. In 90 % der Fälle heilt sie folgenlos aus, während es bei manchen Personen zu akuten oder chronischen Verläufen mit der Gefahr von Leberversagen und Leberkrebs kommt. Das Hepatitis-B-Virus kann durch Geschlechtsverkehr, Blut und andere Körperflüssigkeiten übertragen werden. Neugeborene können sich bei der Geburt infizieren. Bei diesen Kindern ist in vier von zehn Fällen mit einer chronischen Verlaufsform und den genannten Folgen zu rechnen. Der Impfstoff gegen Hepatitis B enthält gentechnisch hergestellte Teile der Virushülle (s. Kap. 7), die eine Immunantwort auslösen. Die Impfung wird auch für Personen mit erhöhtem Infektionsrisiko (Ärzte, Lehrer, Pflegepersonal, oder Dialysepatienten) empfohlen. Normalerweise wird mit der Impfung ab dem dritten Lebensmonat begonnen.

Die WHO hat sich zum Ziel gesetzt, in den nächsten Jahren die *Masern* völlig auszurotten. Eine normal verlaufende Masernerkrankung ist zwar nicht bedrohlich, in seltenen Fällen können aber schwere, oft tödliche Hirnhautentzündungen auftreten. In Deutschland gibt es seit 1998 ein Programm, das durch konsequentes Impfen das Neuauftreten von Masern von gegenwärtig 50 Fällen pro 100 000 Einwohner auf fünf bis zehn senken soll. Dass dies möglich ist, zeigen die skandinavischen Länder, wo die Masern nicht mehr auftreten. Die Impfung sollte als Mumps-Masern-Röteln-Kombinationsimpfung (MMR) ab dem 12. Lebensmonat und nochmals mit 1½–2 Jahren durchgeführt werden. Als Impfstoff werden abgeschwächte Viren verwendet, die in Zellkulturen gezüchtet wurden und bei gesunden Menschen keine Erkrankung auslösen können. Das bei der Masernimpfung relativ häufig auftretende »Impffieber« ist eher erwünscht, weil es zeigt, dass die Impfung gewirkt hat.

Mumps, ebenfalls eine Viruserkrankung, geht meist mit einer Schwellung der Ohrspeicheldrüsen einher, kann aber auch die Bauchspeicheldrüse und die Tränendrüsen befallen. Mögliche Komplikationen sind Schädigungen der Hörnerven mit Ertaubung, Hirnhautentzündungen sowie Sterilität, wenn es nach der Pubertät zu einer Infektion mit Befall des Hodens kommt. Die Mumpsimpfung mit einem Lebendimpfstoff wird als MMR-Impfung mit Impfungen gegen Masern und Röteln kombiniert. Es ist nur eine Impfung zwischen dem 12. und 15. Lebensmonat erforderlich.

Die Erreger der *Windpocken* (Varizellen) werden, wie der Name sagt, leicht durch die Luft übertragen. 2–3 Wochen nach der Infektion rufen sie den typischen Hautausschlag, Fieber und mehr oder weniger starke Allgemeinsymptome hervor. Der Ausschlag kommt in Schüben und besteht aus einzelnen Bläschen, die sich mit der Zeit verändern. Geimpft wird mit einem abgeschwächten Lebendimpfstoff, der zwischen dem 11. und 14. Lebensmonat zusammen mit der MMR-Impfung verabreicht werden kann. Da das Virus lebenslang in den Nervenzellen des Rückenmarks verbleibt, kann es als Zweiterkrankung auch zur Gürtelrose kommen. Besonders dies ist neben der Gefahr von Komplikationen der Grund für die allgemeine Impfempfehlung.

Röteln sind eine an sich harmlose Virusinfektion, die mit einem flüchtigen, blassen Hautausschlag sowie Lymphknotenschwellungen hinter den Ohren einhergeht. Kommt es allerdings während der ersten vier Monate einer Schwangerschaft zu einer Rötelninfektion, besteht für das ungeborene Kind die Gefahr von Missbildungen an Augen, Herz, Knochen und Gehirn. Die wichtigste Aufgabe der Rötelnimpfung ist es, dies zu vermeiden. Alle Mädchen sollten vor dem 14. Lebensjahr einen ausreichenden Immunschutz haben. Die Erstimpfung, die zwischen dem 12. und 15. Lebensmonat empfohlen wird, bietet bereits ein 95%igen Schutz vor einer späteren Rötelnerkrankung. Um jedoch etwaige »Impfversager« und nicht geimpfte Kinder zu erfassen, wird zu einer zweiten Impfung geraten. Sollte ein Schwangere nicht immun sein, ist wichtig, dass alle Personen in ihrer Umgebung (Mädchen *und* Jungen) geimpft sind und sie deshalb nicht anstecken können. Aus diesem Grund ist die Impfung für alle angezeigt. Die Impfung mit einem MMR-Kombinationsimpfstoff führt zu einer milden Infektion, die nicht auf andere Personen übertragen wird; bei älteren Jugendlichen und Erwachsenen kann es zu vorübergehenden Gelenkbeschwerden kommen.

Die gelbe Gefahr

Besonders für ältere Menschen stellt die *Influenza* eine fast jährlich wiederkehrende Bedrohung dar. Eine Influenza, die »echte« Virusgrippe, sollte man nicht mit banalen grippalen Infekten (»Erkältungen«, s. Kap. 9) verwechseln. Erkältet war schon jeder von uns. Die Symptome sind zwar lästig, aber nach 7–10 Tagen wieder verschwunden. Bei der Virusgrippe handelt es sich dagegen um eine schwere, mit hohem Fieber einhergehende Krankheit, die meist wochenlang anhält. Es gab bereits mehrere Pandemien, also Grippe-»Wellen«, die den ganzen Erdball erfassten. Von der Pandemie im Jahre 1918 waren vor allem jüngere Menschen zwischen 20 und 45 Jahren betroffen. Die Anzahl der Todesopfer schätzt man auf 20 Millionen (zum Vergleich: der Erste Weltkrieg forderte »nur« 8,5 Millionen Tote). Heute kommen immer wieder Influenza-Erreger aus Ostasien zu uns. Ihre Gefährlichkeit beruht auf ihrer enormen Wandlungsfähigkeit (s. auch Kap. 7), aber auch darauf, dass bestimmte Virustypen von Tieren, z. B. Hühnern, auf den Menschen übertragen werden. Der Grippeimpfstoff enthält ein Gemisch verschiedener Erregerbestandteile und wird jedes Jahr von der WHO entsprechend der neu aufgetretenen und zu erwartenden Virusvarianten zusammengestellt. Es reicht also nicht, sich einmal gegen Grippe impfen zu lassen, da sich die Bedrohung jährlich ändert. Vor allem für ältere Menschen, für Personen mit Grundkrankheiten und für Menschen mit hohem Publikumskontakt ist die Impfung empfehlenswert.

Pneumokokken sind Erreger, die im Erwachsenenalter *Lungenentzündungen* auslösen können. Die Impfung wird empfohlen für ältere Personen ab dem 60. Lebensjahr und für Menschen mit erhöhter gesundheitlicher Gefährdung durch bestehende Lungen-, Herz-, Leber-, Nieren- oder Stoffwechselerkrankungen (Diabetes).

Der Duft der großen weiten Welt

Wie das zu Anfang geschilderte Beispiel eindringlich zeigt, sind in manchen Ländern des Südens bestimmte Schutzimpfungen dringend geboten. Empfehlungen dazu geben die Tropeninstitute, verschiedene Beratungsstellen und in der Reisemedizin erfahrene Ärzte.

Bei der *Hepatitis A* handelt es sich um eine Virusinfektion, die mit einer Entzündung der Leber mit Fieber, Erbrechen, Gelenkbeschwerden und Gelbfärbung der Haut einhergeht. Von der Ansteckung bis zu dem Auftreten von Symptomen vergehen im Durchschnitt 28 Tage. Danach dauert es 1–2 Monate, bis die Beschwerden abklingen. Bei gesunden Personen heilt die Hepatitis A fast immer folgenlos aus. Tödliche Verläufe sind sehr selten. Da das Virus mit dem Stuhl ausgeschieden und im Wasser nicht zerstört wird, kann es beim Trinken oder mit der Nahrung aufgenommen werden. In Ländern mit schlechten hygienischen Verhältnissen besteht erhöhte Infektionsgefahr. Vor Reisen in solche Gebiete und für bestimmte Berufsgruppen (medizinisches Personal, Kanalarbeiter) ist eine Impfung gegen Hepatitis A empfehlenswert.

Das *Gelbfieber*-Virus wird durch bestimmte Stechmückenarten auf den Menschen übertragen. Es ist in tropischen Regionen Afrikas sowie Süd- und Zentralamerika beheimatet (10° nördlich und südlich des Äquators) und kann auch Epidemien auslösen. In schweren Fällen treten 3–6 Tage nach der Infektion zunächst Fieber, Muskelschmerzen, Übelkeit und Erbrechen auf. Wird auch die Leber befallen, kommt es zur Gelbfärbung der Haut, krampfartigen Leibschmerzen und zu Blutungen aus Mund, Nase und Augen. 10–20 % der erkrankten Personen versterben. Der an sich gut verträgliche Gelbfieber-Impfstoff ist ein Lebendimpfstoff, der abgeschwächte, auf Hühnerembryonen vermehrte Viren enthält. Eine einmalige Impfung genügt, die nur in speziellen Impfstellen mit behördlicher Zulassung durchgeführt werden darf und in mindestens 99 % der Fälle einen Schutz vor der Erkrankung bietet. Der Impfschutz setzt 7–10 Tage nach der Impfung ein und besteht mindestens für zehn Jahre, wahrscheinlich sogar lebenslang. In Deutschland kann die Impfung ab dem 7. Lebensmonat durchgeführt werden. Zur Einreise in manche Länder ist sie vorgeschrieben, so auch für die Elfenbeinküste, wo sich der Kameramann aufgehalten hatte.

Die Sache mit dem Zusammenhang

Schutzimpfungen gehören mit Sicherheit zu den größten Erfolgen der Medizin. Warum gibt es dann so viele Vorurteile dagegen? An den Risiken kann es nicht liegen, denn die sind heute äußerst gering. Vielleicht ist ein Grund, dass wir den Zusammenhang zwischen Impfung und Impferfolg kaum registrieren. Wenn Sie abends den Fernseher einschalten, läuft sicherlich gerade irgendwo eine Arztserie. Dort sehen Sie Leben rettende Chirurgen (deren Leistung nicht geschmälert werden soll), einfühlsame Schwestern und ganz besondere Schicksale. Nun stellen Sie sich eine Serie vor, in der eine Ärztin ein Baby nach dem anderen impft: Alle fangen prompt zu schreien an, beruhigen sich wieder und tauchen in späteren Folgen nicht mehr auf, weil sie gesund bleiben. Vermutlich wären die Einschaltquoten enttäuschend ...

10

Überreagiert
Allergien und ihre Behandlung

Yilmaz Demir

Im Jahre 1901 ließ Prinz Albert I. von Monaco eine Substanz untersuchen, die Badegästen am Mittelmeer das Leben schwer machte: Schwimmer sollten nach Möglichkeit vor den schmerzhaften Folgen einer Begegnung mit Quallen geschützt werden. Einige dieser Meeresbewohner injizieren bekanntlich bei Berührung einen Giftstoff in die Haut und verursachen dadurch äußerst unangenehme Quaddeln. Die mit der Untersuchung beauftragten Wissenschaftler, Paul Portier und Charles Richet, glaubten nun, sie könnten den Körper auf die gleiche Weise schützen wie bei einer herkömmlichen Impfung. Zu diesem Zweck extrahierten sie das Gift aus gefangenen Quallen und injizierten es Hunden. Die beiden Forscher gingen davon aus, die Versuchstiere würden nun in ihrem Blut Abwehrstoffe bilden und seien dann bei einer erneuten Injektion vor dem Gift geschützt. Dieses grundlegende Prinzip der Schutzimpfung war bereits seit dem späten 18. Jahrhundert bekannt. Zur großen Überraschung der Forscher geschah jedoch genau das Gegenteil. Die Versuchstiere wurden durch die Injektion nicht geschützt, sondern überempfindlich. Eine zweite Injektion des Quallengifts versetzte sie in einen Schockzustand, von dem sich die meisten Tiere nicht mehr erholten. Statt zur Prophylaxe (Vorbeugung) war es also zum Gegenteil, einer Anaphylaxe (sinngemäß: falscher Schutz), gekommen. In den folgenden Jahren beschrieben andere Wissenschaftler ähnliche Reaktionen, bei denen eine in kleinen Mengen injizierte Substanz eine erhöhte Empfindlichkeit, eine Hypersensibilität, auslöste. Unter den Auslösern fanden sich neben Giftstoffen – wie aus Quallen – auch völlig harmlose Proteine. Weil der Körper in allen Fällen auf einen Fremdstoff reagiert hatte, schlug Clemens von Pirquet im Jahre 1906 vor, diese ungewöhnliche Reaktion »Allergie« zu nennen (griech. allos = »ein anderer«, ergon = »Empfindung«). Paul Portier bekam übrigens im Jahre 1913 für die Entdeckung der Anaphylaxe den Nobelpreis für Medizin.

In unserer Umwelt gibt es eine große Zahl von Stoffen, die eine Allergie auslösen können. Dazu zählen die Pollen von Gräsern und Bäumen, Tierhaare, Hausstaubmilben sowie Stoffe, die in Nahrungsmitteln vorkommen. Auch Produkte aus unserem Alltag wie Kosmetika, Schmuck und sogar Arzneimittel können eine solche Wirkung hervorrufen. Die Ursache aller Allergien ist eine gut gemeinte, aber für uns lästige oder sogar bedrohliche Überreaktion unseres Immunsystems.

Schutz und Trutz: Unser Immunsystem

Um zu verstehen, wie eine allergische Reaktion abläuft, müssen wir uns zunächst etwas genauer mit der Funktion der körpereigenen Abwehr beschäftigen (→ Immunsystem). Zunächst ist festzuhalten, dass das Immunsystem für das Leben unentbehrlich ist, denn es schützt uns vor dem sicheren Tod durch Infektionen. Im Rahmen der so genannten *Immunantwort* erkennt, zerstört und beseitigt das Immunsystem nahezu jeden Erreger oder Fremdstoff, der in unseren Körper eingedrungen ist. Die vom Immunsystem als »fremd« erkannten chemischen Strukturen nennt man *Antigene* (von *Antikörper-Gen*eratoren). Dazu gehören nicht nur Viren oder Bakterien, sondern im Grunde jede Art von körperfremden Stoffen, die in unseren Organismus gelangen.

Die für die Immunantwort zuständigen Zellen könnte man auch als körpereigene »Wachtruppe« zum Schutz vor Eindringlingen bezeichnen (Abb. 1). Sie gehören alle zu den weißen Blutkörperchen (Leukocyten; → Blut). Die Immunzellen kann man unterteilen in »Fresszellen« (vor allem Makrophagen und neutrophile Granulocyten) und verschiedene Arten von Lymphocyten. Die Lymphocyten haben ihre Stützpunkte vorwiegend in spezialisierten Lymphgeweben

Abb. 1: Schnelle Eingreiftruppe.

des Körpers. Dazu gehören der Thymus, die Lymphknoten, die Milz sowie der Wurmfortsatz des Blinddarms. Von dort aus zirkulieren die Lymphocyten in großer Zahl durch den Körper und halten ständig Ausschau nach Fremdstoffen. Als Transportwege dienen ihnen das Blut und die Lymphe, eine trübe, gelbliche Flüssigkeit, die in einem eigenen Gefäßsystem u. a. die einzelnen Lymphknoten durchströmt.

Unter den Lymphocyten finden wir zwei verschiedene Haupttypen: die T-Zellen (so genannt weil sie einen wichtigen Abschnitt ihrer Entwicklung im Thymus durchlaufen) und die B-Zellen, die im Knochenmark (engl. *bone marrow*) gebildet werden. Sie wirken auf jeweils unterschiedliche Weise an der Immunantwort mit: Die *T-Zellen* sind mit mehreren Unterarten für die *zelluläre Abwehr* zuständig: Die *T-Killer-Zellen* etwa machen sich auf die Suche nach virusinfizierten Zellen, um diese zu zerstören. Dabei wird die befallene Zelle mit einem bestimmten Protein (Perforin) »beschossen«, das zur Ausbildung von offenen Poren in der Zellmembran führt. Die Zelle wird dadurch »löchrig«, bis sie platzt und stirbt. Andere von Viren befallene Zellen werden von den T-Killer-Lymphocyten zum Selbstmord »überredet« und sterben durch so genannte *Apoptose* freiwillig ab. Weniger aggressiv verhalten sich die *T-Helfer-Zellen*. *Sie* unterstützen vor allem die *B-Zellen* (s. u.) bei ihrer Arbeit. Schließlich gibt es noch *Gedächtniszellen*, deren Aufgabe es ist, sich das Antigen zu »merken«, um bei erneutem Kontakt schneller darauf reagieren zu können.

Die *B-Lymphocyten* sind verantwortlich für die *humorale Immunantwort*, die auf Antikörpern beruht. Bei den Antikörpern handelt es sich um eine besondere Klasse von Proteinen, die auch als *Immunglobuline* (Ig) bezeichnet werden. Man findet sie vor allem in gelöster Form im Blut und in anderen Körperflüssigkeiten (»humoral«, lat. humor = »Saft«). Fünf verschiedene Typen von Immunglobulinen kommen im Körper vor, IgA, IgD, IgG, IgE und IgM, wobei für allergische Reaktionen besonders das IgE von Bedeutung ist. Die Immunglobuline zeigen eine extreme Vielfalt. Der Mensch kann über 10^{15} (1 000 000 000 000 000) unterschiedliche Varianten von Antikörpern bilden, von denen jeder in der Lage ist, ein ganz bestimmtes Antigen zu erkennen und zu binden. Dieses reichhaltige Repertoire ist die Ursache dafür, dass der Körper mit einer Vielzahl von Fremdstoffen zurechtkommen kann. Jede B-Zelle wird (mit freundlicher Unterstützung von T-Helfer-Zellen) nur durch *ein* bestimmtes Antigen aktiviert. Daraufhin teilt sie sich zu zahlreichen Tochterzellen, aus denen sowohl Plasmazellen für die Antikörper-Produktion als auch Gedächtniszellen für den langfristigen Immunschutz entstehen. Die aus den Plasmazellen freigesetzten Antikörper binden nun an den Fremdstoff und sorgen auf diese Weise dafür, dass der Eindringling von anderen Immunzellen beseitigt wird. Sollte es später einmal zu einem Zweitkontakt mit dem gleichen Antigen kommen, sorgen die Gedächtniszellen für eine beschleunigte Antikörper-Bildung und somit für eine schnellere Bekämpfung des Fremdstoffs.

Alarm!

Nachdem wir bisher nur die einzelnen Abwehrzellen und ihre Aufgaben betrachtet haben, wollen wir jetzt (wenn auch in vereinfachter Form) eine Immunreaktion durchspielen. Wie geht unser Körper vor, um einen Fremdstoff oder Krankheitserreger zu beseitigen?

Erkennungsphase

Ein Fremdstoff ist in den Körper gelangt. Makrophagen (Fresszellen) erkennen ihn als »fremd« und nehmen ihn auf. Anschließend wird er zerlegt und den T-Helferzellen vorgeführt (»präsentiert«). Diejenigen Helferzellen, die eines der Bruchstücke erkennen, teilen sich und alarmieren sofort passende B-Zellen zur Unterstützung.

Differenzierungsphase

Auch die B-Zellen vermehren sich nun stark und spezialisieren sich zu Plasmazellen. Diese enorme Vermehrung der Lymphocyten ist als Schwellung der Lymphknoten in der Nähe eines Infektionsherdes fühlbar. Aus diesem Grund tastet der Arzt bei einem erkrankten Patienten immer die Lymphknoten ab.

Wirkungsphase

Die Plasmazellen setzen zahlreiche Antikörper frei, die nun spezifisch an das Antigen binden. Auf diese Weise bilden sich so genannte Immunkomplexe, die signalisieren, dass das Antigen unschädlich gemacht und zerlegt werden muss. Zur Vorbeugung gegen zukünftige Attacken dieses Antigens werden außerdem spezifische Gedächtniszellen gebildet.

Abschaltphase

Schließlich treten zunehmend T-Suppressor-Zellen in Aktion. Sie hemmen die Aktivität von T- und B-Zellen, so dass die Immunreaktion allmählich abklingt. Mit der Beseitigung des Antigens endet auch die Antikörper-Bildung. Der Alarmzustand ist damit aufgehoben.

Dumm gelaufen! Die Entstehung einer Allergie

Eine allergische Reaktion entsteht, wenn der Körper auf ein an sich harmloses Antigen, z. B. Blütenpollen, überempfindlich reagiert. Ein solches Antigen nennt man auch *Allergen* (»allergieauslösendes Antigen«). Allergische Reaktionen entstehen in zwei Phasen. Beim ersten Kontakt werden gegen das Allergen wie üblich passende Antikörper und spezifische Gedächtniszellen gebildet. Diese erste Phase, die *Sensibilisierung*, die der Betroffene gar nicht wahrnimmt, führt zu erhöhter Reaktionsbereitschaft. Kommt der Organismus später erneut mit dem Allergen in Berührung, werden heftige Reaktionen in Gang gesetzt, die eigentlich unsinnig sind und zu den bekannten Symptomen einer Allergie wie einer laufenden Nase, Niesanfällen (»Heuschnupfen«) oder einem Asthmaanfall führen.

Sofort oder später?

Bei der Einteilung und Benennung der allergischen Reaktionen herrschte zunächst ein heilloses Durcheinander. Erst im Jahre 1963 gelang es Coombs und Gell, eine akzeptable Ordnung in die Terminologie zu bringen, die auch heute noch im Großen und Ganzen gültig ist. Danach unterscheidet man – je nach ihrem zeitlichen Eintritt – zwischen zwei Formen. Als Überempfindlichkeitsreaktion vom *Soforttyp* werden Reaktionen bezeichnet, die innerhalb weniger Sekunden oder Minuten auftreten. Man unterteilt sie weiter in Typ I (anaphylaktische), Typ II (cytotoxische) und Typ III (durch Immunkomplexe ausgelöste) Reaktionen. Demgegenüber wird die Überempfindlichkeitsreaktion vom Typ IV auch als Allergieform vom *Spättyp* bezeichnet, weil die Symptome erst nach Tagen oder sogar Wochen ihren Höhepunkt erreichen. Dieser auch »zelluläre Überempfindlichkeit« genannte Prozess beruht auf einer spezifischen, durch T-Lymphocyten vermittelten Immunreaktion. In diese Gruppe fallen z. B. die Kontakt-Dermatitis und das chronische Asthma. Die häufigste

Allergieform ist jedoch die Überempfindlichkeitsreaktion vom Typ I. Deshalb gilt ihr in den folgenden Abschnitten unser Hauptaugenmerk.

Histamin: Ein Signalstoff sorgt für Wirbel

Welche Vorgänge spielen sich eigentlich während der Sensibilisierung ab? Beim ersten Kontakt mit dem Allergen werden nicht nur die »normalen« Antikörper vom Typ G (IgG) gebildet, sondern auch in kleinen Mengen Antikörper vom Typ E (IgE), die von da an im Blut zirkulieren. Weitere »Schuldige« sind die so genannten *Mastzellen*. Diese großen Zellen enthalten als Charakteristikum zahlreiche körnchenartige Strukturen (Granula), die mit *Histamin* und anderen hochwirksamen Signalstoffen angereichert sind. Ihren ungewöhnlichen Namen verdanken die Mastzellen dem deutschen Nobelpreisträger Paul Ehrlich, den sie unter dem Mikroskop wegen der vielen Bläschen an »gemästete« Zellen erinnerten. Man findet Mastzellen besonders zahlreich in der Haut, im Magen-Darm-Trakt sowie in den Atemwegen, also in den Bereichen des Körpers, mit denen eingedrungene Fremdstoffe den ersten Kontakt haben.

Wichtig ist nun, dass Mastzellen auf ihrer Oberfläche Rezeptoren tragen, die Antikörper vom Typ E binden. Gelangt ein Allergen, gegen das wir bereits sensibilisiert sind, erneut in den Körper, bindet es an die IgE-Rezeptor-Komplexe auf den Mastzellen und setzt dadurch auf der molekularen Ebene eine Reaktionskette in Gang, die zur schlagartigen Freisetzung von Histamin und anderen Signalstoffen aus den Granula führt (Abb. 2). Histamin, ein sehr wirksamer Signalstoff, verteilt sich schnell in der Umgebung der Mastzellen und sucht nach passenden Bindungsstellen, an die es aufgrund seiner Struktur »andocken« kann. Solche Stellen gibt es reichlich in Form von *Histamin-Rezeptoren*, die in verschiedenen Varianten (H_1, H_2 und H_3) in vielen Organen verteilt sind. Je nachdem, an welche dieser Rezeptoren das ausgeschüttete Histamin bindet, löst es in dem betroffenen Organ unterschiedliche Wirkungen aus.

Viele allergische Reaktionen werden durch *H_1-Rezeptoren* vermittelt. Mit ihrer Hilfe bewirkt Histamin eine Anspannung (Kontraktion) der glatten Muskulatur im Darm und in den Bronchien. Dies führt zu einer Verengung der Atemwege, die besonders beim allergischen *Asthma* sehr stark ausgeprägt sein kann. Außerdem werden die

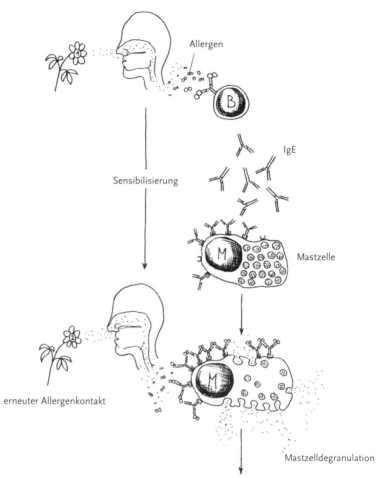

Abb. 2: Allergie vom Soforttyp.

Wände der Blutgefäße durchlässiger für Blutplasma, das daraufhin ins Gewebe strömt und dort zu Flüssigkeitsansammlungen führt. Hier haben wir die Ursache für die typischen Quaddeln (Ödeme, von gr. *oidema* = »Schwellung«). In der Nase führt das Anschwellen der Schleimhäute zum allbekannten *Heuschnupfen*. In der Haut werden durch die Histamin-Freisetzung sensible Nervenendigungen erregt, was den lästigen Juckreiz auslöst. Wegen der Erweiterung von Blutgefäßen an der betroffenen Stelle wird der Juckreiz häufig von einer

Hautrötung begleitet, die bei Allergikern besonders in der Augenbindehaut auffällig ist.

Wenn sich Histamin an die *H_2-Rezeptoren* anlagert, kommt es – neben der Erweiterung von Blutgefäßen – auch zur Beschleunigung des Herzschlages (Tachykardie). Die zahlreichen H_2-Rezeptoren im Magen-Darm-Trakt vermitteln eine vermehrte Absonderung von Magensäure. Die H_3-Rezeptoren hemmen im zentralen Nervensystem die Freisetzung von Neurotransmittern (→ Nervensystem). Ihre Rolle ist noch nicht völlig aufgeklärt. Histamin beeinflusst aber nicht nur Blutgefäße, Bronchien und Neurotransmitter, sondern es wirkt auch als so genannter *Entzündungsmediator*. Es lockt Immunzellen an und setzt damit eine komplizierte Kette von Reaktionen in Gang, die wir als *Entzündung* kennen (→ Entzündung). Um kein Missverständnis aufkommen zu lassen – Entzündungen sind normale Reaktionen des Körpers, die eigentlich der Abwehr von Krankheitserregern dienen und meist bald wieder verschwinden. Das Problem bei allergisch bedingten Entzündungen ist, dass sie auch entstehen, wenn gar keine Erreger abzuwehren sind. Außerdem gehen allergische Entzündungen oft nicht wieder zurück – sie werden chronisch. Dies findet man z. B. beim Bronchialasthma und bei bestimmten entzündlichen Erkrankungen des Darms oder der Gelenke (s. Kap. 3).

Das Geheimnis des Quallengifts

Histamin kommt nicht nur in Mastzellen vor, sondern auch in Brennnesseln und im Sekret stechender Insekten und anderer Tiere. Dies erklärt auch die Quaddelbildung, die wir – und die Badegäste in Monaco – bereits kennen gelernt haben. Der Giftstoff der Qualle enthält neben anderen Allergenen auch Histamin, welches bereits beim Erstkontakt durch Bindung an die H_1-Rezeptoren in der Haut seine Wirkung entfaltet.

Der GAU: Ein anaphylaktischer Schock

Werden durch intensiven Kontakt mit einem Allergen die Mastzellen in allen Blutgefäßen schlagartig aktiviert, hat das fatale Folgen. Durch die enorme Menge an freigesetztem Histamin kann dessen Konzentration im Blut innerhalb von Minuten auf mehr als das 100fache (!) des normalen Werts ansteigen. Der Körper wird regelrecht mit Histamin überschwemmt. Dabei erweisen sich besonders die gefäßerweiternden Eigenschaften des Histamins als verheerend. Sie verursachen u. a. Hitzewallungen und Schwindelgefühle als Vorboten eines rapiden Blutdruckabfalls. Als Folge des Kreislaufzusammenbruchs droht im schlimmsten Fall der Erstickungstod. Dies kann durch die sofortige Gabe von **Adrenalin** verhindert werden, das den Blutdruck rasch wieder erhöht (s. Kap. 13). Man bezeichnet diese extreme – zum Glück jedoch seltene – Reaktion des Körpers auf ein Allergen als *anaphylaktischen Schock*. Er kann bei Patienten auftreten, die ein Medikament einnehmen, gegen das sie überempfindlich reagieren, oder auch nach einem Insektenstich, wenn der Betroffene dagegen besonders allergisch ist. Auch die eingangs erwähnten Hunde, mit denen Portier und Richet experimentiert hatten, litten unter den Folgen eines anaphylaktischen Schocks.

Blocken, dämpfen, hemmen. Antiallergika

Die erste und wichtigste Empfehlung an alle Allergiker ist, den Kontakt mit dem allergieauslösenden Stoff zu vermeiden. Leider ist dies in der Regel leichter gesagt als getan. Vielen Allergenen wie Blütenpollen oder Hausstaub kann man auf die Dauer kaum entrinnen – es sei denn, man verlegt seinen Wohnsitz in höhere Lagen des Himalaja oder findet Gefallen daran, sein Leben in einem Astronautenanzug zu verbringen. Glücklicherweise gibt es heute Medikamente zur Unterdrückung oder Linderung allergischer Reaktionen. Sie bessern auf unterschiedliche Art und Weise die Beschwerden, indem sie an der einen oder anderen Stelle in die komplexen Abläufe eingreifen, die bei der allergischen Immunantwort in Gang gesetzt werden. Die Wirkstoffe, die dafür in Frage kommen, lassen sich in drei große Gruppen einteilen, nämlich *Antihistaminika, Mastzell-Stabilisatoren und Immunsuppressiva.*

Antihistaminika

Bereits Mitte der 1940er Jahre wurden die ersten Histamin-Antagonisten entwickelt, also »Gegenmittel«, die die Wirkungen des Histamins auf den Organismus eindämmen. Entsprechend werden diese Substanzen als »*Antihistaminika*« bezeichnet. Als typische *Antagonisten* haben sie chemische Strukturen, die der des Histamins ähneln, und binden deshalb an die gleichen Rezeptoren (→ Membranen). Im

Gegensatz zum Histamin aktivieren sie die Rezeptoren aber nicht, sondern versperren ihm nur den Zugang (Abb. 3). Da Antihistaminika chemisch recht einfach gebaut sind, gelang es schon bald, einige solcher Medikamente zu entwickeln. Je nachdem an welchen Rezeptortyp sie binden, unterscheidet man H_1- und H_2-Antihistaminika.

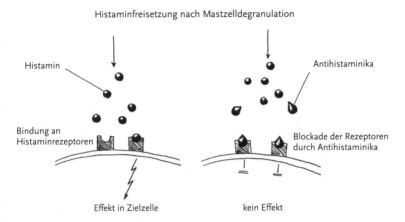

Abb. 3: Wirkungsweise von Antihistaminika.

Zur »ersten Generation« der Antihistaminika gehören Wirkstoffe wie Diphenhydramin, Clemastin und Dimetinden. Diesen klassischen Antihistaminika ist gemeinsam, dass sie ihre Wirkung nur an H_1-Rezeptoren ausüben und so vor allem die Histamin-Wirkung auf die glatte Muskulatur von Darm und Bronchien sowie auf die Durchlässigkeit der Blutgefäßwände unterdrücken bzw. abschwächen. Auch die Gefäßerweiterung ist vermindert, so dass die entsprechenden allergischen Symptome ausbleiben. Die H_1-Antihistaminika der »ersten Generation« werden besonders zur Behandlung von Heuschnupfen und allergischen Hauterscheinungen eingesetzt. Da sie daneben örtlich betäubende (lokalanästhetische) Wirkung haben, erweisen sie sich auch beim allergisch bedingten Juckreiz als sehr effektiv.

Gleichzeitig können unerwünschte Wirkungen auftreten: Die H_1-Antihistaminika blockieren auch noch völlig andere Rezeptoren, z. B. für Acetylcholin, einen wichtigen Signalstoff des Nervensystems (→ Neurotransmitter). Außerdem vermindern sie im Gehirn durch Bindung an H_1-Rezeptoren Aufmerksamkeit, Reaktionsfähigkeit und Fahrtauglichkeit des Betroffenen. Diese Eigenschaft ist bei einigen

Wirkstoffen, z. B. beim Diphenhydramin, so stark ausgeprägt, dass man sie auch als Beruhigungsmittel verwendet. Besondere Vorsicht ist bei gleichzeitiger Einnahme von Alkohol geboten, weil sich die dämpfenden Wirkungen beider Substanzen verstärken. Andere H_1-Antihistaminika wie Meclozin erwiesen sich darüber hinaus als hilfreiche Mittel gegen Erbrechen.

Seit einigen Jahren ist eine »zweite Generation« von H_1-Antihistaminika auf dem Markt, die weniger müde machen als ihre Vorgänger, weil sie spezifischer an H_1-Rezeptoren außerhalb des Gehirns binden. Der Grund dafür ist, dass diese Wirkstoffe weniger lipophil (fettlöslich) sind als ihre Vorgänger und damit nicht mehr so leicht in das zentrale Nervensystem eindringen können. Einige Vertreter dieser Gruppe, zu der Cetirizin und Loratadin zählen, werden erst nach ihrer Aufnahme im Körper durch Enzyme in die wirksame Form umgewandelt. Sie sind allgemein gut verträglich und sowohl zur Vorbeugung als auch zur Therapie allergischer Erkrankungen geeignet.

Wie bereits erwähnt, befinden sich H_2-Rezeptoren vor allem im Magen-Darm-Trakt. Im Magen sind sie für die Steuerung der Salzsäureproduktion verantwortlich. Eine vermehrte Freisetzung von Histamin macht sich folglich als Steigerung der Magensäureproduktion bemerkbar. Die H_2-Antihistaminika blockieren diese Bindungsstellen für das Histamin und senken somit den Säurespiegel im Magen. Deshalb liegt die Bedeutung der H_2-Antihistaminika eher in der Behandlung von Magengeschwüren als in der Therapie von allergischen Erkrankungen (s. Kap. 16). Zu den wichtigsten Vertretern der H_2-Antihistaminika zählen Ranitidin und Famotidin.

Mastzell-Stabilisatoren

Auf eine völlig andere Art und Weise arbeiten die *Mastzell-Stabilisatoren*, zu denen insbesondere Nedocromil und Cromoglicinsäure zählen. Ihren Namen verdanken diese Wirkstoffe der Fähigkeit, die Freisetzung von Histamin und anderen Botenstoffen aus den Mastzellen zu hemmen. Dazu greifen sie in die Signalübertragung der Zellen ein und verhindern letztendlich den Calciumanstieg, der zur Ausschüttung der histaminhaltigen Granula führt. Das Resultat ist klar: Kein freigesetztes Histamin – keine allergischen Symptome!

Die Mastzell-Stabilisatoren werden nur langsam vom Gewebe aufgenommen, so dass sie ihre volle Wirkung erst nach längerer Zufuhr entfalten. Folglich eignen sie sich nicht zur Behandlung akuter allergischer Zustände, etwa eines Asthmaanfalls. Sie finden eher Anwendung zur Vorbeugung von Heuschnupfen und allergischem Asthma. Cromoglicinsäure wird häufig durch Inhalation verabreicht, um den Wirkstoff möglichst nahe an den Wirkort in den Bronchien zu bringen. Bei Kindern und Jugendlichen erweist sich diese vorbeugende Anwendung (Prophylaxe) als relativ erfolgreich, da für ihr Asthmaleiden in erster Linie Histamin verantwortlich ist. Bei älteren Patienten mit Asthma ist die Situation hingegen oft wesentlich komplexer, weil neben Histamin noch zahlreiche andere Faktoren eine Rolle spielen.

Da die Mastzell-Stabilisatoren sehr gut im Gewebe haften, bleibt ihr Effekt auf den unmittelbaren Wirkort beschränkt. Allerdings gelangen selbst bei optimaler Inhalationstechnik nur etwa 10–30 % des Medikamentes in die Bronchien, der Rest wird verschluckt oder bleibt auf der Schleimhaut von Mund und Rachen haften.

Corticoide: Das Immunsystem überlisten

Eine weitere wichtige Gruppe von Wirkstoffen zur Behandlung von Allergien stellen die *Corticoide* dar, die in Kapitel 3 ausführlich behandelt werden. Sie kommen als Hormone in relativ geringen Mengen in unserem Körper vor. Der wichtigste Vertreter der körpereigenen (endogenen) Corticoide ist das Glucocorticoid Cortisol. Glucocorticoide sind nicht nur, wie der Name »Gluco-« andeutet, an der Regulation des Zuckerstoffwechsels beteiligt, sondern sie steuern auch den Fett- und Eiweißhaushalt. Die endogenen Corticoide stammen aus der Rinde (lat. *cortex*) der Nebennieren, kleiner Drüsen oberhalb der Nieren.

Neben ihren Aufgaben als Hormone entfalten die Corticoide weitere Wirkungen, die meist erst bei höheren Dosen zutage treten. Ihr vielfältiger Einsatz in der Medizin beruht vor allem auf ihrer *immunsuppressiven Wirkung*: Corticoide unterdrücken bis zu einem gewissen Grad die Tätigkeit des Immunsystems und hemmen dadurch Entzündungen – auch allergisch bedingte (→ Entzündung). Diese Wirkung erreichen die Corticoide auf verschiedenen Wegen. Zum einen vermindern sie im Blut und in den entzündeten Geweben die Zahl der T- und B-Lymphocyten. Zum anderen beeinträchtigen sie die Tätigkeit der Makrophagen. Diese spielen, wie bereits erwähnt, als »Fresszellen« eine wichtige Rolle bei der Antigenerkennung und Alarmierung der T-Zellen. Außerdem hemmen die Corticoide die Bildung verschiedener Signalstoffe, die normalerweise die Entzündungsreaktion vermitteln. Durch das Zusammenspiel dieser Mechanismen wird das Immunsystem in seiner Arbeit behindert und eine überschießende Entzündungsreaktion begrenzt. Die typischen allergischen Erscheinungen wie Schwellung und Rötung werden auf diese Weise abgeschwächt oder ganz unterdrückt. Insbesondere bei Allergien vom Soforttyp gibt man daher in schweren Fällen hochdosierte Corticoide (Abb. 4).

Heute werden nur noch selten natürliche Glucocorticoide verabreicht. Meist sind es chemisch veränderte (»halbsynthetische«) Abkömmlinge des Cortisols, die das Immunsystem stärker dämpfen und gleichzeitig weniger unerwünschte Wirkungen zeigen. Zur Behandlung von Asthma ist die inhalative Anwendung verbreitet, da sie gut verträglich ist. Hier kommen Wirkstoffe wie **Beclometason**, **Budesonid** oder **Flunisolid** zum Einsatz. Andere Wirkstoffe, z. B. **Prednicarbat**, eignen sich besser zur äußerlichen Behandlung allergischer Hauterscheinungen.

Die weitreichende Wirkung der Corticoide bringt aber auch Nachteile mit sich. Die Abschwächung der körpereigenen Abwehr führt z. B. zu erhöhter Anfälligkeit gegenüber Infektionen, die sich auch in einem gestörten Wundheilungsprozess bemerkbar macht. Deshalb

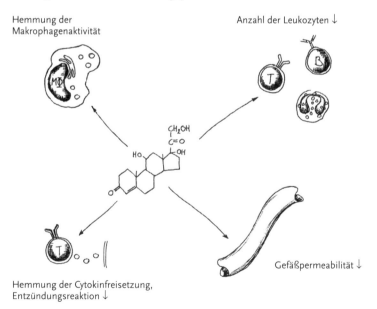

Abb. 4: Antiallergische Wirkung von Corticoiden.

sollten Corticoide nur in schweren Fällen von Allergien und Asthma eingesetzt werden. Eine weitere Nebenwirkung hängt mit dem Eingriff in den natürlichen Hormonhaushalt zusammen. Nimmt man sie als Medikamente über längere Zeit oral (d. h. als Tabletten) ein, verzichtet die Nebenniere mehr und mehr darauf, selbst Corticoide zu produzieren. Setzt man die Medikamente dann abrupt ab, kann es zu einem akuten und lebensbedrohlichen Mangel an Glucocorticoiden kommen, da die körpereigene Produktion nur langsam wieder anspringt. Daher ist es ratsam, solche Präparate nach einer langfristigen Einnahme nur langsam und schrittweise abzusetzen. Bei topischer Anwendung (d. h. wenn man Corticoide auf die Haut aufträgt oder inhaliert), ist diese Gefahr weit geringer.

Hyposensibilisierung -- eine Alternative zu Pillen und Salben?

Neben der Einnahme von Medikamenten bietet sich besonders für die Therapie einer Allergie vom Soforttyp die *Hyposensibilisierung* an. Sie kann zu einer anhaltenden Linderung oder sogar Unterdrückung der Symptome führen. Dazu muss zunächst der allergieauslösende Stoff genau bestimmt werden. Anschließend wird er in langsam steigenden Dosen und über einen längeren Zeitraum regelmäßig unter die Haut gespritzt. Die Behandlung erfolgt jeweils während der beschwerdefreien Zeit und erstreckt sich meist über zwei bis drei Jahre. Auf diese Weise gewöhnt sich der Körper schrittweise an den Fremdstoff und wird hyposensibel, also weniger empfindlich. Die Erfahrung hat gezeigt, dass sich mit dieser Methode vor allem Pollenallergien oft recht erfolgreich behandeln lassen.

Das Verblüffende ist, dass bis heute eigentlich niemand ganz genau sagen kann, warum die Hyposensibilisierung funktioniert – wenn sie denn funktioniert. Man nimmt an, dass im Laufe der Therapie vermehrt IgG-Antikörper gebildet werden, die das Allergen im Körper binden und dadurch von den allergieauslösenden IgE-Antikörpern fernhalten. Das Allergen wird so vorzeitig abgefangen und dem Zugriff des »übereifrigen« IgE entzogen. Übrigens – wer auf Spritzen (im übertragenen Sinne) »allergisch« reagiert, kann sich die Allergenlösung inzwischen sogar in Tropfenform verabreichen lassen.

Wie man sieht, ist seit der Untersuchung des Quallenproblems an den Stränden von Monaco viel geschehen. Inzwischen weiß man eine Menge über die unerwünschten Wirkungen des Histamins und darüber, wie man sie verhindern kann. Die Quallen indes stört dies wenig: Unbeeindruckt treiben sie friedlich im Mittelmeer.

Wirkstoffe und Handelsnamen

Wirkstoff	Handelsname	Wirkungsweise
Beclometason	Sanasthmyl®	Corticoid zur Inhalation
Budesonid	Pulmicort®	Corticoid zur Inhalation
Cetirizin	Zyrtec®	H_1-Antihistaminikum der 2. Generation
Clemastin	Tavegil®	H_1-Antihistaminikum der 1. Generation
Cromoglicinsäure	Intal®	Mastzell-Stabilisator
Dimetinden	Fenistil®	H_1-Antihistaminikum der 1. Generation
Diphenhydramin	Dormutil®	H_1-Antihistaminikum der 1. Generation
Famotidin	Pepdul®, Ganor®	H_2-Antihistaminikum
Flunisolid	Syntaris®	Corticoid gegen allergische Rhinitis
Loratidin	Lisino®	H_1-Antihistaminikum der 2. Generation
Meclozin	Bonamine®	H_1-Antihistaminikum der 1. Generation
Nedocromil	Tilade®	Mastzell-Stabilisator
Prednicarbat	Dermatop®	Corticoid gegen allergische Hauterscheinungen
Ranitidin	Sostril®, Zantic®	H_2-Antihistaminikum

11

Nehmt's euch zu Herzen
Herzmittel

Tido Peter Bajorat

Das Herz ist ein außergewöhnliches Organ. Der nur ungefähr faustgroße Hohlmuskel schlägt Jahr um Jahr, tagaus, tagein in der Brust, ohne dass wir darauf achten müssen, und bewegt dabei fünf bis sieben Liter Blut mit hoher Geschwindigkeit durch den Kreislauf. Das Blut versorgt alle Organe bis in die letzten Winkel des Körpers mit Sauerstoff und Nährstoffen und wird dabei in einer Menge umgewälzt, die zwei vollen Badewannen pro Stunde entspricht. Dies zeigt, welch enorme Pumparbeit das Herz ständig leisten muss und lässt erahnen, warum es in höherem Alter am Herzen zu natürlichen Abnutzungserscheinungen kommen kann.

Die erste korrekte Beschreibung von Herz und Kreislauf im 17. Jahrhundert stammt von dem englischen Physiologen William Harvey (»De motu cordis et sanguinis in animalibus«). Seine Erkenntnisse markieren einen Meilenstein in der Geschichte der Medizin und sind im Wesentlichen auch heute noch gültig. Zwar wurde das Herz schon vor Harvey anatomisch untersucht, aber erst er erkannte die Rolle des Herzens als Pumpe in einem Kreislauf. Inzwischen sind wir um viele Einsichten reicher.

Heute arbeiten Grundlagenforscher Hand in Hand mit den Kardiologen, damit das »theoretische« Wissen in die Praxis des klinischen Alltags umgesetzt und Herzpatienten wirksam geholfen werden kann. Herz-Kreislauf-Erkrankungen sind schwerwiegend und stehen in den westlichen Industrienationen an erster Stelle der Todesursachen. Dies hängt nicht zuletzt mit der modernen Lebensweise zusammen, die viele Risikofaktoren für Herzkrankheiten mit sich bringt (fettreiche Ernährung, wenig Bewegung, Rauchen und übermäßiger Alkoholgenuss).

Eine Pumpe der besonderen Art

Das Herz ist ein Muskel, der sich unabhängig von anderen Organen mit Hilfe spezialisierter Muskelzellen (s. u.) selbst zum Zusammenziehen (zur *Kontraktion*) anregt. Ganz autonom ist die Herzaktion jedoch nicht, da sie auch vom vegetativen Nervensystem (→ Nervensystem) beeinflusst wird. Daraus folgt, dass man die Funktion des Herzens auf verschiedenen Ebenen beeinflussen kann, und zwar sowohl über das vegetative Nervensystem als auch durch Wirkstoffe, die direkt am Herzmuskel angreifen. Da das Herz in das Gefäßsystem des Kreislaufs eingeschaltet ist, besteht auch die Möglichkeit, durch Medikamente den Zufluss zum oder den Abfluss vom Herzen und damit die Druckverhältnisse im Herzen selbst zu beeinflussen.

Das Herz besteht aus zwei *Kammern* und zwei *Vorhöfen*, die immer kurz vor den Kammern kontrahieren, um diese effektiv zu befüllen. Das Herz verbindet zwei hintereinander geschaltete Kreisläufe, den *Lungenkreislauf*, der mit Sauerstoff beladenes Blut anliefert, und den großen *Körperkreislauf*, dem dieses Sauerstoff beladene Blut zur Verfügung gestellt werden soll. Ventile, die *Herzklappen* sorgen dafür, dass der Blutfluss in die richtige Richtung gelenkt wird (Abb. 1). Nachdem die Organe über kleine Haargefäße, die *Kapillaren*, dem arteriellen Blut Sauerstoff entnommen und Abfallprodukte wie Kohlendioxid abgegeben haben, fließt das Blut über das venöse System zurück zum Herzen und erreicht den rechten Vorhof. Bei der Kontraktion wird das sauerstoffarme und kohlendioxidreiche venöse Blut erst in die rechte Kammer und dann in den Lungenkreislauf gepumpt. In der Lunge wird Kohlendioxid abgegeben und das Blut mit Sauerstoff beladen (oxygeniert), bevor es in den linken Vorhof zurückfließt. Von dort wird das nun sauerstoffreiche Blut in die linke Kammer und über die große Körperschlagader (Aorta) in den Körperkreislauf gedrückt.

Das Herz kontrahiert immer als Ganzes, so dass die eben beschriebenen Vorgänge gleichzeitig ablaufen. In der *Systole* (von gr. »Zusammenziehen«) wird ein Teil des Blutes zur Oxygenierung in die Lunge gedrückt, während gleichzeitig oxygeniertes Blut in den Körperkreislauf gepumpt wird. Das Befüllen des Herzens mit venösem Blut geschieht vor allem bei der Erschlaffung (*Diastole*, von gr. »Ausdehnen«). Der *Blutdruck* im arteriellen »Hochdrucksystem« und venösen »Niederdrucksystem« hängt nicht nur von der Herzleistung ab, sondern auch von der Spannung und Weite der Gefäße sowie vom

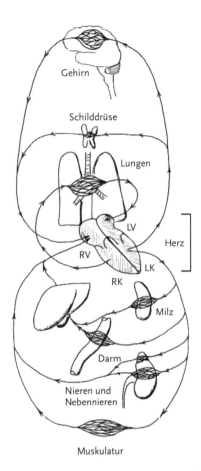

Abb. 1: Herz und Kreislauf (schematisch); LK: linke Herzkammer, LV: linker Vorhof, RK: rechte Herzkammer, RV: rechter Vorhof.

Blutvolumen. Auch diese Faktoren haben Auswirkungen auf das Herz und bieten deshalb Angriffspunkte für die Behandlung eines schwachen Herzens.

Schwach auf der Brust

Bei *Herzinsuffizienz* (Herzmuskelschwäche) ist das Herz nicht mehr in der Lage, genügend Blut zu pumpen, um den Körper mit all seinen Organen ausreichend mit Sauerstoff zu versorgen. Dabei handelt es sich nicht um eine eigenständige Krankheit, vielmehr ist Herzinsuffizienz die Folge anderer Herz-Kreislauf-Erkrankungen. Bei älteren und alten Menschen ist Herzmuskelschwäche eine häufige Erscheinung. Mehrere Erkrankungen können eine Insuffizienz des Herzmuskels bedingen.

Beim *Herzinfarkt* sterben auf Grund eines Sauerstoffmangels Teile des Herzmuskels ab, so dass weniger funktionsfähiges Muskelgewebe zur Verfügung steht als beim Gesunden. Die verbleibenden Muskelfasern müssen fortan die Aufgabe des untergegangenen Gewebes mit übernehmen, was auf Dauer eine unzumutbare Zusatzbelastung darstellen kann. Auch ein zu hoher arterieller Blutdruck (*Bluthochdruck*, Hypertonie, s. auch Kap. 13) kann die Ursache einer Herzinsuffizienz sein, weil das Herz unter diesen Umständen ständig einen erhöhten Widerstand überwinden muss. Durch die Mehrbelastung werden die Herzmuskelzellen länger und dicker, es kommt zu einer *Hypertrophie* des Herzens. Zwar kann das Herz so noch einige Zeit seine Leistung bringen, hält der Zustand aber an, wird es überfordert und die Pumpleistung nimmt ab. Da jetzt weniger Blutvolumen in den Kreislauf ausgeworfen wird, fällt der Blutdruck und es bleibt restliches Blut im Herzen zurück. Dies wiederum weitet das Herz aus, die Herzkammern leiern quasi aus. Dadurch nehmen Herzkraft und Blutdruck weiter ab, bis eine kritische Grenze erreicht ist, an der die Organe nicht mehr ausreichend mit Sauerstoff versorgt werden. Der Organismus versucht dann, über die Ausschüttung des Hormons Aldosteron (s. Kap. 13), den Blutdruck wieder zu erhöhen, damit die Versorgung der Organe gewährleistet ist. Dies mag akut hilfreich sein, doch das »ausgeleierte« Herz kann nicht mehr dauerhaft gegen diesen erhöhten Druck anarbeiten. So entsteht ein *Teufelskreis*: Der als Reaktion auf die verminderte Herzleistung erhöhte Blutdruck führt zu einer zusätzlichen Ausweitung und Schwächung des Herzens. Greift man in diesen Teufelskreis nicht ein, kann die Situation lebensbedrohlich werden.

Eine Herzinsuffizienz ist an verschiedenen Zeichen zu erkennen. Weil sich vor einem insuffizienten Herzen Blut anstaut, kommt es zu so genannten *Stauungszeichen*. So bilden sich bei einem Stau vor der rechten Herzkammer Wasseransammlungen (*Ödeme*) an Knöcheln und Unterschenkeln, da durch den erhöhten Druck im venösen System vermehrt Flüssigkeit aus dem Blut in die Gewebe gepresst wird. Auch Halsvenen sind erweitert und innere Organe wie Leber und

Milz sind durch den Blutstau vergrößert. Da auch der Magen betroffen ist, kommt es zu Übelkeit und Appetitlosigkeit.

Eine Stauung vor der *linken* Herzkammer führt zu einem Rückstau des Blutes in die Lunge so dass bei Belastung oder bereits in Ruhe *Atemnot* (Dyspnoe) auftritt. Durch die unzureichende Lungendurchblutung nimmt die CO_2-Konzentration im Blut zu, während die des Sauerstoffs abnimmt. Die Betroffenen ermüden rasch und leiden unter Abgeschlagenheit und Schwindelgefühlen. Das Herz versucht durch schnelleres Schlagen (Tachykardie) den Fluss wieder zu verbessern. Häufig müssen die Patienten nachts mehrmals aufstehen, um Wasser zu lassen (Nykturie), weil das Herz durch die Bettruhe entlastet wird und die Nieren dann besser arbeiten. Zum lebensbedrohenden *Lungenödem* kann es kommen, wenn rückgestaute Flüssigkeit in die Lungenbläschen austritt und damit die Atmung behindert.

Druck lass' nach

In der Regel genügt es nicht, die Symptome der Herzmuskelschwäche zu bessern, man muss auch die zugrunde liegende Erkrankung behandeln. Auf jeden Fall muss sich der Patient schonen, bei schwerster Herzinsuffizienz kann dies strenge Bettruhe bedeuten. Übergewicht sollte verringert werden, da die große Körpermasse das Herz zusätzlich belastet. Durch Hochlagern des Oberkörpers im Bett lässt sich der Rückfluss zum Herzen reduzieren, was ebenfalls entlastend wirkt.

Das Ziel einer medikamentösen Behandlung ist es, die vom Herzen zu leistende Arbeit zu verringern. Dazu ist es notwendig, den oben beschriebenen *Teufelskreis* zu durchbrechen, in anderen Worten: Man versucht, den Blutdruck zu senken. Wirksam sind z. B. harntreibende Medikamente, so genannte *Diuretika*, die die Flüssigkeitsausscheidung in der Niere verstärken (s. auch Kap. 11). So werden die Ödeme ausgeschwemmt, das Blutvolumen und damit der Blutdruck verringert. *ACE-Hemmer* wie **Captopril** oder **Enalapril** führen zur verminderten Ausschüttung des blutdrucksteigernden Hormons *Aldosteron*. Zusätzlich bewirken sie eine Gefäßerweiterung (Vasodilatation), die den Blutdruck ebenfalls senkt. Ähnlich wirken *Nitrate* und *Calcium-Antagonisten*, die unten im Zusammenhang mit der *Angina pectoris* vorgestellt werden (s. auch Kap. 13).

Auf die Dauer hilft nur Power.
Mittel zur Steigerung der Herzkraft

Ein direkterer Weg zur Behandlung von Herzinsuffizienz ist die *Erhöhung der Herzleistung* mit *Digitalisglycosiden* und im akuten Fall mit *Catecholaminen* und *Phosphodiesterase-Hemmstoffen*.

Stärkung aus dem Fingerhut: Herzglycoside

Die klassischen Herzglycoside wie Digitoxin und Digoxin stammen aus dem auch bei uns heimischen roten Fingerhut (*Digitalis purpurea*, Abb. 2) und dem wolligen Fingerhut (*Digitalis lanata*). Ihre Wirksamkeit wurde bereits im Jahre 1785 von dem englischen Arzt William Withering beschrieben. In seiner berühmten Schrift »An Account of the Foxglove and Some of its Medical Uses« (engl. *foxglove* = »Fingerhut«) veröffentlichte er auch erste Anweisungen zur Dosierung. Ein weiteres Herzglycosid aus der afrikanischen Buschpflanze *Strophanthus gratus*, das Strophanthin, wird wegen seiner schlechten Resorbierbarkeit heute kaum noch eingesetzt.

Glycoside sind Verbindungen, die Zuckerreste enthalten. Digoxin und Digitoxin weisen jeweils drei solcher Reste auf sowie ein Steroid-Ringsystem ähnlich dem der Steroidhormone. Bei der Behandlung mit Herzglycosiden ist die verabreichte Menge von entscheidender Bedeutung, weil die Spanne zwischen nützlichen und zu hohen Do-

Abb. 2: Digitalis purpurea.

sen mit starker Nebenwirkung sehr schmal ist: Die *therapeutische Breite* der Digitalisglycoside ist gering (→ Pharmakodynamik).

Die Wirkungsweise der Herzglycoside ist kompliziert. Wie alle Muskeln braucht auch der Herzmuskel Calcium, um kontrahieren zu können. Die Herzglycoside erhöhen indirekt die Calciumkonzentration in der Muskelzelle, so dass die Kontraktion stärker wird. Diese die Herzkraft steigernde Wirkung nennt man auch »*positiv inotrop*«.

Der Angriffspunkt der Digitalisglycoside an den Herzmuskelzellen ist ein Transportprotein auf der Zelloberfläche, die so genannte *Na^+/K^+-ATPase* (→ Membranen). Dieses Protein wirkt als »Ionenpumpe«, die unter Energieverbrauch gleichzeitig drei Natrium-Ionen (Na^+) aus der Zelle heraus und zwei Kalium-Ionen (K^+) in die Zelle hinein transportiert. Dies beeinflusst wiederum die Verteilung der Calcium-Ionen (Ca^{2+}): Je mehr Na^+ durch die Na^+/K^+-ATPase aus der Zelle »gepumpt« wird, desto mehr Ca^{2+} fließt (durch einen anderen Kanal) aus ihr heraus. Herzglycoside hemmen die Na^+/K^+-ATPase mit der Folge, dass weniger Na^+ und damit auch weniger Ca^{2+} die Muskelzellen verlässt. Somit steigt die Ca^{2+}-Konzentration im Inneren an, die Kontraktion wird stärker, und die Herzkraft nimmt zu. Eine weitere positive Wirkung von Digoxin und Digitoxin liegt darin, dass sie die Zahl der Herzschläge erniedrigen. Dadurch füllen sich die Kammern in der Diastole besser mit Blut, wodurch die Organe effektiver durchblutet werden können.

Um Rückfälle zu vermeiden, müssen Digitalispräparate häufig lebenslang eingenommen werden. Dies ist nicht immer leicht, weil bereits bei therapeutischen Dosen Nebenwirkungen wie Übelkeit und Erbrechen auftreten können. Nebenwirkungen einer Überdosierung sind Herzrhythmusstörungen, Sehstörungen (Gelbsehen), Kopfschmerzen und Verwirrtheit. Sie resultieren aus der Wirkung der Digitalisglycoside auf die Na^+/K^+-ATPase der Nervenzellen.

Ein Hoch dem Calcium.
Catecholamine und Phosphodiesterase-Hemmer

Auch körpereigene Wirkstoffe können die Herzkraft steigern. Dazu gehören Substanzen aus der Gruppe der *Catecholamine* wie Dopamin, Adrenalin und Noradrenalin, die u. a. im sympathischen Nervensystem als Signalstoffe wirken (→ Nervensystem; s. Kap. 8). Am Herzen wirken sie kraft- und frequenzsteigernd und fördern die Überleitung der Erregung von den Vorhöfen auf die Kammern. Bindet ein Catecholamin an so genannte *β-Rezeptoren* auf der Herzmuskelzelle, führt dies intrazellulär zur Bildung des Second Messengers cAMP (→ Signaltransduktion), der über weitere Zwischenstufen den Calciumspiegel anhebt.

Für die langfristige Behandlung der Herzinsuffizienz sind Catecholamine weniger geeignet, da nicht alle ihre Wirkungen das geschwächte Herz unterstützen. So fördern sie beispielsweise Herzrhythmusstörungen und erhöhen den Sauerstoffverbrauch des Herzmuskels. Dagegen kann der Notarzt bei Herzstillstand **Adrenalin** verabreichen, um das Herz wieder zum Schlagen zu bringen.

Da der Second Messenger cAMP nicht ständig wirken soll, wird er in der Zelle durch das Enzym *Phosphodiesterase* rasch wieder abgebaut. Hemmstoffe der Phosphodiesterase wie **Enoximon** und **Milrinon** stabilisieren die intrazelluläre cAMP-Konzentration und steigern deshalb die Herzkraft. Sie werden jedoch nur gelegentlich bei sehr schwerer Herzinsuffizienz eingesetzt. Als wirksamste Behandlungsform hat sich eine Kombination der genannten Medikamente erwiesen, die nach den individuellen Bedürfnissen des Patienten zusammengestellt werden sollte.

Auch das Herz muss atmen. Die koronare Herzkrankheit und ihre Behandlung

Als besonders schwer arbeitender Vertreter seiner Zunft braucht der Herzmuskel viel Sauerstoff, um die für die Kontraktion notwendige chemische Energie bereitstellen zu können (→ Stoffwechsel). Dazu hat er eine eigene Gefäßversorgung, die *Herzkranzgefäße* oder Koronargefäße (lat. *corona* = »Kranz«, Abb. 3). Die *koronare Herzkrankheit* (KHK) geht auf die Einengung oder gar den Verschluss größerer Koronargefäße zurück, die wiederum zu einer mangelhaften Blutversorgung (*Ischämie*) des Herzmuskels führt. Eine KHK äußert sich in *Herzrhythmusstörungen*, *Herzinsuffizienz*, *Angina-pectoris*-Anfällen oder im Extremfall in einem *Herzinfarkt*. Die Ursache ist meist eine *Arteriosklerose* (»Arterienverkalkung«, die Verhärtung und Einengung der Blutgefäße durch Blutfett-Ablagerungen). Die KHK ist bei Männern aller Altersstufen häufig, bei Frauen tritt sie meist erst in den Wechseljahren auf. Wichtige Risikofaktoren für die Entstehung der Arteriosklerose sind erhöhte Blutfettwerte (LDL-Cholesterin, s. Kap. 14), Rauchen, Bluthochdruck, *Diabetes mellitus* und Stress.

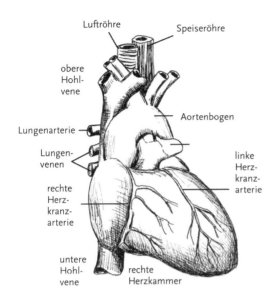

Abb. 3: Herz und herznahe Gefäße.

Ein häufiges Symptom der koronaren Herzkrankheit ist die *Angina pectoris* (lat. »Enge der Brust«), ein minutenlang anhaltender, stechender Schmerz hinter der Brustwand, der vielfach in den linken Arm ausstrahlt und häufig mit Todesangst einhergeht. Zur Brustenge kommt es meist bei Belastung, weil das arbeitende Herz mehr Sauerstoff braucht. Bei Sauerstoffmangel wird der Stoffwechsel des Herzmuskels zum Teil von der sauerstoffabhängigen (aeroben) auf die sauerstoffunabhängige (anaerobe) Energiegewinnung umgestellt. Dabei entstehen saure Stoffwechselprodukte, die die Endigungen sensibler Nerven reizen und den starken Schmerz hervorrufen. Er sollte als Warnung verstanden werden, die man ernst nehmen sollte, um Schlimmeres zu verhindern.

Zum *Herzinfarkt* (lat. *infarcire* = »hineinstopfen«) kommt es, wenn eine oder mehrere Herzkranzarterien, die ja den Herzmuskel mit Sauerstoff versorgen, durch Gerinnsel verstopft werden. Die Muskelzellen im betroffenen Abschnitt des Herzens sterben auf Grund des Sauerstoffmangels ab. Je größer das Infarktgebiet ist, desto weniger gesundes Herzgewebe bleibt übrig, um die notwendige Arbeit zu leisten. Weil es dann nur noch bedingt möglich ist, die Herzleistung z. B. bei Stress zu steigern, müssen sich Herzinfarktpatienten vor zuviel

Aufregung im Alltag schützen. Ein Herzinfarkt ist immer lebensbedrohlich. In Deutschland versterben etwa 15 % aller Männer und 10 % aller Frauen am Herzinfarkt.

Wir machen den Weg frei

Findet der Kardiologe bei der Röntgendarstellung der Koronargefäße (einer Angiografie) verengte Arterien, kann er versuchen, die Verengung (Stenose) mit einem *Herzkatheter* zu erweitern. Genügt dies nicht, muss eine *Bypass-Operation* (engl.»Umleitung«) in Erwägung gezogen werden, um die Engstelle(n) zu überbrücken. Begleitet werden diese Maßnahmen durch eine medikamentöse Behandlung. In leichteren Fällen von KHK genügt es oft, nur Medikamente einzusetzen.

Die medikamentöse Behandlung der KHK zielt darauf ab, dem Herzen mehr Sauerstoff zur Verfügung zu stellen und gleichzeitig seinen Sauerstoffverbrauch zu drosseln. Dazu gibt es verschiedene Strategien:
- *Nitrate* erweitern die verengten Koronararterien und verbessern so die Sauerstoffversorgung, gleichzeitig senken sie den Blutdruck.
- *β-Blocker* »blocken« aktivierende Signale des sympathischen Nervensystems, so dass das Herz darauf nicht mit einer Leistungssteigerung antworten kann.
- *Calcium-Antagonisten* erweitern vor allem die arteriellen Gefäße und senken hierdurch den Blutdruck. Zum Teil vermindern sie auch die Schlagkraft des Herzens.
- *Acetylsalicylsäure* (*ASS*) hemmt die Blutgerinnung und vermindert so die Gefahr der Gerinnselbildung in den Herzkranzgefäßen

Explosiv in der Wirkung – die Nitrate

Chemisch gesehen ist die Bezeichnung »*Nitrate*« irreführend. Es handelt sich nicht um Salze mit einem Nitrat-Ion (NO_3^-) als Bestandteil, sondern um Ester der Salpetersäure (HNO_3) mit organischen Alkoholen. Der bekannteste Vertreter, das »Nitroglycerin« ist auch keine Nitro-Verbindung, sondern ein Dreifachester des Alkohols Glycerol und heißt deshalb korrekt Glyceroltrinitrat. In reiner Form ist es explosiv und deshalb Bestandteil von Sprengstoffen wie Dynamit. In der Medizin dient es friedlicheren Zwecken: Wie die anderen Nitrate macht es die Gefäße weit, verbessert die Sauerstoffversorgung des Herzens und verringert die Herzarbeit. Entdeckt wurde diese Wirkung schon 1857 vom englischen Arzt Thomas L. Brunton, der fand, dass *Angina-pectoris*-Anfälle durch der Gabe von Nitriten beendet werden konnten. Seit 1879 wird statt der schlecht dosierbaren Nitrite Glyceroltrinitrat eingesetzt. Modernere Nitrate sind Isosorbiddinitrat (ISDN), Isosorbidmononitrat (ISMN) und Molsidomin, das kein Ester ist, aber ähnlich wirkt. Alle Nitrate helfen bei Angina pectoris, indem sie die Venen und teilweise auch die Arterien entspannen und erweitern (dilatieren). Dadurch nimmt das Blutvolumen vor dem Herzen zu und der Blutdruck vor dem Herzen fällt ab. Das Herz wird in der Füllungsphase (Diastole) nicht mehr so stark mit Blut befüllt und wirft bei der nächsten Auswurfphase (Systole) weniger Blut aus, was die Herzarbeit und damit den Sauerstoffverbrauch reduziert.

Die Nitrate können zwar oral eingenommen werden, es gibt aber bessere Methoden. Bei *Nitrosprays* gelangt der Wirkstoff über die Mundschleimhaut, bei *Nitratpflastern* über die Haut ins Blut ohne vorher den Magen-Darm-Trakt passieren zu müssen. So tritt die Wirkung schneller ein und mehr Wirkstoff gelangt an den Bestimmungsort. Wegen ihrer gefäßerweiternden Wirkung haben die Nitrate aber auch unerwünschte Wirkungen. Durch Erweiterung der Blutgefäße im Gehirn kann es zum so genannten »Nitratkopfschmerz« kommen. In der Entstehung ähnelt dieser der Migräne (s. Kap. 1), klingt allerdings meist von selbst ab.

NO? Yes!

Die Entdeckung der Wirkungsweise der Nitrate ist eine der spannendsten Geschichten der modernen Medizin. 1980 erkannte der amerikanische Pharmakologe Robert F. Furchgott bei Laborexperimenten, dass sich Gefäße auf ein Hormonsignal hin nur erweitern, wenn die innerste Zellschicht, das *Endothel*, unbeschädigt ist. Er schloss daraus, dass die Endothelzellen einen Signalstoff produzieren, der die Gefäßentspannung hervorruft. Es dauerte dann bis 1986, ehe Furchgott und – unabhängig von ihm – Louis J. Ignarro fanden, dass es sich bei diesem Signalstoff um das Gas *Stickstoffmonoxid (NO)* handelt. Erstaunlich war, dass ein so einfaches Molekül, das man bis dahin höchstens von Autoabgasen her kannte, als Signalstoff zwischen Zellen wirken sollte. In der Tat produzieren Endothelzellen NO, welches in die benachbarte Gefäßmuskelschicht vordringt, um dort an seinen Rezeptor, das Enzym *Guanylat-Cyclase*, zu binden. Diese bewirkt über weitere Schritte die Entspannung der Gefäßmuskelzellen – das Gefäß erweitert sich (Abb. 4). Ferid Murad zeigte schließlich, dass die Wirkung der Nitrate darauf beruht, dass sie im Körper zerfallen und dabei NO freisetzen. Damit imitieren sie sozusagen die körpereigene NO-Produktion. 1998 erhielten Furchgott, Ignarro und Murad gemeinsam den Nobelpreis für Medizin.

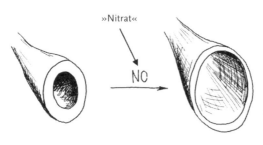

Abb. 4: Wirkungsweise der Nitrate.

Take it easy. β-Blocker

β-Blocker wie Propanolol, Metoprolol und Atenolol besetzen β-Rezeptoren auf den Herzmuskelzellen und verhindern so das Andocken von Adrenalin und Noradrenalin, den Botenstoffen des vegetativen, sympathischen Nervensystems. Dadurch versetzen die β-Blocker das Herz in den Schongang und beugen so *Angina-pectoris*-Anfällen vor. Mehr über β-Blocker findet sich im Zusammenhang mit der Behandlung von Bluthochdruck in Kapitel 13.

Da war ja noch das Calcium!

Die Rolle von Calcium-Ionen bei der Muskelkontraktion haben wir bereits im Zusammenhang mit den Herzglycosiden erwähnt. Auch für die Behandlung der koronaren Herzkrankheit ist der Calciumspiegel ein wichtiger Angriffspunkt. *Calciumantagonisten* wie Nifedipin, Verapamil und Diltiazem blockieren Calciumkanäle (→ Membranen) und hemmen so den Einstrom von Ca^{2+}-Ionen in die Herzmuskelzellen. Während Nifedipin nur auf die Gefäße wirkt, beeinflussen Verapamil und Diltiazem auch das Herz direkt. Wiederum sinkt der Blutdruck, diesmal aber nicht vor dem Herzen wie bei den Nitraten, sondern im arteriellen Teil. Das Herz muss weniger arbeiten und verbraucht entsprechend weniger Sauerstoff.

Ca^{2+}-Ionen tragen zusammen mit Na^+- und K^+-Ionen auch zur elektrischen Erregbarkeit der Herzmuskelzellen bei. Besonders wichtig ist dies im Schrittmacherzentrum des Herzens, dem so genannten *Si-*

nusknoten, und dem Überleitungspunkt der Erregung von den Vorhöfen auf die Kammern, dem *AV-Knoten* (siehe unten). Durch Calciumantagonisten wird der Sinusknoten gebremst und auch am AV-Knoten wird die Überleitung verlangsamt, wieder mit der Folge, dass die Herzarbeit abnimmt.

Ein Rhythmus, bei dem man mit muss. Herzrhythmusstörungen

Das Herz darf im Leben niemals ruhen, sonst kommt es in wenigen Minuten zu Kreislaufstillstand, Mangeldurchblutung des Gehirns, Bewusstlosigkeit und schließlich zu irreversiblen Hirnschäden. Weil dies nicht eintreten darf, ist die Steuerung der Herztätigkeit im Herzen selbst lokalisiert. Der wichtigste Schrittmacher, der so genannte *Sinusknoten*, befindet sich im rechten Vorhof. Er sendet elektrische Impulse aus, die zunächst die Vorhöfe zur Kontraktion anregen. Der Impuls verweilt einen kurzen Moment zwischen Vorhöfen und Kammern – er wartet die Befüllung der Kammern ab –, um sich dann über die Herzkammern auszubreiten und diese zur Systole anzuregen. Die »Haltestelle« des Impulses zwischen Vorhöfen und Kammern ist der so genannte *AV-Knoten* (Atrio-Ventrikular-Knoten). Die Reizleitung im Herzen (Abb. 5) ist also minutiös geregelt; jede

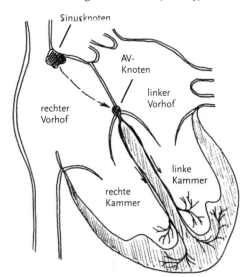

Abb. 5: Reizleitungssystem des Herzens.

Störung in der Signalübertragung kann die Pumpfunktion beeinträchtigen.

Trotz allem – Herzklopfen kann auch schön sein
Bei Gesunden schlägt das Herz mit einer *Schlagfrequenz* von 60 bis 80 Schlägen pro Minute. Erhöht sich die Frequenz auf über 100 Schläge pro Minute, spricht man von *Tachykardie* (gr. *tachys* = »schnell«). Wie wir alle wissen, ist dies eine normale Reaktion bei Aufregung oder körperlicher Anstrengung. Bei einer *Bradykardie* (gr. *bradys* = »langsam«) von unter 60 Schlägen pro Minute schlägt das Herz zu langsam. Auch Bradykardien sind nicht immer krankhaft. Bei Leistungssportlern sind sie z. B. das Resultat eines regelmäßigen Trainings. Gelegentliche zusätzliche Herzschläge (Extrasystolen) sind ebenfalls normal. Erst wenn Rhythmusstörungen so stark ausgeprägt sind, dass die Kreislaufsituation darunter leidet, sollten sie behandelt werden.

Tachykardien können die Vorhöfe oder die Kammern betreffen, wobei ein *Kammernflimmern* (d. h. Herzfrequenzen von 350 Schlägen pro Minute und darüber) akute Lebensgefahr bedeutet, da die Muskelfasern dann nicht mehr geordnet kontrahieren. In einer solchen Situation verabreicht man dem Patienten (wenn möglich) über Elektroden einen Stromstoß, der die Herzmuskelzellen beim Flimmern unterbricht und alle auf einmal erregt. Diese Notmaßnahme, die so genannte *Defibrillation*, erzeugt meistens wieder einen geordneten Rhythmus.

Eine weitere Erkrankung aus der Gruppe der Rhythmusstörungen ist der *AV-Block*. Dabei ist die Überleitung der Erregung von den Vorhöfen auf die Kammern beeinträchtigt, weil der elektrische Impuls die »Haltestelle« AV-Knoten nicht mehr oder nur bedingt überwinden kann.

Aus dem Takt gebracht. Ursachen von Herzrhythmusstörungen
Rhythmusstörungen sind keine Krankheit an sich, sondern entstehen auf dem Boden anderer Erkrankungen. Arteriosklerose, Herzinfarkt, fehlgebildete Herzklappen, Entzündungen des Herzens, Herzschwäche oder eine Schilddrüsenüberfunktion können Rhythmusstörungen erzeugen. Auch Medikamente (bestimmte Antibiotika, Antidepressiva, außerdem Präparate gegen Arrhythmien selbst) können Rhythmusstörungen auslösen. Manchmal gibt es auch angebo-

rene, eigentlich überflüssige Leitungsbahnen, die dem normalen Reizleitungssystem Konkurrenz machen. So oder so – bei jeder Arrhythmie ist die normale Funktion des Herzens eingeschränkt. Die Symptome von Rhythmusstörungen resultieren aus ihren negativen Effekten auf den Kreislauf. So kann es bei Bradykardien zu Atemnot, Schwindelgefühlen und Bewusstlosigkeit kommen, weil das Gehirn zu wenig Sauerstoff erhält. Beim Herzrasen (Tachykardie) sind die Symptome ähnlich, wobei hier noch Angst und Engegefühl hinzukommen können.

Alles hört auf mein Kommando!

Eine bewährte Maßnahme bei schweren Arrhythmien ist der Einbau eines *Herzschrittmachers*, der anstelle des Sinusknotens oder zu seiner Unterstützung gleichmäßige elektrische Impulse abgibt. Überflüssige und damit störende Leitungsbahnen können mit einem speziellen Herzkatheter verödet und damit zerstört werden. Die Behandlung von Arrhythmien mit Medikamenten ist dagegen problematisch, weil es nicht immer zuverlässig gelingt, den Herzrhythmus zu normalisieren. Dies liegt daran, dass Medikamente nicht nur die Ionenströme an den krankhaft veränderten Herzmuskelzellen beeinflussen, sondern auch auf die gesunden Teile des Herzmuskels wirken, wo sie die normale Reizleitung eher aus dem Gleichgewicht bringen. Trotzdem gibt es Fälle, in denen sich die medikamentöse Therapie anbietet. Man kann die Medikamente gegen Herzrhythmusstörungen (*Antiarrhythmika*) in vier Klassen (I bis IV) einteilen:

Zu den Antiarrhythmika der *Klasse I* gehören Lidocain, ein Wirkstoff, der auch zur Lokalanästhesie verwendet wird (s. Kap. 2), sowie Flecainid und Propafenon. Mit ihrer Hilfe versucht man, die gesteigerte Erregbarkeit und krankhafte elektrische Kreisläufe zu durchbrechen. Die Ausbreitung der Erregung über den Herzmuskel hängt wie die Reizleitung in Nervenzellen (→ Nervensystem) von Ionenströmen durch die Membran ab. Antiarrhythmika der Klasse I vermindern den Na^+-Einstrom, indem sie den Natriumkanal »verstopfen« (s. auch Kap. 2). Zum Teil blockieren sie zusätzlich den K^+-Ausstrom. Obwohl dadurch Extrasystolen wirksam unterdrückt werden, ist umstritten, ob Wirkstoffe der Klasse I wirklich lebensverlängernd wirken.

Die *Klasse II* der Antiarrhythmika wird von alten Bekannten, den *Betablockern* wie Atenolol, Metoprolol oder Propanolol gebildet. Wie bereits erwähnt, blockieren sie β-Rezeptoren und schirmen das Herz dadurch vom Einfluss des sympathischen Nervensystems ab. Einer erhöhten Herzfrequenz (Tachykardie) kann auf diese Weise besonders gut begegnet werden, das Herz geht in einen »Schongang«.

Antiarrhythmika der *Klasse III* wie Amiodaron oder Sotalol hemmen den Ausstrom von K^+ aus den Herzmuskelzellen, greifen also wie die Antiarrhythmika der Klasse I direkt in Ionenströme ein. Dadurch dauert es länger, bis sich das Membranpotenzial nach einer Erregung wieder aufbaut (→ Membranen) – das heißt, die Zellen sprechen auf weitere Impulse nicht mehr so rasch an. Bei hoher Dosierung kann Amiodaron allerdings die Lunge schädigen, es kommt zu Husten und dauerhaften Verhärtungen in der Lunge (Lungenfibrose).

Auch die Antiarrhythmika der *Klasse IV* kennen wir schon: Es sind Calciumantagonisten wie Diltiazem und Verapamil. Ihr Wirkung ist die gleiche wie bei der Therapie der koronaren Herzkrankheit (s. o.): Herzfrequenz und Herzkraft nehmen ab. Calciumantagonisten wirken vor allem an den Vorhöfen, so dass Vorhofflimmern verhindert werden kann. Damit wird auch die Gefahr einer Gerinnselbildung reduziert, die bei unzureichend pumpenden Vorhöfen einen Schlaganfall auslösen können.

Schließlich werden tachykarde Rhythmusstörungen auch mit *Digitalisglycosiden* behandelt, die sich von der Funktion her keiner der vier Klassen zuordnen lassen. Sie wirken, wie beschrieben, nicht nur herzkraftsteigernd, sondern verzögern durch Beeinflussung des vegetativen Nervensystems auch die Überleitung der Erregung von den Vorhöfen auf die Kammern.

Was bringt die Zukunft?

Die Entwicklung neuer und verbesserter Wirkprinzipien zur Therapie von Herzerkrankungen nimmt in der modernen Pharmaforschung einen großen Raum ein, da Herz-Kreislauf-Erkrankungen als Todesursachen an der Spitze der Statistik stehen. Zum einen versucht man, existierende Medikamente effektiver zu machen, zum anderen werden ganz neue Wirkmechanismen erforscht. Trotz des hohen Aufwands, der dabei betrieben wird, sind solche Entwicklungen langwierig, da neue Wirksubstanzen erst in umfangreichen klinischen Studien erprobt werden müssen (s. Kap. 28). Bis sie abgeschlossen sind, können auch wir, die potenziellen Herzpatienten, unseren Teil beitragen: Vernünftiger Umgang mit Risikofaktoren, eine gesunde Ernährung und körperliche Bewegung beugen vor, und Vorbeugen ist bekanntlich immer noch besser als Heilen.

Wirkstoffe und Handelsnamen

Wirkstoff	Handelsname	Gruppe
Amiodaron	Cordarex®	AAR Klasse III
Atenolol	Tenormin®	β-Blocker, AAR Klasse II
Captopril	Lopirin®	ACE-Hemmer
Digitoxin	Digimerck®	Digitalis-Glycosid
Digoxin	Lanicor®	Digitalis-Glycosid
Diltiazem	Dilzem®	Ca^{2+}-Antagonist, AAR Klasse IV
Enalapril	Pres®, Xanef®	ACE-Hemmer
Enoximon	Perfan®	PDE-Hemmer
Flecainid	Tambocor®	AAR Klasse I
Glyceroltrinitrat	Nitrolingual®	Nitrat
Isosorbiddinitrat	Isoket®	Nitrat
Isosorbidmononitrat	Ismo®, Corangin®	Nitrat
Lidocain	Xylocain®	Na^+-Kanal-Blocker, AAR Klasse I
Metoprolol	Beloc®	β-Blocker, AAR Klasse II
Milrinon	Corotrop®	PDE-Hemmer
Molsidomin	Corvaton®	
Nifedipin	Adalat®	Ca^{2+}-Antagonist, AAR Klasse IV
Propafenon	Rytmonorm®	AAR Klasse III
Propanolol	Dociton®	β-Blocker, AAR Klasse II
Sotalol	Sotalex®	AAR Klasse II und III
Verapamil	Isoptin®	Ca^{2+}-Antagonist, AAR Klasse IV

AAR = Antiarrhythmikum

12

Alles im Fluss
Gerinnungshemmer und Thrombolytika

Cornelia Bartels und Björn Kusch

Den Beginn des Sommerurlaubs hatte sich Frau Kaiser eigentlich anders vorgestellt. Sie wollte mit ihrem Mann und den Kindern ein paar schöne Wochen in Kalifornien verbringen und nicht zuerst das General Hospital der Stadt kennen lernen. Als sie aber nach fast zwölf Stunden Flug aus der Maschine stieg, quälten sie starke Schmerzen in der linken Wade, die das Weitergehen unmöglich machten. Die Untersuchung beim Flughafenarzt ergab eine Druckschmerzhaftigkeit der Wade und der Fußinnenseite. Außerdem wirkte das linke Bein wärmer und dicker als das rechte. Da sich die Beschwerden im Liegen besserten und alle Anzeichen für eine Venenthrombose sprachen, wies der Arzt Frau Kaiser zur Sicherung der Diagnose und zur anschließenden Behandlung ins Krankenhaus ein. Dort wurde seine Vermutung durch eine Ultraschalluntersuchung und eine Gefäßdarstellung im Röntgenbild bestätigt. Frau Kaiser hatte allerdings noch Glück im Unglück: Das Blutgerinnsel war auf die Wade beschränkt und relativ klein. So konnte sie, ausgestattet mit Kompressionsstrümpfen und Heparin, mit ein paar Stunden Verspätung ihre Reise doch noch fortsetzten.

Dem Fall von Frau Kaiser lag eine *Fehlsteuerung der Blutgerinnung* zugrunde. Um die wichtigsten Störungen dieses Systems und ihre Behandlung verstehen zu können, müssen wir uns zunächst genauer mit dem Ablauf der Gerinnung beschäftigen.

Blut, das flüssige Organ

Das Blut erfüllt im Körper mehrere wichtige Aufgaben (→ Blut): Es transportiert Stoffe von einer Stelle des Körpers zur anderen, es ist an der Regulation des Flüssigkeitshaushalts und der Körperwärme beteiligt und es enthält wesentliche Teile des körpereigenen Abwehrsystems (→ Immunsystem). Blut besteht aus zwei Anteilen, nämlich *Blutzellen*, zu denen Erythrocyten (rote Blutkörperchen), Leukocyten (weiße Blutkörperchen) und Thrombocyten (Blutplättchen) gehören, und einem flüssigen Anteil, dem *(Blut)plasma*. Im Blutplasma sind zahlreiche weitere Bestandteile gelöst, darunter Salze, organische Nährstoffe und viele Proteine.

Starke *Blutverluste* können lebensbedrohlich sein und müssen mit allen Mitteln eingedämmt werden. Nach der Verletzung eines Blutgefäßes kommt deshalb ein »Automatismus« in Gang, der dafür sorgt, dass möglichst wenig Blut verloren geht. Diesen Vorgang nennt man *Blutstillung* oder *Hämostase* (gr. *haima* = »Blut«, lat. *stare* = »still stehen«). Nach einer Verletzung zieht sich das verletzte Gefäß zunächst zusammen, um den Blutfluss zu verlangsamen. Dann wird die verletzte Stelle durch ein *Gerinnsel* (einen Thrombus) abgedichtet, um die Blutung zu stoppen. Dies ist Aufgabe der so genannten *Blutgerinnung*. Auf der anderen Seite muss nach Verschluss des Lecks das betroffene Gefäß möglichst rasch wieder durchgängig gemacht werden, damit die Blutversorgung des umgebenden Gewebes nicht zu lange unterbrochen wird. Dazu gibt es Faktoren, die das Gerinnsel wieder auflösen; dieser Vorgang wird als *Fibrinolyse* bezeichnet. Gerinnung und Fibrinolyse sind normalerweise durch regulierende Faktoren sorgfältig ausbalanciert. Ist diese Balance gestört, gewinnt einer der Vorgänge die Oberhand: Es kommt entweder zu *Blutungen* (Hämorrhagien) oder zu unerwünschten Gerinnselbildungen (*Thrombosen*). Wie wir noch sehen werden, lassen sich beide Entgleisungen durch geeignete Medikamente verhindern.

Ein Schnitt und seine Folgen. Blutstillung in Aktion

In diesem Abschnitt verfolgen wir den Ablauf der Blutstillung an einem alltäglichen Beispiel – einem Schnitt in den Finger (Abb. 1). Während wir die beteiligten Vorgänge nacheinander abhandeln, laufen sie in Wirklichkeit parallel ab. Wie der Pathologe Rudolf Virchow schon vor 150 Jahren erkannte, sind für die Blutstillung drei Faktoren besonders wichtig, nämlich

- die Wand des verletzten Gefäßes, vor allem seine Innenauskleidung, das Endothel,
- bestimmte Zellen und gelöste Bestandteile im Blut und
- die Geschwindigkeit, mit der das Blut fließt.

Blutplättchen – Kleber der besonderen Art

Wird ein Gefäß verletzt, beispielsweise durch einen Schnitt mit dem Küchenmesser, löst dies innerhalb weniger Augenblicke eine

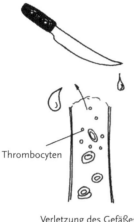  

| Verletzung des Gefäßes; Kontakt des Blutes zu unphysiologischen Oberflächen | vorläufige Abdichtung durch Thrombocyten-Pfropf | Gerinnung, Zusammenziehen des Thrombocyten-Pfropfs |

Abb. 1: Ein Schnitt und die Folgen.

Kontraktion (das Zusammenziehen) der Gefäßmuskulatur aus. Außerdem heften sich Blutplättchen (*Thrombocyten*) an die betroffenen Stelle, ein Vorgang, der als *Thrombocytenadhäsion* bezeichnet wird. Hervorgerufen wird die Adhäsion durch *plättchenaktivierende Substanzen*, die nach einer Verletzung aus Zellen der Gefäßwand freigesetzt werden. Sie fördern die feste Anlagerung der Thrombocyten an die Gefäßwand und bewirken gleichzeitig ihre »Aktivierung«. Dabei bilden die Thrombocyten kleine Füßchen – so genannte Pseudopodien –, nehmen eine spinnenartige Form an und schütten Signalstoffe aus (→ Signalstoffe), z. B. *Adenosin-diphosphat* (ADP), *Serotonin* und *Thromboxan A_2*. Diese wiederum lösen die *Aggregation der Thrombocyten* aus: Die bereits an der Gefäßwand angelagerten Blutplättchen locken weitere Blutplättchen herbei und verkleben mit ihnen, bis sich schließlich an der verletzten Stelle ein *Pfropf* aus zunächst noch lose verbundenen Thrombocyten bildet (Abb. 1). Als molekularer Klebstoff dient dabei das *Fibrinogen*, ein Protein, von dem im Folgenden noch viel die Rede sein wird. Mit der Zeit zieht sich der Thrombocyten-Pfropf mehr und mehr zusammen und nähert so die Wundränder einander an. Damit ist der erste Schritt zur Wundheilung getan.

Auch die mechanischen Kräfte, die das strömende Blut auf die Oberfläche der Thrombocyten ausübt, können zu deren Aktivierung und

Aggregation führen. Dies spielt z. B. bei der Entstehung von *Herzinfarkten* und *Schlaganfällen* eine wichtige Rolle (s. Kap. 11). Ist ein Blutgefäß durch *Arteriosklerose* stark verengt, strömt das Blut dort schneller und löst unter Umständen allein dadurch die Bildung eines Gerinnsels aus, obwohl das Gefäß gar nicht verletzt ist (s. auch Kap 13).

Die Lawine kommt ins Rollen
Gleichzeitig mit der Aktivierung und Aggregation der Thrombocyten läuft die eigentliche *Blutgerinnung* an. Dies ist eine komplizierte Abfolge enzymatischer Reaktionen (→ Enzyme), die sich lawinenartig verstärkt und im Endeffekt dazu führt, dass in dem bereits beschriebenen Thrombocyten-Pfropf der »Klebstoff« *Fibrinogen* in ein Netzwerk von faserigem, mechanisch stabilem *Fibrin* überführt wird. So entsteht der endgültige Wundverschluss, der *Thrombus*.

Als man begann, die *Gerinnungskaskade* zu untersuchen, fand man zahlreiche beteiligte Proteine, deren Funktion zunächst nicht klar war. Man nannte sie deshalb allgemein *Gerinnungsfaktoren* und unterschied sie durch angehängte römische Zahlen (I bis XIII). Es zeigte sich, dass die meisten Gerinnungsfaktoren *Proteinasen* sind, d. h. Enzyme, die die Peptidkette anderer Proteine an ganz bestimmten Stellen spalten können. Normalerweise verlieren Proteine ihre biologische Aktivität, wenn sie durch Proteinasen gespalten werden (z. B. bei der Proteinverdauung im Magen und im Darm, s. Kap. 16). Im Falle der Gerinnungskaskade ist es genau umgekehrt: Die einzelnen Faktoren sind normalerweise inaktiv und erlangen erst Proteinase-Aktivität, wenn sie von einem anderen, bereits aktiven Faktor gespalten werden. Die aktive Form der Gerinnungsfaktoren kennzeichnet man durch ein angehängtes »a« So heißt z. B. der 10. Gerinnungsfaktor in der inaktiven Form »Faktor X« und in der aktiven »Faktor Xa«.

Im Verlauf der *Gerinnungskaskade* wird zunächst Faktor VII aktiviert, der dann wie beim Domino weitere Faktoren aktiviert, bis endlich das entscheidende Enzym – Faktor II oder *Thrombin* – aktiv wird und die Bildung der Fibrinfasern in Gang setzt (Abb. 2 und 3). Leider stimmt die Reihenfolge der Proteinasen in der Kaskade nicht mit der Nummerierung überein, weshalb es schwer ist, sich den Ablauf der Kaskade zu merken (Abb. 3). Hinzu kommt, dass nicht alle Faktoren Proteinasen sind. Faktor XIII ist zwar ein Enzym, aber keine Proteinase; die Faktoren III, V und VIII sind Proteine ohne Enzymcharak-

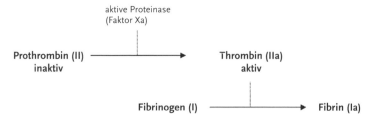

Abb. 2: Aktivierung von Gerinnungsfaktoren am Beispiel des Thrombins.

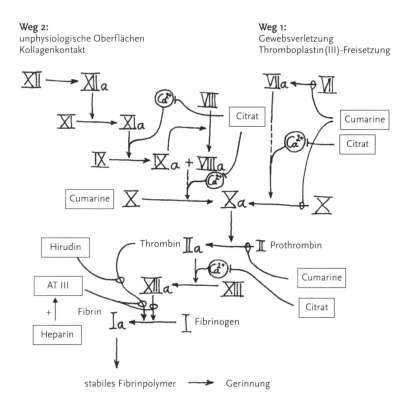

Abb. 3: Wirkungsweise von Antikoagulanzien.

ter, die lediglich die Tätigkeit der enzymatisch aktiven Faktoren unterstützen; bei Faktor I handelt es sich einfach um Fibrinogen.

Zurück in die Küche: Auf Grund widriger Umstände oder der eigenen Ungeschicklichkeit hat unser Messer also oberflächliche Blutgefäße des linken Zeigefingers durchtrennt und tiefer liegende Wandschichten des Gefäßes freigelegt. Dort sitzt ein Protein namens *Thromboplastin* (Faktor III), das sich plötzlich mit dem im Blut schwimmenden Faktor VII konfrontiert sieht (mit dem es unter normalen Umständen nie in Kontakt kommt) und ihn umgehend in die aktive Form VIIa überführt. Faktor VIIa aktiviert nun seinerseits Faktor X und dieser wandelt inaktives Thrombin (Prothrombin oder Faktor II) in *aktives Thrombin* (Faktor IIa) um. Thrombin schließlich spaltet von den Fibrinogen-Molekülen kleine Fortsätze ab und bringt sie so dazu, sich zu langen Ketten – eben dem Fibrin – zusammenzulagern. Vollendet wird das Werk von Faktor XIII, das die Fibrin-Moleküle zu einem stabilen Netz knüpft. Da sich das Ganze im und auf dem bereits gebildeten Thrombocyten-Pfropf abspielt, werden die bisher nur lose verklebten Blutplättchen so zu einem *stabilen Gerinnsel* (Abb. 3).

Doppelt genäht hält besser

Neben der eben beschriebenen gibt es noch eine zweite Möglichkeit, die Gerinnungskaskade in Gang zu bringen. Dabei ist Faktor XII der erste »Dominostein« (Abb. 3). Er wird durch den Kontakt mit unphysiologischen – das heißt rauen – Oberflächen aktiviert, wie sie bei der Verletzung eines Blutgefäßes entstehen. Über die Aktivierung der Faktoren XI und IX führt der Weg ebenfalls zur Aktivierung von Faktor X. Den Rest wissen wir bereits.

Calcium als Helfershelfer

Für den Ablauf der Gerinnungskaskade ist an mehreren Stellen die Gegenwart von *Calcium-Ionen* (Ca^{2+}) erforderlich. So wird z. B. die Aktivität von Faktor VIIa durch Ca^{2+} gewaltig gesteigert. Worin die Rolle der Ca^{2+}-Ionen besteht, müssen wir später noch genauer besprechen. Die Helferfunktion des Ca^{2+} ist wichtig, weil man die Gerinnung ausschalten kann, wenn man das Zusammenspiel zwischen Ca^{2+} und den Gerinnungsfaktoren verhindert. Am einfachsten lässt sich das erreichen, indem man dem Blut die Ca^{2+}-Ionen entzieht. Beim *Blutspenden* kann man dem Spenderblut zu diesem Zweck *Citrat* (als ein Salz der Citronensäure) zusetzen; *Citrat* bindet Ca^{2+}-Ionen sehr fest. *In vivo*, also im Körper selbst, lässt sich die Blutgerinnung auch dadurch hemmen, dass man in die Synthese der Ca^{2+}-abhängigen Gerinnungsfaktoren eingreift und verhindert, dass bestimmte Strukturelemente entstehen, die für die Wechselwirkung dieser Faktoren mit Ca^{2+} notwendig sind. Auch darüber wird noch zu berichten sein.

Was zuviel ist, ist zuviel

Klar ist, dass der Gerinnungsprozess strikt auf die unmittelbare Umgebung der Gefäßverletzung beschränkt bleiben muss. Würde sich das Gerinnsel weiter ausbreiten oder entstünden auch in unverletzten Gefäßen Gerinnsel, wären die Folgen schwerwiegend (denken Sie an Frau Kaiser). Um den Gerinnungsprozess in Schach zu halten, enthält das Blutplasma körpereigene *Hemmstoffe der Blutgerinnung*, die an bestimmte Gerinnungsfaktoren binden oder diese durch proteolytischen Abbau zerstören. Diese destruktiven Einflüsse lassen sich nur an den Stellen überwinden, an denen das Gerinnungssystem so stark aktiviert ist, dass die Zahl der »Guten« (der aktiven Gerinnungsfaktoren) die der »Bösen« (der Hemmstoffe) übertrifft, so dass nach dem Kampf immer noch eine ausreichende Zahl von »Guten« übrig bleibt.

Auch die »Bösen« haben ihr Gutes

Die körpereigenen Hemmstoffe der Blutgerinnung sind im Blutplasma gelöst oder sitzen auf den Blutplättchen. Sie haben die Fähigkeit, Serin-Proteinasen – dazu gehören die aktiven Gerinnungsfaktoren – zu binden und dadurch unwirksam zu machen. Maulfaule bezeichnen diese *Serinproteinase-Inhibitoren* auch als *Serpine*. Der wichtigste Hemmstoff dieser Art ist das *Antithrombin III*. Wie der Name vermuten lässt, hemmt es bevorzugt die Serin-Proteinase *Thrombin* (Faktor IIa) und damit den letzten und entscheidenden Schritt der Gerinnungskaskade, die Umwandlung von Fibrinogen in Fibrin (Abb. 3). Hier betritt nun der Gerinnungshemmer *Heparin* die Szene. Er bindet an Antithrombin III und verstärkt dadurch dessen Hemmwirkung um das 1000fache. Mehr dazu weiter unten.

Ein anderer körpereigener Hemmstoff namens *Thrombomodulin* hält nach vagabundierendem aktivem Thrombin Ausschau. Trifft er solche Moleküle außerhalb des Gerinnungsareals an, hält er sie fest und veranlasst zwei Helfer (*Protein C* und *Protein S*) dazu, nach ebenfalls entkommenen Faktoren Va und VIIIa Ausschau zu halten und sie zu zerstören (zur Vereinfachung in Abb. 3 nicht dargestellt). Die

Komplexe aus aktiven Faktoren und den jeweiligen Hemmstoffen werden dann durch Leber und Milz aus dem Blutkreislauf herausgefiltert und vollständig abgebaut.

Thrombus ade! Die Fibrinolyse

Der durch die Gerinnung gebildete Thrombus muss die verletzte Stelle nur so lange verschließen, bis der Schaden durch Einlagerung von neuem Bindegewebe dauerhaft geschlossen worden ist. Dann ist das Gerinnsel überflüssig und wird aufgelöst, damit das Blut die reparierte Stelle wieder passieren kann. Wie die Blutgerinnung ist auch die Fibrinolyse genau reguliert. Die daran beteiligten Mechanismen ähneln denen, die wir bei der Steuerung der Gerinnung kennen gelernt haben. Wie die Gerinnung läuft auch die Fibrinolyse immer örtlich begrenzt (lokal) ab.

Der schwierigste Teil beim Auflösen eines Gerinnsels ist der Abbau des Fibrin-Netzwerks (Abb. 4). Auch hierfür gibt es eine spezielle Serin-Proteinase – das *Plasmin*, das im Blut normalerweise in nichtfunktionsfähiger Form vorliegt und erst bei Bedarf aktiviert wird. Dreimal dürfen Sie raten, worin die Aktivierung besteht. Richtig, in der proteolytischen Spaltung einer inaktiven Vorstufe namens *Plasminogen*! Und dazu brauchen wir … genau: noch eine Proteinase! Streng genommen gibt es mehrere *Plasminogen-Aktivatoren*, die zu wertvollen Arzneistoffen geworden sind, weil man sie einsetzen kann, um unerwünschte Blutgerinnsel rasch wieder aufzulösen.

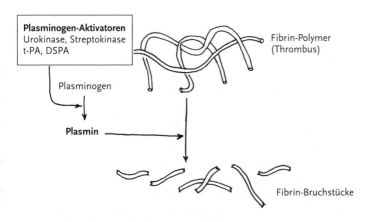

Abb. 4: Aktivatoren der Fibrinolyse.

Was schief gehen kann, geht manchmal auch schief

Bei den Gerinnungsstörungen kann man zwei verschiedene Krankheitsformen unterscheiden, nämlich solche, bei denen die Gerinnungsfähigkeit des Blutes vermindert ist und andere, bei denen unerwünschte Gerinnungsvorgänge ablaufen.

Gefährliche Lücke

Die bekannteste Störung des Gerinnungssystems mit verminderter Gerinnbarkeit des Blutes ist die *Hämophilie*, im Volksmund auch als »*Bluterkrankheit*« bezeichnet. Dabei handelt es sich um eine angeborene Störung, die auf einem Mangel an bestimmten Gerinnungsfaktoren beruht (am häufigsten sind die Faktoren VIII und IX betroffen). Es fehlt also einer der Dominosteine und die Aktivierungskaskade wird unterbrochen. Die Patienten werden in der Regel durch Zufuhr von Gerinnungsfaktor-Konzentraten behandelt, also durch »künstlichen Ersatz« der fehlenden Faktoren. Die Konzentrate enthalten normalerweise Gerinnungsfaktoren, die aus menschlichen (Blut)plasma isoliert wurden. In jüngster Zeit ist es gelungen, den Gerinnungsfaktor VIII auch auf gentechnologischem Wege herzustellen. Solche »rekombinanten« Proteine haben eine Reihe von Vorteilen. So ist für den Empfänger die Gefahr ungewollter Infektionen durch Krankheitserreger im Spenderblut weit geringer.

Dünn und dünner

Viel häufiger als verminderte Gerinnbarkeit des Blutes ist das Umgekehrte, d. h. die überschießende und/oder ungewollte *Bildung von Blutgerinnseln*. So führen z. B. chirurgische Eingriffe zwangsläufig zu Verletzungen an kleineren Blutgefäßen und damit zur Aktivierung des Gerinnungssystems. Auch erzwungener Bewegungsmangel (denken Sie an Frau Kaiser, die zwölf Stunden in einem Sitz der Touristenklasse verbrachte, oder an bettlägerige Patienten), krankhafte Gefäßveränderungen, künstliche Herzklappen, Rauchen, die »Pille«, eine Schwangerschaft – alle diese Faktoren können ungewollt Auslöser einer Thrombocytenaggregation und der Gerinnung sein (s. auch Kap 23). In diesen Fällen verschiebt sich das bestehende Gleichgewicht zwischen Gerinnung und Fibrinolyse zu Gunsten der Gerinnung. Die Folge ist dann oft eine *Thrombose*, d. h. der Verschluss eines Gefäßes durch ein Blutgerinnsel. Löst sich das Gerinnsel und bleibt an einer anderen Stelle wieder stecken, spricht man von einer *Embolie*. Um beides schon im Vorfeld zu verhindern, gibt es künstliche Gerinnungshemmer, die so genannten *Antikoagulanzien*.

In den Medien werden Antikoagulanzien oft bildhaft (aber nicht ganz zutreffend) als Mittel zur »Blutverdünnung« bezeichnet. Dünner wird das Blut durch Antikoagulanzien nicht, aber es dickt nicht mehr so leicht ein, d. h. es gerinnt (koaguliert) weniger leicht.

Hilft beim Hemmen: Heparin

Auf der Suche nach gerinnungshemmenden Substanzen entdeckte der Amerikaner McLean im Jahre 1916 einen komplizierten schwefelhaltigen Komplex aus Kohlenhydrat und Protein, der in höheren Konzentrationen in der Lage war, die Gerinnung schlagartig zu hemmen. Da McLean die Substanz zuerst aus Hundeleber isoliert hatte, nannte man sie später **Heparin** (gr. *hepar* = »Leber«). Gebildet und gespeichert wird **Heparin** allerdings nicht in der Leber, sondern in so genannten *Mastzellen*. Diese Zellen spielen mit ihrem zweiten wichtigen Inhaltsstoff, dem Histamin, auch eine Schlüsselrolle bei allergischen Reaktionen (s. Kap. 10). Körpereigenes **Heparin** wird nur in geringen Mengen gebildet und beeinflusst deshalb die Blutgerinnung kaum. Da das Molekül zu kompliziert gebaut ist, um es mit vertretbarem Aufwand synthetisch herzustellen, wird **Heparin** zur Anwendung als Antikoagulans aus Leber, Lunge und Darm von Schafen, Rindern und Schweinen gewonnen. Durch Spaltung und Auftrennung dieser Präparate kann man heute auch kleinere **Heparin**-Moleküle anreichern (niedermolekulares oder fraktioniertes **Heparin**). Ein Vorteil dieser Zubereitung ist die längere Wirkdauer, so dass bei einer Thromboseprophylaxe und -therapie nur *eine* Injektion am Tage notwendig ist.

Der größte Vorteil des **Heparins** ist der, dass seine Wirkung sofort einsetzt und sich gut steuern lässt. Wie bereits erwähnt, beeinflusst es die Gerinnung indirekt, indem es die Hemmwirkung von Antithrombin III beschleunigt und damit verstärkt. Aus dem klinischen Alltag ist **Heparin** heutzutage nicht mehr wegzudenken. Jeder Patient, der schon einmal einige Zeit im Krankenhaus verbracht hat, kennt die zur Thrombosevorbeugung verabreichte kleine Spritze in den Bauch oder den Oberschenkel. Dabei wird gelöstes **Heparin** ins Unterhautfettgewebe oder in die Venen injiziert. Bei oraler Einnahme hat es keine Wirkung, da es im Margen-Darm-Trakt nicht resorbiert wird und deshalb auch nicht ins Blut gelangt. Ob es auch nach Auftragen auf die Haut, z. B. in einer Salbe, wirkt, ist umstritten.

Obwohl im Umgang mit Heparin langjährige Erfahrungen vorliegen, kann es – wie alle Medikamente – auch *unerwünschte Wirkungen* entwickeln, die allerdings relativ selten sind. Bei falscher Anwendung und zu hoher Dosierung kann es zu Blutungen kommen. In einem solchen Fall kann man als Gegenmittel Protamin spritzen, ein aus Fischsperma gewonnenes Protein. Protamin bildet mit Heparin stabile Komplexe und hebt dadurch dessen gerinnungshemmende Wirkung auf. Häufig genügt es aber auch, das Heparin einfach abzusetzen.

Ekel vor'm Egel?

Ein weiteres natürliches Antikoagulans ist Hirudin, ein Eiweißstoff aus den Speicheldrüsen des Blutegels (*Hirudo medicinalis*). Die gerinnungshemmende Wirkung von Egelspeichel ist schon seit 1884 bekannt. Hirudin selbst wurde erst vor 50 Jahren entdeckt. Es ist der bisher stärkste selektive Thrombin-Hemmstoff und wirkt, im Gegensatz zu Heparin, unabhängig von Antithrombin III. Hirudin ist auch bei Patienten anwendbar, die zu der oben erwähnten Heparin-induzierten Thrombocytopenie neigen. Neuere, gentechnisch hergestellte Hirudin-Präparate sind Lepirudin und Desirudin. Auch lebende Blutegel, welche über Apotheken bezogen werden können, kommen gelegentlich zum Einsatz.

Kühe, K und Cumarine

Wie so häufig im Leben, spielte auch bei der Entdeckung der gerinnungshemmenden Eigenschaften der *Cumarinabkömmlinge* der Zufall die Hauptrolle. Anfang des letzten Jahrhunderts trat in den USA und Kanada bei Rindern eine rätselhafte neue Krankheit auf. Ohne ersichtlichen Grund verbluteten die Tiere spontan oder als Folge kleiner Verletzungen. Bei der Suche nach der Ursache fiel auf, dass vor allem Rinder betroffen waren, die man im Winter einige Wochen lang mit vergorenem Steinklee (*Melilotus officinalis*, engl. *sweet clover*) gefüttert hatte. Man nannte die Krankheit deshalb auch »sweet clover disease«. Erst 1931 gelang der Nachweis, dass der Tod der Rinder auf einen Mangel an Gerinnungsfaktoren zurückzuführen war. Steinklee enthält *Cumarin*, eine Substanz, die an sich wenig schädlich ist. Die »sweet clover disease« entstand, weil das Silofutter verschimmelt war und die Pilze das Cumarin in das 100mal giftigere Dicumarol umgewandelt hatten. Die Geschichte hatte auch ihr Gutes, denn sie gab den Anstoß zur Untersuchung der Wirkungsweise der Cumarinabkömmlinge.

Hauptangriffsort dieser Substanzen ist die *Leber*, wo alle Gerinnungsfaktoren produziert werden. Etliche von ihnen (die Faktoren II, VII, IX und X) können nur dann in funktionsfähiger Form gebildet werden, wenn *Vitamin K* zur Verfügung steht. Dieses Vitamin wurde in den zwanziger Jahren des vorigen Jahrhunderts von dem dänischen Biochemiker Henrik Dam entdeckt. Er zeigte, dass es einen fettlöslichen Wirkstoff gibt, der für die Blutgerinnung (die Koagulation) notwendig ist und nannte ihn »Koagulations-Vitamin« – daher das »K«. Wozu Vitamin K benötigt wird, fand man aber erst 1974 heraus, als man beobachtete, dass Prothrombin etwa zehn ungewöhnliche Aminosäure-Bausteine (so genannte Gla-Reste) enthält, die nur gebildet werden, wenn ausreichend Vitamin K zur Verfügung steht. Diese Gla-Reste finden sich auch in den anderen Vitamin K-abhängigen Gerinnungsfaktoren. Wie man heute weiß, binden Gla-Reste das für die Gerinnung notwendige Calcium und sind deshalb für den Ablauf der Gerinnung unentbehrlich. Bei der Synthese der Gla-Reste wird Vitamin K chemisch verändert; durch ein Enzym namens *Vitamin-K-Epoxid-Reduktase* (VKOR) muss es ständig regeneriert werden. Die Cumarinabkömmlinge hemmen die VKOR mit der Folge, dass inaktive Gerinnungsfaktoren gebildet werden und die Gerinnungskaskade nicht mehr funktioniert. Der bekannteste Wirkstoff aus dieser Gruppe ist Phenprocoumon.

Im Gegensatz zum Heparin lassen sich Cumarinabkömmlinge auch synthetisch herstellen. Cumarine brauchen nicht injiziert zu werden, sondern können in Tablettenform eingenommen werden, da sie im oberen Magen-Darm-Trakt schnell und fast vollständig resorbiert werden. Nach der ersten Einnahme von Cumarinen geschieht zunächst eine Zeit lang kaum etwas. Erst wenn in den Leberzellen eine sogenannte Schwellendosis erreicht ist, werden nur noch defekte Gerinnungsfaktoren hergestellt. Da bereits im Blut zirkulierende Faktoren dadurch nicht beeinflusst werden, setzt die volle Wirkung der Cumarine je nach Dosis erst nach zwei bis vier Tagen ein. Umgekehrt dauert es nach dem Absetzen des Mittels sieben bis 14 Tage, bis sich die Gerinnungswerte wieder vollständig normalisiert haben. Um die für jeden Patienten ideale Einstellung der Cumarin-Therapie zu erreichen, muss der Blutspiegel des Medikaments durch Gerinnungstests überwacht werden. Wichtig ist auch die Mitarbeit des Patienten, der das Medikament regelmäßig und nach Vorschrift des Arztes einnehmen muss.

Nebenwirkungen sind unter der Therapie mit Cumarinen sehr selten. Gelegentlich zeigen sich Beschwerden im Magen-Darm-Trakt. Hier und da wurden auch Hautveränderungen (Cumarin-Nekrosen) beobachtet. Wie bei allen Medikamenten, die einen Einfluss auf das Gerinnungssystem haben, kann eine unsachgemäße Anwendung von Cumarinabkömmlingen oder unvorsichtiges Verhalten die Ursache von Blutverlusten sein. Aufgrund ihrer fruchtschädigenden (teratogenen) Wirkung sollten Cumarine in der Schwangerschaft nicht eingenommen werden.

Aspirin – auch als Gerinnungshemmer ein ASS

Es gibt kaum ein Medikament, dessen Anwendungsgebiete so vielfältig sind und das weltweit so bekannt ist wie Aspirin® mit seinem Wirkstoff Acetylsalicylsäure (ASS). Wenn Sie sich für die ganze Geschichte dieses Medikamentes interessieren, schauen Sie in Kapitel 1 vorbei. Acetylsalicylsäure hat nicht nur schmerzstillende, entzündungshemmende und fiebersenkende Wirkung – sie hemmt auch die oben beschriebene Aggregation der Blutplättchen (Thrombocyten) und damit die Blutstillung. Wie bereits erwähnt, führt die Aktivierung der Thrombocyten unter anderem zur Ausschüttung von *Thromboxan A_2*. Dieser Signalstoff, der mit den Prostaglandinen (s. Kap. 1) verwandt ist, fördert die Anlagerung weiterer Thrombocyten an den Primärthrombus und verstärkt die Gefäßkontraktion. Der Effekt der Acetylsalicylsäure auf die Blutgerinnung hat die gleiche Ursache wie ihre anderen Wirkungen: Das auch an der Bildung der Thromboxane beteiligte Enzym *Cyclooxygenase* wird gehemmt.

Auch wenn viele Leser Acetylsalicylsäure-Präparate in der Hausapotheke stehen haben, sei vor unbedachter Anwendung gewarnt. Bei ständiger Einnahme sind *unerwünschte Wirkungen* relativ häufig. Bestehende Magengeschwüre werden gefördert und bluten leichter. Übelkeit, Erbrechen, Durchfälle, Ohrensausen und Schwindelgefühl kommen ebenfalls gelegentlich vor. Schwangere Frauen sollten nur dann regelmäßig ASS einnehmen, wenn ein wichtiger Grund dafür besteht. Auch in der Woche vor geplanten operativen Eingriffen sollte kein ASS mehr eingenommen werden.

Das Kind aus dem Brunnen holen: Mittel zur gezielten Thrombolyse
Wie bereits besprochen, beschränkt die *Fibrinolyse* durch Abbau von Fibrin-Thromben die Gerinnung auf das notwendige Maß und macht das betroffene Gefäß wieder für den Blutfluss frei. Wir erinnern uns außerdem daran, dass die Fibrinolyse in Gang kommt, wenn die Proteinase *Plasminogen* durch andere Proteinasen, die *Plasminogen-Aktivatoren*, aus der inaktiven Vorstufe in die aktive umgewandelt wird (Abb. 4). Seit es möglich ist, Enzyme mit Hilfe der Gentechnik preiswert und in großen Mengen herzustellen, sind *rekombinante* (d. h. gentechnisch produzierte) *Plasminogen-Aktivatoren* als Wirkstoffe zur gezielten Auflösung von Blutgerinnseln (*Thrombolyse*) unentbehrlich geworden. Fast jeder durch Thromben bedingte Gefäßverschluss lässt sich so beseitigen. In Wasser gelöste Plasminogen-Aktivatoren werden entweder systemisch verabreicht, d. h. in eine Vene injiziert, oder gezielt am Ort des Verschlusses eingesetzt. Dazu schiebt der Arzt unter Röntgenkontrolle über ein Blutgefäß in der Leistengegend und weitere Gefäße einen Hohlkatheter bis zum Verschluss vor und spritzt dann den Plasminogen-Aktivator direkt vor oder in den Thrombus. Am häufigsten wird Thrombolyse zur Thrombenauflösungen nach Herzinfarkt, bei Venenthrombosen oder arteriellen Thrombembolien (einschließlich der Lungenembolie und des Schlaganfalls) angewandt. Wie erfolgreich die Therapie ist, hängt davon ab, wo der Verschluss stattgefunden hat und wie viel Zeit zwischen seiner Bildung und dem Behandlungsbeginn vergangen ist.

Die wichtigsten Plasminogen-Aktivatoren sind heute Urokinase, Streptokinase und der so genannte r-TPA (recombinant tissue plasminogen activator). Urokinase kommt im menschlichen Körper nur in sehr geringen Mengen vor. Ihr Bildungsort ist, wie der Name andeutet, die Niere. Anfangs wurde die Urokinase aus Urin gewonnen, wo sie in Spuren vorkommt. Für eine einzige therapeutische Dosis mussten ca. 900 Liter Urin aufgearbeitet werden. Mittlerweile wird Urokinase aus speziell gezüchteten menschlichen Nierenzellen isoliert oder, wie erwähnt, gentechnisch hergestellt. Streptokinase wird von hämolysierenden Streptokokken produziert, Bakterien, die als Krankheitserreger gefürchtet, als Ausgangsmaterial zur Gewinnung von Streptokinase dagegen sehr nützlich sind. r-TPA wird rekombinant aus Eierstockzellen von chinesischen Hamstern gewonnen. Neuerdings kommt sogar ein Enzym namens DSPA zum Einsatz, das aus dem Speichel der Vampir-Fledermaus *Desmodus rotundus* stammt.

Der Weisheit letzter Schluss?

Kehren wir noch einmal zu Frau Kaiser zurück: Sie hatte Glück, weil es sich bei ihrer Thrombose nur um einen kleinen Verschluss handelte, der weder operiert noch medikamentös behandelt werden musste. In ihrem Fall war das Ziel der Therapie, das Wachstum des Thrombus mit Antikoagulanzien zu stoppen und durch die Kompressionsstrümpfe den Rückstrom des Blutes zum Herzen zu fördern. So konnte man davon ausgehen, dass sich der Thrombus bald von selbst ohne Komplikationen auflösen würde. Es hätte aber auch schlimmer kommen können. So sind z. B. Gerinnsel, die die Blutversorgung der Lunge blockieren, akut lebensbedrohlich. Je nach Allgemeinzustand des Patienten, dem Alter des Thrombus und weiteren Faktoren muss man dann sofort operieren, eine Fibrinolyse einleiten und/oder durch Antikoagulanzien versuchen, ein weiteres Wachstum des Thrombus zu verhindern.

Manche Patienten, z. B. Personen mit künstlichen Herzklappen, müssen ihr Leben lang Gerinnungshemmer (meist *Cumarinabkömmlinge*) einnehmen, da sich an den rauen Oberflächen der Klappen leicht Gerinnsel bilden können. Diese können die Klappen schädigen oder, wenn sie durch den Blutfluss fortgerissen werden, im Gehirn einen Schlaganfall auslösen. Auch Patienten mit Vorhofflimmern (s. Kap. 11), das den Blutstrom verlangsamt und die Thrombusbildung im Vorhof begünstigt, brauchen ständig Antikogulanzien. Dies gilt überdies für Patienten, die längere Zeit ruhig gestellt werden müssen, z. B. nach schweren Verletzungen oder Operationen. In diesen Fällen ist die Gerinnungsbereitschaft des Blutes erhöht, weil es z. B. im Gipsverband langsamer strömt oder weil viel Kollagen und unphysiologische Oberflächen freiliegen, die die Gerinnungskaskade anstoßen können. Hier hilft Heparin, das solche Patienten als Depotpräparat ein- bis dreimal täglich gespritzt bekommen.

Nicht zu unterschätzen ist auch die *physikalische Therapie*. Durch die Anpassung maßgerechter Kompressionsstrümpfe und frühe Mobilisierung der Patienten nach Eingriffen lässt sich viel erreichen. Besser als jegliche Therapie ist aber immer noch die vernünftige Prophylaxe. In Sachen Thrombose heißt dies: Viel Bewegung, Normalgewicht und Ausschaltung aller Risikofaktoren für die Entstehung von Herz- und Kreislauferkrankungen, kurzum – eine vernünftige Lebensweise.

Wirkstoffe und Handelsnamen

Wirkstoff	Handelsname	Bemerkungen
Acetylsalicylsäure	Aspirin®	hemmt Thrombocytenaggregation (s. auch Kap. 1)
Desirudin	Revasc®	rekombinantes Hirudin
DSPA	Desmoteplase®	Plasminogen-Aktivator
Gewebs-Plasminogen-aktivator (r-TPA)	Actilyse®	Plasminogen-Aktivator
Heparin	Calciparin®, Liquemin®, Thrombophob®, Vetren®	zur Embolieprophylaxe
Hirudin	Exhirud®	Thrombin-Hemmer, Antikoagulans
Lepirudin	Refludan®	Thrombin-Hemmer, Antikoagulans
Phenprocoumon	Marcumar®	orales Antikoagulans
Protamin	Protamin®	neutralisiert Heparin
Streptokinase	Streptase®	Plasminogen-Aktivator
Urokinase	Actosolv®,	Plasminogen-Aktivator

13

Des Guten zuviel
Wie senkt man den Blutdruck?

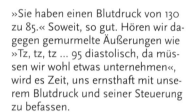

Nadja Jung

Blutdruckmessung beim Arzt: Wer kennt das nicht? Eine Manschette wird um den Oberarm gelegt und aufgepumpt. Der Arzt legt das Stethoskop auf eine Stelle nahe der Armbeuge und lauscht, während er den Druck in der Manschette langsam verringert. Schließlich nickt er — sichtlich zufrieden – und verkündet »Sie haben einen Blutdruck von 130 zu 85.« Soweit, so gut. Hören wir dagegen gemurmelte Äußerungen wie »Tz, tz, tz ... 95 diastolisch, da müssen wir wohl etwas unternehmen«, wird es Zeit, uns ernsthaft mit unserem Blutdruck und seiner Steuerung zu befassen.

Hales' Pferd

Wie alle Flüssigkeiten, die in einem geschlossenen Röhrensystem zirkulieren, übt auch das Blut eine Kraft auf die Röhrenwand aus. Bezogen auf eine bestimmte Fläche, wird daraus ein Druck – der Blutdruck eben. Beim Pulsfühlen spürt man den Blutdruck und merkt, dass er nicht konstant ist. Daher gehen zwei Werte aus einer Blutdruckmessung hervor: Der *systolische* oder »obere« *Wert* (im Beispiel 130) ist der Maximalwert, der erreicht wird, wenn sich das Herz zusammenzieht und dadurch zusätzliches Blut in den Kreislauf gepumpt wird. Erschlafft der Herzmuskel, fällt der Blutdruck auf den »unteren« oder *diastolischen Wert* ab (im Beispiel 85).

Die erste dokumentierte Blutdruckmessung wurde im Jahr 1733 von Steven Hales an einem Pferd durchgeführt, in dessen Halsschlagader er ein dünnes, senkrecht stehendes Glasrohr platziert hatte. Dabei beobachtete Hales, dass das Blut im Glasrohr während eines Herzschlages auf eine Höhe von fast 3 Metern anstieg und zwischen zwei Schlägen um etwa 10 cm absank. Würde man das gleiche Experiment an einem Menschen durchführen, stiege das Blut während eines Herzschlages immerhin auf etwa 1,75 m. Eine Säule aus dem viel dichteren Quecksilber würde bei gesunden jüngeren Personen während der Systole auf etwa 120 mm angehoben werden und in der Diastole auf 80 mm absinken. Von dieser Art der Messung stammt die in der Medizin noch gebräuchliche Druckeinheit »Millimeter Quecksilbersäule« oder »mmHg« (Hg ist das chemische Symbol für Quecksilber). 1 mmHg entspricht 133 Pascal (Pa).

Bis ins 19. Jahrhundert hinein wurde der Blutdruck tatsächlich noch durch das Einführen von Messsonden in große Körperarterien ermittelt. Heute wird ein Verfahren angewandt, das im 19. Jahrhundert von einem Arzt namens Riva-Rocci erfunden wurde und deshalb nach ihm benannt ist (RR-Methode). Riva-Rocci entwickelte das so genannte *Sphygmomanometer* (gr. *sphygmos* = »Puls«, *metron* = »Maß«; lat. *manus* = »Hand«), das 1905 von dem russischen Arzt Sergejewitsch Korotkow durch Einsatz eines Stethoskops verbessert wurde. So können die typischen »*Korotkow'schen Geräusche*« hörbar gemacht werden, die durch die Verwirbelung des Blutes entstehen. Zunächst wird der Luftdruck in der Manschette durch Aufpumpen auf etwa 20 mmHg über den systolischen »oberen« Blutdruckwert gebracht, so dass der Blutstrom in der Armarterie blockiert ist. Dann wird der Manschettendruck langsam bis knapp unter den systolischen Blutdruck gesenkt. Während der Systole kann nun wieder Blut fließen, und es entsteht ein pulsierendes Geräusch, das mit dem Stethoskop wahrgenommen werden kann. Der Manschettendruck, bei dem dies erstmals auftritt, ist der *systolische Blutdruck*. Solange die Arterie durch die Blutdruckmanschette verengt wird, fließt das Blut turbulent, wird also verwirbelt, und ist damit hörbar. Erst wenn der Druck der Manschette unter den Gefäßdruck sinkt, fließt das Blut turbulenzfrei und deshalb nicht mehr wahrnehmbar. Der Manschettendruck, bei dem die Geräusche ganz verschwinden, ist der *diastolische Blutdruck*.

Das Gehirn ist der Chef

Um die Organe des Körpers in allen Lebenslagen ausreichend mit Sauerstoff und Nährstoffen zu versorgen, darf der Blutfluss nicht konstant sein, sondern muss sich verschiedenen Situationen wie körperlicher Anstrengung, Ruhe oder Aufregung anpassen können. Der Blutfluss (und damit auch die Höhe des Blutdrucks) ist von mehreren Größen abhängig: Außer der *Blutmenge* im Kreislauf spielen die Pumpkraft des Herzens und die Herzschlagfrequenz (die Zahl der Pulsschläge pro Minute) eine wichtige Rolle. Aus beiden ergibt sich das so genannte *Herzzeitvolumen (HZV)*, d. h. das Blutvolumen, das pro Zeiteinheit das Herz verlässt (bei Erwachsenen in Ruhe etwa

5,5 Liter/min). Eine weitere wesentliche Einflussgröße ist der *Gefäßdurchmesser*. Dies gilt für den Blutkreislauf ebenso wie für einen simplen Gartenschlauch, dessen Strahl bei gegebenem Wasserzufluss umso weiter reicht, je enger der Schlauch ist. Im Gegensatz zum Gartenschlauch ist aber der Durchmesser vieler Blutgefäße regulierbar.

Halten wir also fest, dass das *absolute Blutvolumen*, das *Herzzeitvolumen* und der *Gefäßdurchmesser* die Höhe des Blutdrucks maßgeblich beeinflussen. An diesen Parametern muss »gedreht« werden, wenn der Blutdruck reguliert werden soll. Das Gehirn fungiert dabei als Schaltzentrale. Auf der einen Seite empfängt es von »Messinstrumenten«, die sich u. a. in den Blutgefäßen befinden, Informationen über die aktuelle Lage, auf der anderen Seite gibt es über das gleiche System Informationen an Effektoren weiter, die seine Befehle ausführen (s. u.). Die Fühler für den Blutdruck sind so genannte *Baro-Rezeptoren*, die den Blutdruck in bestimmten Hauptschlagadern (Arterien) messen und die Information an das Gehirn weiter leiten. Dieses überlegt, was getan werden muss und weist dann beispielsweise Muskelzellen in den Gefäßwänden an, sich zusammenzuziehen, um so den Gefäßdurchmesser zu verringern.

Sympathisch oder parasympathisch?

Im Gegensatz zum so genannten *somato-motorischen Nervensystem* (gr. *soma* = »Körper«), dessen wir uns bewusst bedienen, um z. B. Muskelbewegungen auszuführen, bleiben die Vorgänge im *vegetativen Nervensystems* unbewusst (→ Nervensystem). Viele Organe werden über vegetative Bahnen angesteuert und in ihrer Funktion reguliert. 1921 teilte John Newport Langley das vegetative Nervensystem in drei Teile ein: *Sympathikus, Parasympathikus* und *Darmnervensystem*. Der Parasympathikus ist – vereinfacht dargestellt – derjenige Teil des autonomen Nervensystems, der in Ruhephasen aktiv ist und regenerative Vorgänge begünstigt. Der Sympathikus dagegen befähigt den Organismus, in Gefahren- oder Stresssituationen rasch und massiv zu reagieren. Die Frage ist dann: »Fight or flight« – den Feind vermöbeln oder lieber flüchten? Für beide Optionen ist ein hoher Blutfluss vonnöten.

Nervenzellen, die Informationen des Sympathikus übertragen, verwenden u. a. *Noradrenalin* als Transmitter (→ Neurotransmitter), während der typische parasympathische Neurotransmitter *Acetylcholin* ist, das u. a. den Blutdruck senkt und die Herzfrequenz verlangsamt. Auch das Hormon *Adrenalin* spielt bei der Blutdruckregulation eine wichtige Rolle. Es wird wie das Noradrenalin vorwiegend im Nebennierenmark produziert und von dort aus an das Blut abgegeben. Wegen ihrer chemischen Struktur werden *Adrenalin* und *Noradrenalin* zusammen auch als *Catecholamine* bezeichnet. *Adrenalin* ist das »*Stresshormon*« schlechthin. In Notfällen mobilisiert es Nährstoffe aus den Speichern des Körpers, verengt die Blutgefäße, erhöht die Herzfrequenz und ermöglicht dadurch erstaunliche, eventuell lebensrettende, Reaktions- und Leistungssteigerungen.

Wichtig ist zudem, dass verschiedene Körperzellen mit unterschiedlichen Rezeptoren ausgestattet sind (→ Signaltransduktion). So gibt es *Adrenorezeptoren*, die für *Adrenalin* und *Noradrenalin* zuständig sind, und *cholinerge Rezeptoren*, die *Acetylcholin* erkennen. Um die Sache für den Organismus noch flexibler (und für den Betrachter komplexer) zu machen, gibt es für die meisten Signalstoffe nicht nur einen Rezeptortyp, sondern gleich mehrere. Die *Catecholamine* binden an alpha(α)- und beta(β)-Rezeptoren, die weiter in die Subtypen α_1-, α_2-, β_1- und β_2 unterteilt werden. Um dem Ganzen die Krone aufzusetzen: Unterschiedliche Rezeptoren lösen oft gegensätzliche Reaktionen in den Zielzellen aus. So führt beispielsweise die Aktivierung der β_2-*Adrenorezeptoren* zu einer Entspannung der Gefäßmuskulatur, während die Aktivierung der α_1-Rezeptoren sie zur Kontraktion anregt (Abb. 1).

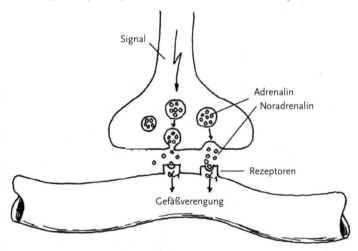

Abb. 1: Gefäßverengende Wirkung von der Catecholamine.

Auch die Niere spielt mit

Zur Blutdruckregulation bedient sich das Gehirn nicht nur der Gefäßmuskulatur, sondern arbeitet auch mit der Niere zusammen. Einen *direkten* Einfluss auf den Blutdruck nimmt die Niere über die *Kontrolle des Blutvolumens*. Sie gewinnt nicht nur Wasser zurück, sondern auch Salze, z. B. Na^+- und Cl^--Ionen. Je mehr Na^+ im Körper zurückgehalten wird, desto mehr Wasser bleibt auch zurück. Die Niere legt in Abstimmung mit anderen Organen fest, wie viel Wasser mit dem Urin ausgeschieden wird. Der Wasserhaushalt des Körpers hat unmittelbare Auswirkungen auf den Blutdruck und wird ebenfalls über Nerven und Hormonsignale gesteuert.

Außerdem greift die Niere über das so genannte *Renin-Angiotensin-System indirekt* in die Blutdruckregulation ein. Sinkt der Blutdruck, sprechen die schon erwähnten *Barorezeptoren* an und sorgen dafür, dass bestimmte Zellen in der Niere *Renin* ins Blut ausschütten. *Renin*

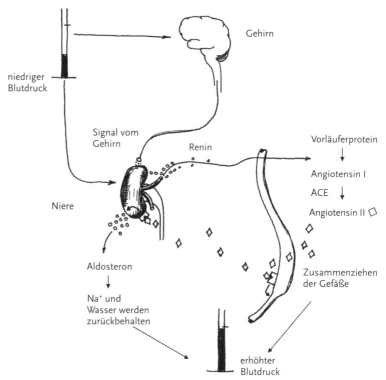

Abb. 2: Die Rolle der Niere bei der Blutdruckregulation.

ist ein Enzym (→ Enzyme), das von einem in der Leber gebildeten Vorläuferprotein ein kurzes Fragment namens *Angiotensin I* abspaltet. Ein weiteres Protein, das *Angiotensin konvertierende Enzym (ACE)*, bildet schließlich aus *Angiotensin I* das etwas kürzere Peptid *Angiotensin II*, den effektivsten *Vasokonstriktor* (lat. vas = »Gefäß«, constringere = »zusammenziehen«) des Körpers (Abb. 2). *Angiotensin II* bewirkt eine Verengung der Blutgefäße und erhöht damit den Blutdruck. Zusätzlich stimuliert es die Nebennierenrinde zur Bildung und Ausschüttung des Hormons *Aldosteron*, welches seinerseits die Niere dazu veranlasst, mehr Na^+-Ionen – und damit auch mehr Wasser – im Körper zurückzuhalten. Die Folgen kennen wir schon: Das Blutvolumen und damit auch der Blutdruck steigen an. Obwohl die Niere auch auf eigene Faust *Renin* ausschütten kann, steht sie in ständigem Kontakt mit dem Gehirn, das die Niere über sympathische Nervenfasern und β-Rezeptoren zur Reninfreisetzung ermuntern kann (Abb. 2).

Bluthochdruck: Der stille Killer

Kurzfristige Blutdruckspitzen sind normal und gefährden einen gesunden Organismus nicht. Bei starker Belastung, z. B. beim Gewichtheben, kann der Blutdruck für einige Sekunden auf Werte bis 480/350 mmHg ansteigen. Liegt der Blutdruck ständig über bestimmten Grenzwerten, spricht man von *Bluthochdruck* oder *Hypertonie*. Die in Tabelle 1 wiedergegebene Klassifizierung nach dem Schweregrad stammt von der *World Health Organisation* (WHO) und der *International Society of Hypertension* (ISH)

Tabelle 1: Definition und Klassifikation von Blutdruckbereichen (mmHg) nach WHO/ISH.

Kategorie	systolisch	diastolisch
Optimal	< 120	< 80
Normal	< 130	< 85
Hochnormal	130–139	85–89
Hyperton: Schweregrad I	140–159	90–99
Hyperton: Schweregrad II	160–179	100–109
Hyperton: Schweregrad III	≥ 180	≥ 110

In Europa leiden 30–40 % aller Erwachsenen und 50 % der Personen jenseits des 50. Lebensjahres an Hypertonie, die meist symptomfrei verläuft. Nur selten kommt es zu Kopfschmerzen, Ohrensausen, Sehstörungen, Schwindel oder Müdigkeit. So wird in Deutschland und vergleichbaren Ländern nur die Hälfte aller Fälle von Bluthochdruck überhaupt erkannt und lediglich ein Viertel therapiert.

Ist ein Bluthochdruck eindeutig diagnostiziert, müssen zunächst weitere Untersuchungen klären, ob eine *sekundäre* Hypertonie vorliegt. Dies sind Blutdruckerhöhungen als Folge anderer körperlicher Defekte, zum Beispiel einer Niereninsuffizienz oder der krankhaften Überproduktion blutdrucksteigernder Signalstoffe. Nur 5–10 % aller Hypertonien haben eine solche organische Ursache. Bei 90–95 % der Hochdruckpatienten lässt sich dagegen keine offensichtliche körperliche Ursache finden. Diese Art der Hypertonie nennt man *primäre* oder *essenzielle* Hypertonie.

Die Gretchenfrage: Wer war's?

Was die Wurzeln der essenziellen (primären) Hypertonie angeht, tappen die Gelehrten immer noch im Dunkeln. Man ist sich jedoch einig, dass eine ganze Reihe von Faktoren zur Entstehung der Hypertonie beitragen kann (Abb. 3). Zu diesen *Risikofaktoren* zählt zum Beispiel eine *erbliche Veranlagung*. Jede Schädigung der Blutgefäße, zum Beispiel durch das *Rauchen*, wirkt sich negativ auf den Blutdruck aus (s. Kap. 11). Versteifte Gefäße tragen kaum noch zur Blutdruckregulation bei. Ebenso wirkt sich *Übergewicht* aus, das häufig mit erhöhten Blutfettwerten und Gefäßschäden einhergeht (s. Kap. 14). Ein weiterer Risikofaktor ist der übermäßige Konsum von *Kochsalz* (NaCl). Wie wir bereits wissen, erhöht Salz das Blutvolumen, indem es Wasser im Körper zurückhält. Vermutlich erhöht es außerdem die Empfindlichkeit der Gefäße gegenüber blutdrucksteigernden Substanzen. Bei *Stress* verstellt wahrscheinlich ein dauerhaft erhöhter *Catecholaminspiegel* das Regulationssystem. An der Erhöhung des Blutdrucks durch *Alkohol* sind mehrere Mechanismen beteiligt. Der Anteil alkoholbedingter Hypertonien liegt bei etwa 10 %, ist also nicht zu unterschätzen.

Kleine Ursache, große Wirkung

Auch wenn die Ursachen der Hypertonie noch unklar sind – über die Folgen bestehen keine Zweifel. Einer Hypertonie kann man nicht zum Opfer fallen, ihren Folgen aber sehr wohl. Etwa 48 % aller Deutschen sterben derzeit an Herz-Kreislauf-Erkrankungen, die zum großen Teil durch Bluthochdruck verursacht sind (s. Kap. 11).

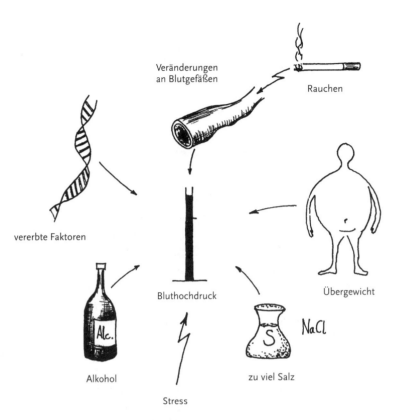

Abb. 3: Risikofaktoren für Bluthochdruck.

Aber wie kommt es dazu? Durch den permanenten Überdruck im Kreislaufsystem werden Gefäße und Herz stark beansprucht. In feinen Gefäßen, den *Kapillaren*, kann es zum Bruch der Gefäßwand und zum Austreten von Blut kommen. Geschieht dies im Gehirn, spricht man von einem *Schlaganfall* oder *Hirnschlag*. Die hochdruckbedingte Entstehung von *Arteriosklerose* (s. auch Kap. 11 und 14) erklärt man sich dadurch, dass in den Gefäßwänden kleine Risse entstehen, an denen sich mit der Zeit so genannte arteriosklerotische Plaques bilden, die den Blutfluss einengen. An solchen Plaques sterben mit der Zeit Zellen der Gefäßmuskulatur ab und werden durch vernarbtes Gewebe mit eingelagerten calciumhaltigen Salzen ersetzt (daher der Begriff »Arterienverkalkung«). Arteriosklerose und Bluthochdruck sind wiederum Hauptursachen für den *Herzinfarkt*. Auch *Herzinsuffizienz* und *Herzversagen* können Folgen von Bluthochdruck sein. Durch Überbelastung des Herzens, das ständig gegen einen erhöhten Widerstand ankämpfen muss, kommt es zur Überanstrengung und Schwächung des Herzmuskels (s. Kap. 11). Auch Organe mit besonders empfindlicher Gefäßstruktur wie Augen und Nieren sind betroffen; es kommt zu *Nierenschäden* und *Sehstörungen*.

Kampf dem unsichtbaren Feind! Therapieansätze

Leichtere Formen von Bluthochdruck kann man ohne Medikamente durch geringfügige Änderungen des Lebensstils, z. B. durch körperliches Training oder Ernährungsumstellung, in den Griff bekommen. Ab wann eine medikamentöse Einstellung des Blutdrucks unumgänglich wird, ist umstritten. Einig sind sich die Experten, dass Hypertonien des Schweregrades II und III (s. Tab. 1) zur Vorbeugung von Folgeerkrankungen therapiert werden müssen. Auch bei Patienten mit milder Hypertonie, aber einem erhöhten Risiko für Herz- und Gefäßleiden ist eine medikamentöse Behandlung notwendig.

Auch wenn's schwer fällt ...

Eine wirkungsvolle – wenn auch nicht sehr beliebte – »Therapie« im Kampf gegen die Hypertonie ist das Abnehmen. Ein *Gewichtsverlust* von 10 % senkt den Blutdruck im Durchschnitt um 15 mmHg systolisch und 10 mmHg diastolisch und das Risiko, an Folgeschäden zu sterben, um 35 %. Bessere Ergebnisse lassen sich auch mit Medikamenten in einer *Monotherapie*, d. h. bei der Verabreichung eines einzigen Präparats, kaum erzielen. Ähnlich wirksam ist regelmäßiger *Sport*. So ließen sich bei Hypertonikern durch Jogging oder Radfahren Blutdrucksenkungen von durchschnittlich 7,4 mmHg systolisch und 5,8 mmHg diastolisch erzielen. Empfohlen wird Ausdauersport mit 50–60 % der maximalen Leistungsfähigkeit, und zwar je 30–60 Minuten 3- bis 5-mal pro Woche.

Obwohl der menschliche Körper täglich nur etwa 2–3 g *Kochsalz* benötigt, beträgt der Durchschnittsverbrauch bei uns 10 g. Allerdings reagieren nur (oder immerhin!) etwa 40 % der Bevölkerung auf eine Kochsalzreduktion mit geringerem Blutdruck. Dabei ist eine Reduzierung des Kochsalzkonsums auf etwa 5 g sinnvoll. Nach den Leitlinien der Deutschen Hochdruckliga hat ein *Alkoholkonsum* von 20–30 g pro Tag – sofern er nicht regelmäßig ist – keine negativen Folgen für den Blutdruck. Bei höheren Dosen kann der Blutdruck um bis zu 10 mmHg systolisch und 5 mmHg diastolisch ansteigen. Deshalb sollten Hochdruckpatienten auf exzessiven Alkoholkonsum verzichten. Die *Raucher* unter den Hypertonikern sollten ihr Laster definitiv loswerden, denn Nicotin verstärkt die Freisetzung von *Adrenalin* und *Noradrenalin*. Andere Substanzen im Rauch schädigen Blutgefäße und tragen so indirekt zum Bluthochdruck bei.

Wenn das nicht hilft....

Die gebräuchlichen Medikamente gegen Bluthochdruck (*Antihypertensiva*) greifen im Wesentlichen an drei Systemen an:
- am sympathischen Nervensystem,
- an der Niere und dem *Renin-Angiotensin-System* sowie
- an der Gefäßmuskulatur.

Take it easy! β-Blocker

Wie wir bereits wissen, nutzt das sympathische Nervensystem zur Informationsübertragung *Catecholamine*, die auf α- und/oder β-Rezeptoren wirken. Blockiert man diese Rezeptoren, wird die angesprochene Zelle für die entsprechenden Signale »taub« (→ Signaltransduktion). Der Ausdruck für Substanzen, die solche Blockaden vollbringen, ist »Antagonisten« (→ Pharmakodynamik). Im Falle der β-Rezeptoren heißen sie β-Rezeptorblocker oder kürzer β-*Blocker*. Als erste Substanz dieser Art wurde Propranolol im Jahre 1964 zur Blutdrucksenkung eingesetzt.

β-Blocker senken den Blutdruck über mehrere Mechanismen. Sie bewirken, dass das Herz weniger stark auf anregende Signale des Sympathikus reagiert. Außerdem erhöhen sie die Empfindlichkeit der *Barorezeptoren* und sorgen so dafür, dass das Gehirn früher über erhöhten Blutdruck informiert wird. Schließlich vermindern β-Blocker auch die Renin-Sekretion durch die Niere (Abb. 4).

Das Hauptproblem bei der Therapie mit β-Blockern ist, dass es verschiedene Unterarten von β-Rezeptoren mit unterschiedlichen Funktionen gibt. $β_1$-Rezeptoren kommen hauptsächlich im Herzen vor und sorgen dort für eine erhöhte Herzleistung. In der Niere vermitteln sie die Freisetzung von Renin (Abb. 4). $β_2$-Rezeptoren hingegen befinden sich in den Blutgefäßen und in der Lunge, wo sie die Entspannung der Gefäßmuskulatur bzw. die Erweiterung der Atemwege fördern.

Ältere β-Blocker der ersten Generation (neben Propranolol z. B. Oxprenolol, Alprenolol und Pindolol) binden sowohl an $β_1$- als auch an $β_2$-Rezeptoren. Deshalb kann es neben den erwünschten Effekten auf den Blutdruck auch zu unerwünschten Wirkungen kommen, z. B. zu Kurzatmigkeit (wegen der Verengung der Atemwege über die Hemmung von $β_2$-Rezeptoren). Um diese und andere Nebenwirkungen zu reduzieren, entwickelte man neue Wirkstoffe wie Atenolol, Bisoprolol und Metoprolol, die bevorzugt an $β_1$-Rezeptoren binden, während $β_2$-

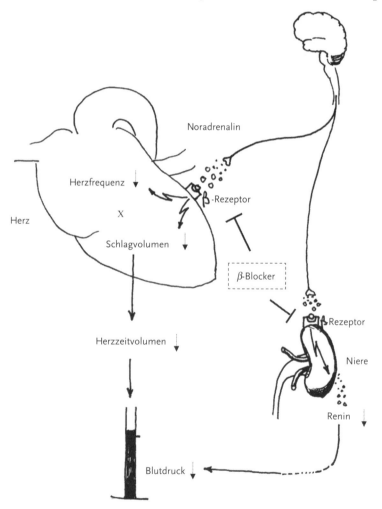

Abb. 4: Wirkungsweise der β-Blocker.

Rezeptoren weit gehend unbehelligt bleiben. Ganz neue β-Blocker der 3. Generation (Carvedilol, Nebivolol) haben zusätzliche Wirkungen, die auf die erhöhte Freisetzung weiterer Signalstoffe zurückgehen.

Trotzdem unterliegt die Anwendung von β-Blockern immer gewissen Einschränkungen. So kann es vorkommen, dass die Herzfrequenz unter dem Einfluss einer β-Blockade nicht mehr ausreichend an erhöhte körperlicher Aktivität angepasst wird. Deshalb sollten Leistungssportler nicht mit β-Blockern behandelt werden. Weitere unerwünschte Wirkungen wie Schlaflosigkeit, Alpträume, Erregungszustände oder Depressionen gehen auf die Blockade von β-Rezeptoren im Gehirn zurück. Asthmatiker, die ohnehin schon unter krampfartiger Verengung der Bronchien leiden, sollten ebenfalls mit anderen Wirkstoffen behandelt werden. Auch für Diabetiker sind β-Blocker zur Therapie des Bluthochdrucks nicht empfehlenswert, da sie die Bereitstellung von Glucose hemmen (s. Kap. 15). Außerdem dämpfen sie die Warnzeichen einer drohenden Unterzuckerung wie Herzrasen, Schwitzen und Händezittern.

Da bei einer länger dauernden Behandlung mit β-Blockern die Anzahl der Rezeptoren auf der Membranoberfläche zunimmt, dürfen β-Blocker nicht abrupt abgesetzt werden, sondern müssen »ausgeschlichen« werden. Sonst kann es zu Entzugserscheinungen wie Blutdruckanstieg, Unruhe, Schweißausbrüchen, Herzrhythmusstörungen und im schlimmsten Fall zum Herzinfarkt kommen.

Panta rhei. Diuretika

Diuretika senken den Blutdruck, indem sie die Ausscheidung von Salzen über die Niere fördern. Da gleichzeitig große Mengen von Wasser ausgeschieden werden, reduzieren sich Blutvolumen und Blutdruck. Die Nieren filtern beim Erwachsenen täglich etwa 180 Liter Primärharn aus dem Blut. Der überwiegende Teil der Salze und des Wassers wird ins Blut zurücktransportiert, weshalb pro Tag nur ca. 1–1,5 Liter Harn ausgeschieden werden. Jede Niere enthält etwa eine Million *Nephrone*. Diese wenige Zentimeter langen Einheiten bestehen jeweils aus einem Nierenkörperchen, in dem das Blut gefiltert wird. Wasser und die niedermolekularen Bestandteile des Blutes gelangen als *Primärharn* in den *Tubulus*. Was nicht ausgeschieden werden soll, wird von dort aus ins Blut zurückgegeben. Der Rest gelangt in das Sammelrohr und wird mit dem Urin abgegeben. *Diuretika* greifen in den Resorptionsvorgang ein und hemmen den Rücktransport von Salz und damit auch von Wasser. Je nach ihrem Angriffsort im *Tubulus* teilt man sie in mehrere Gruppen ein.

Die *Thiaziddiuretika* (z. B. Hydrochlorothiazid) hemmen die Rückresorption von Na^+ im Anfangsteil des distalen (hinteren) Tubulus und erhöhen so die Wasserausscheidung. Unerwünschte Wirkungen dieser Diuretika sind der übermäßige Verlust von Kalium, die verminderte Freisetzung von Insulin und die verstärkte Rücknahme von Harnsäure. Daher sollten Diabetiker, die bereits unter Insulinmangel leiden (s. Kap. 15), und Gichtpatienten wegen ihrer ohnehin schon zu hohen Harnsäurewerte nicht mit Thiaziddiuretika behandelt werden. So genannte *Kalium sparende Diuretika* (z. B. Spironolacton) können dazu dienen, übermäßigen Kaliumverlusten vorzubeugen. Diese Wirkstoffe blockieren die Wirkung von *Aldosteron* und hemmen so die Na^+-Rücknahme indirekt und ohne die Kaliumresorption zu behindern (s. auch Abb. 2). Ihr Blutdruck senkender Effekt ist allerdings geringer als derjenige der Thiaziddiuretika. Um die Harnausscheidung möglichst kaliumneutral zu steigern und damit den Blutdruck zu senken, werden Thiaziddiuretika mit den Kalium sparenden Diuretika kombiniert. *Schleifendiuretika* (z. B. *Furosemid* und *Piretanid*) greifen an der so genannten Henle'schen Schleife im *Nephron* an. Dort hemmen sie ein Transportmolekül, das für die Rücknahme von Na^+, Cl^- und K^+ verantwortlich ist. Sie sind kurz und stark wirksam und können über einen großen Dosisbereich verabreicht werden.

Du sollst nicht RAASen

Bleiben wir bei der Niere. Es wird Zeit, uns an *Angiotensin II* und an seine Entstehung unter dem Einfluss von *Renin* zu erinnern. *Angiotensin II* (der effektivste *Vasokonstriktor*) und das unter dem Einfluss von *Angiotensin II* vermehrt gebildete Hormon *Aldosteron* sind die wichtigsten Komponenten des *Renin-Angiotensin-Aldosteron-Systems* (kurz: RAAS), das Blutvolumen und Blutdruck erhöht (Abb. 2). Kompliziert, wie es ist, bietet das RAAS eine ganze Reihe von Angriffspunkten für Blutdruck senkende Medikamente.

ACE-Hemmstoffe, die seit 1996 zur Hochdruckbehandlung zugelassen sind, hemmen das *Angiotensin konvertierende Enzym* (ACE), das die Umwandlung von *Angiotensin I* in *Angiotensin II* katalysiert. Diese Substanzen (z. B. Captopril und Enalapril) hemmen das ACE, indem sie am aktiven Zentrum binden und so das Enzym blockieren (→ Enzyme). Dadurch wird nicht nur die blutdrucksteigernde Wirkung von *Angiotensin II* abgeschwächt, es steigt auch die Konzentration von *Bradykinin*. Dieses körpereigene gefäßerweiternde Peptid wird normalerweise unter dem Einfluss von *Angiotensin II* abgebaut. Bei etwa 1 % der behandelten Personen erzeugt die erhöhte *Bradykinin*-Konzentration allerdings einen trockenen Reizhusten. Patienten mit schweren Schädigungen der Niere und Schwangere sollten nicht mit ACE-Hemmern behandelt werden.

Anstatt die Bildung von *Angiotensin II* zu hemmen, kann man auch seine Wirkung dämpfen, indem man die *Angiotensin-Rezeptoren* der Zellen der Gefäßwände blockiert. Diese Rezeptoren kommen in zwei Formen vor (AT_1 und AT_2). Derzeit sind in Deutschland zur Behandlung des Bluthochdrucks mehrere *Angiotensin-Antagonisten* zugelassen, die selektiv an AT_1-Rezeptoren binden und daran zu erkennen sind, dass ihre Freinamen alle mit »-sartan« enden (z. B. Losartan, Telmisartan oder Valsartan). Die *Sartane* zeichnen sich durch gute Verträglichkeit und geringe Nebenwirkungen aus und werden häufig in Kombination mit einem Diuretikum verabreicht.

Just relax. Muskelentspannende Wirkstoffe

Zu den Wirkstoffen, die an der Muskulatur der Blutgefäße angreifen, gehören *Calcium-Antagonisten* und *Vasodilatatoren* (s. auch Kap. 11). Überwiegend gefäßwirksame *Calcium-Antagonisten* sind Substanzen wie Nifedipin, Nitrendipin und Felodipin. Sie halten die Gefäße weit, indem sie die Kontraktion der glatten Muskelzellen in den Gefäßwänden verhindern. Da ein Anstieg der intrazellulären Ca^{2+}-Konzentration Auslöser der Muskelkontraktion ist, reduziert eine Blockade der Ca^{2+}-Kanäle den Ca^{2+}-Einstrom und damit die Muskelkontraktion. Calcium-Antagonisten besitzen in der Hochdrucktherapie einen hohen Stellenwert, weil sie durch die Gefäßerweiterung den Gefäßwiderstand und damit den Blutdruck herabsetzen. Außerdem verbessern sie die Organdurchblutung, was besonders bei Arteriosklerose von Vorteil ist. Als unerwünschte Wirkungen treten gelegentlich Herzklopfen, Schwindel, Kopfschmerzen, Gesichtsrötung, Wärmegefühl oder Müdigkeit auf.

Neben Calciumkanal-Blockern senken auch *Vasodilatatoren* wie Hydralazin und Dihydralazin den Gefäßwiderstand durch Entspannung der Gefäßmuskulatur. Der genaue Wirkungsmechanismus ist noch unbekannt. *Vasodilatatoren* allein senken den Blutdruck nur geringfügig, da der Organismus eine wirksame Gegenregulation in Gang setzt. Eine Dreifachkombination von Diuretikum + β-Blocker + (Di)Hydralazin bringt bei mittelschwerer Hypertonie meist sehr gute Ergebnisse.

Gemeinsam stark! Kombinationspräparate

Um die Wirksamkeit von Blutdrucksenkern zu untersuchen, wurden an mehr als 40 000 Hypertonikern Studien durchgeführt, wobei die Versuchspersonen mit *Placebos* (s. Kap. 26) oder in Mono- oder Kombinationstherapie mit Diuretika, β-Blockern, ACE-Hemmern, Angiontensin-Antagonisten und Calciumkanalblockern behandelt wurden. Man fand, dass die durchschnittliche Blutdrucksenkung bei allen Medikamentengruppen etwa gleich war, wenn sie allein verabreicht wurden (im Mittel 9,1 mmHg systolisch und 5,5 mmHg diastolisch). Bei Wirkstoffkombinationen war die Wirkung der verschiedenen Substanzklassen additiv, dies galt jedoch nicht für die Nebenwirkungen. Aus diesem Grund werden oft Wirkstoffkombinationen eingesetzt: Der Effekt verstärkt sich, der Patient hat weniger unter Nebenwirkungen zu leiden als in einer Monotherapie.

Fassen wir zusammen

Der Bluthochdruck hat viele, oft nicht klar definierbare Ursachen. Risikofaktoren wie Stress, hoher Salz- und Alkoholkonsum, Übergewicht und Rauchen spielen bei seiner Entstehung eine wesentliche Rolle. Alles spricht also dafür, dass Bluthochdruck als Volkskrankheit mit unserem Lebenswandel zu tun hat und in den meisten Fällen auch nur durch Änderung desselben vermieden werden kann. Ist die Blutdruckregulation allerdings schon so weit gestört, dass auch »Weight Watchers« und Hometrainer nicht mehr helfen, gibt es heute zum Glück eine große Auswahl an Präparaten, die bei regelmäßiger Einnahme die schlimmsten Auswirkungen der Hypertonie auf Herz und Gefäße zuverlässig verhindern können.

Wirkstoffe und Handelsnamen

Wirkstoff	Handelsname	Bemerkungen
ACE-Hemmstoffe		
Captopril	Lopirin®, Tensobon®	auch zur Therapie der Herzinsuffizienz
Enalapril	Pres®, Xanef®	eingesetzt (s. Kap. 11)
Angiotensin-Antagonisten		
Losartan	Lorzaar®	
Telmisartan	Micardis®	–
Valsartan	Divoan®	
β-Blocker		
Alprenolol	Aptol duriles®	Propanolol war der erste verfügbare
Atenolol	Tenormin®	β-Blocker und bleibt Referenz-
Bisoprolol	Concor®	substanz für später eingeführte
Carvedilol	Dilatrend®, Querto®	Wirkstoffe aus der gleichen Gruppe.
Metoprolol	Beloc®, Lopresor®, Prelis®	
Nebivolol	Nebilet®	
Oxprenolol	Trasicor®	
Pindolol	Betapindol®, Visken®	
Propranolol	Dociton®, Obsidan®	
Calcium-Antagonisten		
Felodipin	Modip®, Munobal®	–
Nifedipin	Adalat®, Corinfar®, Duranifin®, Pidilat®	
Nitrendipin	Bayotensin®	
Kalium sparende Diuretika		
Spironolacton	Aldactone®	ein Aldosteron-Antagonist
Thiaziddiuretika		
Hydrochlorothiazid	Diu-Mesulin®, Esidrix®	auch zur Prophylaxe von Nieren- und Harnsteinen eingesetzt
Schleifendiuretika		
Furosemid	Lasix®	–
Piretanid	Arelix®	

Fassen wir zusammen

14

Briefe über das Fett im Blut
Lipidsenker

Falko von Stillfried

Lieber Bruder! 26. April 2004

Vergangenen Monat haben wir die ganze Verwandtschaft bei Omas Geburtstagsfeier getroffen. Dir war sofort aufgefallen, dass sich der eine oder andere doch nicht mehr so hemmungslos den Teller füllte wie bei der letzten großen Familienfeier vor ein paar Jahren. Der Standardspruch war: »Ich muss auf mein Cholesterin achten!« Sowieso scheinen plötzlich alle sehr ernährungsbewusst geworden zu sein. Vermutlich ist dies mal wieder einer dieser familiären Wettbewerbe – nur geht es nicht um die beste Stereoanlage oder den schönsten Vorgarten, sondern um die gesündeste Ernährung. Sei's drum: Wenigstens sieht es mal nach einem sinnvollen Wettstreit aus, bei dem bestimmt niemand das Nachsehen haben wird.

Du kennst dich mit Steuergesetzen und Finanzbestimmungen besser aus als ich, aber ich will schließlich auch kein Steuerberater werden, sondern bin in meinem Medizinstudium schon so weit vorangekommen, dass ich mir zutraue, dir ein paar interessante Sachen über die viel zitierten Blutfette zu berichten. Ich habe mich auf deine Nachfrage hin ein bisschen schlau gemacht und kann dir nun schreiben, wie es sich mit dem Cholesterin und den Blutfetten verhält und vor allem, was man tun kann, wenn ihre Werte aus dem Rahmen fallen bzw. wenn der Hausarzt sie für zu hoch hält. Besonders wird dich interessieren, wie die verschiedenen Tabletten und Mittel in unserem Körper wirken und welche – zum Teil sehr ausgeklügelten – Strategien dahinterstecken. Aber genug der Vorrede; jetzt will ich loslegen.

Wie du ja sicher noch aus der Schule weißt, besteht unsere Nahrung vor allem aus Kohlenhydraten, Fetten, Proteinen und Ballaststoffen. Zum Einstieg will ich kurz den Weg der Fette beschreiben – sozusagen von der Butter ins Blut. »Fette« ist ein relativ schwammiger Begriff; was wir »Fett« nennen (die Wissenschaftler sagen »Lipide« dazu), ist in Wirklichkeit ein Gemisch verschiedener Be-

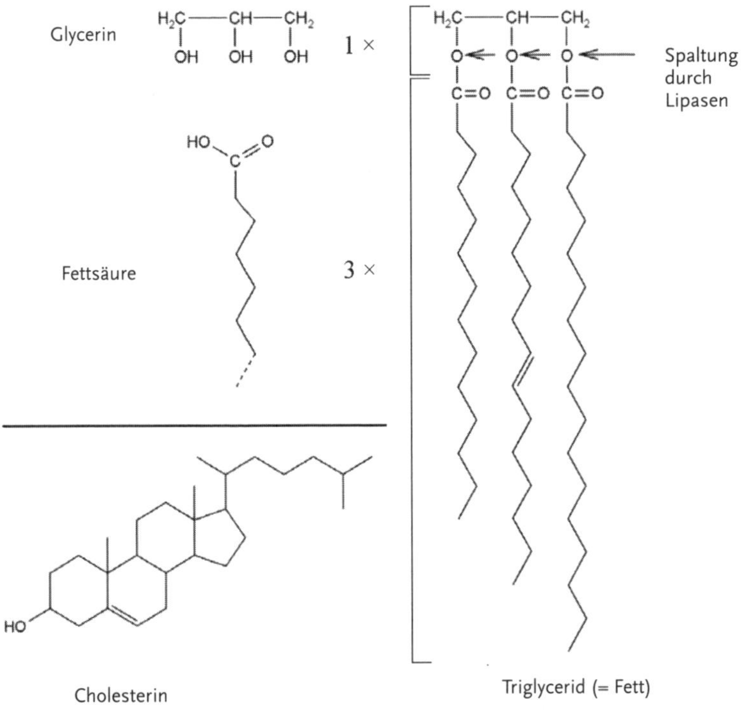

Abb. 1: Fett und Cholesterin.

standteile. Uns es geht es dabei vor allem um das *Cholesterin* und die eigentlichen Fette, die Triacylglycerine oder kürzer *Triglyceride* (Abb. 1). »Tri« bedeutet natürlich »drei«, »acyl« steht für Fettsäurereste und »glycerid« verweist auf den Alkohol Glycerin, mit dem die drei Acylreste verbunden sind.

Die Triglyceride können nicht einfach so vom Darm ins Blut gelangen, sondern müssen zuvor durch die *Lipase*, ein Enzym aus der Bauchspeicheldrüse, aufgespalten werden (→ Enzyme; s. Kap. 16). Zwei Fettsäurereste werden abgetrennt, ein *Monoacylglycerin* bleibt übrig. Diese kleineren Bestandteile können jetzt ohne Energieaufwand aus dem Speisebrei in die Zellen der Darmwand wandern. Dort werden die Einzelteile wieder zu Triglyceriden zusammengesetzt, aber noch nicht direkt ins Blut abgegeben, sondern mit anderen Lipiden und ein bisschen Eiweiß zu kleinen Paketen geschnürt. Diese Päckchen werden anschließend in die Lymphbahn befördert und heißen dann *Chylomikronen*. Der Wortteil »Chyl« kommt aus dem Griechischen und beschreibt den milchig aussehenden Lymphsaft, »-mikronen« bedeutet »kleine Körperchen«.

Die Verpackung in Chylomikronen ist notwendig, damit die nicht wasserlöslichen Triglyceride überhaupt im Blut transportiert werden können. Sonst würden alle Fette zu einem großen »Fettauge« verklumpen, das Blutgefäße verstopfen und damit großen Schaden anrichten könnte. So aber haben wir viele kleine, transportfähige, fetthaltige Tröpfchen. Die Lymphe mit diesen Tröpfchen fließt in den Lymphgefäßen durch unseren Körper, bis sie schließlich ins Blut der großen Venen gelangt, die aus dem linken Arm und dem Hals kommend zum Herzen führen. Von dort aus machen sich die Chylomikronen auf den Weg zu ihrem Zielorgan, der Leber. Die nimmt sie auf und verarbeitet die Fette weiter.

Auf dem Weg zur Leber verlieren die Chylomikronen unter Umständen schon einen Großteil ihrer Triglyceride, zum Beispiel an das Fettgewebe: Immer dann, wenn die Päckchen von Zellen entsprechende Signale bekommen, docken die Chylomikronen dort an und eine andere Lipase (die *Lipoprotein-Lipase*) spaltet Fettsäuren heraus, die von den Zellen aufgenommen werden (Abb. 2).

Auch das *Cholesterin* nimmt den Weg über die Lymphe, allerdings muss es nicht erst auseinander genommen und wieder zusammengesetzt werden. Es wird im Darm mit den Triglyceriden in Chylomikronen gepackt und mit diesen im Körper verteilt.

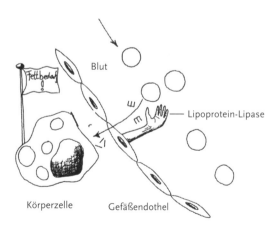

Abb. 2: Abbau von Chylomikronen durch Lipoprotein-Lipase.

So kommen wir also an die Fettsäuren aus den Nahrungsfetten. Allerdings kann der Körper sie zur Not auch selbst herstellen. Herrscht ein Zustand, in dem Organe mit Fetten versorgt werden möchten, ist die Leber gefragt, die in der Lage ist, aus verschiedenen Grundstoffen (vor allem aus Kohlenhydraten und Aminosäuren) neue Triglyceride oder Cholesterin herzustellen. Dies geschieht auch dann, wenn wir mit der Nahrung mehr Kohlenhydrate zu uns nehmen, als wir verbrauchen können. In diesem Fall werden diese wertvollen Energieträger von der Leber in Triglyceride umgewandelt und in dieser Form im Fettgewebe gespeichert.

Wenn die Leber Lipide (also Triglyceride und Cholesterin) an andere Organe verschicken will, hat sie das gleiche Problem wie vorher der Darm: Die Substanzen können nur verpackt in die Blutbahn abgegeben werden. Auch die Päckchen aus der Leber bestehen aus Lipiden und Eiweißen (Proteinen) und heißen deshalb *Lipoproteine*. Wie die Chylomikronen werden sie bei ihrer Ankunft an den Zielorganen von den dortigen Zellen abgebaut und die benötigten Bestandteile herausgeholt. Der Rest wird weitergeschickt. Als fleißige Forscher die von der Leber fabrizierten Päckchen unter einem Elektronenmikroskop aus der Nähe betrachteten, stellten sie fest, dass es verschiedene Größen mit unterschiedlichem Inhalt gibt. Bei weiteren Untersuchungen mit Hilfe einer Zentrifuge fand man heraus, dass auch die Dichte der einzelnen Päckchen ganz verschieden ist. Nach dieser Eigenschaft hat man sie dann auch benannt: Es gibt Päckchen mit sehr geringer, mit geringer und mit hoher Dichte. Auf Englisch hätten wir also *very low density lipoproteins* (*VLDL*), *low density lipoproteins* (*LDL*) und *high density lipoproteins* (*HDL*). Die HDL fallen in ihrem Verhalten etwas aus dem Rahmen; dazu später mehr. Sehr groß sind diese Päckchen übrigens alle nicht. Von den Chylomikronen passen hintereinander gelegt immer noch 2000 auf einen Millimeter, von den VLDL schon 10 000 und von den HDL sogar 100 000.

Warum habe ich dir das alles erzählt? Die Medikamente, die ich noch beschreiben will, wirken an verschiedenen Stellen dieses ganzen Weges, auch die Bedeutung der einzelnen Lipoproteine ist unterschiedlich: Es gibt »gute«, hilfreiche, und eher »böse«, schädliche. Später fand man noch heraus, warum die Lipoproteine so verschieden sind. Die Leber schickt nur Päckchen der Typen VLDL und HDL los. Die LDL entstehen im Blut, indem den VLDL Triglyceride entzogen werden. Dadurch werden sie kleiner und dichter. Der Cholesteringehalt der Partikel bleibt mengenmäßig fast gleich; da aber laufend Triglyceride verschwinden, nimmt der Cholesterinanteil der Päckchen immer mehr zu. Die LDL haben also, gemessen an ihrem sonstigen Inhalt, den höheren Cholesteringehalt. Und nun kommt's: Wenn zu viele LDL im Blut herumschwimmen, sind auch die Cholesterinwerte zu hoch. Dies hat den durchaus nützlichen LDL den wenig schmeichelhaften Beinamen »böses Cholesterin« eingetragen (Abb. 3).

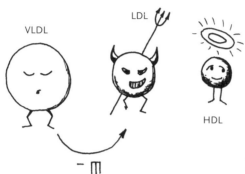

Abb. 3: »Gutes« und »böses« Cholesterin.

Wie du vielleicht gemerkt hast, habe ich die HDL in dieser Aufzählung noch gar nicht erwähnt. Sie gehören nicht zu den Nachfolgern der VLDL und haben auch andere Aufgaben. Sie transportieren zwar auch Cholesterin, aber in der entgegengesetzten Richtung. Die »guten« HDL bringen das in den Geweben überschüssig gebildete Cholesterin zurück zur Leber, die es entsorgt, so dass es keinen Schaden mehr anrichten kann (Abb. 4).

Warum ist das alles so wichtig? Was ist »faul« am Cholesterin? Das Problem ist, dass zu hohe Cholesterinspiegel im Blut (das heißt zu viel LDL) einer der großen Risikofaktoren für die Entstehung von Arteriosklerose sind, einer Veränderung von Schlagadern (Arterien), bei der sich mit der Zeit Stoffe in die Wand der Blutgefäße einlagern und die Gefäße verengen. Auch wenn der Volksmund »Arterienverkalkung« dazu sagt, ist Kalk nicht das ursächliche Problem. Die Einlagerungen (die Mediziner sagen »Plaque« dazu) bestehen zum guten Teil aus Lipiden, unter anderem aus LDL. Man glaubt heute, dass oxidierte (sozusagen »ranzige«) LDL das Ganze auslösen. Mit der Zeit entzünden sich die Plaques (→ Entzündung), schließlich platzen manche von ihnen auf. Dann kann sich ein Blutgerinnsel bilden, das die

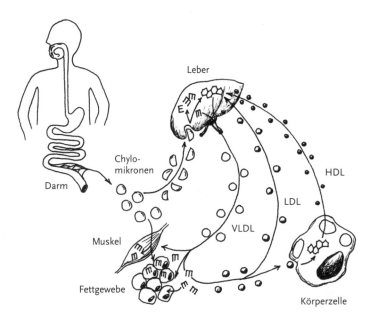

Abb. 4: Chylomikronen und Lipoproteine.

Arterie ganz verschließt. Je nachdem, wo das passiert, sind die Folgen manchmal katastrophale, z. B. ein Herzinfarkt oder im Gehirn ein Schlaganfall (s. Kap. 11). Auch wenn man noch längst nicht alles über Arteriosklerose weiß – sicher ist, dass erhöhte Blutfette eine wichtige Rolle dabei spielen. Deshalb misst das Labor beim »Checkup« von älteren Patienten immer auch die Blutfette, vor allem das LDL-Cholesterin. Weniger als 120 mg in 100 mL Blut wäre ideal, bei 150 mg wird's kritisch und bei über 200 mg muss man dringend etwas tun.

Ich glaube, für heute reicht es. Morgen will ich dir etwas über Medikamente schreiben, die einem helfen können, wenn die Blutfette aus dem Gleichgewicht geraten und die Gesundheit gefährdet ist.

Bis zum nächsten Mal,
Dein F.

P.S.: Bei der ganzen Schimpferei auf das Cholesterin ist es wichtig zu wissen, dass es nicht nur Probleme macht: Mehrere Hormone und andere wichtige Stoffe, ohne die wir gar nicht leben könnten, werden von unserem Körper aus Cholesterin aufgebaut. Ohne Cholesterin geht es also auch nicht.

Hallo Bruder! 27. April 2004

Hast du meinen Brief bekommen? Sind damit schon ein paar deiner Fragen beantwortet? Heute will ich mit den Medikamenten beginnen, die verhindern, dass die cholesterinhaltigen Partikelchen überhand nehmen und sich in gesundheitsschädlichen Konzentrationen im Blut aufhalten.

Die erste, wichtigste und vor allem einfachste Methode, um weniger Cholesterin aufzunehmen, ist, weniger zu essen – sprich, eine Diät einzuhalten, bei der man auf den Cholesteringehalt der Nahrung achtet. Alles Tierische, auch Eier und Milch mit allen Folgeprodukten wie Sahne, Buttercremetorte, aber auch fettiger Käse sind dann im Speiseplan eher fehl am Platz. Im Prinzip sollte man also statt tierischer mehr pflanzliche Nahrung essen, weil Cholesterin in Pflanzen nicht vorkommt. Jetzt will ich mich und dich aber stärker mit den medikamentösen Möglichkeiten zur Senkung der Blutfette beschäftigen.

Im Postskriptum meines letzen Briefs habe ich angedeutet, dass das Cholesterin durchaus ein notwendiger Bestandteil des Körpers ist. Ein Beispiel dafür sind die so genannten Gallensäuren, die sich, wie der Name vermuten lässt, in der Galle befinden und in den Darm ausgeschüttet werden. Die Gallensäuren sind mengenmäßig die wichtigsten aus Cholesterin gebildeten Produkte. Kurz hinter dem Magen in den Zwölffingerdarm ausgeschüttet, helfen sie bei der Verdauung der Triglyceride. In einem dahinter liegenden Darmabschnitt werden sie aus dem Darm wieder in den Körper aufgenommen (s. Kap. 16), also regelrecht recycelt. An diesem Punkt setzen die Medikamente ein, die als *Hemmstoffe der Gallensäurenresorption* wirken. Ursprünglich wollte man mit diesen Stoffen nur das Hautjucken behandeln, an dem Kranke mit »Gelbsucht« (Ikterus) leiden, inzwischen liegt die Hauptanwendung aber in der Senkung zu hoher Cholesterinwerte.

Bei diesen Hemmstoffen, z. B. Colestyramin oder Colestipol handelt es sich um Kunstharze, von Chemikern als »Ionenaustauscher« bezeichnet. Sie sind der Lage, die Gallensäuren im Darm fest an sich zu binden und in dieser Form bis zur Ausscheidung mitzunehmen. Die gebundenen Gallensäuren können nicht mehr recycelt werden und fallen aus dem Kreislauf heraus. Als Reaktion darauf produziert der Körper Ersatz, wofür er als Vorstufe Cholesterin benötigt, das deshalb vermehrt von der Leber aus dem Blut aufgenommen wird. Die besten Cholesterinlieferanten sind die LDL; daher fallen nach der Einnahme von Hemmstoffen der Gallensäureresorption die LDL-Konzentrationen im Blut um 10–15 % ab. Bis die volle Wirkung erreicht ist, vergehen allerdings zwei Wochen. Erst danach lässt sich kontrollieren, ob das Medikamente zum gewünschten Effekt führt.

Da die Gallensäuren auch eine natürliche Aufgabe haben, bemerken die Patienten manchmal unerwünschte Wirkungen. Werden die Gallensäuren an ihrer Arbeit gehindert, wird die Fettverdauung beeinträchtigt. So kommt es fast bei der Hälfte aller Patienten, die Gallensäure-Resorptionshemmer nehmen, zu Verstopfungen und bei einigen auch zu Übelkeit, Sodbrennen oder Appetitlosigkeit. In der Kombination mit dem unangenehmen Geschmack und der sandigen Konsistenz der Präparate kann dies dazu führen, dass sie nicht konsequent eingenommen werden. Ein zweiter Nachteil besteht darin, dass Stoffe, die normalerweise in Fett gelöst sind, vom Darm nicht mehr in ausreichenden Mengen resorbiert werden. Dazu gehören die Vitamine A, D, E und K, die im Fall der Anwendung von solchen Hemmstoffen prophylaktisch gegeben werden, um einen Mangelzustand zu verhindern. Es gibt auch Medikamente, die bei gleichzeitiger Einnahme von Hemmstoffen der Gallensäurenresorption nicht ordentlich resorbiert werden und deswegen mit deutlichem Zeitabstand eingenommen werden müssen. –

Vielleicht hast du dir zwischendurch gedacht: Warum versucht man nicht einfach, die Aufnahme von Cholesterin zu verhindern, bis es wieder ausgeschieden ist? Es gibt tatsächlich ein pflanzliches Molekül, welches von der Struktur her dem Cholesterin sehr ähnlich ist und im Darm die Aufnahme des Cholesterins verringert. Es heißt β-Sitosterin und muss in ziemlich hohen Dosen von bis zu 8 Gramm pro Tag eingenommen werden. Es wird selbst nicht resorbiert und ist deshalb für empfindliche Patienten wie Kinder oder schwangere Frauen geeignet. Nachteilig sind die unzuverlässige Wirkung und die nur sehr mäßige Senkung der LDL-Werte. Hinzu kommen noch gelegentlich leichte Durchfälle, Übelkeit und sogar Erbrechen. Insgesamt ist man wohl mit einer cholesterinarmen Diät besser beraten.

Gerade fängt mein Magen an zu knurren. Ich denke, du wirst Verständnis haben, wenn ich mir eine kleine Pause gönne, bevor ich weiterschreibe.

Die Pause hat sich ein bisschen ausgedehnt, und es ist noch mein erster Grillabend des Jahres dazwischen gekommen. Die Freiluftsaison hat spätestens gestern wieder begonnen! Grillfleisch wie Bratwürste oder Bauchspeck gehören, nebenbei bemerkt, nicht in den Diätplan für cholesterinbewusste Ernährung – um wieder ins Thema einzusteigen.

Die nächste Medikamentengruppe, die ich dir vorstellen will, die *Statine*, greifen in die körpereigenen Cholesterinproduktion ein und fahren sie stark zurück. Wie im letzten Brief erwähnt, können wir die Bausteine für die Fette selbst herstellen und daraus zunächst die Fettsäuren zusammensetzen. Aus den gleichen Grundbausteinen (Acetylresten, die an einem Trägermolekül namens Coenzym A hängen) kann auf einem anderen Weg auch das Cholesterin synthetisiert werden. Es ist nun möglich, in den Biosyntheseweg des Cholesterins einzugreifen und dort das wichtigste Enzym zu hemmen (→ Enzyme). Es hat den unaussprechlichen Namen *3'-Hydroxy-3'-methylglutaryl-CoA-Reduktase* oder abgekürzt (aber immer noch schwer zu merken) *HMG-CoA-Reduktase*. Hemmstoffe der Cholesterinsynthese verhindern also die Bildung von Cholesterin in den Zellen (vor allem in der Leber), die nun versuchen, den Mangel auszugleichen, indem sie vermehrt Cholesterin aus dem Blut aufnehmen. Dazu werden mehr Rezeptoren an die Oberfläche der Zellen gebracht, welche die vorbeikommenden LDL festhalten (→ Membranen).

Im Jahr 1976 wurden die ersten natürlichen Statine aus Pilzen der Gattungen *Penicillium* und *Aspergillus* isoliert. Einige Jahre später wurde gezeigt, dass sie die HMG-CoA-Reduktase hemmen. Nach weiteren zehn Jahren wurde 1989 das erste Medikament mit einem solchen Wirkstoff (Lovastatin) zugelassen. Auch die anderen Hemmstoffe der HMG-CoA-Reduktase erkennt man daran, dass ihre Namen auf -statin enden, wie z. B. Simvastatin oder Fluvastatin. Mit allen lässt sich in den reichen Industrieländern sehr viel Geld verdienen. Das kannst du daran sehen, dass die Liste der weltweit meistverkauften Wirkstoffe im Jahre 2002 souverän von zwei Statinen angeführt wurde, dem Atorvastatin (Umsatz 8,6 Mrd. $) und dem Simvastatin (6,2 Mrd. $).

Die Statine sind zur Zeit tatsächlich das effektivsten Mittel zur Senkung der Cholesterinwerte. In günstigen Fällen senken sie die Konzentration der »bösen« LDL im Blut um bis zu 40 %, und das ist schon sehr ordentlich. Auch die Triglyceride gehen etwas zurück und

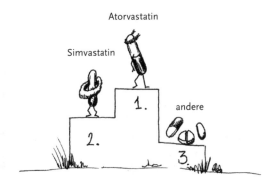

Abb. 5: Siegertypen?

die »guten« HDL steigen um 5–10 % an. Das Risiko, einer koronaren Herzkrankheit oder einem Schlaganfall zum Opfer zu fallen, ging – je nach Studie – um 20–40 % zurück. Nicht schlecht, oder? Mehr ist nur durch Kombination mit anderen Medikamenten zu schaffen, die ich auch noch beschreiben werde.

Jetzt kennst du zwei wichtige Stoffgruppen auf dem großen Arzneimittelmarkt und kannst dir vorstellen, wie sie wirken. Was es in der Kategorie der Blutfettsenker noch so gibt, werde ich erst einmal genau nachlesen und dir dann berichten.

Viele Grüße,
Dein F.

Lieber W.! 30. April 2004

Wie du dir denken wirst, will ich auch in diesem Brief versuchen, dir die Wirkung von Arzneimitteln im Körper zu erklären. Mittlerweile habe ich sogar extra ein paar Beschreibungen von Präparaten nachgelesen!

Außer den Statinen, von denen das letzte Mal die Rede war, gibt es noch die Gruppe der *Fibrate* oder Abkömmlinge der Clofibrinsäure, z. B. Clofibrat, Bezafibrat, Etofibrat oder auch Gemfibrozil. Interessanter als die Namen der einzelnen Fibrate ist aber sicher ihr Wirkmechanismus; auch diese Medikamente wirken auf ein bestimmtes Enzym: Sie aktivieren die *Lipoprotein-Lipase*, dafür zuständig, die Chylomikronen und die VLDL zu verwerten und abzubauen, die im Blut herumschwimmen. Ist die Lipoprotein-Lipase aktiver als üblich, werden auch mehr VLDL abgebaut, womit der gewünschte Effekt erreicht wäre.

Wie du im ersten Brief gelesen hast, enthalten die VLDL vor allem Triglyceride und nur wenig Cholesterin. Daher werden die Fibrate vor allem Patienten verordnet, bei denen zu hohe Triglyceridwerte und nicht so sehr das Cholesterin im Vordergrund stehen. Tatsächlich zeigten Studien, dass durch Fibrate die Triglyceridspiegel im Blut um mehr als 30 % zurückgehen können, während sich die LDL kaum verändern und die HDL ein bisschen ansteigen, was ja auch gut ist.

Besonders sinnvoll sind die Fibrate bei Patienten einer erblich bedingten Erhöhung der Triglycerid- und Cholesterinwerte. Sie haben unter Umständen fehlerhafte oder gar keine LDL-Rezeptoren, weswegen z. B. die Statine bei ihnen nicht wirken können. Unpraktischerweise wird durch die Fibrate die Neigung zur Gallensteinbildung verstärkt.

Zuletzt komme ich noch zu Arzneimitteln, die Nicotinsäure oder deren Abkömmlinge enthalten. Nicotinsäure vermindert die Freisetzung von Fettsäuren aus den Fettzellen. Da die Leber zur Herstellung von Triglyceriden auf diese Fettsäuren zurückgreift, stehen ihr weniger Bausteine zur Herstellung von Triglyceriden zur Verfügung. Weniger Triglyceride heißt auch weniger »Füllung« für die VLDL, damit auch weniger VLDL und als Folge davon weniger »böse« LDL. Vielleicht hast du schon mal gehört, dass Nicotinsäure ein Vitamin ist; allerdings braucht man für die Wirkung als Blutfettsenker viel mehr Nicotinsäure: Als Vitamin benötigt der Mensch 30 mg pro Tag, während die Dosis zur Lipidsenkung bei mindesten 3 g pro Tag liegt. Nicotinsäure wirkt auch erweiternd auf unsere Blutgefäße, mit der Folge, dass es zu Juckreiz, Hautrötung mit Hitzegefühl und sogar zum Blutdruckabfall mit Unwohlsein und Schwindel kommen kann.

Vielleicht kannst du dich daran erinnern, dass im Jahr 2001 unter großer Anteilnahme der Medien ein Blutfettsenker vom Markt genommen werden musste, dessen Wirkstoff Cervistatin die Cholesterin-Produktion hemmt. Bei einer Reihe von Patienten, die (entgegen der Empfehlung des Herstellers) gleichzeitig mit dem Fibrat Gemfibrozil behandelt wurden, war es zu schweren Nebenwirkungen und Todesfällen gekommen. Beide Medikamente werden vom gleichen

Cytochrom-P450-Enzym abgebaut (→ Pharmakokinetik). Das Enzym wurde von Gemfibrozil gehemmt und konnte deshalb das Cervistatin nicht mehr ausreichend inaktivieren. So kam es wahrscheinlich zu einer erhöhten Konzentration von Cervistatin im Blut und den fatalen Konsequenzen. Wie du siehst, kann man zwei Medikamente selbst dann nicht immer problemlos kombinieren, wenn sie das gleiche Ziel verfolgen.

Wenn dir noch andere Fragen einfallen und du selbst zu faul zum Nachlesen bist, kannst du dich ja melden. Übrigens nimmt, soweit ich weiß, niemand aus unserer liebenswerten Familie bisher eines der beschriebenen Medikamente ein; offenbar halten sich alle eisern an ihre Diät, ob sie nun eine verordnet bekommen haben oder nicht. Schaden kann es nicht, darauf kannst du wetten.

Jetzt werde ich mich wohl an meine Steuererklärung setzen müssen – solange die Abgabefrist noch läuft. Eigentlich könntest du die doch für mich machen, als kleine Revanche für meine netten Briefe, oder?

Schönen Gruß,
Dein F.

Wirkstoffe und Handelsnamen

Wirkstoff	Handelsname	Wirkungsmechanismus
Atorvastatin	Sortis®	Hemmung der Cholesterinsynthese
Bezafibrat	Cedur®	Aktivierung der Lipoprotein-Lipase
Clofibrat	Regelan®	Aktivierung der Lipoprotein-Lipase
Colestipol	Cholestabyl®	Hemmung der Gallensäurenresorption
Colestyramin	Quantalan®	Hemmung der Gallensäurenresorption
Etofibrat	Lipo-Merz®	Aktivierung der Lipoprotein-Lipase
Fluvastatin	Cranoc®, Locol®	Hemmung der Cholesterinsynthese
Gemfibrozil	Gevilon®	Aktivierung der Lipoprotein-Lipase
Lovastatin	Mevinacor®	Hemmung der Cholesterinsynthese
Nicotinsäure	Niconacid®	Verminderte Freisetzung von Fettsäuren
Simvastatin	Denan®, Zocor®	Hemmung der Cholesterinsynthese
β-Sitosterin	Sito-Lande®	Hemmung der Cholesterinaufnahme

15

Die Last mit dem Zucker
Behandlung des Diabetes mellitus

Cornelia Bartels und Jörg Emmel

Der 11. Januar 1922 ist ein Datum, das man in Geschichtsbüchern vergeblich suchen wird. Trotzdem markiert es einen entscheidenden Wendepunkt in der Behandlung des Diabetes mellitus, einer Stoffwechselstörung, die im Volksmund als »Zuckerkrankheit« bekannt ist. An diesem Tag verabreichten Ärzte in Toronto einem 13-jährigen, schwer kranken Jungen namens Leonard Thompson das Hormon Insulin, das sie aus Bauchspeicheldrüsen von Kälbern extrahiert hatten. Die Insulinbehandlung rettete nicht nur Leonards Leben, sondern auch das von Millionen von Diabetikern nach ihm. Diabetes mellitus beruht auf einem Mangel an Insulin oder auf einer verminderten Empfindlichkeit der Körperzellen gegenüber Insulin. Mit der Verabreichung von Insulin ist es bei der Behandlung des Diabetes aber nicht getan. Hinzu kommen muss eine Reihe weiterer, individuell angepasster Maßnahmen, die den Betroffenen ein hohes Maß an Disziplin abverlangen. Im Zentrum der Therapiebeobachtung steht bei Diabetikern der »Blutzuckerwert« (BZ), d. h. die Konzentration des Zuckers Glucose im Blut. Am Blutzuckerspiegel können Arzt und Patient ablesen, ob und wie stark die momentane Glucosekonzentration vom erwünschten Wert abweicht, und dann sinnvoll darauf reagieren. Das primäre Ziel der Behandlung eines Diabetikers ist es, die Schwankungen des Blutzuckerwerts so gering wie möglich zu halten. Aber der Reihe nach ...

Volkskrankheit »Zucker«

Weltweit leiden über 100 Millionen Menschen an Diabetes. Allein in Deutschland sind rund vier Millionen Personen betroffen, und von Generation zu Generation steigt die Zahl der Erkrankten an. *Diabetes mellitus* ist ein griechisch-lateinisches Kunstwort, das wörtlich übersetzt »honigsüßer Durchfluss« bedeutet. Gemeint ist damit der zuckerhaltige – und deshalb »honigsüße« – Urin, der bei unbehandelten Diabetikern auftritt und für den Arzt früher ein wichtiges Krankheitszeichen war. Ursache für den süßen Urin ist die erhöhte Zuckerkonzentration im Blut des Patienten, die dazu führt, dass die Niere nicht mehr in der Lage ist, die gesamte Menge in den Urin gelangten Zuckers wieder zurückzunehmen.

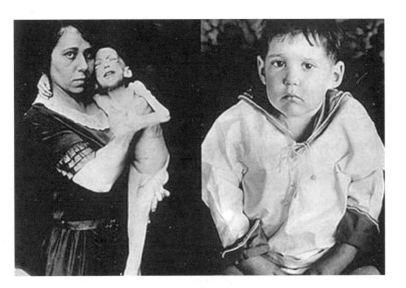

Abb. 1: Leonard Thompson vor und nach der Behandlung.

Bei Diabetikern ist in erster Linie die Verwertung von Zucker im Körper gestört (→ Stoffwechsel), aber auch der Stoffwechsel der Fette und Proteine ist betroffen. *Glucose*, der Traubenzucker, bildet als Hauptbestandteil der meisten Zuckerverbindungen (*Kohlenhydrate*) einen der wichtigsten Energielieferanten des Körpers. Glucose gelangt in unterschiedlichen Formen in den Organismus. In Süßigkeiten beispielsweise ist sie überwiegend als *Saccharose* enthalten. Dieses *Disaccharid* besteht aus zwei verschiedenen, miteinander verknüpften Zuckermolekülen, darunter Glucose (*di* = »zwei«). Die mengenmäßig wichtigste Quelle für Nahrungsglucose ist die *Stärke*, der Hauptbestandteil von Kartoffeln, Brot, Reis und Teigwaren aller Art. In der Stärke sind viele Glucosemoleküle über chemische Bindungen zu einem Makromolekül, einem sogenannten *Polysaccharid* verknüpft (gr. *polys* = »viel«).

Bei normaler Ernährung decken Kohlenhydrate den Energiebedarf eines Menschen zu etwas mehr als der Hälfte, während auf die Proteine 15 % und auf die Fette etwa 25 % entfallen (Abb. 2). Der Mindestbedarf an Glucose beträgt etwa 180 g pro Tag. Bevor die mit der Nahrung aufgenommenen zusammengesetzten *Kohlenhydrate* (also Saccharose oder Stärke) vom Körper verwertet werden können, müssen sie in einfache Zucker, so genannte *Monosaccharide*, zerlegt werden (gr. *mono* = »einzeln«). Nur in dieser Form können sie von der Darmschleimhaut aufgenommen (resorbiert) und an das Blut abgegeben werden, über das sie als Energielieferanten im Körper verteilt werden. Ist die Glucose mit dem Blut zu den verschiedenen Körperzellen gelangt, wird sie von diesen verstoffwechselt. Durch den Abbau von Glucose gewinnen die Zellen vor allem chemische Energie, die wiederum zur Aufrechterhaltung lebenswichtiger Prozesse im Organismus benötigt wird (→ Stoffwechsel).

Abb. 2: Zivilisationskrankheit Diabetes.

Neben ihrer Funktion als Energielieferant ist die Glucose aber auch an anderen Stoffwechselwegen beteiligt. So spielt sie als Vorstufe für die Synthese von Fetten und Eiweißen eine wichtige Rolle, außerdem ist sie für die Bereitstellung anderer Kohlenhydrate von Bedeutung. Zusammenfassend kann man also sagen: Glucose ist ein rundum wichtiger Baustein für unser tägliches Leben.

Alles im Lot?

Da sich ein Zuviel oder Zuwenig an Glucose nachteilig auf den Körper auswirken, wird der Kohlenhydratstoffwechsel durch körpereigene Regulationssysteme genau kontrolliert, mit dem Ziel, den Blutzuckerspiegel in engen Grenzen konstant zu halten. Unser Tagesablauf ist durch unregelmäßige Aktivitäts- und Ruhephasen geprägt, in denen unterschiedlich viel Energie benötigt wird. Das körpereigene Regulationssystem muss neben der Aufnahme und Verstoffwechslung der Glucose also auch Speicherung und Bereitstellung koordinieren. Für diese Prozesse spielt die *Leber* eine entscheidende Rolle.

So wird beispielsweise die mit der Nahrung im Überschuss aufgenommene Glucose in der Leber in die Depotform *Glycogen* (ein Polysaccharid) überführt und so gespeichert (Abb. 3)

Abb. 3: Die Leber als Glycogenspeicher.

Für die Konstanthaltung des Blutzuckerspiegels sind *Hormone* besonders wichtig (→ Signalstoffe). Im Zusammenhang mit dem Kohlenhydrathaushalt kann man zwei Gruppen von Hormonen unterscheiden: Mehrere Hormone bewirken auf unterschiedlichen Wegen die Erhöhung des Blutzuckerspiegels, während nur ein Hormon, eben das *Insulin*, eine Blutzuckersenkung zur Folge hat.

Zu den *blutzuckersteigernden* Hormonen gehören u. a. das von der Bauchspeicheldrüse gebildete *Glucagon*, die aus dem Nebennierenmark stammenden *Catecholamine* (Adrenalin und Noradrenalin), das *Wachstumshormon* sowie die von der Nebennierenrinde freigesetzten *Glucocorticoide* wie das *Cortisol* (s. Kap. 3). Glucagon und die Catecholamine fördern die Rückverwandlung des Glycogens (der Speicherform der Glucose) in freie Glucose, die an das Blut abgegeben wird und damit eine Erhöhung des Blutzuckerwerts bewirkt. Gleichzeitig bewirken Glucagon und Cortisol die *Gluconeogenese*: Dieser Stoffwechselweg ist in der Lage, bei Glucosemangel aus Aminosäuren und anderen Vorstufen unter Verbrauch von Energie Glucose aufzubauen. Umgekehrt hemmen die blutzuckersteigernden Hormone alle Prozesse, die Glucose verbrauchen (Abb. 4).

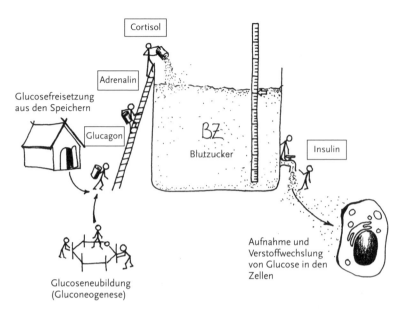

Abb. 4: Blutzuckerregulation – eine Herausforderung.

Den blutzuckersteigernden Hormonen steht als zentrales Hormon zur Blutzuckersenkung das *Insulin* gegenüber. Insulin ist ein aus insgesamt 51 Aminosäuren aufgebautes Peptid, das von den B-Zellen der Bauchspeicheldrüse gebildet wird. Der Name Insulin geht auf die Tatsache zurück, dass in der Bauchspeicheldrüse die B-Zellen mit den Glucagon produzierenden A-Zellen und anderen hormonbildenden Zellen zu mikroskopisch sichtbaren, inselartigen Zellgruppen zusammengefasst sind, die man nach ihrem Entdecker als *Langerhans'- sche Inseln* bezeichnet.

Insulin bewirkt die Blutzuckersenkung vor allem, indem es alle Prozesse fördert, die Glucose verbrauchen. So fördert es die Aufnahme von Glucose aus dem Blut in die Körperzellen – bevorzugt in Muskel- und Fettzellen –, was die Glucosekonzentration im Blut rasch vermindern kann. Außerdem steigert Insulin den Abbau der in die Zellen aufgenommenen Glucose, den Aufbau der Speicherform Glycogen sowie den Umbau von Glucose in Fett und Aminosäuren. Gleichzeitig werden durch Insulin aber auch Fett und Eiweiß abbauende (*katabole*) Stoffwechselwege gehemmt, die zu einer Erhöhung des Blutzuckerwerts führen.

Wie alle Hormone übt Insulin seine Wirkung über Rezeptoren aus (→ Signaltransduktion), die sich an der Oberfläche der Körperzellen befinden. Nach dem Andocken des Insulins an seinen Rezeptor wird ein Signal ans Innere der Zelle abgegeben, das dort eine Kette von Reaktionen in Gang setzt, die zu einer verstärkten Aktivität der Glucose verbrauchenden und zu einer Hemmung der Glucose aufbauenden Stoffwechselwege führt. Insulin wird normalerweise immer dann ausgeschüttet, wenn der Körper (z. B. nach Mahlzeiten) eine erhöhte Glucosekonzentration im Blut als einen *Stimulationsreiz* registriert. Beim gesunden Menschen wird durch eine rechtzeitige Abgabe einer ausreichenden Menge an Insulin der Blutzuckerspiegel über den ganzen Tag konstant gehalten. Ein Ausfall des Insulins kann vom Körper nicht kompensiert werden. In diesem Fall entsteht ein Diabetes mellitus.

Kontrollverlust

Lässt man den *sekundären* Diabetes mellitus außer Acht, der als Folge bestimmter Erkrankungen entsteht, lässt sich der *primäre Diabetes mellitus* in zwei Formen (Typ 1 und 2) unterteilen (Abb. 5).

Der *Diabetes vom Typ 1* ist auch als juveniler (jugendlicher) Diabetes mellitus bekannt, weil er meist schon in den ersten Lebensjahren oder im frühen Erwachsenenalter auftritt. Bei den Patienten (zu ihnen gehörte der eingangs erwähnte Leonard Thompson) liegt vorwiegend ein *absoluter Mangel* an Insulin vor. Er ist in der Regel darauf zurückzuführen, dass die Insulin produzierenden Zellen der Bauchspeicheldrüse (B-Zellen) fehlen bzw. ihre Funktion verloren haben (Abb. 5). Der oder die Betroffene ist somit lebenslang auf die Gabe von Insulin angewiesen – es besteht eine *Insulinpflicht* (daher der frühere Name Insulin Dependent Diabetes Mellitus, IDDM). Ursache des Diabetes vom Typ 1 ist meist die Zerstörung der B-Zellen auf Grund einer fehlgesteuerten körpereigenen Abwehrreaktion. Somit handelt es sich bei Typ-1-Diabetes um eine *Autoimmunkrankheit* (→ Immunsystem).

Die Ursachen des *Diabetes vom Typ 2*, der meist erst in höherem Lebensalter auftritt (etwa ab dem 40. Lebensjahr) und deshalb auch »Erwachsenendiabetes« heißt, sind noch immer nicht vollständig geklärt. Während *Störungen der Insulinfreisetzung* aus den B-Zellen der Bauchspeicheldrüse in manchen Fällen zur Entstehung des Typ-2-Di-

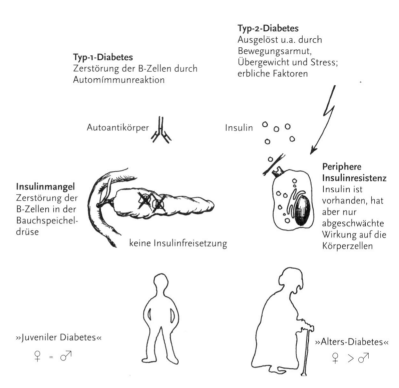

Abb. 5: Formen und Ursachen des Diabetes mellitus.

abetes beitragen können, geht man davon aus, dass die so genannte *»periphere Insulinresistenz«* die Hauptursache des Typ-2-Diabetes ist. Zwar ist in diesem Fall genügend Insulin im Blut vorhanden, es kann aber seine Wirkung in den Körpergeweben nicht im gleichen Ausmaß erfüllen wie unter normalen Umständen (Abb. 5). Da Erwachsenendiabetiker häufig nicht insulinpflichtig sind, spricht man auch vom Non Insulin Dependent Diabetes Mellitus, NIDDM. Da sich das Ausmaß der Insulinfreisetzung von Patient zu Patient unterscheidet, ist auch das Krankheitsbild beim Typ-2-Diabetes unterschiedlich stark ausgeprägt. Eine Diät mit festgesetzter Kalorienmenge kann bei Typ-2-Diabetikern als Therapie schon ausreichend sein. Darüber hinaus verabreicht man häufig Medikamente (*orale Antidiabetika*), die entweder die Freisetzung des Insulins aus der Bauchspeicheldrüse fördern oder die Ansprechbarkeit der Körperzellen verbessern und so eine weit gehend normale Regulation des Zuckerhaushaltes ermöglichen (s. unten).

Obwohl beim Typ-2-Diabetes auch vererbbare Anlagen eine Rolle spielen, steht er eindeutig mit bestimmten Lebensgewohnheiten im Zusammenhang. Unter diesen so genannten »Manifestationsgewohnheiten« stehen Übergewicht (Fettleibigkeit), Bewegungsarmut und Stress im Mittelpunkt. Tatsächlich sind etwa 80 % der Typ-2-Diabetiker – aber nicht alle – stark übergewichtig. Neuerdings unterscheidet man deshalb zwischen unter- bis normalgewichtigen (Typ 2a) und übergewichtigen (Typ 2b) Diabetikern. Im Hinblick auf die Geschlechtsverteilung ist auffällig, dass im Gegensatz zum Typ 1, der eine ausgeglichene Geschlechterverteilung zeigt, doppelt so viele Frauen wie Männer an Typ-2-Diabetes erkranken.

Was zuviel ist, ist zuviel

Je nachdem, wie stark der Stoffwechsel »entgleist« ist (d. h. vom Normalzustand abweicht), sind die Symptome des Diabetes mellitus unterschiedlich. Die meisten Patienten klagen über Leistungsminderung und Abgeschlagenheit. Viele entwickeln darüber hinaus Hautsymptome wie Rötung, Jucken oder eine Neigung zu Hautinfektionen, die in ihrer Gesamtheit als *Rubeosis diabetica* bezeichnet werden. Besonders auffällig ist jedoch eine starke Zunahme des Blutzuckerspiegels, die *Hyperglykämie*. Wird ein Schwellenwert von etwa 160 mg Glucose pro Liter Blut überschritten, kommt es zur Ausscheidung von Glucose mit dem Urin (der so genannten *Glucosurie*). Da Glucose nur zusammen mit viel Wasser ausgeschieden werden kann, steigt die Urinmenge (*Polyurie*) an, was wiederum zu einem Wassermangel führt, der sich bei Diabetikern in einem starken *Durst* äußern kann. Mineral- und Leitungswasser sind die hier zu bevorzugende Getränke, da zuckerhaltige Limonaden die Situation nur verschlechtern würden. Der Durst ist in der Regel auch das dem Laien am ehesten auffallende Merkmal, weswegen er einen Arzt konsultiert.

Die Stoffwechselentgleisung beim Diabetes muss rasch behandelt werden, da sie sich sonst dramatisch entwickeln und schließlich in das so genannte *Coma diabeticum* münden kann. Dieser extreme Zustand entsteht durch den starken Flüssigkeitsverlust und seine Folgen und ist gekennzeichnet durch abgeschwächte Reflexe, tiefe Bewusstlosigkeit und rote, warme Haut. Bei Typ-1-Diabetikern kommt als besonders gefährliche Begleiterscheinung noch die so genannte *Ketoa-*

cidose hinzu. Als Folge des Insulinmangels wird nämlich auch massiv Fett abgebaut. Dabei entstehen in der Leber große Mengen so genannter *Ketonkörper*, die als Säuren den pH-Wert des Blutes so stark erniedrigen können, dass Lebensgefahr besteht. Zu den Ketonkörpern gehört u. a. *Aceton*, das von den Patienten ausgeatmet wird und dann als süßlicher Obstgeruch wahrgenommen werden kann. Bei Typ-2-Diabetikern ist in der Regel noch genug eigenes Insulin vorhanden, um einen übermäßigen Fettabbau zu verhindern.

Besser nie als spät: Langzeitfolgen

Langzeitfolgen sind leider ein Thema, das fast alle Diabetiker früher oder später betrifft, wenn sie nicht konsequent und dauerhaft ihren Glucosespiegel kontrollieren. Von den Spätfolgen sind besonders die Blutgefäße betroffen. Man unterscheidet dabei Schäden an großen Gefäßen (*Makroangiopathien*) und solche an kleinen oder kleinsten Gefäßen (*Mikroangiopathien*). Bei Makroangiopathien verändern sich – ausgelöst durch die ständig erhöhten Blutzuckerspiegel – mit der Zeit die Bausteine der Gefäßwände. An den geschädigten Stellen lagern sich Blutplättchen an (→ Blut) und setzen Stoffe frei, die die Einlagerung von Fetten und andern Stoffen in die Gefäßwand erleichtern (s. auch Kap. 11 und 13). Dies alles führt zu einer schleichenden Verhärtung der Gefäße (*Arteriosklerose*) und als Folge davon zu erhöhtem Risiko für koronare Herzerkrankungen und Schlaganfälle. Im Extremfall kann es zu einem vollständigen Verschluss von Arterien und einer Minderversorgung des entsprechenden Versorgungsgebietes kommen. Häufig sind dabei der Fuß oder das ganze Bein betroffen. Durch die verminderte Versorgung des Beins mit Blut – welches ja ein wichtiger Träger unseres Abwehrsystems ist (→ Immunsystem) – kann es zu Infektionen und aufgrund der ebenfalls gestörten Wundheilung zur Entstehung eines offenen *diabetischen Fußes* kommen. In schweren Fällen kann dies sogar eine Amputation erforderlich machen.

Durch die Mikroangiopathien werden vorwiegend Organe geschädigt, die eine besonders empfindliche Gefäßstruktur aufweisen. Dazu gehören die Augen und die Nieren. Auch in diesem Fall verhärten sich die kleinen Arterien und können sich verschließen. Dies kann irreversible Schäden an der Netzhaut (lat. *retina*) und an der Niere (gr. *nephron*) nach sich ziehen. Man spricht dann von *diabetischen Retino- bzw. Nephropathien*. Mikroangiopathien sind auch die Ursache für eine Schädigung von Nervenzellen außerhalb des Gehirns (*periphere Neuropathie*), die sich u. a. in Taubheitsgefühlen der Extremitäten oder nächtlichen Wadenkrämpfen äußern können. Durch eine erfolgreiche Therapie mit möglichst geringen Blutzuckerschwankungen und die »eiserne« Disziplin des Patienten beim Befolgen der Therapieanweisungen lassen sich die Spätkomplikationen aber lange hinauszögern oder sogar ganz verhindern.

Therapieziel: Ein normales Leben

Die heutigen Ansätze zur Behandlung von Diabetikern konzentrieren sich auf die Normalisierung des entgleisten Stoffwechsels und auf die Konstanthaltung des Blutzuckerspiegels in bestimmten Grenzen (100–120 mg/dL). Das Ziel der Therapie ist es, dem Patienten ein möglichst normales Leben zu ermöglichen, die Krankheitssymptome auf ein Minimum zu reduzieren und Spätkomplikationen zu verhindern. Kernstück jeder Therapie ist die *Diät*, d. h. die Reduzierung und Kontrolle der aufgenommenen Kohlenhydratmengen. Als Rechengröße wurde dabei die so genannte *Broteinheit (BE)* eingeführt. Sie entspricht einer Menge von 12 g verwertbarer Kohlenhydrate. Um solche Diäten etwas anschaulicher zu machen, ist in Abbildung 6 ein typischer Tageskostplan für Diabetiker gezeigt.

Mahlzeit	um	Bestandteile	BE
1. Frühstück	7 Uhr	50 g Vollkornbrot, dünn mit Margarine bestrichen, Diätmarmelade, magerer Käse oder Wurst, 1 Apfel Kaffee, Mineralwasser frei	3
2. Frühstück	9 Uhr	1 Apfel	1
Mittagessen	13 Uhr	180 g gekochter Reis *oder* 4 mittelgroße Kartoffeln 1 Scheibe Putenfleisch, 1 Teelöffel Öl Gemüse bis 200 g frei	4
Kaffee	15 Uhr	1-2 Scheiben Knäckebrot mit Wurst oder Käse oder 1 Diätjoghurt	1
Abendessen	19 Uhr	100 g Vollkornbrot, dünn mit Margarine bestrichen magerer Käse oder Wurst, Salat (mit Essig, 1 Teelöffel Öl und Gewürzen)	4
Spätmahlzeit	21 Uhr	1 Diätjoghurt	1

Abb. 6: Typischer Diätplan für Diabetiker.

Der Plan beschränkt die Kohlenhydratzufuhr auf 14 BE (Broteinheiten) mit insgesamt etwa 1300 Kcal. Wenige große Mahlzeiten kommen für Diabetiker nicht in Frage. Zu groß wäre die Gefahr einer starken Hyperglykämie nach dem Essen. Viele kleine Mahlzeiten (2. Frühstück, Spätmahlzeit) mit reduziertem Kohlenhydratgehalt sorgen für eine kontrollierte Glucosezufuhr und verringern die Gefahr für Blutzuckerspitzen. Im Falle eines Typ-2-Diabetes kann, je nach Schweregrad der Erkrankung, eine Diät als Therapiemaßnahme genügen. Reicht dies allein nicht aus, so können bei dieser nicht insulinpflichtigen Diabetesform (Typ 2, s. o.) *orale Antidiabetika* verabreicht werden (s. u.). Für Typ-1-Diabetiker gibt es trotz einer gut ausgearbeiteten Diät keine Wahl: Sie sind auf von außen zugeführtes Insulin angewiesen.

Den Blutzucker in Schach halten: Insulinersatz-Therapie

Die Anwendung der Insuline ist bei allen Typ-1-Diabetikern indiziert. Bei Patienten mit Typ-2-Diabetes wird Insulin erst eingesetzt, wenn orale Antidiabetika die entgleiste Stoffwechselsituation nicht mehr bessern können. Insulin wurde für Therapiezwecke früher aus den Bauchspeicheldrüsen von Schweinen und Rindern gewonnen. Heutzutage überwiegen gentechnisch oder semitechnisch hergestellte *Human-Insuline*. Diese verhalten sich wie das körpereigene Insulin.

Insuline müssen zur Zeit noch intravenös oder subkutan injiziert werden, da sie als Peptide bei oraler Einnahme von den Enzymen des Magen-Darm-Traktes abgebaut werden würden (s. auch Kap. 16). Laufende Projekte der Pharmaindustrie beschäftigen sich mit neuen Insulin-Formen, die über die Lunge aufgenommen werden sollen. So könnte in Zukunft möglicherweise das Insulin auch in Form eines Sprays – ähnlich wie ein Asthma-Spray – verabreicht werden.

Die verschiedenen auf dem Markt erhältlichen Insulinpräparate unterscheiden sich im Wesentlichen nur in ihrer Freisetzungscharakteristik, d. h. darin, wie schnell sie vom Anwendungsort (Depot) in die Blutbahn gelangen (→ Pharmakokinetik). *Normalinsulin* (früher »Altinsulin«) wird in das Unterhautfettgewebe gespritzt. Aus diesem Depot gelangt das Insulin dann ins Blut. Der Wirkungseintritt ist relativ schnell erreicht (nach 15–30 min) und die Wirkdauer entspricht dem des körpereigenen Insulins (ca. 5–8 h). Diese Insuline werden deshalb in der Regel dazu verwendet, um Blutzuckerspitzen nach dem Essen zu vermeiden oder hyperglykämische Krisen (d. h. Zustände mit stark erhöhten Blutzuckerwerten) schnell zu bekämpfen. Das Insulinlispro ist dagegen ein Analogon des körpereigenen Insulins, von dem es in seiner Zusammensetzung etwas abweicht. Die Veränderungen bewirken, dass die Insulinmoleküle eine geringere Aggregationsneigung aufweisen. Sie gelangen deshalb aus dem injizierten Depot noch schneller in die Blutbahn, ihre Wirkdauer ist allerdings ebenfalls kürzer (ca. 3 h). Durch eine kristalline Zubereitung und Zugabe von Zink oder durch Zugabe bestimmter basischer Proteine kann man die Resorption des Insulins aus dem Depot aber auch verzögern. Die Folge ist eine langsamere Freisetzung von Insulin, was einen anhaltend hohen Hormonspiegel im Blut nach sich zieht. Auf diese Weise funktionieren die sog. Verzögerungs- und Depot-Insuline. Je nach Wirkdauer werden sie in *Intermediär-* (12–24 h) und *Langzeit-Insuline* (24 h) eingeteilt. Eine Mischung aus Depot- und Normalinsulin wird als Kombinationsinsulin bezeichnet. Der Vorteil dieser Kombinationsinsuline liegt darin, dass einerseits durch das Normalinsulin eine aktuelle Blutzuckerspitze schnell beseitigt werden kann und andererseits durch das Verzögerungsinsulin ein kontinuierlicher Insulinspiegel aufrecht erhalten wird.

Zu Risiken und ...
Mögliche Nebenwirkungen des Insulins sind *allergische Reaktionen* (s. Kap. 10) sowie Erscheinungen, die auf der normalen Wirkung des Insulins beruhen. Allergische Reaktionen auf Insulin treten vor allem als lokale Reaktionen am Injektionsort auf. Sie können sofort (nach Minuten) oder verzögert (nach 4–6 Stunden) eintreten und laufen wie eine Entzündung ab (→ Entzündung). Eine systemische (den ganzen Körper betreffende) allergische Reaktion ist sehr selten, erfordert aber wegen der Schockgefahr einen sofortigen Abbruch der Therapie und einen Wechsel zu einem anderen Insulinpräparat. Allergische Reaktionen sind besonders bei den Schweine- und Rinderinsulinen beschrieben worden, weswegen heute die besser verträglichen Human-Insuline bevorzugt werden.

Häufiger sind die Nebenwirkungen, die auf die normale blutzuckersenkende Wirkung des Insulins zurückgehen. So können unsachgemäßer Gebrauch und eine zu hohe Dosierung eine *hypoglykämische Krise* – d. h eine starke Unterzuckerung – auslösen, die in ihrer Gefährlichkeit nicht unterschätzt werden darf. Die mit der

Hypoglykämie einhergehende Symptomatik ist vor allem auf Reaktionen des zentralen Nervensystems (ZNS) zurückzuführen, das im Unterschied zu anderen Geweben zur Energiegewinnung auf Glucose angewiesen ist. Kopfschmerzen, Zittern, kalt-schweißige Haut, Verwirrtheit und ein starkes Hungergefühl sind Zeichen einer Hypoglykämie. Hierbei ist zu beachten, dass es sich um einen akuten Notfall handelt, der sofort behandelt werden muss. Dies geschieht am besten durch die Einnahme von Traubenzucker.

Dem Pankreas auf die Sprünge helfen: Sulfonylharnstoffe & Co.

Wie bereits erwähnt, produzieren Typ-2-Diabetiker in den meisten Fällen genügend Insulin. Seine Wirkung ist jedoch auf Grund der eingeschränkten Insulin-Empfindlichkeit der Körperzellen deutlich reduziert. Eine wichtige Gruppe von *oralen Antidiabetika* verstärkt nach dem Motto »viel hilft viel« die Abgabe des Insulins aus den B-Zellen der Bauchspeicheldrüse, wodurch die eingeschränkte Wirksamkeit des Insulins kompensiert werden soll. Um die Wirkungsweise dieser Stoffe zu verstehen, müssen wir uns zunächst mit der Frage beschäftigen, wie die B-Zellen das Insulin synthetisieren und freisetzen.

Die Insulinsynthese verläuft über mehrere Zwischenstufen und ist damit relativ komplex. Vereinfacht kann man sich die B-Zelle als eine »Fabrik« mit unterschiedliche Abteilungen vorstellen (Abb. 7). In den einzelnen Abteilungen sind spezifische Enzyme tätig (→ Enzyme), die nur einige wenige, aber sehr präzise Arbeitsschritte vollführen müssen. Ein »Hol- und Bringdienst« sorgt dafür, dass die entstehenden Insulin-Zwischenprodukte alle Stationen durchlaufen und nach ihrer Fertigstellung im »Endlager« – den so genannten β-Granula – gespeichert werden. In diesen Speichern verbleibt das fertige Insulin so lange, bis die B-Zellen ein Signal zur Ausschüttung des Inhalts der Granula bekommen. Eine erhöhte Glucosekonzentration im Blut ist der notwendige Stimulus für die Ausschüttung des Insulins: Die Glucose wird von der B-Zelle aus dem Blut aufgenommen und verstoffwechselt. Dadurch steigen die ATP-Konzentration innerhalb der B-Zelle an, was wiederum dazu führt, dass sich Kaliumkanäle in der Zellmembran schließen. Kalium kann daraufhin die B-Zelle nicht mehr so leicht verlassen, und die intrazelluläre Kaliumkonzentration steigt an. Dies gibt schließlich gibt den Anstoß zur Freisetzung des

Insulins aus den Granula. Nach diesem Mechanismus werden pro Tag bei einem stoffwechselgesunden Menschen ca. 1,8 mg Insulin (= 40 *Insulin-Einheiten, I.E.*) freigesetzt.

Unter den oralen Antidiabetika sind die *Sulfonylharnstoffe* am längsten bekannt. Sulfonylharnstoffe sensibilisieren die B-Zellen gegenüber der physiologischen Stimulation durch Glucose, in dem sie den gerade geschilderten Freisetzungsmechanismus verstärken. Man fand heraus, dass sie die Öffnung eben jener Kaliumkanäle hemmen, die in der Zellmembran der B-Zellen für den Anstieg der K^+-Konzentration und damit für die Insulinausschüttung verantwortlich sind. Voraussetzung für eine erfolgreiche Therapie mit Sulfonylharnstoffen ist somit zumindest eine *Restfunktion der Bauchspeicheldrüse* (d. h. die B-Zellen müssen noch in der Lage sein, Insulin zu produzieren). Hinzu kommen muss der Anstieg des Blutzuckerspiegels als Freisetzungsreiz. Von vielen auf dem Markt befindlichen Sulfonylharnstoffen seien hier nur zwei Wirkstoffe besprochen werden. Tolbutamid ist ein Sulfonylharnstoff der ersten Generation, der heute kaum noch eingesetzt wird, da er nur relativ schwach wirksam ist und somit in hohen Dosen (2- bis 4-mal täglich je 500 mg) eingenommen werden muss. Aus diesem Grund treten aber Überdosierungen selten auf. Zu den Nebenwirkungen gehören Hauterscheinungen und Störungen des Magen-Darm-Traktes. Sehr selten sind Veränderungen des Blutbildes, die jedoch aufgrund ihrer Bedrohlichkeit einen sofortigen Therapieabbruch erforderlich machen. Eine Weiterentwicklung ist

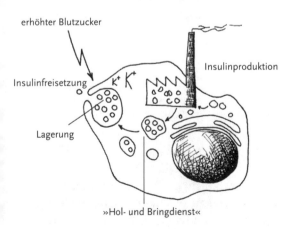

Abb. 7: Die Bauchspeicheldrüse als Insulinfabrik.

das heute häufig verwendete Glibenclamid. Es ist um ein Vielfaches wirksamer als Tolbutamid und muss deswegen niedriger dosiert werden, um Unterzuckerungen zu vermeiden. Die optimale Wirkung von Glibenclamid entwickelt sich erst nach etwa einer Woche, dann kann eventuell eine Dosisreduktion notwendig werden.

Beide Wirkstoffe werden im Magen-Darm-Trakt gut resorbiert und über die Niere mit dem Harn wieder ausgeschieden. Bei beiden besteht eine hohe Bindung an Plasmaproteine des Blutes, weshalb beide Wirkstoffe mit anderen Arzneimitteln, die ebenfalls an Plasmaproteine binden, stark wechselwirken können (→ Pharmakokinetik). Ein weiteres wichtiges Problem der Sulfonylharnstoffe liegt in ihrem Wirkungsmechanismus begründet. Dadurch, dass sie den Ausschüttungsreiz an den bereits eingeschränkt arbeitenden B-Zellen noch verstärken, besteht die Gefahr einer zu schnellen »Erschöpfung« der B-Zellen. Das heißt, dass diese Zellen ihre Fähigkeit Insulin auszuschütten vollständig verlieren. So kann nach einiger Zeit – manchmal erst nach Jahren – ein nicht insulinpflichtiger Typ-2-Diabetiker *insulinpflichtig* werden. Dieses Phänomen bezeichnet man als *sekundäres Sulfonylharnstoff-Versagen*. Häufiger beruht die Verschlechterung der diabetischen Stoffwechsellage jedoch auf Diätfehlern des Patienten oder anderen Ursachen.

Eine neue Wirkstoffgruppe mit ähnlichem Wirkmechanismus sind die *Glinide*. Hierzu zählt Repaglinid, das ebenfalls durch Erhöhung der intrazellulären Kalium-Konzentration die Insulinausschüttung verstärkt. Aufgrund seiner kurzen Wirkdauer sollte es unmittelbar vor jeder Hauptmahlzeit eingenommen werden, um Blutzuckerspitzen zu vermeiden.

Es geht auch anders

Einen ganz andere Wirkungsweise haben *orale Antidiabetika* aus der Gruppe der *Biguanide* wie z. B. Metformin. Sie senken den Blutzuckerspiegel, indem sie die Glucoseabgabe aus der Leber reduzieren und die Aufnahme von Glucose aus dem Blut und ihre Verwertung in Muskel- und Fettgewebe fördern. Der Wirkungsmechanismus der Biguanide ist im Einzelnen noch nicht geklärt. Man weiß jedoch, dass sie in den Stoffwechsel der Leberzellen eingreifen, indem sie die Aktivitäten verschiedener Enzyme und anderer Proteine beeinflussen. Da die Biguanide die Insulinausschüttung aus dem Pankreas nicht erhöhen, besteht keine Gefahr einer Unterzuckerung. Des Weiteren kommt es bei einer Langzeittherapie mit Metformin eher zu einer Gewichtsabnahme, was bei übergewichtigen Typ-2-Diabetikern von Vorteil sein kann. Trotzdem spielen die Biguanide in der Therapie des Diabetes eine eher untergeordnete Rolle, weil sie eine Reihe schwerwiegender Nebenwirkungen entfalten können. Diese reichen von Störungen des Appetits und der Verdauung bis hin zu ernsten Entgleisungen des Säure-Base-Haushalts im Körper. Durch eine stark vermehrte Produktion von Milchsäure kann es zu einer Erniedrigung des pH-Werts im Blut, einer *Lactacidose*, kommen. Diese Gefahr besteht vor allem bei Patienten mit eingeschränkter Leber- und Nierenfunktion.

An der Wurzel gepackt: Insulinsensitizer

Neue Therapieansätze zielen darauf ab, die bei Typ-2-Diabetikern auftretende eingeschränkte Empfindlichkeit der Fett-, Muskel- und Leberzellen gegenüber dem Insulin zu verbessern und damit Insulinwirkung an den Körperzellen zu »reaktivieren«. Das heißt, diese Wirkstoffe bekämpfen eine der Ursache des Typ-2-Diabetes: die *periphere Insulinresistenz* (s. Abb. 5). Es handelt sich um *Insulinsensitizer* aus der Gruppe der *Thiazolidindione* wie Rosiglitazon und Pioglitazon. Sie senken den Blutzuckerspiegel, reduzieren aber gleichzeitig den Spiegel der freien Fettsäuren im Blut und haben dadurch zusätzlich positiv Effekte auf den Stoffwechsel, möglicherweise auch auf die Gefäße. Die Wirkung der *Glitazone* wird über ein Protein namens PPARγ vermittelt, das im Zellkern als Transkriptionsfaktor wirkt (→ Molekulare Genetik). Letztendlich bewirken die Glitazone eine verstärkte Ablesung (Transkription) von bestimmten Genen, was wiederum dazu führt, dass das Insulin seine Wirkung auf die Körperzellen wieder entfalten kann. Unter der Therapie mit Glitazonen kann es aufgrund der nun verstärkten Insulinwirkung zu einer leichten Gewichtszunahme kommen. Außerdem besteht die Tendenz einer vermehrten Wassereinlagerung in den Beinen (Ödeme), vor allem bei gleichzeitiger Gabe von nichtsteroidaler Antiphlogistika (s. Kap. 1). Da Langzeiterfahrungen noch fehlen, muss über die Wirksamkeit und Sicherheit dieser viel versprechenden Therapieoption die Zukunft Aufschluss geben.

Off limits. Den Zucker ausschließen

Ein wiederum völlig anderer Angriffspunkt für die orale Therapie des Typ-2-Diabetes liegt in der *Verminderung der Glucoseaufnahme* vom Magen-Darm-Trakt ins Blut. Die Darmschleimhaut enthält eine ganze Reihe kohlenhydratspaltender Enzyme (→ Enzyme), darunter die so genannte α-Glucosidase. Dieses Enzym spaltet Disaccharide (Zweifachzucker) in Monosaccharide (Einfachzucker). Nur diese Einfachzucker können von der Darmschleimhaut aufgenommen werden und so ins Blut gelangen. Der Wirkstoff Acarbose hemmt die α-Glucosidase und reduziert so die Glucoseaufnahme aus dem Darm. Auf diese Weise können Blutzuckerspitzen nach dem Essen vermindert werden.

Ein relativ neues Präparat mit vergleichbarer Wirkung ist Guarmehl, das die Verweildauer der Nahrung im Magen verlängert, so dass Zucker und andere Nahrungsbestandteile im Darm erst nach und nach resorbiert werden können. Die Verdauung wird zeitlich verzögert, was Blutzuckerspitzen direkt nach dem Essen vermindert. Sowohl Guar als auch Acarbose finden als Hilfsstoffe auch bei Typ-1-Diabetikern Verwendung, da sie sich gut mit einer Insulintherapie kombinieren lassen.

Zu guter Letzt ...

Die Prognose des Diabetes mellitus hängt entscheidend vom Auftreten von Spätschäden ab. Dabei spielen vor allem die Gefäßkomplikationen die entscheidende Rolle. Deshalb kann und darf sich eine Therapie des Diabetes mellitus nicht allein auf eine Normalisierung des Blutzuckers reduzieren, sondern muss z. B. eine Normalisierung des Gewichts, des Fettstoffwechsels und des Blutdrucks mit einbeziehen. Dies fordert sowohl dem Patienten als auch dem Therapeuten ein Höchstmaß an Disziplin ab, doch dieser Einsatz lohnt sich!

Wirkstoffe und Handelsnamen

Wirkstoff	Handelsname	Bemerkungen
Acarbose	Glucobay®	auch bei Typ-1-Diabetikern eingesetzt (glättet schwankende BZ-Werte)
Glibenclamid	Duraglucon®, Euglucon®	Sulfonylharnstoffderivat
Guarmehl	Glucotard®	auch bei Typ-1-Diabetikern eingesetzt
Insulin (Normal-Insuline)	z. B. Actrapid® Insuman® Rapid Insulin S.N.C.® Huminsulin® Normal	kurz wirksame Insuline (humane oder Schweineinsuline)
Insulin (Verzögerungs-Insuline)	z. B. Protaphan® Insuman basal® B-Insulin SC® Huminsulin Basal®	Die meisten der heute verwendeten Verzögerungsinsuline sind Intermediärinsuline.
Insulin (Kombinations-Insuline)	z. B. Actraphane® Insuman® Comb Berlinsulin H® Huminsulin Profil®	
Insulinlispro	Humalog®	verändertes Humaninsulin mit schnellem Wirkungseintritt $28_B \rightarrow Lys$, $29_B \rightarrow Pro$
Metformin	Glucophage®	Biguanid, beeinflusst Glucosestoffwechsel
Pioglitazon	Actos®	Insulinsensitizer
Repaglinid	NovoNorm®	stimuliert Insulinsekretion
Rosiglitazon	Avandia®	Insulinsensitizer
Tolbutamid	Orabet®	schwach wirksames Sulfonylharnstoffderivat

16

Wohl bekomm's!
Mittel zur Steuerung der Verdauung

Nina Schaffert

Freitagabend bei einem Geschäftsessen in einem feinen Lokal irgendwo in Deutschland. Anwesend ist eine Reihe wichtiger Leute, darunter der Chef mit seiner Frau, der neue Geschäftspartner aus Amerika und der Vorstandsvorsitzende. Kerzenlicht, leise klassische Musik, gute Unterhaltung – plötzlich durchdringt ein unangenehmer Geruch den Raum. Er erreicht unsere Nase, und wir erschrecken. Es wird einem doch nicht selbst etwas entfleucht sein – NEIN. Man schaut sich um. War es etwa die etwas arrogant dreinblickende Dame von schräg gegenüber, die sich so gelangweilt mit ihrem Tischnachbarn unterhält, der korpulente Herr im Nadelstreifenanzug, der so gedankenverloren an seiner Zigarre zieht, oder etwa der Ober, der gerade dabei ist, das Dessert zu servieren? Wer kennt sie nicht, diese Situationen, wo einem unbeabsichtigt Gerüche entweichen und man hofft, derer nicht verdächtigt zu werden? Niemand ist davor gefeit. Selbst der Papst, George W. Bush oder Madonna tun es. Am besten schaut man sich naserümpfend um, vortäuschend, man sei auf der Suche nach dem Verursacher. Wer aber hat sich schon mal Gedanken über die Ursache der »duftenden Laute« gemacht?

Bis zum Beginn des 17. Jahrhunderts nahm man an, bei der Verdauung handle es sich lediglich um eine Zersetzung der Nahrung durch Körperwärme. Heute weiß man, dass das Ganze weitaus komplizierter ist. Die Verdauung der Nahrung ist eine unabdingbare Voraussetzung dafür, dass der Körper aus den aufgenommenen Nährstoffen Energie und Baustoffe für Wachstum und Erhaltung des Körpers gewinnen kann. Die Verdauung umfasst viele Teilschritte, die bereits kurz nach der Nahrungsaufnahme im Mund beginnen. Besonders wichtig sind dabei *Verdauungsenzyme* (→ Enzyme), die in großer Zahl in allen Abschnitten des Magen-Darm-Traktes vorkommen. Sie beschleunigen die Zerlegung der Nahrung in chemische Bausteine, die vom Körper aufgenommen (resorbiert) werden können. Wie wichtig diese Enzyme sind, wird klar wenn man sich vor Augen führt, dass es ohne sie viele Jahre dauern würde, bis eine einzige Mahlzeit in die verwertbaren Bestandteile zerfallen wäre.

»Da läuft einem ja das Wasser im Mund zusammen«

Begeben wir uns auf eine Expedition in die Tiefen des Magen-Darm-Traktes (Abb. 1), um das Schicksal der Nahrungsstoffe und – irgendwann – auch die Ursachen der unangenehmen Gerüche zu ergründen. In der *Mundhöhle*, der ersten Station unserer Reise, wird die feste Nahrung durch *Kauen* zerkleinert. Dadurch und durch den leckeren Geruch der Nahrung wird die Produktion von *Speichel* angeregt, welcher mit der Nahrung zu einem geschmeidigen Speisebrei vermischt wird. Täglich produzieren wir bis zu 1,5 Liter Speichel, der zu 99 % aus Wasser besteht. Zusätzlich enthält der Speichel aber auch Schleim, Mineralien (Elektrolyte) und Enzyme, die langkettige Kohlenhydrate spalten können. Die *Amylasen* (lat. *amylum* = »Stärke«) beginnen mit dem Abbau der Stärke in der Nahrung, während das *Lysozym* die Zellwände von Bakterien angreift. Durch Schlucken gelangt der Nahrungsbrei in die *Speiseröhre*, einen 25–30 cm langen Muskelschlauch, der ihn in den Magen transportiert. Damit es nicht zu einem Rückfluss von Nahrung und Magensaft in die Speiseröhre kommt, ist diese an beiden Enden durch ringförmige Muskeln verschlossen.

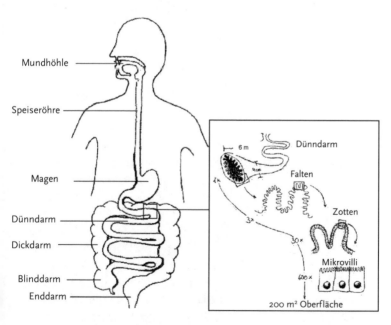

Abb. 1: Der Weg der Nahrung durch den Körper.

Der Magen – Rumpelkammer und Hexenküche

Nun nähern wir uns dem ersten Höhepunkt unserer Expedition, dem *Magen*, den man sich als nicht ganz prall gefüllten Ball vorstellen kann, dessen Wände sich eindrücken lassen. Der Ball zieht sich abwechselnd zusammen und entspannt sich wieder. Diese Art der Bewegung (die *Peristaltik*), die vom Magen selbst reguliert wird, führt zu einer Durchmischung und Zerkleinerung des Nahrungsbreis. Außerdem sind im Magen Verdauungsenzyme tätig, die vor allem Eiweiße in kleinere Bestandteile zerlegen. Sie werden dabei durch den *Magensaft* unterstützt, der von der Magenschleimhaut, dem Innenfutter des Magens, produziert wird. Den Hauptbestandteil des Magensaftes bildet die *Salzsäure*, ein stark saures Gemisch von H^+- und Cl^--Ionen, die von speziellen Zellen der Magenschleimhaut produziert und abgegeben werden. Die Magensäure schafft optimale (in diesem Fall saure) Arbeitsbedingungen für die dort tätigen Enzyme, vor allem *Pepsin*. Außerdem verhindert die Säure, dass die in der Nahrung vorhandenen Bakterien die Magenpassage überstehen. Gesteuert wird die Tätigkeit des Magens durch *Hormone* (→ Signalstoffe), die zum Teil im Magen selbst oder in späteren Abschnitten des Verdauungstrakts gebildet werden (s. u.).

Rein damit ...

Während Flüssigkeiten den Magen durch die *Magenpforte* (Pylorus) sehr rasch in Richtung Dünndarm verlassen können, dauert dies für feste Bestandteile deutlich länger. Im oberen Bereich des Dünndarms wird der noch sehr saure Nahrungsbrei durch die Zugabe von alkalischen Sekreten aus der *Bauspeicheldrüse* (Pankreas) neutralisiert, um günstige Bedingungen für die im Dünndarm aktiven Enzyme zu schaffen, die zu einem guten Teil ebenfalls aus dem Pankreas stammen. Der *Dünndarm* lässt sich (von oben nach unten) in drei Abschnitte unterteilen: den *Zwölffingerdarm* (Duodenum), den *Leerdarm* (Jejunum) und den *Krummdarm* (Ileum). Im Dünndarm werden die im Magen begonnenen Verdauungsvorgänge fortgesetzt und die dabei anfallenden kleinsten Nahrungsbestandteile vom Körper aufgenommen (resorbiert). Wie der Magen ist auch der Dünndarm mit einer Schleimhaut ausgekleidet, die nicht nur Enzyme und Hormone produziert, sondern auch für die Aufnahme (Resorption) der Nahrungsbestandteile zuständig ist. Damit sie diese Aufgabe erfüllen kann, hat sich die Natur etwas Besonderes einfallen lassen: Die Dünndarmschleimhaut ist nicht glatt sondern in Falten gelegt. Auf diesen *Schleimhautfalten* finden sich weitere kleinere Ausstülpungen, die *Darmzotten*. Deren oberste Schicht schließlich, das *Darmepithel*, besteht aus Zellen, die auf ihrer Oberfläche nun bereits mikroskopisch kleine Ausstülpungen (*Mikrovilli*) tragen. Diese mehrfache Fältelung verleiht dem Dünndarm, einem 6 m langen Schlauch von 4 cm Durchmesser, eine innere Oberfläche von 200 m^2 (Abb. 1)! Während der Passage durch den Darm wird dem Nahrungsbrei außer Nährstoffen auch Wasser entzogen, was zu einer allmählichen Andickung führt. Die im Darm aufgenommenen Substanzen (Nährstoffe, Salze, Vitamine, Spurenelemente und Wasser) gelangen ins Blut und werden mit diesem im Körper verteilt.

Der letzte Gang

Im *Dickdarm* (Kolon) angekommen, wird der zähflüssige Nahrungsbrei, der kaum noch verwertbare Nährstoffe enthält, weiter eingedickt. Die Dickdarmschleimhaut produziert im Gegensatz zu der des Dünndarms nur wenig Schleim und ist dicht mit Bakterien (der so genannten *Darmflora*) besiedelt. Um zu verhindern, dass Nährstoffe ausgeschieden werden, die während der vorangegangenen Verdauungsschritte »übersehen« wurden, wird der Darminhalt im Dickdarm in Aussackungen, so genannten *Haustren*, über einen längeren Zeitraum zurückgehalten. Unverdauliche, pflanzliche Faserstoffe (z. B. *Cellulose*), die von körpereigenen Enzymen nicht angegriffen werden können, werden dort von der Darmflora in Bausteine aufgespalten, die dem Körper dann doch noch zugute kommen. Außerdem produzieren die Bakterien der Darmflora Vitamine. Zu guter Letzt gelangen die unverdaulichen Überreste des Nahrungsbreis in den *Enddarm* (lat. Rektum), der dadurch stark gedehnt wird. Diese Dehnung regt Nervenfasern an, die dann »Stuhldrang« an das Gehirn signalisieren. Die tägliche Stuhlmenge beträgt etwa 100–150 g, die Entleerungshäufigkeit liegt zwischen 3 Stühlen/Tag und 3 Stühlen/Woche – je nach Ernährungsweise und persönlicher Konstitution.

Des Rätsels Lösung

Am Ende unserer Reise durch den Magen-Darm-Trakt treffen wir endlich auf die Hauptverursacher der »duftenden Laute«: die im Kolon lebenden Bakterien. Die meisten leben *anaerob*, d. h. sie können ganz ohne Sauerstoff auskommen. Als Energiequelle nutzen sie, wie bereits erwähnt, unverdaute und unverdauliche Nahrungsbestandteile und produzieren neben den für uns willkommenen Nährstoffen und Vitaminen auch beträchtliche Mengen an Gasen wie Methan (CH_4), Wasserstoff (H_2) und Kohlendioxid (CO_2), die notgedrungen früher oder später entweichen müssen (Abb. 2). Hinzu kommen Stickstoff (N_2) und Sauerstoff (O_2), die durch Verschlucken von Luft oder aus dem Blut in den Darm gelangt sind. Der bisweilen unangenehme Geruch der menschlichen Abgase stammt von flüchtigen Produkten des bakteriellen Eiweißabbaus, z. B. von Schwefelwasserstoff (H_2S) und anderen schwefelhaltigen Verbindungen. Vegetarier produzieren zwar meist mehr Gas als Fleischesser, sind aber, was die Duftnote angeht, in der Regel harmloser.

Neben dem Aufschluss unverdauter und unverdaulicher Nahrungsstoffe hat die Darmflora eine weitere wichtige Funktion: Sie verhindert eine Besiedelung des Darms durch krankheitserregende Bakterien und unterstützt so die Immunabwehr (→ Immunsystem).

Für Erkrankungen des Magen-Trakts sind die Gastroenterologen zuständig. Zu tun haben sie unter Anderem mit Störungen der Verdauung (*Maldigestion*) und der Nährstoffaufnahme (*Malabsorption*), mit verstärkten oder verminderten Darmbewegungen – *Durchfall bzw. Verstopfung* – oder mit Symptomen wie *Sodbrennen, Druck- und Völle-*

Abb. 2: Die Herkunft der Darmgase.

gefühl, Übelkeit und übermäßiger Gasbildung (*Flatulenz*). Besonders schwerwiegend sind Entzündungen und Geschwüre der Schleimhäute von Magen und Darm (→ Entzündung). Im Folgenden werden wir uns mit den Maßnahmen beschäftigen, die zur Behandlung solcher Erkrankungen zur Verfügung stehen.

Und er bewegt sich doch

Der Stuhlgang – immer wieder ein dankbares Thema. Klappt's oder klappt's nicht? Zu viel, zu wenig, zu hart oder zu weich? Kaum jemand, der nicht über schlechten Stuhlgang oder träge Verdauung zu klagen hatte. Insbesondere die *Verstopfung* ist ein verbreitetes Problem. Unter Verstopfung (*Obstipation*) versteht man die verzögerte Entleerung von trockenem und hartem Stuhl als Folge einer verlängerten Verweildauer der Nahrungsreste im Dickdarm und damit übermäßiger Andickung des Stuhls.

Verstopfung wird von den Betroffenen selbst diagnostiziert und meist auch ohne ärztliche Hilfe selbst behandelt. Die Regel, man müsse wenigstens einmal am Tag Stuhlgang haben, ist allerdings schlichtweg falsch. Jeder Körper hat seinen eigenen Rhythmus, der durch verschiedene äußere Faktoren beeinflusst wird. Für eine geregelte Verdauung ist vor allem eine ballaststoffreiche Ernährung wichtig. Als *Ballaststoffe* (Faserstoffe) bezeichnet man unverdauliche Fasern pflanzlichen Ursprungs wie z. B. *Cellulose*, Hauptbestandteil pflanzlicher Zellwände. Diese Stoffe sind allerdings alles andere als unnötiger Ballast: Sie fördern die Darmtätigkeit und die Abgabe von Verdauungssäften. Neben einem Mangel an Ballaststoffen in der Nahrung können auch Bewegungsmangel, Schwangerschaft, Flüssigkeitsmangel, Stress oder Reisen zu Verstopfungen führen. Auch als Nebenwirkung von Medikamenten können sie auftreten.

In der Regel sollte man zunächst versuchen, »Zivilisationsverstopfungen« durch Änderungen der Lebens- und Essgewohnheiten zu bessern. Erst wenn dies nicht hilft, kann man *Abführmittel* (Laxanzien) in Betracht ziehen, um die Darmentleerung zu erleichtern. Im Allgemeinen sollten Abführmittel aber nur für eine kurze Zeit oder einmalig vor Röntgenuntersuchungen und operativen Eingriffen verwendet werden. Auch bei Vergiftungen werden Laxanzien eingesetzt, um die Kontaktzeit zwischen der resorbierenden Darmschleimhaut und dem Gift zu verkürzen.

Abb. 3: Ein hartnäckiger Fall von Obstipation.

Die meisten Abführmittel erhöhen das Volumen des Darminhalts und damit den Innendruck im Darm. Die dadurch hervorgerufene Dehnung hat eine gesteigerte Darmperistaltik zur Folge, die wiederum zur rascheren Entleerung des Darms führt. Bei solchen Abführmitteln unterscheidet man drei verschiedene Wirkmechanismen:

Quellstoffe sind natürlich vorkommende oder künstlich abgewandelte Kohlenhydrate, die unverdaulich sind und im Darm unter Wasseraufnahme quellen. Die bekanntesten Wirkstoffe aus dieser Gruppe sind wohl **Leinsamen**, **Weizenkleie**, **Agar-Agar** – eine aus Algen gewonnen natürliche Substanz – und halbsynthetische **Methylcellulose**. Alle diese Quellmittel wirken wie natürliche Ballaststoffe 12 bis 24 Stunden lang und müssen mit ausreichend Flüssigkeit eingenommen werden, da es sonst zu einer Verklebung des Darms kommen kann.

Bei den *osmotisch wirkenden Abführmitteln* handelt sich um schwer resorbierbare Salze, wie *Magnesium-* und *Natriumsulfat* (Bittersalz und Glaubersalz), *Natriumphosphat* und *Natriumcitrat* oder um schwer resorbierbare Zuckeralkohole (*Mannit, Sorbit*) oder Zucker (*Lactose*). Da die Darmwand wie eine halbdurchlässige Membran wirkt, führt die Anwesenheit dieser Stoffe im Darminneren zu einer verminderten Aufnahme von Wasser aus dem Nahrungsbrei und bei höheren Konzentrationen sogar zur Abgabe von Wasser aus den Darmzellen in das Darminnere. Beides macht den Stuhl flüssiger und fördert so die Darmentleerung. Die synthetische **Lactulose** hat einen weiteren positiven Effekt: Sie wird im Dickdarm von Darmbakterien zu Essig- und Milchsäure vergoren. Beide Substanzen regen die Darmbewegung an und helfen so, Verstopfungen zu bekämpfen.

Die dritte Gruppe von Abführmitteln bilden Substanzen, die Aufnahme von Natrium und Wasser aus dem Nahrungsbrei hemmen und gleichzeitig die Abgabe von Wasser und Elektrolyten in den Nahrungsbrei stimulieren. Zu dieser Gruppe gehören Pflanzenextrakte, darunter neben *Rizinusöl* auch die *Sennawurzel, Aloe Vera* und *Rhabarber*. Letztere enthalten mit Zuckern verwandte Stoffe, sogenannte *Anthraglycoside*, die durch die Darmflora gespalten werden und dann ihre Wirkung auf die Darmschleimhaut entfalten. Auch die häufig verordneten synthetischen Wirkstoffe Bisacodyl und Natriumpicosulfat lassen sich in diese Gruppe einordnen.

Nach Risiken und Nebenwirkungen ...

... wird bei Abführmitteln leider so gut wie nie gefragt. Bei Missbrauch von Abführmitteln drohen aber nicht nur die im Beipackzettel beschriebenen Nebenwirkungen, eine erhebliche Gefahr ist auch die Gewöhnung des Darmes an die unterstützende Wirkung der Medikamente. So kann es zur Darmträgheit kommen, bei der die selbstständige Entleerung des Darmes nicht mehr möglich ist. Dieser so genannte »Abführmitteldarm« wird von Laien oftmals mit noch höheren Dosen des Abführmittels behandelt. So entsteht ein Teufelskreis, der nur durch Absetzen des Medikamentes unterbrochen werden kann. Da auch schwere Erkrankungen, wie z. B. Krebs, die Ursache von Verstopfungen sein können, sollten Abführmittel langfristig nur nach gründlicher ärztlicher Untersuchung und unter ärztlicher Aufsicht eingesetzt werden.

Montezumas Rache

Nicht weniger unangenehm als die Verstopfung ist der *Durchfall* (lat. *diarrhoe* = »Durchfluss«). In diesem Fall passiert der Nahrungsbrei den Darm so schnell, dass die Schleimhaut nicht genügend Zeit hat, die Nährstoffe und Elektrolyte aufzunehmen. Dann wird der Nahrung auch zu wenig Wasser entzogen, was die flüssige Beschaffenheit des Stuhls verursacht. Wegen der Störung des Wasser- und Elektrolythaushaltes kommt es oft zusätzlich zu einer Sekretion von Flüssigkeit aus dem umliegenden Gewebe in das Innere des Darms und damit zu einer zusätzlichen Verflüssigung des Speisebreis.

Auch Durchfall wird häufig ohne ärztlichen Rat mit Hausmitteln behandelt. Beim so genannten Reise- oder Sommerdurchfall (einer

Sammelbezeichnung für Durchfallerkrankungen nach Ortswechsel, veränderten Essgewohnheiten oder Stress) ist dies durchaus vertretbar. Zu den bewährten Hausmitteln gehören Bananen, ungesüßter schwarzer Tee, ballaststoffreiche Kost (Äpfel, Zwieback, Reis), Kohletabletten (*Carbo medicinalis*) und das wohl verbreitetste Duo gegen Durchfall – Cola und Salzstangen. Blutwurz, Heidelbeere und die schwarze Johannisbeere enthalten Gerbsäuren und wirken dadurch *adstringierend* (lat. »zusammenziehend«). Die obersten Zellschichten der Darmschleimhaut werden so »abgedichtet« und können weniger Flüssigkeit in den Nahrungsbrei abgeben. Da Durchfallerkrankungen mit einem starken Verlust an Wasser und Elektrolyten einhergehen, wird der Organismus mit der Zeit immer mehr geschwächt – eine Entwicklung, die lebensbedrohlich werden kann. Deshalb ist es besonders wichtig, bei Durchfall viel Flüssigkeit zu sich zu nehmen und nach spätestens vier Tagen einen Arzt aufzusuchen.

Häufig beruhen Durchfälle auf Giftstoffen, die von Bakterien (z. B. Salmonellen) ausgeschieden werden. Auch eine erhöhte Durchlässigkeit der Darmschleimhaut kann Durchfallerkrankungen verursachen. Durchfälle, die auf eine gesteigerte Darmperistaltik zurückgehen, lassen sich mit Loperamid oder Diphenoxylat behandeln. Beide Wirkstoffe gehören zu den Opioiden, d. h. sie sind mit Morphin verwandt (s. Kap. 1 und 21). Sie hemmen die Bewegung des Darms und verlängern so den Kontakt des Nahrungsbreis mit der Darmschleimhaut. Die Aufnahme von Nährstoffen, Elektrolyten und Wasser wird verstärkt und die Häufigkeit der Darmentleerung gesenkt. Bei bakteriell bedingten Durchfällen würde eine solche Ruhigstellung des Darmes die Aufnahme bakterieller Gifte erhöhen und deren Ausscheidung verringern. Deshalb sollten die Substanzen nicht zur Behandlung von Darminfekten eingesetzt werden.

Sauer macht nicht immer lustig!

Auch der Magen ist anfällig für Störungen. Wie bereits erwähnt, enthält der Magensaft die aggressive Salzsäure (ein Gemisch von H^+ und Cl^--Ionen), die von besonderen Zellen der Magenschleimhaut, so genannten *Belegzellen*, abgegeben wird. Belegzellen werden auf unterschiedliche Art und Weise zur Säureproduktion angeregt. Ein starker Reiz ist die Anwesenheit von Nahrung im Magen. Dies veranlasst andere Zellen in der Schleimhaut, so genannte G-Zellen, das Hormon

Gastrin auszuschütten, das seinerseits die Belegzellen stimuliert. Auch vom Gehirn erhält der Magen Anweisungen. Sie laufen über Bahnen des vegetativen Nervensystems (→ Nervensystem) und führen zur Freisetzung des Neurotransmitters *Acetylcholin*, der ebenfalls die Säureproduktion stimuliert. Acetylcholin und Gastrin veranlassen so genannte enterochromaffin-ähnliche Zellen (ECL-Zellen) dazu, *Histamin* freizusetzen, eine Substanz, die nicht nur an Allergien beteiligt ist (s. Kap. 10), sondern als Dritter im Bunde die Belegzellen zur vermehrten Abgabe von Säure anregt (Abb. 4).

Zum Schutz vor der Magensäure und dem Eiweiß spaltenden Pepsin produziert die Magenschleimhaut ständig *Schleim* (Mucin) als Barriere gegen die Säure sowie basische *Bicarbonat-Ionen* (HCO_3^-) zu ihrer Neutralisierung. Ohne diesen Schutz würde sich der Magen mit der Zeit selbst verdauen. Verantwortlich für die Bildung und Abgabe von Schleim und Bicarbonat sind die *Nebenzellen*.

Mit GERD ist nicht zu spaßen

Entscheidend für das Wohlbefinden des Magens und der oberen Dünndarmabschnitte ist also die Balance zwischen den aggressiven und den schützenden Produkten der Magenschleimhaut: der Magen-

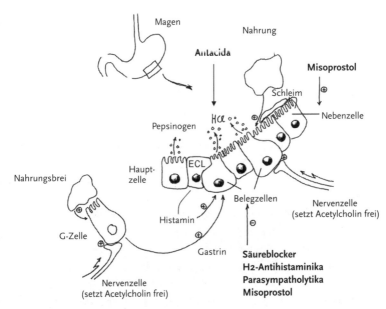

Abb. 4: Steuerung der Magensäurebildung.

säure und dem Pepsin auf der einen Seite stehen Schleim und Bicarbonat auf der anderen gegenüber. Ist das Gleichgewicht gestört, kommt es mit der Zeit zu Schäden der Schleimhaut von Magen und Zwölffingerdarm, die – wenn sie nicht behandelt werden – in *Geschwüre* (lat. Ulcera) übergehen können. Wird zuviel Säure gebildet, kann ein Teil davon auch in den unteren Teil der Speiseröhre aufsteigen, die nicht durch eine Schleimhaut geschützt ist. Die Folgen sind als »Sodbrennen« allgemein bekannt. Wenn sich die Speiseröhre dadurch entzündet, ist Schluss mit lustig. In der medizinischen Fachsprache heißt das Phänomen dann *Reflux-Ösophagitis* oder GERD (von engl.: *G*astro *E*sophageal *R*eflux *D*isease). GERD ist, ebenso wie chronische Magengeschwüre, nicht nur äußerst schmerzhaft, sondern richtig gefährlich, weil sich daraus ein Krebs entwickeln kann (s. auch Kap 17). An solchen Tumoren sterben in den Industrieländern mehr Menschen als an AIDS.

Zu einer erhöhten Säurebildung im Magen können viele Faktoren beitragen. Dazu gehören Stress, Rauchen, Alkohol, der übermäßige Gebrauch von NSARs (s. Kap. 1) oder eine Infektion der Schleimhaut mit dem Bakterium *Helicobacter pylori*. Zur Behandlung steht heute eine ganze Batterie von Medikamenten zur Verfügung, von denen nur die so genannten Antacida rezeptfrei erhältlich sind.

Säure + Base → Salz + Wasser
Diese Reaktion, die so genannte Neutralisierung, ist Ihnen möglicherweise aus dem Chemieunterricht im Gedächtnis geblieben. Tatsächlich ist sie auch die einfachste (und billigste) Möglichkeit, etwas gegen erhöhte Magensäure zu unternehmen, wenn erste Beschwerden auftreten. Als Basen dienen dabei die *Antacida* (lat. *anti* = »gegen«, *acidum* = »Säure«). Die meisten sind Hydroxide oder Carbonate der Metalle Natrium (Na), Calcium (Ca), Magnesium (Mg), Aluminium (Al) oder Bismut (Bi). Sie verbrauchen einen Teil der H^+-Ionen im Magensaft und erhöhen so den pH-Wert im Magen von 1–1,5 (sehr sauer) auf 3–4 (leicht sauer). Die verschiedenen Wirkstoffe unterscheiden sich in ihrer Resorbierbarkeit, ihrem Neutralisationsvermögen, der Geschwindigkeit, mit der sie wirken, und in den (auch hier nicht ganz unvermeidlichen) Nebenwirkungen. So können z. B. Magnesiumverbindungen zu Durchfallerkrankungen führen, weil sie die Freisetzung des Hormons *Cholecystokinin* aus Zellen der Dünndarmschleimhaut fördern und so die Darmbewegung ankurbeln. Im

Gegensatz dazu können Aluminiumverbindungen, die die Peristaltik hemmen, Verstopfungen bewirken. Viele Präparate enthalten deshalb eine Kombination aus laxierend wirkenden Magnesium- und eher stopfenden Aluminiumverbindungen.

Prinzipiell gilt, dass Antacida nicht über einen längeren Zeitraum eingenommen werden sollten, da die im Magen enthaltene Salzsäure auch mit der Nahrung aufgenommene Bakterien abtötet und dadurch einen wichtigen Abwehrmechanismus gegen die Besiedelung des Darms mit ungewünschten Mikroorganismen bildet. Die dauerhafte Veränderung des pH-Werts im Magen kann auch die Resorption von Eisen, Medikamenten und Vitaminen beeinträchtigen. Wenn Antacida die Beschwerden nicht innerhalb weniger Wochen deutlich bessern, sollten die Betroffenen zur Abklärung der Ursachen unbedingt einen Arzt konsultieren.

Helicopter pylori?

Sind im Magen und oberen Dünndarm bereits *Geschwüre* (lat. *ulcera*, Singular *ulcus*) vorhanden, muss schwereres Geschütz aufgefahren werden. Geschwüre können unbehandelt zu heftigen Blutungen führen und (wie erwähnt) sogar zu Tumoren entarten. Lange Zeit nahm man an, dass Magengeschwüre vor allem durch Stress, Alkohol, scharfes Essen und ähnliche Einflüsse hervorgerufen werden. Heute geht man davon aus, dass an der Entwicklung von Geschwüren im Magen-Darm-Trakt das Bakterium *Helicobacter pylori* entscheidend beteiligt ist. Bei 95 % aller Patienten mit Dünndarmgeschwüren (Ulcus duodeni) und 75 % der Patienten mit Magengeschwüren ließ sich dieser Erreger nachweisen. In diesen Fällen werden Magen- oder Zwölffingerdarmgeschwüre durch Antibiotika (s. Kap. 4–6) kombiniert mit einem Säureblocker (s. u.) behandelt. Diese so genannte Eradikationstherapie wird über sieben Tage durchgeführt und führt in über 90 % der Fälle zu einem Verschwinden von *Helicobacter pylori* und damit der Beschwerden.

Die Ursache für den bei Geschwüren auftretenden heftigen Schmerz ist die Reizung des angegriffenen Gewebes durch die Magensäure. Deswegen schmerzen Magengeschwüre morgens (wenn der Magen leer ist und kaum Säure bildet) und direkt nach Nahrungsaufnahme (wenn die Säure von der Nahrung aufgesogen wird) am wenigsten. Zum Schutz der gereizten Magenschleimhaut und zu deren Wiederherstellung werden Substanzen wie Sucralfat und Misoprostol eingesetzt. Sucralfat bildet unter den sauren Bedingungen im Magen eine Paste, die sich wie eine Art künstliche Schutzschicht über die Schleimhaut legt und die Abheilung des Geschwürs erleichtert. Misoprostol ist mit den Prostaglandinen verwandt (s. Kap. 1) und wirkt wie diese direkt auf die Schleim produzierenden Nebenzellen der Magenschleimhaut. Es steigert die Produktion von Schleim und Hydrogencarbonat und hemmt gleichzeitig die Salzsäureproduktion im Magen.

Der Säure entgegen ...

Neben den bereits besprochenen Antacida kommen zur Behandlung von Magen- und Darmgeschwüren *Säureblocker*, H_2-*Antihistaminika* und *Parasympatholytika* (Anticholinergika) zum Einsatz. Im Gegensatz zu den Antacida, die die Salzsäure neutralisieren, reduzieren oder verhindern sie die deren Bildung.

Trojanische Pferde im Einsatz: Pumpenhemmer

Die Tatsache, dass die Salzsäurekonzentration im Inneren des Magens fast eine Million mal höher ist als in den Zellen der Schleimhaut, stellt die Belegzellen vor ein Problem: Da sich gelöste Teilchen, wie hier die H^+-Ionen, durch Diffusion immer nur vom Ort der höheren zum Ort der niedrigeren Konzentration bewegen, wird für die Abgabe von Salzsäure aus den Belegzellen eine »Pumpe« benötigt, die die H^+-Ionen entgegen dem Konzentrationsgefälle ins Mageninnere transportiert. Eine solche Pumpe ist die *H^+/K^+-Protonenpumpe* (Abb. 5). Sie transportiert unter Energieverbrauch H^+-Ionen im Austausch gegen K^+ in den Mageninnenraum. Könnte man die Pumpe ausschalten, käme auch die Säurebildung zum Erliegen. Genau dies tun die Säureblocker aus der Wirkstoffgruppe der *Prazole*, z. B. Omeprazol, Lansoprazol, Esomeprazol oder Pantoprazol. Diese an sich harmlosen Verbindungen werden von den Belegzellen aus dem Blut aufgenommen und in das stark saure Mageninnere abgegeben. Dort werden sie durch die Säure in eine sehr angriffslustige Substanz verwandelt, die von außen mit der Protonenpumpe reagiert und sie dadurch ein- für allemal blockiert. Erst nach der Synthese von neuem Pumpenprotein ist die betroffene Belegzelle wieder in der Lage, Salzsäure abzugeben, was Tage dauern kann.

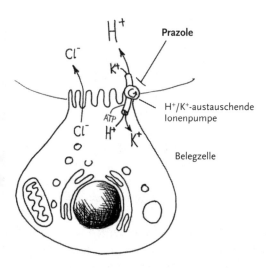

Abb. 5: Blockade der HCl-Produktion durch Prazole.

Ran an die Rezeptoren: H_2-Antihistaminika und Parasympatholytika

Wie bereits erwähnt, wird die Freisetzung von Salzsäure durch Histamin und Acetylcholin gefördert, die wie alle Signalstoffe an spezifische Rezeptoren auf der Zelloberfläche binden (Abb. 4; → Signaltransduktion). Für Histamin gibt es mehrere Rezeptoren mit unterschiedlichen Wirkungen. Die so genannten H_1-*Rezeptoren* vermitteln z. B. die Wirkungen des Histamins bei Entzündungen (s. Kap. 1; → Entzündung) und sind deshalb im Zusammenhang mit Allergien (s. Kap. 10) besonders wichtig. Für die Wirkung von Histamin auf die Belegzellen sind dagegen H_2-Rezeptoren verantwortlich. Ihre Aktivierung führt zur vermehrten Freisetzung von Salzsäure. Die H_2-*Antihistaminika* Cimetidin und Ranitidin wirken als so genannte *Antagonisten*. Sie binden wie Histamin an den Rezeptor und blockieren ihn. Auch dies kann die Abgabe von Salzsäure weit gehend zum Erliegen bringen.

Parasympatholytika wie Pirenzepin wirken ebenfalls antagonistisch, sie blockieren die Rezeptoren für Acetylcholin (so genannte muscarinische ACh-Rezeptoren). Der Effekt ist der gleiche – die Freisetzung von Salzsäure aus den Belegzellen wird gehemmt.

Des Guten zu wenig – Acida

Nicht nur eine Überproduktion von Salzsäure hat dramatische Folgen für das Wohlbefinden, auch ein Säuremangel aufgrund chronischer Entzündungen der Magenschleimhaut kann zu Verdauungsstörungen führen, die insbesondere den Eiweißabbau betreffen. Der Grund ist, dass die Enzyme des Magens, vor allem das Eiweiß spaltende *Pepsin*, auf eine saure Umgebung angewiesen sind. Pepsin wird von den Hauptzellen der Magenschleimhaut in inaktiver Form als Vorstufe Pepsinogen abgegeben. Durch den sauren Magensaft wird Pepsinogen gespalten und es bildet sich aktives Pepsin. Den Patienten, die meist unter Völlegefühl und Appetitlosigkeit leiden, verabreicht man Salzsäure oder Zitronensäure – ansäuernde Wirkstoffe also, die als *Acida* bezeichnet werden. Bei Salzsäuremangel gibt man zusätzlich Eiweiß spaltende Enzyme, die auch in einer weniger sauren Umgebung arbeiten können. Auch Coffein oder alkoholische Zubereitungen von Bitterstoffen (»Magenbitter«) können eine leicht stimulierende Wirkung auf die Salzsäureproduktion haben.

Nachhilfe

Wie bereits besprochen, sind für die Zerlegung der Nahrung in Bruchstücke, die vom Körper aufgenommen werden können, Enzyme notwendig, die im Speichel sowie im Magen-, Darm- und Bauchspeicheldrüsensaft enthalten sind (→ Enzyme). Die meisten Verdauungsenzyme werden von der Bauchspeicheldrüse (Pankreas) gebildet und in den oberen Dünndarm abgegeben. Erst dort entfalten sie ihre Wirkung. Deshalb ziehen Erkrankungen der Bauchspeicheldrüse einen starken Enzymmangel nach sich, der auch die Funktion anderer Organe beeinträchtigt und zu Verdauungsstörungen mit Durchfall und der Ausscheidung von unverdauter Nahrung führt. Zur Behandlung eines solchen Enzymmangels führt man die notwendigen Enzyme in gereinigter Form zu. Diese Art der Behandlung bezeichnet man als *Substitutionstherapie* (lat. »Ersatz, Austausch«). Dabei ist die Zubereitung besonders wichtig, da die empfindlichen Enzymmoleküle den sauren Magensaft unversehrt überstehen müssen (s. Kap. 27).

Du bist, was du isst!

Essen und Trinken halten bekanntlich Leib und Seele zusammen – allerdings nur, wenn auch die Verdauung mitspielt. Eine vernünftige Lebensweise und eine ausgewogene, ballaststoffreiche Ernährung helfen, die hier beschriebenen Störungen zu vermeiden. Im Notfall gibt's dann noch Tabletten, Tropfen und Tinkturen.

Wirkstoffe und Handelsnamen

Wirkstoff	Handelsname	Anmerkung
Antacida		
Aluminium- und Magnesiumhydroxide	z. B. Maaloxan®, Riopan®	schwache Basen, die die Magensäure neutralisieren
Antidiarrhoika		
Diphenoxylat	Reasec®	synthetisches Opioid, hemmt die Darmmotilität
Loperamid	Imodium®	schnell wirksames synthetisches Opioid, hemmt die Darmmotilität
H_2 *Antihistaminika*		
Cimetidin	Tagamet®	eingesetzt bei
Ranitidin	Zantic®, Sostril®	Refluxösophagitis, Gastritis, Ulcera
Laxantien		
Bisacodyl	Dulcolax®, Laxanin N®, Laxbene®	Abführmittel
Laktulose	Bifeteral®	Abführmittel
Natriumpicosulfat	Laxoberal®	Abführmittel
Protonenpumpenhemmer		
Esomeprazol	Nexium mups®	eingesetzt bei Refluxösophagitis
Lansoprazol	Agopton®, Lanzor®	und Ulcera; in Kombination mit
Omeprazol	Antra®, Gastroloc®	Antibiotika zur Eradikations-
Pantoprazol	Pantazol®	therapie gegen *Helicobacter pylori*
Parasympatholytikum		
Pirenzipin	Gastrozepin®	eingesetzt zur Prophylaxe des Stressulcus
Ulcustherapeutika		
Misoprostol	Cytotec®	synthetisches Prostaglandin, hemmt Magensäuresekretion
Sucralfat	Duracralfat®, Ulcogant®	eingesetzt zur Ulcusrezidivprophylaxe

17

Mit Chemie gegen den Krebs
Wirkungsweise von Cytostatika

Heike Göllner

Krebs ist keine Begleiterscheinung unserer modernen Zivilisation, denn schon die alten Ägypter kannten ihn. In Hieroglyphen auf Papyrus beschrieben sie Geschwülste und Tumoren und empfahlen zur Behandlung Arsen, Verbände oder operative Eingriffe. Obwohl Operationen noch heute eine wichtige Waffe im Kampf gegen den Krebs darstellen, hat die Wissenschaft auf dem Gebiet der Chemotherapie in den letzten fünfzig Jahren große Fortschritte gemacht. Ein gutes Beispiel dafür ist die akute lymphatische Leukämie des Kindesalters (ALL). Noch 1904 versuchte man sie (wie einst die Ägypter) mit Arseninjektionen zu behandeln. Im »Klinischen Wörterbuch« von 1943 ist zu lesen: »Die ALL (akute lymphatische Leukämie) ist keiner Therapie zugänglich, verläuft stets tödlich. Die Krankheitsdauer schwankt zwischen Tagen oder wenigen Wochen.« Heute werden 70–80 % der an ALL erkrankten kleinen Patienten durch eine Behandlung mit Cytostatika vollständig geheilt. Die Nebenwirkungen der Chemotherapie sind allerdings erheblich. Haarausfall, Übelkeit, Erbrechen und Müdigkeit sind häufige Begleiterscheinungen. Wie wirken Cytostatika und warum verursachen sie so dramatische Nebenwirkungen? Gibt es Alternativen? Warum wirkt kein Medikament gegen alle Krebsarten? Warum sind noch nicht alle Krebserkrankungen heilbar? Diesen Fragen wollen wir im vorliegenden Kapitel nachgehen.

Zellen außer Rand und Band

Krebs ist nicht ansteckend. Die Krankheit geht von körpereigenen Zellen aus, die sich verändern und beginnen, unkontrolliert zu wachsen. Jede Körperzelle hat das Potenzial, zu einer Krebszelle zu werden. Die Entartung von Zellen (man nennt diesen Vorgang auch *Transformation*) kann verschiedene Ursachen haben. Zu traurigem Ruhm gelangt sind z. B. Krebs erregende Stoffe im Zigarettenrauch oder radioaktive Strahlung. Alle Krebs erregenden (*cancerogenen*) Substanzen erzeugen zunächst *Mutationen*, d. h. Veränderungen im Erbgut der Zelle (→ Zellen). Längst nicht alle Mutationen führen allerdings zur Transformation, die meisten DNA-Veränderungen werden sogar von der Zelle selbst wieder repariert. Dennoch kann es in seltenen Fällen vorkommen, dass Mutationen bestehen bleiben, die die

Wachstumskontrolle beeinträchtigen (Abb. 1; 1. Mutation). Transformierte Zellen sind zunächst von gesunden nicht zu unterscheiden, teilen sich jedoch fast ungehindert. Man spricht dann von *Hyperplasie*. Verändern sich diese schnell wachsenden Zellen durch weitere Mutationen (2. Mutation), kommt es zur *Dysplasie* – ein Tumor wächst heran. Solange der Tumor benachbarte Zellen nicht verdrängt, nennt man ihn gutartig (*benigne*). Erwerben Zellen des Tumors durch weitere Mutationen (3. Mutation) die Fähigkeit, in umliegendes Gewebe einzudringen (*Infiltration*) und sich als *Metastasen* an anderen Stellen des Körpers anzusiedeln, ist der Tumor *maligne* (bösartig) geworden.

Hinter dem Begriff »Krebs« verbergen sich etwa hundert verschiedene Krankheitsbilder. Ihr gemeinsames Merkmal ist das unkontrol-

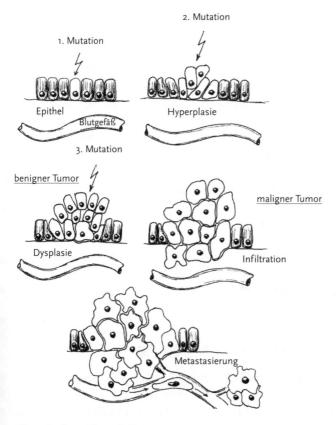

Abb. 1: Der lange Weg zum Tumor.

lierte Wachstum. Mit der Zeit dehnt sich das Tumorgewebe aus, stört die Funktion der Organe und bedroht schließlich das Leben des gesamten Organismus. Für die Prognose (die Heilungschancen) einer Krebserkrankung sind Ursprung und Charakter der entarteten Zelle und ihre Fähigkeit zur Metastasierung entscheidend. Immer jedoch gilt: Je früher ein Tumor erkannt wird, desto besser sind die Aussichten auf Heilung.

Kontrollverlust auf Raten

Mutationen sind häufige Ereignisse. Jede Zigarette löst in der Lunge an die 30 000 Mutationen aus. Die natürliche Strahlungsdosis, der ein Mensch während seines Lebens ausgesetzt ist, verursacht Hunderttausende von DNA-Veränderungen. Warum erkranken wir dann nicht alle an Krebs?

Wie bereits erwähnt, verfügt unser Körper über Reparaturmechanismen, die Mutationen im Erbgut erkennen und beseitigen. Spezialisierte *Enzymkomplexe* (→ Enzyme) wandern an der DNA entlang und kontrollieren sie auf Unregelmäßigkeiten, z. B. Fehler in der Basenpaarung. Falsch eingebaute oder veränderte Bausteine (Nucleotide) werden herausgeschnitten und durch richtige ersetzt. Die Reparaturmechanismen arbeiten so gut, dass sich pro Zelle und Jahr im Durchschnitt nur drei Mutationen manifestieren. Doch selbst wenn diese Mutationen zur Transformation führen sollten, ist das *Immunsystem* in der Lage, entartete Zellen aufzuspüren und zu vernichten (→ Immunsystem). Nur Tumorzellen, denen es gelingt, durch zusätzliche Mutationen dem Immunsystem zu entkommen, können zu einem Tumor auswachsen. Besonders dramatisch wirken sich Mutationen im Reparatursystem der Zelle aus. Fehler in der DNA können nicht mehr repariert werden, Mutationen häufen sich an und es entstehen mit der Zeit entartete Zellen, gegen die die körpereigene Abwehr machtlos ist.

Die innere Uhr tickt nicht mehr richtig

Die Fähigkeit zur raschen Teilung ist nicht auf Krebszellen beschränkt (→ Zellvermehrung). Zwar teilen sich die meisten Zellen eines Erwachsenen selten oder nic, es gibt aber auch Gewebe, die sich laufend erneuern. Die Haut tut dies z. B. alle zwei bis drei Wochen und auch die Zellen der Darmschleimhaut werden ständig durch neue ersetzt. Selbst ruhende Zellen lassen sich unter bestimmten Umständen wieder zur Teilung anregen. Entfernt man zum Beispiel Teile der Leber, werden sie in kurzer Zeit regeneriert.

Gesteuert wird die Zellteilung von Signalen, die von »außen« kommen und einen stimulierenden oder hemmenden Einfluss auf die Teilung nehmen. Sie beeinflussen ein molekulares Räderwerk im Zellkern, eine Art von »*innerer Uhr*« der Zelle, den so genannten Zellzyklus. Letztlich entscheidet diese Uhr nach Verrechnung aller eingegangen Signale, ob eine Zelle aus dem Ruhezustand in den Teilungskreislauf eintritt oder nicht. Bei fast allen Tumorzellen scheint diese Uhr »verrückt zu spielen«.

Eine Runde des Zellzyklus umfasst vier Phasen (Abb. 2; → Zellvermehrung). Im ersten Abschnitt, der *G1-Phase*, nimmt die Zelle an Größe zu und bereitet sich auf die Verdopplung der DNA (die *Replikation*) vor. Diese findet in der *S-Phase* statt. Danach durchläuft die Zelle eine weitere G-Phase (die *G2-Phase)*, in der die bevorstehende *M-Phase* (die *Mitose*) vorbereitet wird. In der Mitose teilt sich die Zelle in zwei Tochterzellen, wobei jede eine vollständige Chromosomenausstattung erhält. Entscheidet sich die Zelle, den Zyklus nicht noch einmal zu durchlaufen, verharrt sie in der *G0-Phase* (Ruhephase).

Dieses ausgefeilte Programm wird von einer Reihe spezieller Gene, z. B. solche für Transkriptionsfaktoren, gesteuert (→ Molekulare Genetik). Eine Gruppe von Proteinen sorgt für den Eintritt in die ein-

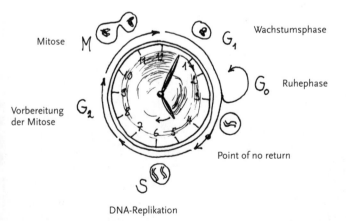

Abb. 2: Innere Uhr: der Zellzyklus.

zelnen Phasen des Zellzyklus. Andere, z. B. ein Protein namens *p53*, überprüfen den Gesundheitszustand der Zelle, die Unversehrtheit ihrer DNA und den erfolgreichen Abschluss der einzelnen Zyklusschritte. Schließlich gibt es Proteine, die den Zyklus anhalten können. Werden diese Kontrollproteine durch Mutationen geschädigt, gerät die Zellzyklusuhr außer Kontrolle, ignoriert bremsende Warnsignale und beginnt zu rasen. Selbst dann verbleibt dem Körper noch ein letzter Schutzmechanismus: Die meisten Zellen sind mit einem Sicherungssystem ausgestattet, das es ihnen ermöglicht, willentlich Selbstmord zu begehen. Dies geschieht z. B. dann, wenn wesentliche Bestandteile der Zelle geschädigt sind oder ihre Kontrollinstanzen ins Trudeln geraten. Die Selbstzerstörung einer geschädigten Zelle (die so genannte Apoptose) ist für den Erhalt der körperlichen Unversehrtheit sinnvoll: Die Gefahr, die von einer transformierten Zelle ausgeht, wiegt schwerer als der Verlust dieser einen Zelle.

Die Achillesferse

Vom Verlust der Wachstumskontrolle abgesehen, sind Tumorzellen gesunden Zellen sehr ähnlich. Ein Medikament, das gegen ein bestimmtes Protein in einer Krebszelle gerichtet ist, hemmt meist auch das entsprechende Protein in gesunden Zellen. Dies macht die Suche nach Wirkstoffen gegen Krebs sehr schwierig. Eines aber haben alle Tumore gemeinsam: Ihre Zellen teilen sich viel schneller als die der meisten anderen Gewebe. Genau diese Eigenschaft macht sich die Chemotherapie mit *Cytostatika* zunutze.

Wachstumsbremsen: Cytostatika

Cytostatika sind Wirkstoffe, die auf unterschiedliche Art und Weise die Zellteilung bremsen. Die meisten wirken selektiv auf Zellen, die sich in einer bestimmten Phase des Zellzyklus befinden. So hemmen viele Cytostatika die Verdopplung der DNA oder die Synthese der zum Aufbau der DNA nötigen Bausteine (Nucleotide). Solche Stoffe wirken vor allem in der S-Phase des Zellzyklus (Abb. 2). Andere Cytostatika verhindern das Umschreiben von DNA in RNA (die *Transkription*) oder die Synthese von Proteinen, die *Translation* (→ Zellvermehrung). Bestimmte Cytostatika (z. B. pflanzlicher Herkunft) blockieren dagegen die Teilung der Zelle in zwei Tochterzellen, die Mitose.

Tödliche Liebe: Interkalanzien und Anthracycline

Interkalanzien sind Substanzen, die sich in das Erbmaterial einlagern können (Abb. 3). Um ihre Wirkung zu verstehen, müssen wir den Aufbau der DNA genauer betrachten.

Unser Erbmaterial, die Desoxyribonucleinsäure (DNA), besteht aus zwei gegenläufigen Ketten oder Strängen aus Nucleotid-Bausteinen, die spiralig umeinander gewunden sind (→ Zellen). Die beiden DNA-Stränge werden durch Wechselwirkungen zwischen den Basen zusammengehalten. Vergleicht man das DNA-Molekül mit einer Wendeltreppe, entsprechen diese Basenpaare den Stufen.

Interkalanzien haben die Fähigkeit, sich zwischen zwei Stufen der DNA-Leiter einzulagern ohne deren chemische Struktur zu beeinflussen. Allerdings wird dadurch die räumliche Anordnung des DNA-Moleküls verändert. Das hat dramatische Folgen für Replikation und Transkription. Für den Ablauf beider Prozesse ist es notwendig, die Stränge aufzudrehen und voneinander zu trennen. In Gegenwart von Interkalanzien funktioniert dies nicht mehr richtig. Wegen der Störung von Replikation und Transkription ist die Zelle nicht mehr in der Lage, sich zu teilen oder Proteine für ihren Stoffwechsel herzustellen.

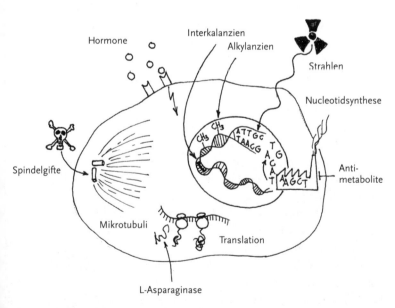

Abb. 3: Angriffspunkte von Cytostatika.

Die Folgen werden vor allem während der G1-und G2-Phase (Herstellung von Proteinen) und der S-Phase (Replikation der DNA) deutlich.

Das erste Interkalans Actinomycin wurde schon im Jahre 1940 entdeckt. Die größte und wichtigste Gruppe bilden jedoch die *Anthracycline* (s. Wirkstofftabelle am Ende des Kapitels). Diese Antibiotika werden aus verschiedenen Arten der Bakteriengattung *Streptomyces* gewonnen. Mitoxantron z. B. ist ein synthetischer Wirkstoff, der den Antracyclinen in Struktur und Wirkungsweise sehr ähnlich ist.

Schwerter zu Pflugscharen. Ein Giftgas als Cytostatikum

Die *Alkylanzien* waren die ersten Cytostatika, die in der Krebstherapie eingesetzt wurden. Entdeckt hat man sie als man während des Ersten Weltkrieges die Wirkung chemischer Kampfstoffe untersuchte. Soldaten, die durch »Senfgas« auf grausame Weise ums Leben gekommen waren, zeigten schwere Schäden am Knochenmark und anderen teilungsaktiven Geweben. Diese Beobachtungen führten zu der Vermutung, dass Senfgase als Medikamente im Kampf gegen Krebs nützlich sein könnten. Bis es allerdings zum klinischen Einsatz der so genannten *Stickstofflost-Derivate* kam (benannt nach Lommel und Steinkopf, den Erfindern des Kampfstoffs Lost), vergingen noch gut dreißig Jahre.

Als *Alkylanzien* bezeichnet man organische Verbindungen, die Alkylgruppen (z. B. Methylreste $-CH_3$) in andere Moleküle einführen können (Abb. 3). Die zur Tumortherapie eingesetzten Alkylanzien reagieren hauptsächlich mit der DNA. Sie alkylieren vor allem die Stickstoffatome der Basen Adenin, Guanin und Cytosin, das Sauerstoffatom im Guanin sowie die Phosphatreste (→ Zellen). Dadurch entstehen DNA-Schäden, z. B. Quervernetzungen (*Cross-links*) von Basen, die die Replikation unmöglich machen. Auch der Einbau falscher Nucleotide und Einzelstrangbrüche können Folgen alkylierender Substanzen sein. Durch die Schädigung der Erbinformation wird vor der nächsten Zellteilung der programmierte Zelltod, die Apoptose, ausgelöst und die Zelle stirbt ab.

Die hohe Wirksamkeit von Alkylanzien gegen Tumorzellen rührt daher, dass in langsam wachsenden gesunden Geweben die Reparatursysteme mehr Zeit haben, die Veränderungen an der DNA wieder rückgängig zu machen, während in Tumorzellen dafür kaum Zeit bleibt. Außerdem sind die DNA-Reparatursysteme von Tumorzellen oft nicht richtig funktionsfähig. Die DNA-Schäden werden dadurch so umfangreich, dass das zellinterne Selbstmordprogramm »anspringt« und die Krebszelle stirbt.

Die Gruppe der Alkylanzien umfasst viele verschiedene Substanzen, die sich in mehrere Untergruppen einteilen lassen (s. Wirkstofftabelle am Ende des Kapitels). Die Namen dieser Gruppen sind teilweise wahre Zungenbrecher. Wichtig ist, dass die Substanzen einer Gruppe in Zusammensetzung, Wirkung und Nebenwirkungen sehr ähnlich sind.

Pfusch am Bau: Antimetabolite

Alkylanzien und Interkalanzien nehmen direkten Einfluss auf die Struktur der DNA. Ganz anders wirken die Antimetabolite. Man unterteilt sie in zwei Gruppen, die *Purin-/Pyrimidin-Antagonisten* und die *Folsäure-Antagonisten*. Beide Substanzklassen verhindern die Replikation, indem sie die Synthese der DNA-Bausteine (Nucleotide) blockieren (Abb. 3).

Chemisch leiten sich die DNA-Basen von den Ringverbindungen *Purin* und *Pyrimidin* ab. Die Synthese der DNA-Bausteine ist langwierig und verläuft in zahlreichen aufeinander folgenden Schritten, so genannten Stoffwechselwegen (→ Stoffwechsel). Für die Synthese der Purin- und der Pyrimidin-Nucleotide gibt es verschiedene Stoffwechselwege; deshalb unterscheidet man Purin- und Pyrimidin-Antagonisten. Angriffspunkt aller Antimetabolite sind Enzyme dieser Nucleotidsynthese. Viele Antimetabolite ähneln in ihrer Struktur bestimmten Nucleinsäurebasen und sind deshalb in der Lage, als Gegenspieler (Antagonisten) Enzyme auszuschalten, die für die Synthese des betreffenden Nucleotids notwendig sind. Die Reaktionskette bricht damit ab und die DNA kann wegen des Mangels an dem betreffenden Baustein nicht mehr repliziert werden.

Purin- und Pyrimidin-Antagonisten wirken zusätzlich über einen weiteren Mechanismus. Sie blockieren nicht nur Enzyme der Nucleotid-Synthese, sondern werden auch selbst »irrtümlich« an Stelle der natürlich vorkommenden Nucleotide in DNA oder RNA eingebaut. Die DNA-Replikation wird dadurch gestört und auch bei der Proteinsynthese (Translation) treten Fehler auf, da die »fremden« Basen in der RNA falsche Informationen für den Zusammenbau der Proteine liefern.

Die zweite wichtige Gruppe der Antimetabolite sind die Folsäure-Antagonisten. Folsäure ist ein Vitamin und Vorstufe eines *Coenzyms* (→ Enzyme), das im Körper unter anderem dazu dient, Methylengruppen *(*CH_2*-Gruppen)* auf andere Moleküle zu übertragen. Die aktive Form der Folsäure (das Coenzym *Tetrahydrofolat*, THF) geht durch Abgabe seiner Methylengruppe in *Dihydrofolat* (DHF) über und muss wieder mit einer CH_2-Gruppe beladen werden, bevor es (als THF) erneut wirken kann. Dies erledigt ein Enzym namens *Dihydrofolat-Reduktase*. Folsäureantagonisten binden wegen ihrer chemischen Ähnlichkeit mit DHF an die Dihydrofolat-Reduktase und blockieren sie. THF kann nicht mehr regeneriert werden. Der bekannteste Vertreter der Folsäureantagonisten ist das hoch wirksame Methotrexat. In niedrigen Dosen wird Methotrexat auch als Medikament gegen Rheuma eingesetzt (s. Kap. 3), da es auch hemmenden Einfluss auf Entzündungsreaktionen im Körper nehmen kann.

Natürlich giftig

Bevor sich eine Zelle teilen kann, muss sie in der S-Phase des Zellzyklus ihren Chromosomensatz verdoppeln (→ Zellvermehrung). Bei der eigentlichen Trennung der beiden Zellen während der Mitose müssen beide Chromosomensätze zu den entgegengesetzten Enden der Zelle bewegt werden. Eine wichtige Aufgabe übernehmen dabei Fäden aus Proteinmolekülen (*Mikrotubuli*), die sich ausgehend von den beiden Enden der Zelle an die Chromosomen heften. Ziehen sich die Mikrotubuli zusammen, wird jeweils ein kompletter Chromosomensatz zu den beiden Polen der Zelle gezogen. Wird der Aufbau dieser *Mitosespindel* gestört, kann die Zellteilung nicht stattfinden. Substanzen, die auf diese Weise die Zellteilung verhindern, nennt man *Spindelgifte* (Abb. 3).

Zu den »klassischen« Spindelgiften gehören die Vinca-Alkaloide. Sie stammen aus einer Immergrün-Art (*Vinca rosea*) und verhindern den Aufbau der Mikrotubuli, indem sie an das Protein *Tubulin* binden. Die Chromosomensätze werden nicht mehr ordnungsgemäß getrennt und verteilen sich willkürlich im Cytoplasma mit der Folge, dass die Mitose nicht zu Ende geführt werden kann. In den letzten Jahren hat die aus verschiedenen Eibenarten (*Taxus*) gewonnen Substanz Taxan, große Hoffnungen im Kampf gegen den Krebs geweckt. Die Mikrotubuli verlieren durch Bindung von Taxanen ihre Elastizität und lagern sich zu stabilen Bündeln zusammen. Die normale mitotische Spindel kann sich dann nicht mehr ausbilden und die Zellteilung wird gehemmt. Im Handel sind Paclitaxel, ein Wirkstoff aus der pazifischen Eibe, und sein Derivat Docetaxel, die vorwiegend bei Eierstock- und Brustkrebs angewendet werden.

Eines gegen ALL

Asparaginase ist ein Enzym, das ausschließlich zur Behandlung der akuten lymphatischen Leukämie (ALL) eingesetzt wird (Abb. 3). Wie bereits erwähnt, ist der Stoffwechsel von Tumorzellen und gesunden Zellen sehr ähnlich. Bei ALL gibt es jedoch glücklicherweise einen kleinen Unterschied. Die transformierten weißen Blutkörperchen (Leukocyten; → Blut), die für ALL verantwortlich sind, haben die Fähigkeit verloren, die Aminosäure *Asparagin* selbst herzustellen und sind deshalb auf die Zufuhr von außen angewiesen. Die therapeutisch eingesetzte Asparaginase baut im Blut der Patienten Asparagin zu Asparaginsäure ab. Die Tumorzellen können nun auf Grund des Asparagin-Mangels im Blut viele Proteine nicht mehr synthetisieren und sterben durch Apoptose ab. Asparaginase wird den Patienten in Kombination mit anderen Cytostatika (z. B. Vinca-Alkaloiden, Folsäureantagonisten und Pyrimidinantagonisten) verabreicht und ist ein wesentlicher Faktor für die erfolgreiche Chemotherapie der ALL.

Chemotherapie: Ein schmaler Grat

Man muss es immer wieder betonen: Das Dilemma der Chemotherapie von Tumoren besteht darin, dass Cytostatika in der Regel nicht zwischen gesunden und entarteten Zellen unterscheiden können. Die meisten Cytostatika sind extrem giftige Stoffe, die jede Zelle schädigen können. Die Anwendung von Cytostatika ist deshalb stets eine Gratwanderung zwischen der erwünschten Wirkung auf die Tumorzellen und den für den Patienten gerade noch tragbaren unerwünschten Wirkungen. Gesunde Körperzellen haben im Vergleich zu Krebszellen nur einen geringen Vorteil – sie teilen sich nicht oder nur sehr langsam. Deshalb hat die Regel »So viel wie nötig, so wenig wie möglich« in der Chemotherapie besonderes Gewicht. Nebenwirkungen lassen sich trotzdem nicht vermeiden.

Unerwünschte Wirkungen, die bei fast allen Cytostatika auftreten, sind Übelkeit und Erbrechen. Die Übelkeit entsteht nicht im Magen-Darm-Trakt, sondern im Brechzentrum im Gehirn, das von Cytostatika gereizt wird. Eine weitere Ursache ist die Freisetzung von Serotonin aus geschädigten Zellen. Nerven im Magen-Darm-Trakt, besonders Ausläufer des *Nervus vagus*, werden stimuliert und leiten die Reize bis ins Brechzentrum im Gehirn mit der gleichen Konsequenz – es kommt zu Übelkeit und Erbrechen.

Zu den Zellen, die sich besonders schnell teilen und deshalb gegen Cytostatika sehr empfindlich sind, gehört die Keimschicht der *Haarwurzeln* (s. Kap. 25). Werden diese Zellen durch Cytostatika geschädigt, verlieren die Haare ihre Verankerung und fallen aus. Neben der gesamten Körperbehaarung können sogar Finger- und Fußnägel ausfallen.

Das *Knochenmark* mit seinen verschiedenen Zellarten ist eines der Organe, die von Cytostatika am stärksten betroffen sind. Das Knochenmark produziert die zellulären Bestandteile des Blutes (→ Blut) und zeigt deshalb besonders hohe Teilungsraten. Durch eine Verminderung der Anzahl weißer Blutkörperchen wird das Immunsystem geschwächt und der Körper anfälliger für Infektionen. Die häufig auftretende Müdigkeit lässt sich auf die verminderte Zahl an roten Blutkörperchen zurückführen. Sie werden ebenfalls im Knochenmark produziert und dienen dem Sauerstofftransport im Blut. Nimmt ihre Konzentration ab, werden die Organe nicht mehr ausreichend mit Sauerstoff versorgt. Ein Nachlassen der Muskelkraft, Schwäche, Schwindelgefühl und Kopfschmerzen können die Folge sein. Auch die Vorläufer der Blutplättchen (*Thrombocyten*), die an Blutgerinnung beteiligt sind, stammen aus dem Knochenmark (s. Kap. 12). Eine erhöhte Blutungsneigung gehört deshalb ebenfalls zu den unerwünschten Wirkungen einer Chemotherapie.

Schließlich schädigen Chemotherapeutika auch die *Schleimhäute*. Davon sind vor allem der Mund- und Rachenraum sowie der Magen-Darm-Trakt betroffen. Sowohl Durchfall als auch Verstopfung können als Nebenwirkungen einer Chemotherapie auftreten. So hemmen die Spindelgifte die natürliche Bewegung der Darmwand, die den Darminhalt weitertransportiert (s. Kap. 16). Andere Cytostatika schädigen die Schleimhaut von Dünn- und Dickdarm und es entsteht Durchfall, weil nicht mehr genügend Flüssigkeit aus dem Stuhl in den Körper zurückgeführt wird. Zusätzlich wird der Stuhl schneller ausgeschieden und es bleibt weniger Zeit, die Flüssigkeit herauszufiltern.

Gefährliche Schlupflöcher

Unter Resistenz versteht man die verminderte Empfindlichkeit einer Tumorzelle gegenüber Cytostatika. Tumorzellen stehen während der Chemotherapie unter besonderem Selektionsdruck und können wegen ihrer raschen Vermehrung schneller auf diesen Druck reagieren als nicht transformierte Zellen. Sie zeigen deshalb ein besonderes »Talent«, sich der Situation anzupassen. Durch immer neue Mutationen erlangen Tumorzellen Fähigkeiten, die es ihnen erlauben, auch unter dem Einfluss von Cytostatika zu überleben. Da sich die Wirkstoffdosis nicht beliebig erhöhen lässt, wendet sich oft das Blatt: Plötzlich ist die gesunde Körperzelle anfälliger als die Tumorzelle, d. h. der oft zitierte kleine Vorsprung ist aufgeholt.

Mehrere Mechanismen sorgen dafür, dass Tumorzellen »lernen« können, den Cytostatika zu entkommen. Wie alle Wirkstoffe müssen Cytostatika von der Zelle aufgenommen werden. Dies geschieht häufig mit Hilfe von Transportern in der Zellmembran (→ Membranen). Krebszellen, die diese Transporterproteine nicht mehr herstellen oder Mittel und Wege finden aufgenommene Cytostatika wieder aus der Zelle auszuschleusen, können demzufolge durch Zellgifte nicht mehr geschädigt werden. Beides kommt leider häufig vor.

Auch über die Veränderung der Konzentration bestimmter Enzyme kann die Tumorzelle auf Cytostatika reagieren. Die Wirkung von Folsäure-Antagonisten wird in Tumorzellen z. B. dadurch abgeschwächt, dass sie einfach größere Mengen des betroffenen Enzyms, der Dihydrofolat-Reduktase, herstellt. Die Konzentration des Folsäure-Antagonisten reicht jetzt für eine Hemmung nicht mehr aus. Alternativ kann durch Mutation eine Dihydrofolat-Reduktase entstehen, die den Antagonisten nicht mehr so gut bindet. Andere Zellen sind in der Lage, einfach alternative Synthesewege zu beschreiten, die den durch Purin- und Pyrimidinantagonisten blockierten Weg umgehen. Tumorzellen »lernen«, durch ein verbessertes DNA-Reparatur-System die durch Alkylanzien und Interkalanzien verursachten Schäden an der DNA schneller zu beheben. Die Zellzyklus läuft dann ab, ohne dass es zur Apoptose kommt.

Die Alternativen

Operationen sind das älteste (und in vielen Fällen auch wirksamste) Verfahren zur Krebsbehandlung. Das gilt vor allem für Tumoren, die noch nicht mit ihren Nachbarorganen verwachsen sind und noch keine Metastasen gebildet haben. Entscheidend für den Operationserfolg ist die »großräumige« Entfernung des Tumors, also die Mitentfernung einer ausreichend breiten gesunden Randzone. Dadurch versucht man auszuschließen, dass kleine, noch nicht sichtbare Tumorausläufer zurückbleiben. Theoretisch genügt eine einzige entartete Zelle, um einen neuen Tumor entstehen zu lassen. In der Regel werden bei der Operation auch die umgebenden Lymphknoten entfernt und anschließend mikroskopisch auf Tumorbefall untersucht.

Die Strahlentherapie gilt neben der Operation und der Chemotherapie als eine der drei Säulen der Krebsbehandlung. Sie wird meist in Kombination mit einer Operation angewandt. Dank moderner Verfahren ist heute die zielgenaue Behandlung des Tumors möglich. Eingesetzt werden vor allem γ-Strahlen und Teilchenstrahlen (Abb. 3).

Körpereigene Hormone haben in manchen Organen eine wachstumsfördernde Wirkung. Die dafür empfänglichen Zellen besitzen Rezeptoren für das Hormon, die die Wirkung in die Zelle vermitteln (→ Signaltransduktion). Tumorzellen, die ja aus gesunden Zellen entstanden sind, behalten in vielen Fällen ihre Hormonrezeptoren und werden deshalb durch Hormone in ihrem Wachstum gefördert. Die Unterdrückung dieses hormonellen Wachstumsreizes hat bei einigen Tumorerkrankungen günstige Wirkungen und kann das Tumorwachstum sogar unter Umständen über längere Zeit stoppen. Das gilt vor allem für Brust- und Gebärmutterkrebs, die durch Östrogene zum Wachstum angeregt werden, und Prostatakrebs, der auf Testosteron reagiert. Voraussetzung für eine Hormontherapie ist der Nachweis, dass im Tumorgewebe der Hormonrezeptor vorhanden ist. Trifft dies zu, kann man davon ausgehen, dass ein Hormonentzug die Tumore in ihrem Wachstum hemmt (Abb. 3).

Zur Unterdrückung der wachstumsfördernden Wirkung von Hormonen gibt es verschiedene Methoden. So kann man die Bildung des betreffenden Hormons durch operative Entfernung der Hormondrüse oder durch deren medikamentöse »Ruhigstellung« verhindern. Alternativ kann man auch die Wirkung des Hormons in seinen Zielzellen blockieren. Dazu dienen Antagonisten des betreffenden Hormons

(s. Wirkstofftabelle am Ende des Kapitels). Wie immer handelt es sich dabei um Substanzen, die an die Rezeptoren für das betreffende Hormon binden und sie blockieren, ohne die spezifische Hormonwirkung (hier den Wachstumsreiz) zu entfalten.

Das körpereigene Abwehrsystem spielt bei der Entstehung und auch bei der Behandlung von Krebs eine entscheidende Rolle. Der Grundgedanke bei der Immuntherapie von Krebserkrankungen ist, den Körper bei der Bekämpfung des Tumors zu unterstützen. So versucht man, Substanzen zu verabreichen, die die Immunantwort stärken (Abb. 4). Dabei handelt es sich um Signalstoffe, so genannte *Cytokine*, die die Kommunikation zwischen den Immunzellen vermitteln. Eine weitere Möglichkeit besteht im Einsatz spezifischer *Antikörper*. Diese Proteinmoleküle heften sich an die Oberfläche von Tumorzellen und machen sie dadurch für das Immunsystem sichtbar. Derart markierte Krebszellen werden direkt angegriffen. Antikörper lassen sich auch mit Cytostatika oder radioaktiven Stoffen koppeln, um diese Substanzen gezielt an die Krebszellen heranzuführen. Leider waren die meisten Ansätze dieser Art bisher wenig erfolgreich

Große Hoffnungen setzt man nach wie vor auf die Gentherapie. Deren Ziel ist es, die entarteten Zellen wieder »gesund« zu machen

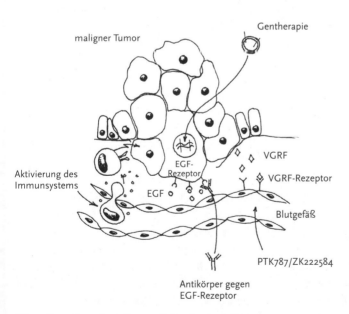

Abb. 4: Neue Therapieansätze zur Behandlung von Tumoren.

(Abb. 5). Beispielsweise versucht man, mutierte Gene, die unkontrollierte Zellteilungen ermöglichen, durch Kopien der gesunden Gene zu ersetzen. Ein heißer Kandidat ist z. B. das Gen, das für das p53-Protein kodiert. Immerhin enthält die Hälfte aller menschlichen Tumore veränderte p53-Gene. Leider stieß man bisher immer rasch an die Grenzen der Methode. Was in den Laboratorien einwandfrei funktionierte, ließ sich aus unterschiedlichen Gründen nicht auf den Menschen übertragen. Dennoch wurden schon kleine Fortschritte im Kampf gegen den Krebs erzielt und viele neue Ansätze sind in der Entwicklung.

Die Zeit steht nicht still ...

Ein viel versprechender neuer Angriffspunkt ist die Hemmung der Blutgefäßbildung (Abb. 5). Wie normale Zellen auch müssen Tumore mit Sauerstoff und Nährstoffen versorgt werden, die über Blutgefäße angeliefert werden. Überschreitet ein Tumor eine bestimmte Größe, kann er sich nur ausdehnen, wenn Blutgefäße in das Tumorgewebe einwachsen. In den letzten Jahren wurde intensiv untersucht, wie die Bildung von Blutgefäßen (die *Angiogenese*) gesteuert wird. Heute sind einige Wirkstoffe zur Hemmung der Angiogenese bereits in der klinischen Phase III (s. Kap. 29) mit bisher viel versprechenden Ergebnissen. So weiß man inzwischen, dass bei der Angiogenese der Wachstumsfaktor *VEGF* (Vascular Endothelial Growth Factor) und sein Rezeptor *R-VEGF*, der auf *Endothelzellen* lokalisiert ist, eine wichtige Rolle spielen. Einer der getesteten Wirkstoffe mit der vorläufigen Bezeichnung PTK787/ZK222584 zur Behandlung von Patienten mit Dickdarmkrebs hemmt die Tyrosin-Kinaseaktivität des VEGF-Rezeptors und unterbricht somit das Signal zur Bildung neuer Blutgefäße (→ Signaltransduktion).

Auch der Rezeptor für den Wachstumsfaktor *EGF* (*Epidermal Growth Factor*) steht im Fokus der Forschung (Abb. 5). Bei gesunden wie bei entarteten Zellen fördert EGF, wie der Name sagt, die Zellvermehrung. Tumoren bilden besonders große Mengen dieses Rezeptors und empfangen deshalb ständig starke Wachstumssignale. Tatsächlich zeigte es sich, dass Patienten mit Tumoren, die den EGF-Rezeptor verstärkt exprimieren, mehr Metastasen bilden und eine deutlich schlechtere Prognose haben. Um dem entgegenzuwirken, wurden Antikörper gegen den EGF-Rezeptor entwickelt, die durch

Bindung an den Rezeptor den Signalweg unterbrechen und gleichzeitig die Immunantwort gegen den Tumor verstärken sollen. Andere Substanzen sollen die Tyrosin-Kinaseaktivität des EGF-Rezeptors hemmen und dadurch die Signalkette unterbrechen (→ Signaltransduktion). Schließlich befinden sich auch Antikörper im klinischen Test, die mit einem Giftstoff gekoppelt sind, der nach Aufnahme des Antikörper-Rezeptor-Komplexes seine Wirkung in der Zelle entfalten soll.

Inwieweit solche Therapieansätze praktikabel sind und auch über längere Zeit Erfolge bringen, wird die Zukunft zeigen. Der Weg zum Erfolg liegt sicherlich nicht in einem einzigen Medikament, sondern in einer individuell angepassten Kombination aus unterschiedlichen Wirkstoffen. Nur dann besteht die Chance, alle Tumorzellen abzutöten, bevor sie gegen einzelne Wirkstoffe resistent werden. Die Erfolge bei der Behandlung der akuten lymphatischen Leukämie mit einem cytostatischen »Cocktail« sprechen für dieses Konzept. Sicher ist allerdings, dass noch ein langer Weg zurückzulegen ist, bevor Tumorerkrankungen endgültig ihren Schrecken verloren haben.

Wirkstoffe und Handelsnamen

Wirkstoff	Handelsname	Bemerkung
Interkalanzien		
Dactinomycin	Lyovac Cosmegen®	Actinomycin
Aclarubicin	Aclaplastin®	Anthracyclin
Doxorubicin	Adriblastin®	Anthracyclin
Mitroxantron	Novantron®	synthetisch
Alkylanzien		
Cyclophosphamid	Endoxan®	Stickstofflostverbindung
Ifosfamid	Holoxan®	Stickstofflostverbindung
Busulfan	Myleran®	Alkylsulfonat
Carmustin	Camubris®	Nitrosoharnstoffverbindung
Lomustin	CeCenu®	Nitrosoharnstoffverbindung
Dacarbazin	Detimedac®	Triazen
Thiotepa	Thiotepa »Lederle« ®	Ethylenimin
Carboplatin	Carboplat®	Platinkomplexverbindungen
Cisplatin	Platiblastin®	Platinkomplexverbindungen
Procarbazin	Natulan®	Methylhydrazinderivat
Mitomycin	Mitomycin medac®	Mitomycin
Altretamin	Hexamethylmelamin®	Altretamin
Antimetabolite		
5-Fluoruracil	Flurblastin®	Pyrimidinanalogon
Azathioprin	Imurek®	Purinanalogon
Methotrexat	Lantarel®	Folsäureanalogon
Spindelgifte		
Vinblastin	Felbe®	Vinca-Alkaloid
Vincristin	Vincristin Lilly®	Vinca-Alkaloid
Paclitaxel	Taxol®	Taxan
Docetaxel		Derivat des Paclitaxel
Hormone und Antagonisten		
Prednison	Decortin®	Glucocorticoid
Tamoxifen	Nolvadex®	Antiöstrogen
Flutamid	Fugerel®	Antiandrogen
Testosteron	Andriol®	Androgen

18

Besser als Schäfchen zählen?
Schlaf- und Beruhigungsmittel

Sascha Bade

Herr M. ist verzweifelt. Seit Tagen hat er nachts kein Auge mehr zugetan. Wieder einmal wälzt er sich im Bett hin und her und kann nicht einschlafen. Heute musste er sich von seinem Chef sagen lassen, er sei unmotiviert und konzentriere sich nicht mehr richtig auf die Arbeit. Dabei denkt er doch an nichts anderes mehr, als an seinen Job und die Verantwortung, die er trägt. Als ob das nicht schon genug wäre, hat er sich vorhin wieder mit seiner Frau gestritten – wie so oft in letzter Zeit. Sie sagte, er sei immer so gereizt. Sie hat ja Recht! Aber eigentlich ist Herr M. doch nur müde und will seine Ruhe. Dass sie das nicht begreifen will. Sie muss sich nicht wundern, wenn er dann mal aus der Haut fährt. Das soll jetzt ein Ende haben! Dabei hat Herr M. doch schon so viel ausprobiert, sogar das »Schäfchenzählen«. Es muss doch eine Möglichkeit geben, nachts wieder schlafen zu können! Vielleicht irgendwelche Tabletten oder Tropfen?

Schlafstörungen: Auf der Suche nach den Ursachen

Herr M. ist nur einer von vielen, die nicht richtig schlafen können. Von behandlungsbedürftigen Schlafstörungen sind 15–30 % der Bevölkerung betroffen. Frauen und ältere Menschen leiden besonders häufig darunter. Die möglichen Gründe sind vielfältig. So gibt es organische Ursachen, d. h. Erkrankungen, die den Schlaf beeinträchtigen. Beispiele sind häufiges nächtliches Wasserlassen auf Grund einer Herzschwäche, ständige Schmerzen oder starkes Schnarchen mit Anfällen von Atemnot (*Schlafapnoe*). Auch ungünstige Bedingungen im Schlafzimmer oder eine ungesunde Lebensweise am Tag verhindern oft einen gesunden Schlaf. Schlafstörungen, die durch geistige oder seelische Überbeanspruchung bedingt sind, also z. B. durch Angst, Ärger oder Depressionen, nehmen eine Sonderstellung ein und werden deshalb noch genauer betrachtet. Klar ist jedenfalls, dass es viele Gründe für eine Schlafstörung gibt. Entsprechend vielfältig sind auch die Möglichkeiten, diese zu beseitigen. Ein Patentrezept gibt es mit Sicherheit nicht!

Tabletten, Tropfen und Tinkturen. Cornelia Bartels, Heike Göllner, Jan Koolman, Edmund Maser und Klaus-Heinrich Röhm
Copyright © 2005 WILEY-VCH Verlag GmbH & Co. KGaA, Weinheim
ISBN 3-527-30263-8

Sauna, Espresso und »Pommes rot-weiß«

Der Mensch bleibt nur im Vollbesitz seiner geistigen und körperlichen Kräfte, wenn er ausreichend lange schläft. Von den 8760 Stunden eines Jahres verbringen wir etwa 3000 mit Schlafen – also nahezu ein Drittel. Die Schlafdauer ist individuell sehr unterschiedlich, sollte jedoch in der Regel sechs bis acht Stunden pro Tag nicht unterschreiten. Ein anhaltendes Schlafdefizit kann die körperliche und geistige Leistungsfähigkeit vermindern. Im Fall von Herrn M. führte dies zu familiären Streitigkeiten und beruflichen Misserfolgen, also weiteren Gründen für schlaflose Nächte.

Menschen, die unter Schlafproblemen leiden, sollten sich zunächst gründlich mit der eigenen Lebensweise beschäftigen. So können schlafstörende Einflüsse entdeckt und häufig auch beseitigt werden. Ein Verzicht auf die große Portion »Pommes rot-weiß« spät am Abend und auf den Espresso danach wirken oft Wunder. Auch sollte man das Schlafzimmer nicht mit der Sauna verwechseln. Die optimale Schlafzimmertemperatur liegt bei etwa 16 °C. Ältere Menschen klagen oft, sie hätten die halbe Nacht wach gelegen. Da ihr Schlafbedarf in der Regel höchstens sechs bis sieben Stunden beträgt, kann das einfach daran liegen, dass sie das Bett schon um 20 Uhr aufgesucht haben. Sind organische Grunderkrankungen die Ursache des Problems, sollte man zunächst versuchen, die Behandlung dieser Krankheit zu verbessern, also z. B. chronische Schmerzen wirksamer zu bekämpfen.

Unser Herr M. ist derjenigen Gruppe von Schlaflosen zuzuordnen, deren Schlaf durch seelische Probleme gestört ist. Er ist ein Paradebeispiel für Leute, die durch starke Anspannung und hohe Belastung im Beruf um ihre verdiente Nachtruhe gebracht werden. Diese Form der Schlafstörung unterscheidet sich von den anderen dadurch, dass sie nicht so einfach abgestellt werden kann. Hier ist es Aufgabe des

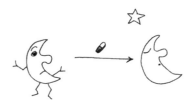

Abb. 1: Schön wär's!

Arztes, in einem persönlichen Gespräch die auslösenden Faktoren zu erkennen und Hilfestellung bei der Konfliktbewältigung zu geben. Trotzdem kann in manchen Fällen die Verordnung eines Schlafmittel oder eines Beruhigungsmittel notwendig sein. Schon jetzt sei betont, dass dies erst dann angezeigt ist, wenn andere Maßnahmen nicht zum gewünschten Erfolg führen.

Schon die alten Germanen kannten das »Sandmännchen«

Seit Beginn der Geschichte beschäftigten sich die Menschen mit dem Phänomen Schlaf. In der griechischen Sage waren Hypnos, der Schlaf, und Thanatos, der Tod, die Söhne der Nachtgöttin Nyx. Das deutsche Wort »Schlaf« ist altgermanischen Ursprungs. »Schlafen« bedeutete ursprünglich »schlapp werden« und ist mit dem Eigenschaftswort »schlaff« verwandt. Auch die alten Germanen sahen Schlaf und Tod als Geschwister und bezeichneten beide als »Sandmann« – was nichts mit Sand zu tun hat, sondern vermutlich »Sendbote« bedeutet. Ein früher rationaler Erklärungsversuch für den Schlaf stammt von Hippokrates, der aus der Abkühlung der Gliedmaßen folgerte, Schlaf entstehe aufgrund der Flucht von Blut und Wärme ins Innere des Körpers. Aristoteles sah in der Nahrungsauf-

Abb. 2: Das Sandmännchen ist da.

nahme die Ursache für die Entstehung des Schlafs. Seiner Ansicht nach beruhte der Schlaf auf Nahrungsausdünstungen, die in die Adern und anschließend mit der Lebenswärme in den Kopf gelangten und sich dort ansammelten. Im 19. Jahrhundert führte die Entwicklung der Naturwissenschaften allmählich zu fundierteren Erklärungsansätzen auf physiologischer und chemischer Grundlage. Ein Durchbruch gelang der modernen Schlafforschung mit der Entwicklung der Elektroenzephalografie (EEG). Mit diesem auch heute noch gebräuchlichen Verfahren ist es möglich, die im Gehirn entstehenden elektrischen Ströme aufzuzeichnen und in Form eines Schlafprofils verschiedenen Schlafstadien zuzuordnen.

Orthodox oder paradox – die Schlafphasen

Wodurch zeichnet sich nun gesunder Schlaf aus? Schlaf lässt sich definieren als ein »in Phasen ablaufender aktiver Erholungsvorgang des zentralen Nervensystems«, der vom Gehirn selbst kontrolliert wird. Der Schlaf ist verbunden mit der weit gehenden Ausschaltung des Bewusstseins und einer Umstellung der vegetativen Funktionen (Erniedrigung des Herzschlags und des Blutdrucks, Entspannung der Muskulatur, veränderte Hormonausschüttung). Im Gegensatz zur Bewusstlosigkeit und zum Koma lässt sich der Schlafende durch äußere Reize jederzeit aufwecken.

Der natürliche, erholsame Schlaf verläuft in verschiedenen Phasen (Abb. 3). Man unterscheidet *Tiefschlaf*, der 75–80 % der Schlafdauer ausmacht, und *Traumschlaf*, der in mehreren Episoden von 10–60 Minuten Dauer den Tiefschlaf immer wieder unterbricht. Beide Stadien lassen sich im EEG gut auseinander halten. Im *Tiefschlaf*, den man noch einmal in vier Stadien unterschiedlicher Schlaftiefe unterteilt, ändern sich die Hirnströme langsamer als im Wachzustand; außerdem sind die Ströme in verschiedenen Regionen des Gehirns synchronisiert, d. h. sie pulsieren im Gleichtakt. Der Kreislauf und die Muskelspannung sind stark reduziert, Träume treten kaum auf. Im Gegensatz dazu ist der *Traumschlaf*, wie der Name schon sagt, fast immer von Träumen begleitet, auch wenn wir uns später nicht mehr daran erinnern können. In diesen Schlafstadien, die den Tiefschlaf immer wieder unterbrechen, unterscheiden sich die EEG-Muster kaum von denen im Wachzustand. Die Aktivität des Gehirns ist genau so hoch oder höher als beim Wachen, während andererseits die Muskeln noch stärker erschlaffen als im Tiefschlaf. Weil dies paradox (widersinnig) erscheint, nennt man den Traumschlaf auch »paradoxen« Schlaf. Bei näherer Überlegung ist es durchaus sinnvoll, dass dem Gehirn im paradoxen Schlaf die Kontrolle über die Muskulatur entzogen wird. Kaum auszudenken, was wir sonst nachts alles anstellen würden! Eine andere Bezeichnung für den Traumschlaf geht auf die unbewussten schnellen Augenbewegungen zurück, die für diese Stadien typisch sind. Sie verhalfen dem Traumschlaf zum Namen »Rapid Eye Movement«-Schlaf oder kurz *REM-Schlaf*. Auch Hirnstoffwechsel, Hirndurchblutung und Körpertemperatur sind beim REM-Schlaf im Vergleich zu den anderen Schlafstadien gesteigert.

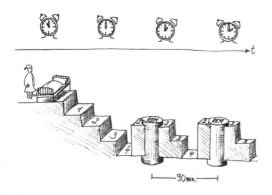

Abb. 3: Die Schlafphasen.

Ohne die REM-Phasen, die sich im Mittel alle 90 Minuten wiederholen und insgesamt 20–25 % der Schlafdauer ausmachen, ist der Schlaf nicht erholsam, auch wenn er lange dauert. Offenbar müssen wir nachts träumen, um tagsüber ruhig und ausgeglichen sein zu können. Welche Funktion die Träume haben, wird immer noch heiß diskutiert. Man hat spekuliert, dass sich das Gehirn auf diese Weise von unsinnigen Gedächtnisinhalten trennt, oder umgekehrt, dass es in Träumen zukünftige Handlungsmöglichkeiten »durchspielt«. Das Unlogische und Bizarre vieler Träume scheint darauf zu beruhen, dass bestimmte Gruppen von Neuronen, die sich im Wachzustand am bewussten, kontrollierten Denken beteiligen, im Schlaf nicht aktiv sind; sie überlassen also sozusagen den »Chaoten« unter den Nervenzellen das Feld.

Zu Wirkungen und Nebenwirkungen ...

Schlaf- und Beruhigungsmittel gehören in unserer heutigen Gesellschaft zu den am meisten verordneten Medikamenten. Dadurch ergeben sich hohe Anforderungen an diese Stoffe: Ihre Wirkung muss gut steuerbar sein und die Nebenwirkungen müssen möglichst gering gehalten werden. Wichtig ist auch, dass sich die Konsumenten von Schlaf- und Beruhigungsmitteln gründlich über erwünschte und unerwünschte Wirkungen informieren, um mit diesen Medikamenten einen sinnvollen Umgang pflegen zu können.

So oder so

Ein *Sedativum* (Beruhigungsmittel) hemmt die Aktivität des Gehirns und dämpft Erregungszustände, ohne dabei unbedingt den Schlaf zu fördern. Als *Hypnotikum* (d. h. als Schlafmittel im eigentlichen Sinne) wird ein Arzneimittel bezeichnet, wenn es in der Lage ist, das Einschlafen und Durchschlafen zu erleichtern. Schlafmittel und Beruhigungsmittel lassen sich allerdings nicht klar unterscheiden, da die vorherrschende Wirkung von der Dosierung abhängig ist. So kann – je nach Dosis – ein Sedativum zum Hypnotikum oder ein Hypnotikum zum Sedativum werden. Die früher als Schlafmittel genutzten Barbiturate (s. u.) wirken in höherer Dosis sogar betäubend, d. h. als Narkotika (s. Kap. 2).

Sedativa und Hypnotika sollten sich nach Möglichkeit durch eine begrenzte Wirkdauer auszeichnen. Diese ist unter anderem davon abhängig, wie schnell der Wirkstoff im Körper abgebaut wird (→ Pharmakokinetik). Medikamente, die als *Einschlafmittel* eingesetzt werden, sollten nur 2–3 Stunden, *Durchschlafmittel* höchstens 6–8 Stunden wirksam sein. Andernfalls kann es zum »Kater« (Hang-over) kommen. Er macht sich in Tagesmüdigkeit, Benommenheit, Konzentrations- und Aufmerksamkeitsstörungen bemerkbar. Auch die Reaktionsfähigkeit im Straßenverkehr kann beeinträchtigt sein. Alle diejenigen, die schon einmal eine Magen- oder Darmspiegelung über sich ergehen lassen mussten, können diesen Zustand wahrscheinlich nachvollziehen. Bei solchen Untersuchungen bedient sich der Arzt häufig der angstlösenden und muskelentspannenden Wirkung eines Sedativums. Es ist ratsam, unmittelbar danach auf die aktive Teilnahme am Straßenverkehr zu verzichten.

Sedativa und Hypnotika sollten außerdem eine große therapeutische Breite aufweisen (→ Pharmakodynamik), damit suizidgefährdeten Personen nicht die Möglichkeit geboten wird, die Medikamente zu missbrauchen. Die Wechselwirkungen mit anderen Medikamenten sollten möglichst gering sein. Jedoch kann gerade bei Schafmitteln die Wirkung durch gleichzeitige Einnahme von Psychopharmaka und durch Alkohol verstärkt werden. Schließlich sollten Schlafmittel bei regelmäßiger Einnahme nicht abhängig machen. Doch gerade wegen der angstlösenden und entspannenden Wirkung beider Substanzgruppen ist die Suchtgefahr hoch. Man schätzt, dass allein in der Bundesrepublik 1–2 Millionen Menschen von psychoaktiven Medikamenten abhängig sind (s. auch Kap. 21).

Bremskraftverstärker: Benzodiazepine

Unter den Sedativa/Hypnotika werden besonders häufig (Suchtexperten meinen: viel zu häufig) *Benzodiazepine* verordnet. Die Freinamen dieser Wirkstoffe enden alle mit »-azepam«. Neben dem »Klassiker« Diazepam sind als weitere Beispiele Flunitrazepam, Flurazepam, Lormetazepam, Nitrazepam oder Temazepam zu nennen. Die Benzodiazepine entfalten ihre Wirkung vor allem in Abschnitten des Gehirns, die wesentlich für die Befindlichkeit eines Menschen verantwortlich sind. Körpereigene Signale und Umwelteinflüsse gelangen nur noch in abgeschwächter Form oder gar nicht mehr ins Bewusstsein. Die Reaktion auf äußere und innere Reize ändert sich, insbesondere werden beängstigende Eindrücke gleichmütiger ertragen (*anxiolytischer Effekt*). Die angstlösenden Eigenschaften der Benzodiazepine macht man sich z. B. im Vorfeld von Operationen, bei der Einleitung einer Narkose oder zur Verminderung der angstbedingten Stimulation des Herzens bei Herzinfarktpatienten zunutze. Da Benzodiazepine *keine schmerzlösende* (analgetische) Wirkung besitzen, müssen bei einer Narkose zusätzlich Schmerzmittel verabreicht werden (s. Kap. 1 und 2).

Die Benzodiazepine wirken außerdem beruhigend (*sedierend*) und führen zur Entspannung der Skelettmuskulatur (*myotonolytischer Effekt*). Als Hypnotika fördern sie das Einschlafen und halten den Schlaf auf einer normalen Tiefe. Häufigkeit und Dauer der REM-Phasen werden dabei nur wenig beeinflusst. Da Benzodiazepine auch eine Krampfneigung unterdrücken (*antikonvulsiver Effekt*), eignen sie sich sehr gut für die Therapie von epileptischen Krampfanfällen und unterstützen den Entzug von Alkohol oder Rauschmitteln (s. Kap. 21). Bei psychiatrischen Erkrankungen werden Benzodiazepine auch als »*Tranquilizer*« (lat. *tranquilare* = »beruhigen«) eingesetzt. Durch ihre beruhigende und angstlösende Wirkung dämpfen sie die Reaktionen auf bestehende Konflikte und erleichtern somit die Psychotherapie. Benzodiazepine besitzen allerdings keine antipsychotische Wirkung. Wer mehr über die medikamentöse Behandlung psychiatrischer Erkrankungen wissen möchte, sei auf Kapitel 20 verwiesen.

Alle beschriebenen Wirkungen der Benzodiazepine beruhen darauf, dass sie den Einfluss von hemmenden Nervenfasern in Gehirn und Rückenmark verstärken. Überall im Nervensystem kommunizieren die Nervenzellen (Neurone) miteinander, indem »sprechende« Neurone chemische Signale (*Neurotransmitter*) abgeben, die von »hörenden« Nachbarneuronen mit Hilfe von Rezeptoren gebunden und interpretiert werden (→ Nervensystem, Neurotransmitter). Manche Neurotransmitter regen die nachgeschalteten »hörenden« Zellen an, andere hemmen sie in ihrer Aktivität. Der wichtigste hemmende Neurotransmitter im Gehirn ist γ-Aminobuttersäure oder kurz *GABA*. Bindet GABA an einen passenden Rezeptor (der wichtigste heißt $GABA_A$) öffnet sich dieser und negative geladene Chlorid-Ionen strömen in das »hörende« Neuron ein. Dieses verfällt daraufhin in einen Zustand der Apathie und reagiert eine Zeit lang nur noch schwach auf anregende Botschaften anderer Neurone. Auch die Benzodiazepine binden an den $GABA_A$-Rezeptor, ohne ihn allerdings öffnen zu können. Sie erleichtern jedoch die Bindung von GABA an den Rezeptor und verstärken dadurch die hemmende Wirkung des Neurotransmitters. Bildhaft gesprochen hat GABA im Gehirn die Funktion einer Bremse, während die Benzodiazepine als »Bremskraftverstärker« fungieren. Auch der (anfangs) beruhigende Effekt von Alkohol beruht vorwiegend auf einer Verstärkung der GABA-Wirkung.

Die *unerwünschten Wirkungen* der Benzodiazepine sind (wie bei allen Psychopharmaka) zahlreich. Bei langwirkenden Benzodiazepinen (z. B. Nitrazepam und Flunitrazepam) die bei Durchschlafstörungen angewendet werden, kann es am nächsten Morgen zum schon erwähnten »Hang-over« kommen. Wie bereits angemerkt, wird die Wirkung vieler Schlafmittel durch Alkohol verstärkt, manchmal sogar mit tödlichem Ausgang. Ist eine Einnahme von Benzodiazepinen und anderen Hypnotika über einen längeren Zeitraum notwendig, besteht eine erhebliche Gefahr der Toleranzentwicklung und Abhängigkeit (s. Kap. 21). Nach längerer Anwendung kommt es 1–2 Wochen nach Absetzen oft zu Entzugssymptomen wie Angst, Unruhe, Schweißausbrüchen, Schlafstörungen und Krampfanfällen. Das Missbrauchs- und Suchtpotenzial der Benzodiazepine ist jedoch geringer als das der Barbiturate. Überdosen von Benzodiazepinen können zu Bewusstlosigkeit und Koma führen, eine Atemlähmung oder ein Herz-Kreislauf-Stillstand treten jedoch selten ein, es sei denn, es werden zusätzlich andere ZNS-Hemmer (z. B. Alkohol) eingenommen. Durch diesen zusätzlichen Gewinn an Sicherheit haben Benzodiazepine die älteren Substanzen zur Behandlung von Schlafstörungen oder Angstzuständen nahezu vollständig ersetzt.

Mit Flumazenil steht ein Wirkstoff zur Verfügung, der antagonistisch zu den Benzodiazepinen wirkt. Er findet Anwendung als Gegenmittel (Antidot) bei Überdosierungen. Flumazenil besitzt eine hohe Bindungsneigung (Affinität) zu $GABA_A$-Rezeptoren. Es bindet an diese, ohne selbst einen Effekt auszulösen, hindert aber die Benzodiazepine daran, die Rezeptoren zu beeinflussen.

Hammerhaft: Barbiturate

Die *Barbiturate* leiten sich von der Barbitursäure ab, einer Verbindung, die erstmals 1864 hergestellt wurde und selbst nicht hypnotisch wirksam ist. Verschiedene Abkömmlinge (Derivate) der Barbitursäure wie Hexobarbital und Thiopental wurden wegen ihrer hypnotischen und krampflösenden (antikonvulsiven) Wirkung in den 1930er Jahren in die medizinische Therapie eingeführt. Als Hypnotika zeichnen sich die Barbiturate im Gegensatz zu den »schlafanstoßenden« Benzodiazepinen durch eine dosisabhängige »schlaferzwingende« Wirkung aus. Sie verkürzen die Einschlafzeit und verlängern gleichzeitig die Schlafdauer. Da sie aber auch die Tiefschlafstadien und die REM-Phasen dramatisch verkürzen, gilt für die Barbiturate immer noch die Regel: *Ein mit Schlafmitteln herbeigeführter Schlaf ist nur ein geborgter Schlaf.*

Im Vergleich zu den Benzodiazepinen sind die Barbiturate nur kurz wirksam. Dies beruht zum einen auf dem schnellen Abbau der Substanz in der Leber und zum anderen auf ihrer sehr guten Fettlöslichkeit, die zur Umverteilung der Wirkstoffe ins Fettgewebe führt. Im medizinischen Alltag wurden die antikonvulsiven und narkotischen Eigenschaften der Barbiturate zur Therapie epileptischer Anfälle und zur Einleitung von Narkosen ausgenutzt.

Trotz zahlreicher Untersuchungen ist noch nicht vollständig gelungen, den Wirkmechanismus der Barbiturate genau zu klären. Es wird vermutet, dass sie, ähnlich wie die Benzodiazepine, ihre Wirksamkeit am $GABA_A$-Rezeptor entfalten. In therapeutischen Konzentrationen sollen sie die Dauer, nicht aber die Häufigkeit der durch GABA ausgelösten Öffnung des an den $GABA_A$-Rezeptor-gekoppelten Chloridkanals erhöhen.

Bedingt durch Wechselbeziehungen mit anderen Arzneimitteln und zahlreiche Nebenwirkungen, ist die Anwendung von Barbituraten nur unter bestimmten Voraussetzungen ratsam. Ihr Effekt wird verstärkt durch Alkohol, Antihistaminika, Benzodiazepine, Analgetika und Antiepileptika. Umgekehrt können Barbiturate die Wirkungen anderer Arzneimittel beeinflussen. So verdrängen sie z. B. Kontrazeptiva (s. Kap. 24), peripher wirkende Analgetika (ASS, s. Kap. 2) und orale Antikoagulanzien (s. Kap. 12) aus der Bindung an Proteine im Blutplasma, so dass es zu kurzfristiger Verstärkung und zu einer verkürzten Wirkdauer der genannten Arzneimittel kommen kann.

Die Zahl der durch Barbiturate hervorgerufenen unerwünschten Wirkungen ist hoch. So führen Barbiturate rasch zu Toleranz (s. Kap. 20), d. h. bereits nach wenigen Tagen schwächt sich ihr Effekt auf die Schlafdauer erheblich ab. Dieser Toleranzentwicklung folgt schnell die Tendenz zur Dosissteigerung und damit die Gefahr von Missbrauch und Abhängigkeit. Eine Erhöhung der Dosis wiederum führt, bedingt durch die geringe therapeutische Breite (→ Pharmakodynamik) und die Gefahr einer Ansammlung im Gewebe, leicht zu bedrohlichen Vergiftungserscheinungen. Diese äußern sich nicht »nur« in tiefer Bewusstlosigkeit bis hin zum Koma, sondern auch in einer starken Beeinträchtigung der Herz-Kreislauf-Funktion. Auch heute nehmen Barbituratvergiftungen noch oft ein tragisches Ende, weil es nur wenige Gegenmaßnahmen gibt.

Das ungünstige Wirkungsprofil der Barbiturate (Verminderung der REM-Phasen), die geringe therapeutische Breite (Vergiftungsgefahr), die Gefahr von Missbrauch und Abhängigkeit und die zahlreichen Wechselwirkungen mit anderen Arzneimittel haben dazu geführt, dass Barbiturate inzwischen unter das Betäubungsmittelgesetz fallen und nur noch in seltenen Ausnahmefällen als Schlafmittel verordnet werden. Hier wird den Benzodiazepinen der Vorzug gegeben.

War's das schon? Alternative Wirkstoffe

Neben den Benzodiazepinen und Barbituraten gibt es weitere Substanzen unterschiedlicher Struktur, die wegen ihrer sedierend-hypnotischen Eigenschaften als Schlaf- und Beruhigungsmittel eingesetzt werden. Im Folgenden seien nur einige von ihnen genannt:

»Benzodiazepin-Analoga«

Im Zusammenhang mit der Erforschung des $GABA_A$-Rezeptors wurden Substanzen entwickelt, die den gleichen Wirkungsmechanismus haben wie die Benzodiazepine, aber eine völlig andere chemische Struktur aufweisen. Wie die Benzodiazepine wirken Zaleplon, Zolpidem und Zopiclon als Agonisten am $GABA_A$-Rezptor, greifen aber an einer anderen Bindungsstelle als diese an. Das Wirkungsprofil dieser Substanzen ist dem der Benzodiazepine sehr ähnlich.

Chloralhydrat

Chloralhydrat, eine bereits 1831 von Justus von Liebig entdeckte Verbindung, besitzt hypnotische und sedierende Eigenschaften. Gegenüber den Barbituraten bietet sie Vorteile; so bleibt das physiologische Schlafmuster weit gehend erhalten und die Toleranzentwicklung ist weniger ausgeprägt, Missbrauch und psychische Abhängigkeit sind deshalb seltener. Über die hypnotische Anwendung hinaus wird Chloralhydrat zur Sedierung bei Kindern eingesetzt, die unangenehme Untersuchungen oder z. B. zahnärztliche Behandlungen auf sich nehmen müssen. Wegen seines bitteren und brennenden Geschmacks und der Gefahr von Magenbeschwerden wird Chloralhydrat meist rektal verabreicht.

Antihistaminika

Antihistaminika (s. Kap. 10) werden vorzugsweise als antiallergische Wirkstoffe oder zur Vorbeugung von Erbrechen (Antiemetika) eingesetzt. Sie besitzen jedoch auch sedierende und schlafanstoßende Wirkung, ein Effekt, den jeder Allergiker bei der Anwendung dieser Substanzen berücksichtigen sollte! Aus diesem Grund werden bestimmte Antihistaminika (z. B. Diphenhydramin und Doxylamin) auch als »rezeptfreie« Schlafmittel eingesetzt. Die sedierende Nebenwirkung wird in diesem Fall als Hauptwirkung genutzt.

Schlaf- und Beruhigungsmittel auf pflanzlicher Basis

Die Leidensgeschichte unseres Herrn M. macht deutlich, wie eng Schlaf und Schlaflosigkeit mit der Psyche verbunden sind. So ist es nicht verwunderlich, dass oft auch Placebos (s. Kap. 21) und psychologische Betreuung günstige Effekte hervorrufen können. Auch *pflanzliche Präparate* können eine beruhigende und schlafanstoßende Wirkung entfalten. Mit *Hopfen* und *Baldrian* sind zwei wichtige und beliebte Vertreter dieser Gruppe genannt. Ein paar Tropfen Baldrianextrakt am Abend vor der Prüfung sollen ja schon »Wunder« vollbracht haben. Auch ein Pils (oder zwei) kann manchmal helfen!

Präparate auf pflanzlicher Basis besitzen gegenüber den anderen genannten Präparaten den Vorteil, relativ geringe Nebenwirkungen aufzuweisen. Trotzdem sollte auch der Einnahme dieser als »harmlos« geltenden Mittel – vom Pils einmal abgesehen – das Studium der Packungsbeilage vorausgehen.

Wirkstoffe und Handelsnamen

Wirkstoff	Handelsname	Gruppe/Wirkungsweise
Chloralhydrat	Chloraldurat®	– /Wirkungsweise unklar
Diazepam	Valium®	Benzodiazepin/GABA-Agonist
Diphenhydramin	Dormutil®	Antihistaminikum/H_1-Antagonist
Doxylamin	Mereprine®	Antihistaminikum/H_1-Antagonist
Flumazenil	Anexate®	– /Benzodiazepin-Antagonist
Flunitrazepam	Rohypnol®	Benzodiazepin/GABA-Agonist
Flurazepam	Dalmadorm®	Benzodiazepin/GABA-Agonist
Hexobarbital	nicht mehr eingesetzt	Barbiturat/Wirkungsweise unklar
Lormetazepam	Noctamid®	Benzodiazepin/GABA-Agonist
Nitrazepam	Mogadan®	Benzodiazepin/GABA-Agonist
Temazepam	Planum®	Benzodiazepin/GABA-Agonist
Thiopental	Trapanal®	Barbiturat/Wirkungsweise unklar
Zaleplon	Sonata®	Benzodiazepin-Analogon/GABA-Agonist
Zolpidem	Bikalm®	Benzodiazepin-Analogon/GABA-Agonist
Zopiclon	Ximovan®	Benzodiazepin-Analogon/GABA-Agonist

19

Gestörte Kommunikation
Degenerative Erkrankungen des Nervensystems

Heike Göllner und Nikolaus Wolf

»Eine 63-jährige Stenotypistin konsultierte ihren Hausarzt, weil ihre rechte Hand »nicht mehr mitmachen« wollte. Obwohl ihre intellektuellen Fähigkeiten nicht nachgelassen hatten, war sie in Gefahr, ihre Stelle zu verlieren. Sie erklärte, ihr Arbeitgeber sei unzufrieden mit ihr, weil sich ihr Arbeitsstil und ihre Bewegungen verlangsamt haben. Im Lauf der letzten Monate sei auch ihre Handschrift krakelig und unleserlich geworden. Bei der neurologischen Untersuchung fielen eine deutlich verlangsamte Sprechweise und leicht verminderte Ausdrucksfähigkeit in beiden Gesichtshälften auf. Die Patientin hatte Schwierigkeiten, Bewegungen in Gang zu setzen. Wenn sie einmal saß, bewegte sie sich kaum mehr. Beim Stehen war ihre Haltung gebeugt, sie ging mit kleinen Schritten und fast ohne mit den Armen zu schwingen. In den Armen war die Muskelspannung erhöht. Die Finger der rechten Hand zeigten ein leichtes Zittern (3- bis 4-mal pro Sekunde) ...«

»Eine Frau von 51 Jahren zeigte als erste auffällige Krankheitserscheinung Eifersuchtsideen gegen den Mann. Bald machte sich eine rasch zunehmende Gedächtnisschwäche bemerkbar, sie fand sich in ihrer Wohnung nicht mehr zurecht, schleppte die Gegenstände hin und her, versteckte sie, zuweilen glaubte sie, man wolle sie umbringen und begann laut zu schreien. In der Anstalt trug ihr ganzes Gebaren den Stempel völliger Ratlosigkeit. Sie ist zeitlich und örtlich gänzlich desorientiert. Gelegentlich macht sie Äußerungen, dass sie alles nicht verstehe, sich nicht auskenne ....«

Der erste Krankengeschichte zeichnet das typische Bild einer Störung, die der Londoner Mediziner James Parkinson im Jahre 1817 zum ersten Mal beschrieb und »shaking palsy« (»*Schüttellähmung*«) nannte. Diese irreführende Bezeichnung (es handelt sich nicht um eine Lähmung) wurde später zu Ehren des Erstbeschreibers durch »Parkinson-Krankheit« oder »Morbus Parkinson« ersetzt. Die zweite Beschreibung stammt aus dem Jahre 1907. Verfasst wurde sie von dem Frankfurter Arzt Alois Alzheimer, nach dem das geschilderte Krankheitsbild heute benannt ist.

Die Alzheimer-Krankheit und der Morbus Parkinson sind die häufigsten *neurodegenerativen Erkrankungen*, das heißt Krankheiten, die auf den Untergang von Nervenzellen (Neuronen) zurückgehen. Obwohl die Ursachen von »Alzheimer« und »Parkinson« und ihre Auswirkungen auf die Patienten unterschiedlich sind (im ersten Fall ist vor allem der Intellekt betroffen, im zweiten ist es »nur« die Steuerung der Muskeln durch das Gehirn) gibt es auch Gemeinsamkeiten: Beide Erkrankungen betreffen vorwiegend ältere Menschen und bei beiden spielen Ablagerungen unlöslicher Eiweiße im Gehirn eine entscheidende Rolle. Während heute eine Reihe von Wirkstoffen zur Therapie der Parkinson-Krankheit auf dem Markt sind, steckt die medikamentöse Behandlung der Alzheimer-Krankheit noch in den Anfängen.

Aus dem Gleichgewicht gebracht.
Symptome des Morbus Parkinson

Wem ist es nicht in Erinnerung geblieben, das Bild des legendären Boxers Muhammad Ali, wie er 1996 in Atlanta zitternd und verkrampft das olympische Feuer entzündete. Ali hatte sich beim Boxen ein so genanntes posttraumatisches Parkinson-Syndrom eingehandelt. Franklin D. Roosevelt, Leonid Breschnjew, Mao Tse-Tung, der Sänger Johnny Cash und viele weitere Personen des öffentlichen Lebens litten dagegen unter dem so genannten *idiopathischen* Parkinson-Syndrom, wobei »idiopathisch« eigentlich nur bedeutet, dass die Ursache der Krankheit nicht bekannt ist.

Nach der Alzheimer-Krankheit ist »Parkinson« die zweithäufigste neurodegenerative Erkrankung. Nicht zuletzt wegen der ständig steigenden Lebenserwartung nimmt der Anteil der Parkinson-Patienten in der Bevölkerung zu. Derzeit sind in den Industriestaaten 0,5–1 % der 60- bis 70-Jährigen und 1–3 % der über 80-Jährigen betroffen. Dass »Parkinson« keine moderne Zivilisationskrankheit ist, belegen Aufzeichnungen aus dem Ayurveda, der frühen indischen Medizinlehre, die sich bereits vor über 7000 Jahren mit der Behandlung von Parkinson-Symptomen beschäftigte. Neben dem »idiopathischen« Parkinson-Syndrom, das etwa 80 % der Fälle ausmacht, gibt es auch »erworbene« Parkinson-Erkrankungen, die als Folge von Gehirnschädigungen oder als Nebenwirkung von Neuroleptika (s. Kap. 20) auftreten können.

Neben dem Ruhezittern (*Tremor*) sind vor allem die gestörte Bewegungsfähigkeit und Bewegungskoordination charakteristisch für den

Abb. 1: Kennzeichen der Parkinson-Erkrankung.

Morbus Parkinson. Beide beruhen in erster Linie auf einer erhöhten Muskelspannung (*Rigor*). Die Patienten krümmen Arme, Beine und den Rumpf, und die Schritte werden immer kleiner. Weil die Arme beim Gehen nicht mehr mitschwingen, verlieren die Betroffenen leicht die Balance. Besonders unter Stress oder bei Aufregung fällt es den Patienten schwer, flüssig zu sprechen, und ihre Schrift wird klein und unleserlich (Abb. 1). Typisch sind auch plötzliche, ruckartige Unterbrechungen von Bewegungsabläufen (*Akinesie*). So kann es vorkommen, dass ein Patient plötzlich stehen bleibt und sich nicht mehr vom Fleck rühren kann. Die Mimik wirkt manchmal wie erstarrt und selbst ein Lächeln kann große Anstrengung erfordern. Auch *vegetative Störungen* kommen hinzu, z. B. starkes Schwitzen, Verdauungsstörungen und ein verstärkter Speichelfluss. Nach längerer Krankheitsdauer kann es bei einem Teil der Parkinson-Patienten auch zu starken Einschränkungen der Intelligenz (*Demenz*) kommen.

Nur ein bisschen Dopamin ...

Die Parkinson-Erkrankung lässt sich darauf zurückführen, dass in einem bestimmten Areal im Gehirn der Neurotransmitter Dopamin fehlt (→ Neurotransmitter). Der Mangel an Dopamin wiederum entsteht, weil in der *Substantia nigra* (»schwarze Substanz«), einer kleinen, dunkel gefärbten Struktur im Mittelhirn, Neuronen zugrunde gehen. Die Substantia nigra zählt funktionell zu den sogenannten *Basalganglien* (Abb. 2). Die Basalganglien sind miteinander verschaltete

Gehirnareale mit der Aufgabe, das Ausmaß und die Richtung von Bewegungen zu steuern. Sie wirken in erster Linie als »Bremse«, indem sie hemmende Signale an den Thalamus abgeben, der Bewegungsimpulse an die Hirnrinde weiterleitet. Ruhiges Sitzen ist zum Beispiel nur möglich, wenn alle Muskeln gehemmt sind mit Ausnahme derer, die für die aufrechte Haltung sorgen. Sind Bewegungen beabsichtigt, z. B. das Gehen, wird bei den dazu notwendigen Muskeln die »Bremse« gelöst, während diejenigen Muskeln, die beim Sitzen aktiv waren, nun gebremst werden. Die positiven, anstoßenden Signale für Bewegungen kommen vor allem aus dem Kleinhirn und laufen ebenfalls über den Thalamus zum motorischen Cortex (dem für Bewegungen zuständigen Teil der Hirnrinde).

Die Neurone der Substantia nigra schicken Fortsätze (Axone) zu anderen Basalganglien, vor allem zum sogenanntem *Corpus striatum* (lat. *striatum* = »gestreift«; Abb. 2). Am Ende dieser *nigrostriatalen Bahn* wird im Striatum Dopamin ausgeschüttet, das über weitere Neurone die hemmenden Signale an den Thalamus abschwächt und so das Lösen der »Bremse« erleichtert. Einer der Gegenspieler des Dopamins im Striatum ist Acetylcholin, aber auch andere Neurotransmitter wie Glutamat sind beteiligt (→ Neurotransmitter). Bei Parkinson-Kranken gehen mit der Zeit immer mehr Neurone in der Substantia nigra zugrunde. Nach einem Verlust von mehr als 80 % der Neurone ist die Substantia nigra nicht mehr in der Lage, genügend Dopamin bereitzustellen. Dadurch entsteht im Striatum ein Ungleichgewicht zwischen aktivierenden und hemmenden Signalen mit

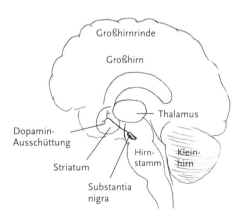

Abb. 2: Die nigrostriatale Bahn.

den schon geschilderten Folgen (Akinesie, Rigor und Tremor). Genau das Gegenteil geschieht bei einer anderen, zum Glück seltenen neurodegenerativen Krankheit, der so genannten *Huntington-Chorea*. In diesem Fall werden Neurone im Striatum zerstört mit der Folge, dass die »Bremse« ausfällt, wodurch unbeabsichtigte und unkontrollierte Bewegungen von Gesicht und Gliedern auftreten. Deshalb wurde die Huntington-Krankheit früher »Veitstanz« genannt.

Wer ist der Täter?

Auch bei nicht von »Parkinson« Betroffenen sterben im Lauf der Jahre Neurone in der Substantia nigra ab (pro Jahr etwa 0,5 % des ursprünglichen Bestandes). Warum dieser Prozess bei Parkinson-Patienten so viel schneller abläuft, ist noch nicht vollständig geklärt. Neben Umwelteinflüssen spielen möglicherweise auch bestimmte Gendefekte eine Rolle.

Die meisten Forscher sind sich heute einig, dass die Ursache für den Zelluntergang in der Substatia nigra in der Anhäufung schädlicher Substanzen in den betroffenen Neuronen zu suchen ist. Eine Zeit lang verdächtigte man das Metall Aluminium. In umfangreichen Studien ließ sich dieser Verdacht jedoch nicht erhärten. Der wahre Täter ist wohl eher »oxidativer Stress«, d. h. die Ansammlung sehr reaktionsfähiger Sauerstoffverbindungen, die von den Neuronen nicht ausreichend entgiftet werden können. Reaktive Sauerstoffverbindungen entstehen auch bei der Bildung von Dopamin und führen zur Bildung freier Radikale, die extrem zellschädigend sind.

Dass Gifte tatsächlich zur Zerstörung von Neuronen in der Substantia nigra führen können, zeigte sich auf dramatische Weise im Jahre 1982. Eine Gruppe von Drogenabhängigen in Kalifornien entwickelte ohne jede Vorankündigung, sozusagen »über Nacht«, alle Symptome der Parkinson-Krankheit. Es stellte sich heraus, dass der »Stoff«, den sie konsumiert hatten, eine Verunreinigung namens MPTP (1-Methyl-4-phenyl-tetrahydropyridin) enthielt, die innerhalb weniger Stunden die meisten Neurone der nigrostriatalen Bahn abgetötet hatte. Später fand man, dass MPTP im Körper in ein Folgeprodukt umgewandelt wird, das die Energieversorgung der Neurone hemmt und die Konzentration an Sauerstoffradikalen stark erhöht.

Die Vererbung bestimmter Gendefekte scheint bei der Entstehung der Parkinson-Krankheit zumindest in Einzelfällen eine Rolle zu spielen. 1997 wurde eine Mutation entdeckt, die eine bestimmte, in frühem Lebensalter auftretende Art der Parkinson-Krankheit auslösen kann. Durch die Mutation erhält ein Protein (*α-Synuclein*), das in Synapsen des Gehirns vorkommt, eine falsche Raumstruktur und fällt in unlöslicher Form aus. Diese Proteinablagerungen (sogenannte Lewy-Körper) schädigen die Neurone der Substantia nigra so stark, dass es wieder zum typischen Parkinson-Syndrom kommt. Ob die Lewy-Körper auch beim »Alters-Parkinson« eine Rolle spielen, ist noch umstritten. Mutationen in Enzymen, die Entgiftungsprozesse beschleunigen, könnten zu verstärktem oxidativem Stress führen und damit ebenfalls zur Entstehung eines »Parkinson« beitragen.

Befunde aus den letzten Jahren zeigen, dass auch Störungen des intrazellulären Proteinabbaus ein Parkinson-Syndrom auslösen können. Bei Patienten mit einer seltenen, erblichen Form der Parkinson-Krankheit fand man als Ursache ein defektes Enzym, das normalerweise den Abbau anderer Proteine vorbereitet. Außerdem wurde gezeigt, dass das Enzym – es erhielt den eingängigen Namen *Parkin* – in der Lage ist, in Fliegen die durch geschädigtes α-Synuclein ausgelöste Form des Parkinson-Syndroms zu verhindern. Ob Parkin auch bei der Entstehung des idiopathischen Parkinson-Syndroms des Menschen eine Rolle spielt, muss sich noch zeigen.

Lässt sich »Parkinson« wirksam behandeln?

Diese Frage muss immer noch mit einem klaren JEIN beantwortet werden. Zwar steht den Ärzten heute eine Reihe von Medikamenten zur Verfügung, sie alle wirken aber nicht zuverlässig und nur für einen begrenzten Zeitraum. Aufhalten können die zur Zeit verfügbaren Wirkstoffe den Untergang der Neuronen nicht. Die Behandlung von Parkinson-Kranken gleicht somit einem ständigen Wettlauf zwischen neuen oder verbesserten Medikamenten und dem Absterben der Dopamin produzierenden Neurone im Gehirn. Dennoch können die meisten Patienten durch eine sorgfältig kontrollierte Behandlung über viele Jahre bei akzeptabler Lebensqualität mit ihrer Erkrankung leben.

Dopamin verkleidet

Da die Parkinson-Krankeit durch einen Dopaminmangel in den Basalganglien hervorgerufen wird, ist ein naheliegender therapeutischer Ansatz, das fehlende Dopamin einfach zu ersetzen. Dies ist allerdings leichter gesagt als getan. Das Problem liegt darin, dass Dopamin den Weg ins Gehirn nicht findet, weil es die sogenannte *Blut-Hirn-Schranke* (eine Art Filter, der nur ausgewählten Substanzen aus dem Blut ins Gehirn gelangen lässt, s. Kap. 27) nicht überwinden kann. Man »verkleidet« deshalb Dopamin und verabreicht nicht den Transmitter selbst, sondern seine Vorstufe L-Dopa (Levodopa), eine Aminosäure, die die Blut-Hirn-Schranke passieren kann (Abb. 3). Erst vor Ort, in den Neuronen des Gehirns, wird L-Dopa dann durch ein körpereigenes Enzym in Dopamin umgewandelt. L-Dopa ist nach wie vor die wirksamste Einzelsubstanz zur Behandlung des Parkinson-Syndroms. Einige Jahre lang lässt sich damit auch eine erhebliche Verbesserung der Symptome erreichen. Nach schneller Besserung der Muskelsteifigkeit (Rigor) und der Bewegungshemmung (Akinesie) geht mit der Zeit auch der Tremor zurück.

Da ein großer Teil des verabreichten L-Dopa schon vor Erreichen des Gehirns in Dopamin umgewandelt wird, ist die notwendige Dosis mit 1-6 g pro Tag relativ hoch. Damit aber nicht genug: Das vorzeitig gebildete Dopamin hat auch eine ganze Reihe unerwünschter Wirkungen. Da das Brechzentrum im Hirnstamm außerhalb der Blut-Hirn-Schranke liegt, wird es durch im Körper freigewordenes Dopamin stimuliert, mit der Folge, dass L-Dopa bei etwa der Hälfte der Parkinson-Patienten Übelkeit und Brechreiz verursacht. Außerdem kann das im Körper gebildete Dopamin an Adrenalinrezeptoren binden

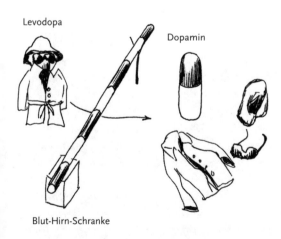

Abb. 3: Dopamin verkleidet.

und somit den Blutdruck steigern (s. Kap. 13). Um diese Nebenwirkungen zu vermindern, wird L-Dopa zusammen mit *Decarboxylase-Hemmern* verabreicht. Dies sind Wirkstoffe, die das Enzym (eine *Decarboxylase*) blockieren, das außerhalb des Gehirns für die Umwandlung von L-Dopa in Dopamin zuständig ist. Häufig verordnet werden Kombinationen von L-Dopa mit **Benserazid** oder mit **Carbidopa**.

Auch das im Gehirn aus L-Dopa gebildete Dopamin hat Nebenwirkungen. Die übermäßige Stimulation von Dopaminrezeptoren im Striatum führt bei über 75 % der Parkinsonpatienten zu ungewollten Bewegungen der Gesichts-, Arm- und Beinmuskulatur. Wie bereits erwähnt, sind Bewegungsabläufe durch das Wechselspiel von Dopamin mit anderen Neurotransmittern sehr genau reguliert. Diese Feinabstimmung ist durch Gaben von L-Dopa in größeren Zeitabständen kaum zu imitieren. Dies wird vor allem an dem sehr belastenden »On-Off-Effekt« deutlich, der nach Jahren der Therapie mit **Levodopa** häufig auftritt. Dabei wechselt der Patient plötzlich und unvorhersehbar vom Zustand kontrollierter Bewegung in eine typische Parkinson-Symptomatik mit Rigor und Akinesie und wieder zurück.

Unglücklicherweise lässt die Wirkung von L-Dopa nach einigen Jahren deutlich nach. Es muss dann durch andere Medikamente ergänzt oder durch sie ersetzt werden. Nach derzeitiger Kenntnis liegt dies daran, dass für die Wirkung von L-Dopa immer noch Nervenzellen benötigt werden, die in der Lage sind Dopamin zu produzieren.

Das Hintertürchen:
Auch verminderter Abbau erhöht die Dopaminkonzentration!
Die Wirkung aller Neurotransmitter wird nach der Ausschüttung in den synaptischen Spalt rasch wieder abgeschaltet (→ Neurotransmitter). Beim Dopamin geschieht dies durch Abbau, an dem die Enzyme *Monoamino-Oxidase* (MAO) und *Catechol-O-Methyltransferase* (COMT) maßgeblich beteiligt ist. Die MAO lässt sich durch Wirkstoffe wie **Selegilin** hemmen. Dadurch wird Dopamin langsamer abgebaut, was seine Konzentration erhöht und seine Wirkungszeit verlängert. Selegilin wird vor allem in Kombination mit Dopa verabreicht, um dessen Dosis reduzieren zu können. Da es selektiv die MAO im Gehirn (MAO-B) hemmt, sind die Nebenwirkungen relativ gering. Andere MAO-Hemmer spielen bei der Behandlung von Depressionen eine wichtige Rolle (s. Kap. 20).

Glück gehört dazu ...

Häufig spielt bei der Entdeckung neuer Medikamente das Glück eine Rolle, und dies verhalf auch Amantadin zu seinem Einsatz als Mittel gegen »Parkinson«. Ursprünglich wurde Amantadin als Medikament gegen Viren eingesetzt (s. Kap. 7) und nur der Zufall zeigte, dass es auch die Muskelsteife (Rigor) und das Zittern (Tremor) von Parkinson-Patienten bessert. Amantadin blockiert Rezeptoren für den Neurotransmitter Glutamat und unterstützt so die Wirkung von Levodopa (Abb. 4). Leider lässt die Wirkung bald nach, so das Amantadin meist in schlecht kontrollierten Krankheitsphasen als Zusatztherapie eingesetzt wird. Mögliche Nebenwirkungen sind Magen-Darm-Probleme, Sprachstörungen und Verwirrungszustände.

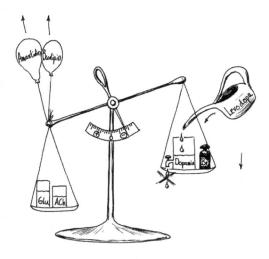

Abb. 4: Eine Frage der Balance: Steuerung des Dopaminspiegels bei Morbus Parkinson.

With a little help from my friends. Dopaminagonisten

Dopaminagonisten wie Bromocriptin ähneln – chemisch gesehen – dem Dopamin und können wie dieses an Rezeptoren binden und diese aktivieren (→ Signaltransduktion). Dopaminagonisten stellen eine Alternative zu Levodopa dar, werden aber meist in Kombination mit diesem eingesetzt (Abb. 4). Vor allem bei den neueren Dopaminagonisten wie Lisurid und Ropinirol vermindern sich die Nebenwirkungen nach einer kurzen Gewöhnungsphase deutlich.

Die Zeit steht nicht still: Neue Medikamente gegen »Parkinson«

Obwohl in der Therapie der Parkinson-Krankheit derzeit kein echter Durchbruch in Sicht ist, häufen sich in letzter Zeit Meldungen über verbesserte Wirkstoffe und neue Möglichkeiten in der Kombinationstherapie. Im Folgenden erwähnen wir einige Medikamente gegen »Parkinson«, die erst in jüngster Zeit zum Einsatz kamen. Neue Wirkstoffe aus der Gruppe der COMT-Hemmer (z. B. Tolcapon und Entacapon) hemmen wie Selegilin den Abbau von L-Dopa und verbessern dadurch das Angebot von Dopamin im Gehirn (Abb. 4). Während Tolcapon die Blut-Hirn-Schranke überwinden kann, ist dies bei Entacapon nicht der Fall. Es verhindert aber den Abbau von L-Dopa anderswo im Körper, so dass im Gehirn eine höhere L-Dopa-Konzentration zur Verfügung steht. Leider führte Tolcapon nach längerer Anwendung zu Störungen der Leberfunktion, sodass der Wirkstoff Ende 1998 wieder vom Markt genommen werden musste. Bei Entacapon traten bislang keine solchen Schäden auf, weshalb die COMT-Hemmer auch weiterhin eine Verbesserung der Parkinson-Behandlung versprechen.

Budipin blockiert bestimmte Rezeptoren, die bei Parkinson-Patienten hauptsächlich für die Entstehung des Tremors verantwortlich sind (Abb. 4). Auch eine Besserung der Bewegungshemmung (Akinesie) und der Muskelsteifigkeit (Rigor) ist mit Budipin möglich.

Licht am Ende des Tunnels?

Obwohl es bereits seit Mitte der 1960er Jahre möglich ist, die meisten Symptome der Parkinson-Krankheit durch die Behandlung mit Levodopa zu lindern, wirken dieser und die übrigen klassischen Behandlungsansätze nur für relativ kurze Zeit und bessern nicht alle Symptome. Hoffnung machen einige innovative Strategien. So wurden im Jahr 1987 erstmals Dopamin produzierende Zellen aus der Nebennierenmark ins Gehirn von Patienten mit schwerer Parkinsonkrankheit verpflanzt. Eine alternative Methode ist die Transplantation von embryonalen Gehirnzellen in das Striatum mit dem Ziel, die mangelhafte Dopamin-Produktion auszugleichen. Obwohl in vielen Fällen deutliche Verbesserungen beobachtet wurden, hat sich das Verfahren noch nicht durchgesetzt.

In anderen Ansätzen wird versucht, die gestörte Signalweiterleitung in den Basalganglien durch elektrische Stimulation zu beeinflussen. Elektroden, die im betroffenen Gehirnbereich implantiert werden, sind dabei mit einem Stimulator (ähnlich einem Herzschrittmacher) verbunden. Die Elektroden »feuern« bei Bedarf elektrische Impulse auf bestimmte Nervenzentren in den Basalganglien. Obwohl dadurch einzelne Symptome der Krankheit gebessert werden können, hat sich das Verfahren noch nicht durchgesetzt.

Ein Leben »ohne Geist«: Die Alzheimer-Krankheit

Die Alzheimer'sche Krankheit oder Alzheimer-Demenz (lat. *de* = »ohne«, *mens* = »Geist, Verstand«) wird heute als wichtigste Ursache für den geistigen Verfall alter Menschen angesehen. Nach dem jetzigen Wissensstand kann jeder an »Alzheimer« erkranken. Die Krankheit machte auch vor berühmten Persönlichkeiten wie dem ehemaligen US-Präsidenten Ronald Reagan, dem deutschen Politiker Herbert Wehner oder der Schauspielerin Rita Hayworth nicht halt. In Deutschland leidet derzeit etwa 1 % der Bevölkerung an der Alzheimer-Krankheit, in den USA ist der Anteil an der Gesamtbevölkerung noch höher. Jenseits des 7. Lebensjahrzehnts steigt das Risiko steil an. So ist fast die Hälfte der 95-Jährigen von Demenzerscheinungen unterschiedlicher Schweregrade betroffen.

Unter Demenz versteht man den Verlust intellektueller Fähigkeiten wie Denken, Erinnern und die Verknüpfung von Eindrücken zu einem Gesamtbild. Aufgrund des Verlustes der Gedächtnis- und Denkfähigkeit (der kognitiven Fähigkeiten) sind Alzheimer-Patienten in fortgeschrittenem Stadium nicht mehr in der Lage, sich in ihrer gewohnten Umgebung zurechtzufinden und einfachste Tätigkeiten auszuführen. Der Verlauf der Erkrankung gleicht der Rückentwicklung des Gehirns auf das Niveau eines Säuglings. Während bei der Entwicklung des Gehirns vom Kleinkind zum Erwachsenen die Zahl an Verschaltungen zwischen den Nervenzellen (Neuronen) ständig zunimmt, nimmt sie bei Alzheimer-Patienten dramatisch ab. Dabei sind vor allem Gehirnregionen betroffen, die für die Gedächtnisleistung verantwortlich sind, z. B. der *Hippocampus* (Teil des Limbischen Systems, s. Kap. 21) und verschiedene Abschnitte der Hirnrinde. Die Zerstörung von Nervenzellen im Bereich des Limbischen Systems führt einerseits zu aggressivem Verhalten, kann aber andererseits Depressionen auslösen.

Die Lebenserwartung von Patienten, bei denen die Krankheit bereits ausgebrochen ist, ist mit etwa fünf bis sieben Jahren stark begrenzt. Mittlerweile erreicht jedoch ein Teil der Betroffenen dank besserer Pflege und medizinischer Betreuung eine Überlebenszeit von 15 Jahren und mehr.

Ein Kopf wie ein Sieb: Die Symptome

Zu den Frühsymptomen der Alzheimer-Erkrankung zählen auffällige Gedächtnislücken oder Fehler im alltäglichen Denken und Erinnern. Zeigt eine Person z. B. über Monate deutliche Störungen in der Wortfindung mit häufigen Wortverwechslungen, kann dies auf den Beginn einer Alzheimer'schen Demenz hindeuten. Auch auffällige Probleme mit dem Kurzzeitgedächtnis, also das Nachlassen der Fähigkeit, sich neue Informationen zu merken, könnten ein Hinweis sein.

Die genaue Diagnose können allerdings nur Neurologen stellen, die sich technischer Hilfsmittel wie der Computertomografie (CT) zur bildlichen Darstellung des Gehirns und der Elektroenzephalografie (EEG) zur Messung der Hirnströme bedienen. Dies allein reicht jedoch in der Regel nicht aus. Der Befund »Alzheimer« ist eine Ausschlussdiagnose und wird erst gestellt, wenn alle anderen möglichen Ursachen ausgeschlossen worden sind. Ganz sicher ist die Alzheimer-Erkrankung im Grunde erst nach dem Tod des Patienten zu diagnostizieren, nachdem Gehirnschnitte des Patienten mit speziellen Farbstoffen angefärbt wurden, um »neuritische Plaques« und »neurofibrilläre Bündel« nachzuweisen – beides typische feingewebliche Merkmale der Krankheit.

Falscher Schnitt mit Folgen: Die Amyloid-Hypothese

Obwohl die Ursachen des Neuronen-Untergangs bei der Alzheimer-Krankheit noch nicht abschließend geklärt sind, spricht vieles für die *Amyloid-Hypothese*. Sie besagt, dass bei der Reifung eines der zahlreichen Proteine der Neuronen ein kleiner Fehler auftritt. Dieses Protein, das *βAPP* (beta-Amyloid Precursor Protein), muss nach seiner Bildung noch an bestimmten Stellen geschnitten werden, bevor es seine Funktion ausüben kann. Die Schnitte werden durch spezielle Enzyme, so genannte *Sekretasen*, ausgeführt, die eigentlich genau »wissen«, an welcher Stelle des βAPP-Moleküls sie schneiden müssen. Unterstützt werden die Sekretasen von weiteren Proteinen, den

Presenilinen. Bei Alzheimer-Patienten geht nun offenbar beim Schneiden des βAPP etwas schief: Statt der normalen Spaltstücke entsteht ein besonders »klebriges« Fragment, das so genannte βA (beta-Amyloid). Im Gegensatz zum normalen Spaltprodukt kann βA nicht richtig entsorgt werden und ballt sich deshalb außerhalb der Neuronen zu großen Klumpen zusammen, die unter dem Mikroskop als *neuritische Plaques* sichtbar werden. Wie diese Plaques zum Absterben der Neuronen in den betroffenen Gehirnarealen führen, ist noch nicht genau geklärt. Möglicherweise stören sie wichtige Regulationsvorgänge in den Neuronen, erzeugen giftige Folgeprodukte oder bringen die Immunzellen des Gehirns (*Mikroglia*) dazu, Entzündungen in Gang zu setzen, die im Endeffekt mehr schaden als nützen (→ Entzündung).

Ein zweites mikroskopisch sichtbares Merkmal der Alzheimer-Krankheit sind Bündel von Fasen im Inneren der Neuronen, die aus einem weiteren Protein namens *Tau* bestehen. Diese *neurofibrillären Bündel* treten meist erst in späten Phasen der Alzheimer-Krankheit auf. Man vermutet, dass sie zum Fortschreiten der Krankheit beitragen, indem sie in den Neuronen den Stofftransport stören und die Zellen auf diese Weise zusätzlich schädigen.

Guter Rat ist noch teuer

Bei der wissenschaftlichen Erforschung der Krankheit geht es heute vor allem um die Frage, warum nur bestimmte Personen und bei diesen wiederum nur bestimmte Arten von Nervenzellen betroffen sind. Mit der Lösung dieser Probleme sind weltweit zahlreiche Wissenschaftler beschäftigt. Sicher ist inzwischen, dass es erbliche Faktoren gibt, die die Entstehung der Krankheit begünstigen. Eine Rolle spielen sicherlich Veränderungen in Genen, die Informationen für die beteiligten Proteine (βAPP, Tau, Preseniline und andere) tragen. Auch Giftstoffe, Krankheitserreger, Stoffwechselstörungen und alle möglichen Kombinationen dieser Faktoren werden mit der Entstehung von »Alzheimer« in Verbindung gebracht. Sie könnten die Bildung der Plaques begünstigen oder ihre Auswirkungen verstärken.

Zur medikamentösen Behandlung der Alzheimer-Krankheit fehlt es zur Zeit noch an geeigneten Konzepten. Eine Reihe neuer Ansätze lässt aber hoffen, dass es bald möglich sein wird, zumindest das Fortschreiten der Krankheit zu verlangsamen. Da bei Alzheimer-Patienten hauptsächlich Nervenzellen absterben, die *Acetylcholin* produzieren, versucht man den Abbau dieses Neurotransmitters durch *Choli-*

nesterase-Hemmer zu verlangsamen. Ein Wirkstoff dieser Art ist Donepezil, das das Fortschreiten der Demenz etwas hinauszögern kann. Mit zunehmendem Verlauf der Erkrankung lässt sich allerdings auch mit Donepezil kein messbarer Erfolg mehr erzielen. Weitere zugelassene Stoffe mit ähnlicher Wirkung sind Rivastigmin und Galantamin.

Für spätere Stadien der Alzheimer-Krankheit wurden erst in den letzten Jahren Therapieansätze entwickelt. Der derzeit einzig verfügbare Wirkstoff Memantine greift in die gestörte Reizweiterleitung im Gehirnen von Alzheimer-Patienten ein: Neben den neuritischen Plaques und den neurofibrillären Bündeln findet man in bestimmten Regionen des Gehirns von Alzheimer-Patienten auch erhöhte Konzentrationen des Neurotransmitters Glutamat. Dies führt zu einer schwachen, aber anhaltenden Dauererregung der Nervenzellen, die wahrscheinlich mit für das Absterben dieser Zellen verantwortlich ist. Memantin dämpft diese Dauererregung dadurch, dass es an Glutamat-Rezeptoren (→ Neurotransmitter) bindet und sie dadurch hemmt.

Viel versprechende klinische Versuche mit einer Art »Impfstoff« gegen die Alzheimer-Erkrankung mussten im Jahre 2002 abgebrochen werden. Bei dem getesteten Wirkstoff mit der unspektakulären Bezeichnung AN-1792 handelte es sich um synthetisches β-Amyloid, also um das Material, aus dem die neuritischen Plaques bestehen. Die Substanz sollte den Körper zur Bildung von Antikörpern (→ Immunsystem) gegen die Plaques anregen und damit ihre Vernichtung durch das Immunsystem fördern. Obwohl sich diese Vermutung bestätigte, kam es bei einer beträchtlichen Zahl der Behandelten zu Gehirnentzündungen, die den Abbruch des Versuchs notwendig machten. Trotzdem gibt AN-1792 Anlass zu der Hoffnung, dass es in der nahen Zukunft möglich sein wird, »Alzheimer« auf diese Weise zu behandeln.

Da es derzeit noch keine echte Heilungsmöglichkeiten für Alzheimer-Patienten gibt, spielt die Betreuung der Patienten eine entscheidende Rolle. Die Aufrechterhaltung sozialer Kontakte und Sicherstellung gewohnter täglicher Abläufe sind dabei überaus wichtig für die Psyche der Betroffenen. Ebenso sind tägliche Gedächtnisübungen für eine Verlangsamung des Krankheitsverlaufs entscheidend. Hoffen wir, dass der Preis für ein langes Leben in Zukunft nicht mehr so hoch sein muss.

Wirkstoffe und Handelsnamen

Wirkstoff	Handelsname	Anwendung/Bemerkungen
Levodopa-Kombi-Präparate		
Benserazid + Levodopa	Madopar®	Parkinson; Restless-leg-Syndrom
Carbidopa + Levodopa	Nacom®	Parkinson; Restless-leg-Syndrom
Glutamatrezeptor-Hemmstoffe		
Amantadin	PK-Merz® Symmetrel®	Parkinson (v. a. gegen Akinesie)
Memantine	Axura®, Ebixa®	Alzheimer
Dopamin-Agonisten		
Bromocriptin	Pravidel®	Parkinson
Lisurid	Dopergin®	Parkinson; Migräneprophylaxe
Ropinirol	Requip®	Parkinson
Cholinesterase-Hemmstoffe		
Donepezil	Aricept®	Alzheimer
Galantamin	Reminyl®	Alzheimer
Rivastigmin	Exelon®	Alzheimer
Sonstige		
Entecapon	Comtess®	COMT-Hemmer; Parkinson
Selegilin	Movergan®	MAO-Hemmer; Parkinson
Budipin	Parkinsan®	Parkinson

20

Pflaster für die Seele
Psychopharmaka

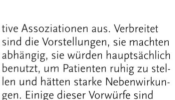

Esther Hedderich

Pflaster decken Wunden ab und tragen dazu bei, dass sie heilen. Psychopharmaka können Geisteskrankheiten zwar nicht heilen, aber sie lindern die furchtbaren Symptome von Depression und Schizophrenie. Trotzdem löst der Gedanke an Psychopharmaka bei vielen Menschen negative Assoziationen aus. Verbreitet sind die Vorstellungen, sie machten abhängig, sie würden hauptsächlich benutzt, um Patienten ruhig zu stellen und hätten starke Nebenwirkungen. Einige dieser Vorwürfe sind nicht ganz unberechtigt, andere sind dagegen schlicht falsch.

Depression: Viel mehr als nur »schlecht drauf«

Viele von uns kennen Lebensphasen, die geprägt sind von Selbstzweifeln und tiefer Niedergeschlagenheit, oft ausgelöst durch Probleme im Berufs- oder Privatleben oder durch den Verlust eines geliebten Menschen. Solche Episoden lassen sich meist ohne medikamentöse Hilfe überwinden. Mit echten Depressionen – im medizinischen Fachjargon *Major Depression* oder *unipolare affektive Störung* genannt – sind sie aber nicht zu vergleichen. Früher unterschieden die Ärzte zwischen *endogenen* Depressionen, bei denen die Ursache beim Erkrankten selbst vermutet wurde, und *neurotischen* Depressionen oder *depressiven Persönlichkeitsstörungen*, bei denen äußere Umstände oder traumatische Erlebnisse für die Depression verantwortlich gemacht wurden. Diese auf den ersten Blick sinnvolle Einteilung ist bei näherer Betrachtung problematisch. Bis heute sind die eigentlichen Ursachen von Depressionen, manisch-depressiven Störungen und Schizophrenie nicht bekannt. Man weiß lediglich, dass im Vergleich zu Gesunden bestimmte neurochemische Vorgänge im Gehirn verändert sind. Deshalb neigt man heute eher dazu, die Einteilung und Bewertung psychiatrischer Krankheitsbilder an den Symptomen, also nachprüfbaren Kriterien, auszurichten.

Tabletten, Tropfen und Tinkturen. Cornelia Bartels, Heike Göllner, Jan Koolman, Edmund Maser, Klaus-Heinrich Röhm
Copyright © 2005 WILEY-VCH Verlag GmbH & Co. KGaA, Weinheim
ISBN 3-527-30263-8

Wenn der Dachbalken zum Aufhängen einlädt
Typische Anzeichen einer Depression sind tiefe Niedergeschlagenheit, fehlendes Interesse an der Umwelt, Antriebsstörungen, Affektabstumpfung, Schlafstörungen, ein stark vermindertes Selbstwertgefühl, starke und ungerechtfertigte Schuldgefühle, vermindertes Denk- und Konzentrationsvermögen, die Unfähigkeit Entscheidungen zu treffen und immer wiederkehrende Gedanken an Tod und Selbstmord. Einige bedeutende Schriftsteller – z. B. Leo Tolstoi, Virginia Woolfe oder Sylvia Plath – litten an Depressionen, und in ihren Tagebüchern oder Romanen finden sich eindrückliche Schilderungen depressiver Episoden. So beschreibt der amerikanische Romancier William Styron, wie er seine ganze Umgebung als eine Ansammlung von Möglichkeiten zum Selbstmord wahrnahm: »*Die Dachbalken luden zum Aufhängen ein, genauso die Ahornbäume; die Garage war ein Ort, um giftige Gase einzuatmen, die Badewanne ein Gefäß, mein Blut aus den geöffneten Adern aufzufangen...*«

Nach neuesten Schätzungen leiden ca. 5–12 % der Männer und 10–20 % der Frauen mindestens einmal in ihrem Leben unter einem *depressiven Syndrom*. In vielen Fällen tritt die Krankheit in einem Lebensalter von Ende Zwanzig, Anfang Dreißig erstmals auf. Bei über 50 % der Betroffenen wiederholen sich die depressiven Episoden. Die Selbstmordrate bei Erkrankten liegt zwischen 10 und 20 %. Hinzu kommt eine wahrscheinlich sehr hohe Dunkelziffer, da viele Selbstmorde (z. B. provozierte Autounfälle) gar nicht als solche erkannt werden.

Transmitter und Affekt: Biochemische Grundlagen der Depression

Die Tatsache, dass bei Blutsverwandten das depressive Syndrom gehäuft auftritt, deutet auf eine genetische Komponente hin. Bisher ist es aber nicht gelungen, das oder die schuldige(n) Gen(e) zu identifizieren. In den 1960er Jahren wurde die Monoamin-Hypothese der Depression entwickelt, die das Auftreten dieser Krankheit mit neurochemischen Veränderungen im Gehirn in Verbindung bringt. Obwohl sie die molekularen Ursachen der Depression nicht wirklich erklären kann, macht diese Hypothese die Wirksamkeit der meisten heute bekannten *Antidepressiva* verständlich. Erste Hinweise darauf, dass mit einer »major depression« neurochemische Veränderungen einhergehen, lieferten (eher zufällig) Untersuchungen am Reserpin. Dieser Naturstoff machte er in den 1950er Jahren in Amerika als Mittel zur Behandlung des Bluthochdrucks Karriere (s. Kap. 13). Leider zeigte es sich, dass Reserpin depressive Episoden auslösen kann, die einige Patienten zum Selbstmord trieben. Man fand, dass Reserpin in Nervenzellen die Entleerung von Vesikeln fördert, in denen Neurotransmitter aus der Gruppe der Monoamine gespeichert sind (→ Neurotransmitter). Diese Transmitter, vor allem Noradrenalin, Adrenalin, Serotonin und Dopamin werden nach ihrer Freisetzung von Enzymen, so genannten *Monoamino-Oxidasen* (abgekürzt: MAO) abgebaut. Dadurch kommt es zu einem Mangel an Transmittern, als Folge davon zu einer gestörten Reizweiterleitung und den beschriebenen depressiven Verstimmungen.

Mehr Licht in dunkle Seelen

Wenn es eine Verarmung an Transmittern ist, die Depressionen auslöst oder zumindest begünstigt, sollten Medikamente, die dieser Verarmung entgegenwirken, Depressionen lindern. Genau das tun die meisten heute bekannten Antidepressiva.

Was hat MAO damit zu tun?

Etwa zur selben Zeit, als man den Zusammenhang zwischen Reserpin und Depressionen erkannte, wurde mit Iproniazid der erste MAO-Hemmer (Monoamino-Oxidase-Hemmer) entdeckt. Dieser Wirkstoff wurde ursprünglich gegen Tuberkulose eingesetzt. Als die Ärzte bemerkten, dass er bei ihren Patienten außerdem noch eine deutliche Stimmungsaufhellung bewirkte, lag der Gedanke nahe, ihn auch bei depressiven Patienten auszuprobieren. Iproniazid wird heute nicht mehr angewendet, weil dies mit erheblichen Risiken verbunden ist. Zum Glück steht die Wissenschaft nicht still und entwickelte mittlerweile MAO-Hemmer (z. B. Moclobemid), die selektiv und reversibel an die im Gehirn tätige *Monoamino-Oxidase* binden und weit besser verträglich sind (Abb. 1).

Schwer zu verstehen ist allerdings, dass die stimmungsaufhellende Wirkung von Moclobemid und anderen Antidepressiva erst nach zwei bis vier Wochen einsetzt, während die Hemmung der MAO spätestens nach einigen Stunden eintreten müsste. Ein modifiziertes Monoamin-Modell geht davon aus, dass nicht die verringerten Trans-

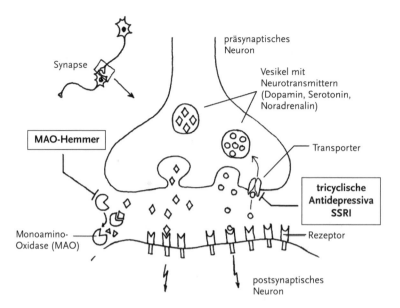

Abb 1: Wirkungsweise von Antidepressiva

mittermengen selbst die Depression auslösen, sondern dass ständiger Transmittermangel mit der Zeit die Anzahl oder die Empfindlichkeit der Rezeptoren erhöht. Dieser Kompensationsversuch des Gehirns wäre dann für die Entstehung der Depression verantwortlich. Die Steigerung des Transmitterangebots durch Antidepressiva hebt entweder die übermäßige Empfindlichkeit der Rezeptoren langsam wieder auf oder reduziert ihre Anzahl auf ein normales Maß. Beide Anpassungsprozesse erfordern eine gewisse Zeit und könnten die verzögert einsetzende Wirkung der Antidepressiva erklären.

Kein Weg zurück

Als erster Vertreter der so genannten tricyclischen Antidepressiva (TCA) wurde Imipramin entdeckt, als man versuchte, ein bereits etabliertes Mittel gegen Schizophrenie durch chemische Veränderungen zu verbessern. Ein gründlicher Psychiater testete den neuen Wirkstoff zunächst ohne Erfolg an fast dreihundert Schizophrenie-Patienten. Statt aufzugeben, verabreichte er Imipramin dann auch seinen depressiven Patienten – und seine Ausdauer wurde belohnt. In der Folgezeit wurde von der Struktur des Imipramins ausgehend eine Vielzahl weiterer TCA entwickelt und getestet. Das Adjektiv »tricyclisch«

rührt daher, dass alle TCA eine Kernstruktur aus drei zusammenhängenden Ringen (zwei Sechsringen und einem Siebenring) enthalten. Manche TCA steigern neben ihrer stimmungsaufhellenden Wirkung auch den Antrieb wie z. B. Desipramin, andere wirken eher dämpfend.

Alle TCA verbauen Noradrenalin und Serotonin den Rückweg aus dem synaptischen Spalt in das präsynaptische Neuron, indem sie an Transporter in der präsynaptischen Membran binden und sie blockieren (→ Nervensystem; Abb. 1). So erhöhen sie, wie die MAO-Hemmer auch, die Konzentration dieser Transmitter und verstärken damit deren Wirkung. Leider blockieren die TCA auch die Rezeptoren für andere Neurotransmitter und haben deshalb eine ganze Reihe unerwünschter Wirkungen. Dazu gehören Herzrhythmusstörungen, Mundtrockenheit, Sehstörungen, Verstopfung und Verwirrtheit. Die Hemmung bestimmter Noradrenalinrezeptoren führt zu niedrigem Blutdruck (*Hypotonie*). In sehr seltenen Fällen kann eine Blockade von Dopaminrezeptoren parkinsonähnliche Symptome hervorrufen (s. Kap. 19). Werden TCA über einen längeren Zeitraum verabreicht, verschwindet ein Teil der Nebenwirkungen, weil die Patienten Toleranz entwickeln. Zumindest eine der Nebenwirkungen lässt sich therapeutisch sinnvoll nutzen: Bei manchen Patienten ist die Depression von Angst und Unruhe begleitet. In solchen Fällen wählt man TCA aus, die verstärkt an Histaminrezeptoren binden und dadurch beruhigend (*sedierend*) auf die Patienten wirken. Zu dieser Gruppe gehören Amitriptylin, das weltweit zu einer Art Standardsubstanz wurde, und Doxepin.

Don't worry – be happy! Erfolg aus der Apotheke?

Die »Selektiven Serotonin-Reuptake-Inhibitoren«, kurz SSRI, hemmen – wie der Name sagt – die Wiederaufnahme von Serotonin in die präsynaptischen Neuronen und verstärken so die Wirkung des Serotonins auf das nachgeschaltete Neuron (Abb. 1). Der bekannteste Wirkstoff dieser Gruppe, das Fluoxetin, wurde in Amerika unter dem Namen Prozac® zu einem Wundermittel hochstilisiert. Man schreibt der Steigerung des Serotoninspiegels nämlich nicht nur eine antidepressive Wirkung zu, sondern verspricht sich davon auch mehr Selbstvertrauen und ein höheres Selbstwertgefühl. Prozac® wird deshalb häufig als »Erfolgsdroge« angepriesen. Ob die Einnahme von Fluoxetin wirklich erfolgreich macht, sei dahingestellt. Tatsache ist, dass es weniger Nebenwirkungen auslöst als die TCA (z. B. keine Beeinträchtigung der Herzfunktion), aber auch weniger stark antidepressiv wirkt. Ganz ohne Nebenwirkungen geht es bei den SSRI aber auch nicht: Nervosität, Angstzustände, sexuelle Dysfunktion, Schlafstörungen, Übelkeit, Appetitverlust, motorische Unruhe und Muskelversteifungen treten auf. Den Appetitverlust macht man sich gezielt zunutze, indem man SSRI auch zur Behandlung von Fettsucht (*Adipositas*) einsetzt.

Ein Kessel Buntes

Die vierte und letzte Gruppe, die atypischen Antidepressiva, sind in ihren pharmakologischen Wirkungen sehr vielfältig. Im Folgenden seien nur einige Beispiele genannt: Maprotilin verhindert die Wiederaufnahme von Noradrenalin in präsynaptische Nervenendigungen. Trazodon blockiert eine Unterklasse von Serotoninrezeptoren und verringert wahrscheinlich auch deren Anzahl. Bei leichten und mittelschweren Depressionen können auch Extrakte aus Johanniskraut (*Hypericum perforatum*) hilfreich sein. Welche Inhaltsstoffe für die Wirkung verantwortlich sind, bleibt noch zu klären. Ein unbestreitbarer Vorteil ist, dass Johanniskraut-Extrakte kaum unerwünschte Wirkungen entwickeln.

70–80 % aller Patienten mit Depressionen sprechen auf antidepressive Medikamente an, die Reaktion auf ein bestimmtes Mittel kann allerdings individuell sehr verschieden sein. Deshalb ist es positiv zu bewerten, dass ein breites Spektrum von Wirkstoffen zur Auswahl steht. Trotzdem gibt es Patienten bei denen durch medikamentöse Therapie keine Besserung zu erzielen ist. Zu helfen ist ihnen unter Umständen mit der so genannten *Elektrokrampftherapie*: Dabei werden die Patienten zunächst betäubt. Dann löst man Krampfanfälle aus, indem man Strom durch ihren Körper leitet. Das hört sich zwar barbarisch an, ist aber äußerst wirkungsvoll. Die einzige bekannte Nebenwirkung besteht in einem partiellen Gedächtnisverlust, der Ereignisse kurz vor der Behandlung betrifft. Nach mehrmaliger Durchführung dieser Prozedur kann die Depression sogar völlig verschwinden.

Himmelhoch jauchzend, zu Tode betrübt

Patienten mit einer manisch-depressiven Erkrankung (heute bevorzugt man den Begriff *bipolare affektive Störung*) erleben einen sehr intensiven und ausgeprägten Wechsel zwischen Depression und Hochgefühl (Abb. 2). Die depressiven Phasen verlaufen wie bei einer »major depression« und werden auch entsprechend medikamentös behandelt. Die manischen Episoden zeichnen sich vor allem durch ein abnorm gesteigertes Selbstwertgefühl und eine krankhafte Selbstüberschätzung aus. In solchen Phasen brauchen die Patienten wenig Schlaf und sind ständig hektisch mit allen möglichen Aktivitäten beschäftigt. *Maniker* sprechen und bewegen sich schnell und haben nur eine kurze Aufmerksamkeitsspanne. Außerdem ignorieren sie weit gehend die Konsequenzen ihres Verhaltens und stellen den momentanen Genuss in den Vordergrund. Das führt z. B. zu Großeinkäufen, zu waghalsigen geschäftlichen Transaktionen oder zu sexuellen Entgleisungen. Die Phasen sind unterschiedlich lang und können von wenigen Stunden bis zu mehreren Jahren dauern. Während bei einigen Patienten depressive Episoden überwiegen, sind es bei anderen die manischen. Zwischendurch können auch Phasen auftreten, in denen der Gemütszustand der Patienten wieder völlig normal ist. In der Regel lässt sich nicht vorhersagen wann manische oder depressive Phasen auftreten oder wie lange sie dauern. Die bipolare affektive Störung ist wahrscheinlich ein eigenständiges Krankheitsbild und nicht nur eine Variante der Depression. Etwa 2–3 % der Bevölkerung leiden darunter. Sind Verwandte ersten Grades (Mutter, Vater, Geschwister,

Abb 2: Bipolare affektive Störung.

Kinder) betroffen, besteht eine Wahrscheinlichkeit von 20 % (bei eineiigen Zwillingen sogar von 60 %), selbst an einer bipolaren Störung zu erkranken.

Heavy Metal

Zur Behandlung manisch-depressiver Patienten wird eines der erstaunlichsten Medikamente eingesetzt, die es gibt. Es hat eine extrem simple chemische Struktur, ist billig herzustellen, und man weiß bis heute nicht genau, wie es wirkt. Die Rede ist vom einwertigen Metall Lithium (Li), vielmehr von seinen Salzen Lithiumacetat (CH_3COOLi) und Lithiumcarbonat (Li_2CO_3).

Die Entdeckung der therapeutischen Wirkung von Lithium verlief nach dem Motto »Auch ein blindes Huhn findet manchmal ein Korn« (Abb. 3): Der australische Psychiater John Cade hatte durch Zufall entdeckt, dass bestimmte Lithiumsalze Meerschweinchen zu beruhigen schienen. Er probierte sein Präparat an manischen Patienten aus, und siehe da – auch bei ihnen wirkte es beruhigend. Die Ironie der Geschichte liegt darin, dass Cades Schlussfolgerungen falsch waren: Lithium hat gar keine beruhigende Wirkung auf Meerschweinchen. Was Cade an den Tieren beobachtet hatte, war lediglich Teilnahmslosigkeit (*Apathie*) als Folge einer Lithiumvergiftung.

Als Psychopharmakon setzte sich Lithium nur langsam durch. Als natürliche Substanzen waren Lithiumsalze nicht patentierbar, mussten aber dennoch aufwendige klinische Studien durchlaufen, bis sie als Medikament zugelassen werden konnten. Kein Wunder also, dass sich die Pharmafirmen nicht unbedingt um diese »Chance« rissen. Mittlerweile sind Lithiumsalze das Medikament der Wahl bei manisch-depressiven Patienten. Lithium hat viele Überraschungen zu

Abb 3: Auch ein blindes Huhn ... – Die Entdeckung von Lithium.

bieten. Es wirkt bei akuter Manie, es beeinflusst, als Zusatzpräparat eingesetzt, auch depressive Phasen positiv und kann sogar das Auftreten weiterer Phasen, sowohl manischer als auch depressiver, verhindern. Man spricht auch von einer »*phasenprophylaktischen Wirkung*«, die allerdings erst nach ungefähr einem halben Jahr eintritt und zu deren Aufrechterhaltung eine dauerhafte Einnahme von Lithium nötig ist.

Klein aber oho

Im Gegensatz zu anderen Psychopharmaka ist Lithium ein simples Atom (im Periodensystem steht es auf Platz 3) mit einer sehr komplexen Wirkung, die nur in Umrissen bekannt ist (Abb. 4). Man geht davon aus, dass Lithium (genauer: das Kation Li$^+$) die Funktion von Nervenzellen auf unterschiedlichen Ebenen beeinflusst. Zunächst gehört es, wie Natrium und Kalium, zu den *Alkalimetallen*. Natrium- und Kalium-Ionen (Na$^+$ und K$^+$) spielen bei der Reizleitung im Nervensystem eine entscheidende Rolle. Sie sind für die Aufrechterhaltung des Ruhepotenzials an der Nervenzelle zuständig und maßgeblich an der Entstehung von Aktionspotenzialen beteiligt (→ Nervensystem, Neurotransmitter). Man vermutet, dass Li$^+$ in Neuronen ähnlich wirkt

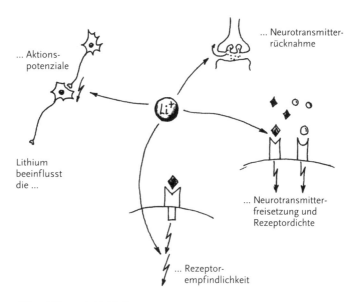

Abb 4: Litium, ein Multitalent

wie Na$^+$. Ebenso hat man festgestellt, dass Lithium viele Neurotransmitter beeinflusst, indem es entweder ihre Freisetzung, ihre Rücknahme oder aber die Anzahl und Empfindlichkeit ihrer Rezeptoren verändert. Zu guter Letzt beeinflusst Lithium auch einige Signaltransduktionswege durch die Hemmung von Enzymen und die Veränderung der Aktivität von G-Proteinen (→ Signaltransduktion).

Leider hat auch Lithium eine Reihe von Nebenwirkungen, die besonders problematisch sind, weil der Wirkstoff auf Dauer eingenommen werden muss, um das Auftreten weiterer manischer oder depressiver Phasen zu verhindern. Während einer Therapie mit Lithium muss dessen Konzentration im Blut aufgrund der geringen therapeutischen Breite sorgfältig kontrolliert werden (→ Pharmakodynamik). Die optimale Konzentration kann individuell variieren, sie liegt ungefähr bei 0,6–1,0 mmol pro Liter Blut. Vor allem zu Beginn der Therapie kommt es zu Zittern (*Tremor*), Muskelschwäche und zu Störungen im Magen-Darm-Trakt (Übelkeit, Erbrechen, Bauchschmerzen). Diese Symptome verschwinden im weiteren Verlauf jedoch häufig wieder. Die Ähnlichkeit zu Na$^+$ bringt es mit sich, dass Li$^+$ auch den Salz- und Wasserhaushalt des Körpers beeinflusst, indem es zu gesteigerter Harnbildung (*Polyurie*) führt. Wenn ein Patient plötzlich auf salzarme Kost umstellt oder durch starkes Schwitzen viel Salz verliert, wird in der Niere vermehrt Li$^+$ resorbiert, der Plasmaspiegel steigt und es kann zu Vergiftungserscheinungen bis hin zu Herzrhythmusstörungen, Nierenversagen und Koma kommen. Auch die Schilddrüse wird durch Lithium in Mitleidenschaft gezogen; hier kann es zu einer Mangelfunktion kommen, die in seltenen Fällen eine Kropfbildung verursacht. Da Lithium die embryonale Entwicklung beeinflusst, darf es während einer Schwangerschaft nicht eingenommen werden.

Die Alternativen sind (noch?) dürftig

Leider gibt es bei der Behandlung manischer Zustände kaum Alternative zur Lithium-Therapie. Zwei alternative Wirkstoffe (Carbamazepin und Valproinsäure) sind von Hause aus *Antiepileptika*, haben sich aber auch bei der Behandlung bipolarer Störungen bewährt. Chemisch ähnelt Carbamazepin den tricyclischen Antidepressiva. Patienten, die auf Lithium nicht ansprechen, wird es allein oder in Kombination mit Lithium verabreicht. Besonders erfolgreich scheint Carbamazepin bei einer Sonderform der manisch-depressiven Erkrankung zu sein, die sich durch eine schnelle Abfolge manischer und depressiver Phasen auszeichnet – man spricht von »*rapid cycling*«. Die schwerwiegendste Nebenwirkung von Carbamazepin ist eine Verringerung der weißen und roten Blutkörperchen, die bis zu einer schweren Blutarmut (*Anämie*) führen kann. Die Valproinsäure erzielt ihre therapeutische Wirkung, indem sie die hemmende Wirkung des Neurotransmitters GABA (→ Neurotransmitter) verstärkt. Sie ist vor allem zur Behandlung akuter manischer Phasen und bei Erkrankungen mit »rapid cycling« geeignet. Das Spektrum der Nebenwirkungen ist ähnlich wie bei Carbamazepin, es kommen aber noch Händezittern, Haarausfall und Veränderungen des Leberstoffwechsels hinzu. Wie Lithium und Carbamazepin darf auch die Valproinsäure während einer Schwangerschaft nicht eingenommen werden. Zum Schluss sei noch erwähnt, dass auch einige Wirkstoffe aus der Gruppe der Benzodiazepine (z. B. Clonazepam und Lorazepam, s. Kap. 13) manische Zustände dämpfen. Sie werden hauptsächlich in Kombination mit Lithium eingesetzt.

Zwei Seelen wohnen, ach, in meiner Brust

Schizophrenie ist (ebenso wie die Depression) keine Krankheit der heutigen Zeit. In überlieferten historischen Berichten ist immer wieder von Personen die Rede, von denen man glaubte, sie seien von bösen Geistern besessen. Die Beschreibungen dieser »Besessenen« lässt den Schluss zu, dass sie an Schizophrenie litten. Heute haben ca. 1 % der Bevölkerung mit dieser Krankheit zu kämpfen. Dieser Prozentsatz ist (wie übrigens auch derjenige der uni- und bipolaren affektiven Störungen) unabhängig von geographischer Lage, Klima, sozialer Schicht und Gesellschaftssystem. Die Anlage zur Schizophrenie scheint – zumindest zum Teil – erblich zu sein. Zum ersten Mal tritt die Krankheit oft bei Endzwanzigern oder Anfangsdreißigern auf, also in relativ jugendlichem Alter. Daher rührt die früher gebräuchliche Bezeichnung *Dementia praecox* – frühzeitige Demenz.

Die Begriff Schizophrenie (*gespaltener Geist*) wurde von dem Schweizer Psychiater Eugen Bleuler geprägt. »Gespalten« deshalb, weil sich bei den Betroffenen »normale« und von der Norm abweichende Verhaltensweisen mischen. Menschen, die unter Schizophrenie leiden, haben mit einer Vielzahl von Symptomen zu kämpfen, die ihnen das Leben im wahrsten Sinne des Wortes zur Hölle machen. In der Fachliteratur wird dabei zwischen »positiven« und »negativen« Symptomen unterschieden. Von »*negativen*« Symptomen spricht man, wenn normale Verhaltensweisen verloren gegangen sind. In diese Kategorie gehören Abstumpfung oder Verflachung von Emotionen, Antriebslosigkeit, fehlendes Interesse an der Umwelt und schließlich der soziale Rückzug. »*Positive*« Symptome sind abweichende Verhaltensweisen, die als Folge der Krankheit neu auftreten, z. B. Wahnvorstellungen, Halluzinationen und Störungen des Denkens. Die meisten Schizophrenen leiden unter akustischen Halluzinationen, sie hören z. B. Stimmen, die sie verhöhnen und beschimpfen. Viele Erkrankte haben die Vorstellung, andere Menschen könnten ihre Gedanken hören, und fühlen sich deshalb ausgeliefert und wehrlos. Denkstörungen äußern sich zum einen darin, dass der Gedankenfluss oft unterbrochen wird und nicht mehr aufgenommen werden kann (man spricht auch von Gedankenflucht) und zum anderen in bizarrem, für Außenstehende unlogischem Denken. Akut Erkrankte sind oft nicht mehr in der Lage, sich in der Realität zurechtzufinden. Sie leben in ihrer eigenen, bedrohlichen und erschreckenden Welt. Bei einigen Patienten führt dies zu einer Selbst-, bei anderen zu einer Fremdgefährdung. Deshalb wusste man sich lange Zeit keinen anderen Rat, als Schizophrene in sogenannten »Heilanstalten« wegzusperren, die eher »Verwahranstalten« hätten heißen müssen. Solange noch keine Medikamente zur Verfügung standen, probierte man andere z. T. abenteuerliche »Heilmethoden« aus (Abb. 5). Bei der *Schlaf- oder Narkosetherapie* versetzte man die Patienten durch die Gabe von *Barbituraten* (s. Kap. 18) in eine fünf bis zehn Tage dauernde Narkose, in der Hoffnung, dies würde die gestörte Psyche irgendwie wieder zurechtrücken. Die Sterblichkeitsrate lag jedoch bei 10 % und eine therapeutische Wirkung war nicht nachweisbar. In Europa wurde diese Methode durch das so genannte »*Insulinkoma*« abgelöst. Das Prinzip war ähnlich, nur versetzte man die Patienten durch die Injektion von Insulin in ein *hypoglykämisches Koma* (Unterzuckerung s. Kap. 15), aus dem viele nicht wieder aufwachten. Besonders in Amerika spielte als »Therapie« der Schizophrenie die *Lobotomie* eine unrühmliche Rolle. Obwohl auch dieser Ansatz, bei dem bestimmte Nervenverbindungen im Gehirns chirurgisch durchtrennt werden, höchst umstritten war und fast immer zu starken und vor allem irreversiblen Beeinträchtigungen führte, wurde er an Tausenden der Patienten durchgeführt.

Heute gibt es wirksame Arzneimittel zur Behandlung der Schizophrenie. Außerdem hat sich die Überzeugung durchgesetzt, dass ergänzend zur medikamentösen Therapie die psychotherapeutische Begleitung der Erkrankten auf keinen Fall vernachlässigt werden darf. Eine intensive persönliche Betreuung kann – vielleicht mehr noch als die Medikamente – sogar gelegentlich zu einer Heilung führen.

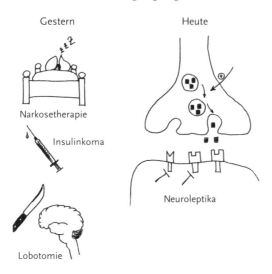

Abb 5: »Behandlung« der Schizophrenie einst und jetzt

Aus zwei mach eins

In den 1950er Jahren war die Begeisterung groß, als man einen Wirkstoff entdeckte, der die Schizophrenie zwar nicht heilen konnte, aber immerhin die Symptome soweit eindämmte, dass die meisten Kranken sich wieder in die Gesellschaft eingliedern konnten. Ein französischer Neurochirurg namens Henri Laborit suchte nach einem Mittel, um Patienten vor Operationen zu beruhigen. Eine Firma stellte ihm dazu verschiedene *Antihistaminika* (s. Kap. 10) mit beruhigender (*sedierender*) Wirkung zur Verfügung, die er an seinen Patienten testete. Die Wirkung von Chlorpromazin begeisterte Laborit so nachhaltig, dass er es als Beruhigungsmittel weiterempfahl. Später stellte sich heraus, dass Chlorpromazin nicht nur sedierend wirkt, sondern auch die positiven Symptome der Schizophrenie lindert. Fast zeitgleich wurde in Amerika an Schizophreniepatienten ein Wirkstoff getestet, der Lesern dieses Kapitels schon bekannt ist: das Reserpin. Nach langwierigen Untersuchungen stellte sich heraus, dass Chlorpromazin bestimmte Dopaminrezeptoren blockiert und so die durch Dopamin vermittelte Reizleitung im Gehirn einschränkt (Abb. 5). Wie erwähnt, erzielt Reserpin den gleichen Effekt, indem es in den Neuronen die Speichervesikel für Dopamin entleert. Davon betroffen sind vor allem Nervenbahnen, die vom Mittelhirn (*Mesencephalon*) zum Limbischen System (*mesolimbische Bahnen*) und zur Gehirnrinde (*mesocorticale Bahnen*) ziehen (Abb. 4 in Kap. 19). Diese Nervenverbindungen stehen in engem Zusammenhang mit Lernen, Gedächtnis und emotionaler Kontrolle (s. auch Kap. 21). Aber auch die in Kapitel 19 beschriebene *nigrostriatale Bahn* (sie dient der Bewegungskoordination) ist dopaminabhängig.

Die *Dopaminhypothese der Schizophrenie* führt die Krankheitssymptome auf eine gestörte Regulation der dopaminvermittelten Reizleitung in einigen Bereichen des Gehirns (der mesolimbischen und mesocortikalen Bahnen) zurück. Es gibt viele Hinweise, die die Theorie unterstützen, aber ebensoviel deutet darauf hin, dass die Dopaminhypothese zumindest nicht die ganze Wahrheit ist. Hören wir zunächst einmal die Zeugen der Verteidigung: Alle *klassischen Neuroleptika* (Medikamente gegen Schizophrenie, s. unten) blockieren bestimmte Dopaminrezeptoren. Diese Funktion korreliert mit der antipsychotischen Wirkung der Medikamente. Umgekehrt weiß man vom Cocain (s. Kap. 21), dass es schizophrenieähnliche Psychosen auslösen oder verstärken kann, indem es die dopaminvermittelte Reizweiterleitung verstärkt. Zu guter Letzt hat man in den Gehirnen verstorbener Schizophreniepatienten eine erhöhte Dichte an Dopaminrezeptoren gefunden, was ebenfalls auf eine gesteigerte Aktivität bestimmter dopaminabhängiger Nervenbahnen hindeutet.

Gegen die Dopaminhypothese spricht, dass sie weder die Vielfalt der Ausprägungsformen noch die komplexe Natur der Erkrankung erklären kann. Hinzu kommt, dass die klassischen Neuroleptika nur gegen die »positiven« Symptome wirksam sind. Dies bedeutet, dass es weitere auslösende Faktoren für Schizophrenie geben muss; welche dies sind, ist allerdings weit gehend unklar. Eine Theorie geht zum Beispiel davon aus, dass »fehlerhafte« Verschaltungen während der Ausreifung des Gehirns in der Jugend zur Entstehung von Schizophrenie beitragen.

Klassisch oder atypisch

Unter dem Begriff Neuroleptika (wörtlich übersetzt: »Stoffe, die das Neuron greifen«) fasst man Medikamente zusammen, die gegen die psychotischen Symptome der Schizophrenie wirksam sind. Ähnlich wie bei den bisher besprochenen Psychopharmaka tritt der gewünschte Effekt erst nach einer Latenzzeit von einigen Wochen auf. Akut bewirken die Neuroleptika vor allem eine Beruhigung des Patienten, es kommt zu einer Affektabstumpfung und einer größeren Distanz zur Umgebung. Diese Wirkung der Neuroleptika lässt sich auch bei Gesunden beobachten, während die antipsychotische Wirkung nur bei Erkrankten auftritt. Da Neuroleptika viele unangenehme Nebenwirkungen haben und keine Euphorie oder Rauschzustände auslösen, besteht keine Missbrauchs- oder Suchtgefahr. Nach ihrem Wirkmechanismus teilt man die Neuroleptika in zwei große Gruppen ein: die *klassischen* Neuroleptika, deren Wirkung auf einer Blockade der Dopaminrezeptoren beruht, und die *atypischen* Neuroleptika, die über andere Mechanismen wirken. Derzeit sind Dutzende verschiedener Neuroleptika mit sehr unterschiedlicher chemischer Struktur und unterschiedlicher Wirksamkeit auf dem Markt, von denen wir hier nur wenige Beispiele anführen können.

Wie bereits erwähnt, hemmen die *klassischen Neuroleptika* neben den Dopaminrezeptoren der mesolimbischen und mesocortikalen Bahnen, die wahrscheinlich an der Entstehung der Schizophrenie beteiligt sind, auch die Dopaminrezeptoren der nigrostriatalen Bahn, die für die Koordination von Bewegungsabläufen wichtig ist. Entsprechend sehen die Nebenwirkungen aus. Häufig kommt es zum so genannten *Parkinson*-Syndrom. Die Symptome gleichen denen von Parkinson-Patienten (s. Kap. 19). *Frühdyskinesien* treten, wie der Name schon sagt, zu Anfang der Behandlung auf und betreffen vor allem die Muskulatur in Gesicht, Hals und Schultern. Es kann zu Krämpfen, unwillkürlichen Zuckungen und Genickstarre kommen. Besonders tückisch ist die *Spätdyskinesie*. Sie tritt erst im Laufe einer Langzeitmedikation auf und ist dann meist irreversibel. Wahrscheinlich wird die Spätdyskinesie durch einen Kompensationsversuch des Körpers ausgelöst. Um die ständige Hemmung der Dopaminrezeptoren auszugleichen, wird deren Anzahl erhöht, was wiederum zu einer Überempfindlichkeit des dopaminergen Systems führt. Weitere unerwünschte Wirkungen, die auf die Hemmung von Dopaminrezeptoren zurückgehen, sind Appetitlosigkeit, die Absenkung der Körpertemperatur (*Poikilothermie*) und eine vermehrte Ausschüttung des weiblichen Hormons Prolactin. Diese ungesteuerte Prolactin-Freisetzung führt bei Frauen zu Zyklusunregelmäßigkeiten und kann die Produktion von Milch in der Brustdrüse (*Lactation*) auslösen. Bei Männern kann es zu Brustbildung und sexuellen Funktionsstörungen kommen. Neben den Dopaminrezeptoren können auch Noradrenalinrezeptoren betroffen sein. Die Folgen sind Herzrhythmusstörungen und eine Absenkung des Blutdrucks (s. Kap. 11 und 13). Eine sehr selten auftretende, aber ernste Komplikation ist das *maligne neuroleptische Syndrom*, das in 10–20 % der Fälle tödlich verläuft. Hohes Fieber, Muskelversteifung, Erstarrung (*Stupor*) und Herz-Kreislaufstörungen sind mögliche Anzeichen und müssen in jedem Fall stationär behandelt werden.

Bei den klassischen Neuroleptika gibt es Wirkstoffe mit schwach antipsychotischer, aber stark beruhigender Wirkung. Zu dieser Gruppe gehört z. B. das bereits erwähnte Chlorpromazin. Umgekehrt zeigen Neuroleptika mit stark antipsychotischer Wirksamkeit wie Haloperidol meist nur schwach sedierende Eigenschaften. Haloperidol hat eine deutlich höhere Selektivität für die mit der Schizophrenie in Verbindung stehenden Dopaminrezeptoren. Entsprechend schwächer sind die Nebenwirkungen, die auf einer Hemmung der Noradrenalinrezeptoren beruhen.

Die atypischen Neuroleptika haben entweder eine andere chemische Struktur und/oder einen anderen Wirkmechanismus als die klassischen Neuroleptika und wirken in der Regel auch gegen die »negativen« Symptome. Ein schon länger bekanntes atypisches Neuroleptikum ist Clozapin. Es wurde allerdings vorübergehend vom Markt genommen, weil es bei etwa 1 % der Patienten zu einer Abnahme der Zahl der weißen Blutkörperchen (*Agranulocytose*) und in deren Folge zu Todesfällen durch Infektionen kam. Da diese Nebenwirkung aber selten auftritt und es nicht viele Alternativen zu Clozapin gibt, wurde es wieder zugelassen. Clozapin blockiert mit besonders hoher Affinität Dopaminrezeptor eines bestimmten Typs, der hauptsächlich in den mesolimbischen und mesocortikalen Bahnen vorkommt. Dagegen wird die nigrostriatale Bahn deutlich weniger gehemmt. Die Wirksamkeit von Clozapin gegen die negativen Symptome der Schizophrenie hängt möglicherweise mit der Blockade bestimmter Serotoninrezeptoren zusammen. Diese Vermutung liegt nahe, weil auch ein zweites gegen die negative Symptomatik wirksames atypisches

Neuroleptikum – das Risperidon – eine hohe Affinität zu diesen Serotoninrezeptoren hat. Die neu entwickelten atypischen Neuroleptika Risperidon oder Olanzapin wirken sowohl gegen die »negativen« als auch die »positiven« Schizophreniesymptome und verursachen weit seltener Störungen der Bewegungskoordination als die klassischen Neuroleptika. Allerdings sind auch diese Wirkstoffe der neuesten Generation nicht frei von unerwünschten Wirkungen.

So gut es geht

Klar ist, dass Psychopharmaka Krankheiten wie Schizophrenie, Depression und bipolare Störungen nicht heilen können – sie bekämpfen in der Regel nur die Symptome. In den meisten Fällen müssen Psychopharmaka auf Dauer eingenommen werden, was wegen der geschilderten Nebenwirkungen für viele Patienten eine enorme Belastung darstellt. Trotzdem sollte man nicht vergessen, dass Psychopharmaka vielen Erkrankten die Möglichkeit bieten, ein nahezu normales Leben außerhalb von psychiatrischen Krankenhäusern zu führen. Wichtig ist in jedem Fall der verantwortungsvolle Umgang mit psychoaktiven Substanzen, die keinesfalls nur zur Ruhigstellung eingesetzt werden sollten. Auch wenn diese Wirkstoffe die intensive psychotherapeutische Betreuung der Patienten nicht ersetzen können, haben sie heute ihren festen Platz als »Pflaster für die Seele«.

Wirkstoffe und Handelsnamen

Wirkstoff	Handelsname	Anwendungsgebiet(e)
MAO-Hemmer		
Moclobemid	Aurorix®	depressive Störungen
Tricyclische Antidepressiva		
Amitriptylin	Saroten®	depressive Störungen (Sedierung)
Desipramin	Pertofran®	depressive Störungen (stimmungsaufhellend)
Doxepin	Aponal®	depressive Störungen (Sedierung), Drogenentzug
Imipramin	Trofanil®	depressive Störungen, Panik, chronische Schmerzen
Selektive Serotonin-Reuptake-Inhibitoren (SSRI)		
Fluoxetin	Fluctin®	depressive Störungen, Panik, Zwänge
Atypische Antidepressiva		
Maprotilin	Ludiomil®	depressive Störungen
Trazodon	Thomban®	depressive Störungen, Ösophagusspasmen
Einwertiges Metall		
Lithium	Quilonum®	bipolare und unipolare affektive Störungen (Phasenprophylaxe), Akuttherapie manischer Phasen
Antiepileptika		
Carbamazepin	Tegretal®	bipolare Störung mit »rapid cycling«, Nervenschmerzen, Alkoholentzugssyndrom, epileptische Anfälle
Valproinsäure	Ergenyl®, Orfiril®	epileptische Anfälle, bipolare Störung mit »rapid cycling«, Akuttherapie manischer Phasen
Benzodiazepine		
Clonazepam	Rivotril®	manische Phasen, epileptische Anfälle
Lorazepam	Sonin®	manische Phasen, Schlafstörungen
Klassische Neuroleptika		
Chlorpromazin	Propaphenin®	Schizophrenie
Haloperidol	Haldol®	Schizophrenie, Tic-Erkrankungen, akute Psychosen
Atypische Neuroleptika		
Clozapin	Leponex®	positive und negative Symptome der Schizophrenie
Risperidon	Risperdal®	Schizophrenie
Olanzapin	Zyprexa®	Schizophrenie

21

Flucht aus dem Alltag
Drogen

Mechthild Röhm

»Ich griff zur Flasche und schenkte mir wieder ein. Schon jetzt war mir klar, dass ich völlig betrunken war und dass ich nicht mehr weitertrinken durfte. Dennoch blieb der Hang weiterzutrinken stärker. Das farbige Gespinst in meinem Hirn verlockte mich, die nie betretenen dunklen Dickichte in meinem Innern reizten meinen Fuß; ferne rief leise nach mir eine Stimme, ich wusste nicht, was, jedenfalls Lockung...« (aus: Hans Fallada, »Der Trinker«, 1944). Drogen und die Drogensucht sind so alt wie die menschliche Kultur. Doch erst seit wenigen Jahren beginnen wir zu verstehen, warum wir für die Lockungen von Schokolade, Alkohol oder Heroin so anfällig sind: Drogen »kidnappen« Mechanismen in unserem Gehirn, die für das Überleben von Individuen und Arten notwendig sind und nutzen sie für ihre Zwecke. Auch wenn es noch keine medikamentöse Behandlung von Sucht und Abhängigkeit gibt, weisen diese Erkenntnisse doch den Weg zu einer wirksamen Therapie in der Zukunft.

Wir und die ...

Beim Stichwort »Rauschgift« denken wir unwillkürlich an Elendsgestalten, Beschaffungskriminalität, AIDS und Hepatitis. Gefühle der Abwehr und der Angst beschleichen uns oder – noch schlimmer – die Genugtuung, nicht zu sein wie diese. Inzwischen wird jedoch zunehmend klar, dass Drogenabhängigkeit eine Krankheit ist wie jede andere.

Auch Menschen, die jeder Genussdroge abhold sind, stehen von Kindesbeinen an unter dem Einfluss bewusstseinsverändernder Stoffe. Wir alle nutzen ständig körpereigene (*endogene*) Drogen, z. B. die Enkephaline und Endorphine (s. Kap. 1). Dies sind Signalstoffe, die im Gehirn gebildet werden und in Extremsituationen (nach Verletzungen, starker Anstrengung oder Stress) ausgeschüttet werden. Sie wirken schmerzstillend und stimmungsaufhellend (*euphorisierend*). Die Leidensfähigkeit religiöser Asketen und Büßer beruht sicherlich zum Teil auf der Wirkung endogener Drogen. Auch der »Kick«, den Jogger oft während des Laufens erleben, geht auf die Ausschüttung von Endorphinen zurück. Sogar längeres Fasten, das als »Heilfasten« zur körperlichen und seelischen Reinigung empfohlen wird, hat mit Drogen zu tun. Die dabei auftretenden Stoffwechseländerungen führen zur vermehrten Bildung so genannter Ketonkörper, die im Gehirn euphorische Gefühle hervorrufen können.

Die Macht des Faktischen

Zwischen Genussmitteln und sogenannten »harten« Drogen macht die Gesellschaft Unterschiede, die nicht rational zu begründen sind. Akzeptierte, legale Drogen wie Alkohol oder Zigaretten werfen riesige Gewinne ab (auch in Form von Steuern), während »harte« Drogen wie Cocain und Heroin mit strengen Repressionen belegt werden. Die legalen Rauschmittel sind jedoch alles andere als harmlos: Nach Schätzungen der Bundesregierung sterben in Deutschland jährlich etwa 140 000 Menschen an den Folgen von Tabak- und Alkoholkonsum, während weniger als 2000 Personen pro Jahr den »harten« Drogen zum Opfer fallen (Abb. 1).

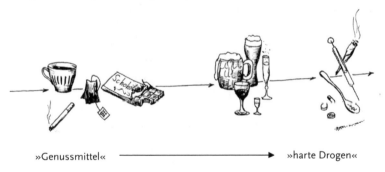

»Genussmittel« ⟶ »harte Drogen«

Abb. 1: Definitionssache.

Im Wandel der Zeiten

Vergleicht man die Einstellungen verschiedener Kulturen und Epochen zu Drogen, ergibt sich ein buntes Bild. Bewusstseinsverändernde Substanzen natürlichen Ursprungs sind in Gebrauch, seit es Menschen gibt. Im Orient wird Cannabis seit mindestens 4000 Jahren als Heilmittel und Rauschdroge genutzt. In Mittel- und Südamerika dient das halluzinogene Mescalin aus dem Peyotl-Kaktus bis heute kultischen Zwecken, und auch der Weihrauch (Olibanum, hergestellt aus dem Harz eines wild wachsenden Baumes) hat bewusstseinsverändernde Wirkung. Bewohner der Anden Südamerikas kauen seit Jahrtausenden die Blätter des Cocastrauchs, um der Kälte und den Anstrengungen des Lebens in großer Höhe besser gewachsen zu sein. Coca gelangte mit den spanischen Eroberern zu uns und sein Wirkstoff Cocain wurde im 19. Jahrhundert zur Modedroge. Der französische Arzt Angelo Mariani verbreitete seinerzeit cocainhaltige Medikamente in ganz Europa und wurde dafür von Papst Leo XIII. öffentlich geehrt. John Pemberton, ein Apotheker aus Atlanta, griff die Idee auf und erfand 1886 einen alkoholhaltigen Stärkungssirup, der neben Extrakten aus Colanuss auch Cocain enthielt. Wenig später entstand daraus ein bis heute populäres alkoholfreies Getränk. Erst 1904 wurde das in Coca-Cola ursprünglich enthaltene Cocain durch Coffein ersetzt. Cocain geriet dann weit gehend in Vergessenheit, bis in den 1970er Jahren das Schnupfen der Droge in Mode kam und leider bis heute geblieben ist.

Andere Rauschmittel stammen nicht aus der Natur, sondern wurden unbeabsichtigt von Chemikern auf der Suche nach neuen Medikamenten hergestellt. So wurde MDMA, der Wirkstoff der »Diskodroge« *Ecstasy*, im Jahre 1912 als Appetitzügler entwickelt. Noch beeindruckender ist die Geschichte des Heroins, das Ende des 19. Jahrhunderts von einer großen deutschen Firma als Husten- und Schmerzmittel auf den Markt gebracht wurde. Heroin ist ein Abkömmling des natürlich vorkommenden Opioids Morphin (s. Kap. 1). Obwohl sich bald herausstellte, dass die suchterzeugende Wirkung von Heroin die des Morphins weit übertrifft, war Heroin noch Jahrzehnte lang rezeptfrei erhältlich. Erst in den 1950er Jahren verschwand es endgültig aus den Apotheken. Das Halluzinogen LSD wurde 1938 von dem Schweizer Chemiker Albert Hofmann aus Lysergsäure hergestellt, einem Produkt des Pilzes *Claviceps purpurea*, der Getreidepflanzen befällt und dabei das sogenannte »Mutterkorn« ausbildet. Schon wenige Millionstel Gramm der Substanz genügen für einen »Trip«, der nicht ungefährlich ist, weil er sich kaum kontrollieren lässt und dauerhafte psychische Nachwirkungen haben kann.

Das Risiko, das mit der Einnahme bewusstseinsverändernder Drogen verbunden ist, hängt vor allem davon ab, ob und in welchem Maße psychische oder körperliche *Abhängigkeit* entsteht. Eine weitere Gefahr liegt in der Ausbildung von *Toleranz*, die die Süchtigen zur Einnahme immer höherer Dosen zwingt. Bevor wir genauer auf die biochemische Wirkungsweise von Drogen eingehen, ist es wichtig, diese Begriffe zu klären.

Die Droge im Griff – im Griff der Droge?

»Sucht« und »Abhängigkeit« sind nicht leicht zu definieren. Im Falle der Rauschmittel äußert sich Abhängigkeit vor allem in dem Zwang, die Droge zu nehmen, verbunden mit einem zunehmenden Kontrollverlust, der den Betroffenen daran hindert, den Drogenkonsum zu begrenzen. Ist die Droge nicht erhältlich, treten körperliche und seelische *Entzugserscheinungen* auf, die dem Abhängigen das Leben zur Hölle machen können. Früher oder später gerät er in einen Zustand, in dem die Droge zentrale Bedeutung für sein Leben gewinnt. Trotz der Probleme mit der Beschaffung und Anwendung der Droge kann der Abhängige nicht von ihr lassen.

Zu unterscheiden ist zwischen körperlicher (*physischer*) und seelischer (*psychischer*) **Abhängigkeit.** *Körperliche Abhängigkeit* ist ein Zustand, bei dem das Suchtmittel für das normale Funktionieren des Körpers unentbehrlich geworden ist und ein Entzug zu unangenehmen körperlichen Symptomen führt. Diese Art der Abhängigkeit tritt vor allem beim Missbrauch von **Opioiden** und Alkohol (**Ethanol**) auf. Besonders stark sind die Entzugssymptome, wenn die Substanz zu rasch entzogen wird.

Die *psychische Abhängigkeit* ist gekennzeichnet durch die anfangs beherrschbare, später aber oft unbezwingbare Gier, mit der Einnahme der Droge fortzufahren und sie um jeden Preis zu beschaffen (»Drogenhunger«). Psychische Entzugserscheinungen sind z. B. Unruhe, Angstzustände und Depressionen bis hin zu Selbstmordgedanken.

Als *Toleranz* bezeichnet man die Tatsache, dass mit der Zeit immer größere Mengen der Droge konsumiert werden müssen, um den gewünschten Effekt zu erzielen. Toleranz ist das Ergebnis einer Anpassung des Gehirns und anderer Organe an die andauernde Zufuhr der Droge. Sie löst im Körper Gegenmaßnahmen aus, die die Empfindlichkeit der Zelle gegen die Droge vermindern oder ihren Abbau beschleunigen. Der Organismus »toleriert« (erträgt) dann immer größere Mengen der Droge. Eine bestehende Toleranz verstärkt nicht nur die unangenehmen Begleiterscheinungen des Entzugs, sie kann auch zu Vergiftungen führen, weil die hohen Konzentrationen der Droge von besonders empfindlichen Zellen nicht mehr vertragen werden. So benötigen Morphinabhängige nach Jahren der Abhängigkeit bis zu 20fach höhere Dosen als zu Beginn ihrer Drogenkarriere und damit Mengen, die für »Ungeübte« tödlich sein können.

Eine tödliche Spirale

Der amerikanische Pharmakologe George F. Koob hat den Weg in die Abhängigkeit als »*Spirale des Leidens*« sehr anschaulich beschrieben. Im Folgenden ist dieser Weg in die Abhängigkeit am Beispiel des Alkoholismus gezeigt (Abb. 2).

Am Anfang stehen Erwartungen («Ein paar Bierchen werden mir jetzt gut tun!«) und Fehleinschätzungen («Das Suchtproblem hab' ich locker im Griff!«). Meist ist es gar nicht die »Freude am Genuss« (ein von der Werbung gern benutztes Schlagwort), die zu Drogen greifen lässt. Die eigentlichen Auslöser sind in der Regel Alltagsstress, Frustration, Langeweile oder andere persönliche Probleme. Anfangs spricht man dem Alkohol nur mäßig zu, immer im Glauben, man könne jederzeit davon lassen. Zunächst überwiegen die »positiven« Symptome, d. h. Heiterkeit, gestärktes Selbstbewusstsein und der Abbau von Hemmungen. Dass gleichzeitig die Hirnaktivität sinkt, bemerkt der Alkoholisierte oft gar nicht. Konzentrations- und Gedächtnisleistungen lassen nach und Fehleinschätzungen schleichen sich ein, die beim Autofahren gefährlich werden können. Früher oder später kommt es zu einem ersten massiven Exzess (einem unbeabsichtigten Vollrausch mit »Blackout«). Natürlich löst das keines der bestehenden Probleme, und aufkommende Zweifel, ob man die Lage noch im Griff hat, erhöhen den Stress zusätzlich – die Exzesse werden häufiger. Tückischerweise entwickelt sich nun auch Toleranz gegen die Droge. Ein paar Bierchen bringen die gewünschte Wirkung nicht mehr und man greift zu »Hochprozentigem«. Früher oder später werden die sozialen und beruflichen Konsequenzen des Trinkens offenkundig und die Spirale dreht sich immer schneller. Der »point of no return« ist erreicht, wenn eine körperliche Abhängigkeit entstanden und ein Verzicht auf die Droge kaum noch möglich ist. Dann bleiben während des Trinkens nicht nur die angenehmen Gefühle aus, auch die Entzugssymptome können nicht mehr »weggetrunken« werden.

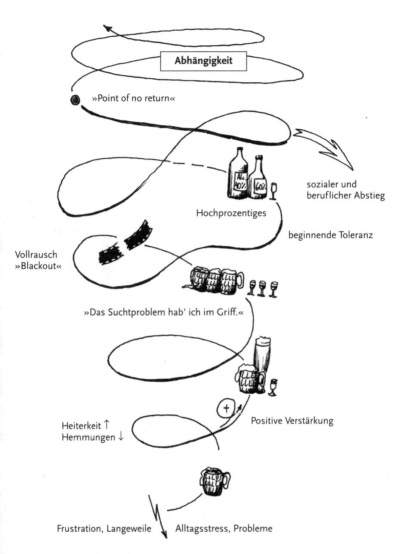

Abb. 2: Spirale der Abhängigkeit.

Im Reich der Sinne

Wissenschaftler vieler Fachrichtungen sind dabei, die Mechanismen zu untersuchen, die der Drogenwirkung zugrunde liegen. Inzwischen herrscht weit gehend Einigkeit darüber, dass es sich bei Drogensucht nicht so sehr um ein Fehlverhalten der Betroffenen handelt, sondern um eine *neuropsychiatrische Störung*, d. h. um eine Krankheit. Der freie Wille spielt beim Suchtverhalten offenbar eine weit geringere Rolle als bisher angenommen wurde.

Drogensucht ist kein menschliches »Privileg«, sie lässt sich in ähnlicher Form auch bei Ratten und Mäusen erzeugen. Tierversuche zeigen, dass die meisten Drogen auf ein entwicklungsgeschichtlich sehr altes Systems im Gehirn wirken, das als *Belohnungssystem* bekannt ist. Es handelt sich dabei um ein Netzwerk von Nervenbahnen, das gezielt Verhaltensweisen fördert, die den Fortbestand des Individuums und der Art sichern. Dazu gehören z. B. die Nahrungsaufnahme und natürlich auch die Sexualität. Erwünschte Verhaltensweisen lösen über das Belohnungssystem angenehme Empfindungen (Wohlbefinden, Freude oder Euphorie) aus, die ihrerseits die betreffende Tätigkeit oder Haltung positiv verstärken. Derart belohnte Verhaltensweisen werden gegenüber anderen Reaktionen bevorzugt und mit der Zeit dauerhaft erlernt. Einfacher ausgedrückt: Wer tut nicht gern und regelmäßig, was Spaß macht? Allen Genussdrogen (Alkohol, Kaffee, Zigaretten und Süßigkeiten eingeschlossen) scheint nach heutiger Erkenntnis gemeinsam zu sein, dass sie das Belohnungssystem anregen oder überstimulieren. Das Tückische daran ist, dass die Belohnung in diesem Fall vom biologisch erwünschten Verhalten abgekoppelt ist und zudem beliebig oft und in stets höherer Intensität abgerufen werden kann. Die Droge spiegelt uns vor, ihre Einnahme sei für uns von enormem Vorteil, obwohl sie in Wirklichkeit den Körper vergiftet.

In einem klassischen Versuch aus den 1950er Jahren pflanzte man Ratten elektrische Kontakte ins Gehirn und verband sie mit einer Taste, die von den Tieren selbst betätigt werden konnte und über elektrische Reize das Belohnungssystem stimulierte. Die meisten Ratten lernten rasch, die Taste zu drücken, und taten dies danach fast pausenlos: Sie wurden süchtig. Bei einigen Tieren musste das Experiment abgebrochen werden, um sie vor dem Tod durch völlige Erschöpfung zu bewahren.

Dopamin: Des Pudels Kern?

Anatomisch betrachtet ist das Belohnungssystem im Mittel- und Vorderhirn angesiedelt. Nervenzellen (Neurone), deren Zellkörper in der »*Haube*« (Tegmentum), einem bestimmten Bereich des Mittelhirns, liegen, schicken ihre Ausläufer zum *Nucleus accumbens*, einem Teil des *Limbischen Systems*, und zum Vorderhirn (Abb. 3). Wenn die Zellen in der »Haube« angeregt werden, schütten ihre Ausläufer im Nucleus accumbens den Neurotransmitter Dopamin aus, der dann – zusammen mit weiteren Faktoren – über das im Limbische System unsere Gefühle und Emotionen beeinflusst. Weil bei diesem Vorgang Signale vom Mittelhirn (Mesencephalon) zum Limbischen System gelangen, bezeichnet man die beschriebene Nervenbahn als *mesolimbische Bahn*. Aufmerksamen Lesern wird nicht entgangen sein, dass Defekte einer ganz ähnlichen Bahn (der *nigrostriatalen* Bahn) für die Entstehung der Parkinson'schen Krankheit verantwortlich sind (s. Kap. 19). Hier beeinflusst Dopamin jedoch nicht so sehr Emotionen und Gefühle, sondern die Koordination von Bewegungen.

Allen psychoaktiven Drogen ist gemeinsam, dass sie über die mesolimbische Bahn die Dopaminkonzentration im Limbischen System erhöhen (Abb. 3): Ethanol, Nicotin, Cannabis und Heroin fördern direkt oder indirekt die Ausschüttung von Dopamin. Cocain hemmt die Wiederaufnahme des Dopamins in die Synapsen (→ Signalstoffe, Neurotransmitter) und erhöht dadurch die Konzentration des Dopamins im synaptischen Spalt. Die Monoamino-Oxidase (s. Kap. 20) be-

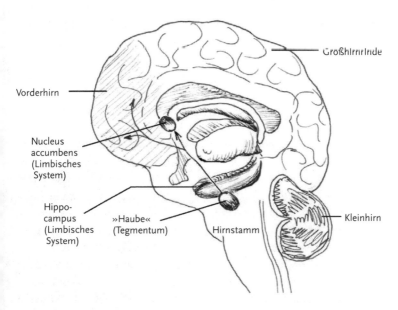

Abb. 3: Mesolimbische Bahn und Belohnungssystem.

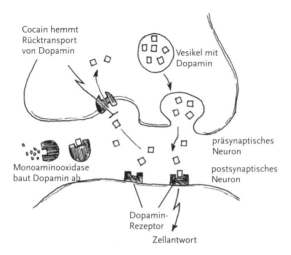

Abb. 4: Cocain hemmt den Rücktransport von Dopamin.

nötigt jetzt wesentlich länger, um die hohe Dopaminkonzentration im synaptischen Spalt wieder abzubauen (Abb. 4).

Die zentrale Rolle des Dopamins im »Belohnungssystem« wird durch viele Tierexperimente gestützt. So gab man Ratten die Möglichkeit, sich durch Betätigung einer Taste selbst Mini-Injektionen von Cocain ins Limbische System zu verabreichen. Wiederum taten sie dies freiwillig und steigerten den Gebrauch der Taste kontinuierlich. Verhinderte man dagegen medikamentös den Anstieg des Dopamins im Limbischen System, so beendeten die Ratten nach kurzer Zeit die Selbstverabreichung der Drogen, offenbar frustriert von der mangelnden Wirkung des Tastendrückens.

Zwar scheint es heute wissenschaftlich bewiesen, dass Dopamin ein zentraler Faktor bei der Vermittlung der Drogenwirkung ist; man weiß inzwischen aber auch, dass dies nicht der Weisheit letzter Schluss ist. Vielmehr spielen weitere Neurotransmitter bei der biochemischen Wirkung von Drogen eine Rolle. So lässt sich die zunächst beruhigende Wirkung des Alkohols auf eine Verstärkung der Wirkung des hemmenden Neurotransmitters GABA (γ-Aminobuttersäure) zurückführen (s. Kap. 18, → Neurotransmitter). Der »Blackout« nach Genuss großer Alkoholmengen hängt vermutlich damit zusammen, dass Ethanol die Rezeptoren für den Neurotransmitter Glutamat hemmt, der für Gedächtnisleistungen wichtig ist (Abb. 5). Beim Miss-

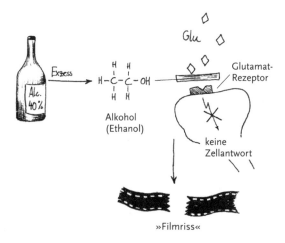

Abb. 5: Alkoholischer »Blackout«.

brauch von Cocain spielt neben Dopamin auch der Transmitter Serotonin eine wesentliche Rolle. So dürfte, trotz aller Fortschritte der Wissenschaft, das letzte Wort zu den biochemischen Vorgängen noch nicht gesprochen sein.

Volle Dröhnung: Opioide und Opiate

Obwohl nur ein geringer Teil der Drogenabhängen regelmäßig Opiate wie Morphin oder Heroin nimmt, steht diese Gruppe von Rauschmitteln wie keine andere im Zentrum der öffentlichen Aufmerksamkeit. Opiate und ihre synthetischen Imitate, die Opioide, haben ein sehr hohes Suchtpotenzial und erlangen dadurch meist dramatischen Einfluss auf das Leben der Betroffenen. Hinzu kommen die schlimmen Begleiterscheinungen des Entzugs, die es den Abhängigen schwer machen, vom der Droge loszukommen. Die hohen Rückfallquoten unter Heroinabhängigen und die eher bescheidenen Erfolge im Kampf gegen den Drogenhandel haben Programme angestoßen, bei denen man den Abhängigen »Ersatzdrogen« wie Methadon anbietet, um ihnen ein halbwegs normales Leben zu ermöglichen (s. unten). Die Opioide rücken außerdem mehr und mehr in den Mittelpunkt des wissenschaftlichen Interesses, weil sich die biochemischen Vorgänge abzuzeichnen beginnen, die für die Entstehung von Toleranz und für die Symptome des Entzugs verantwortlich sind.

Die natürlichen Opioide, die Opiate, leiten sich vom Morphin ab, einer Verbindung, die zusammen mit anderen Alkaloiden im Milchsaft des Schlafmohns (*Papaver somniferum*) vorkommt. Wegen seiner komplizierten chemischen Struktur lässt sich Morphin nur unter extremem Aufwand und in geringen Mengen synthetisch herstellen, während die Umwandlung von Morphin in Heroin so einfach ist, dass sie sich nahezu überall und ohne besondere Ausrüstung durchführen lässt. Morphin und alle seine Derivate binden im zentralen Nervensystem an Rezeptoren, die eigentlich für die körpereigenen Opioide (Endorphine und Enkephaline, s. auch Kap. 1) vorgesehen sind. Neben der Stimulierung des Belohnungssystems haben sie Einfluss auf eine ganze Reihe weiterer biochemischer Prozesse. Sie wirken stark schmerzlindernd (analgetisch), Angst lösend und beruhigend und sind gerade deshalb bei der Behandlung von Patienten mit schwersten Erkrankungen unverzichtbar (s. Kap. 1). Die Opioide hemmen aber auch das Atem- und Temperaturzentrum im Gehirn, den Hustenreiz, die Bewegungen des Darms (Peristaltik) und die Erweiterung der Pupillen. Aus diesen biochemischen Wirkungen der Opioide lassen sich die körperlichen Nebenwirkungen des Opiatmissbrauchs ableiten: niedriger Blutdruck, Frieren, chronische Verstopfung und Infektionsanfälligkeit der Atemwege (auf Grund des gehemmten Hustenreizes) (Abb. 6).

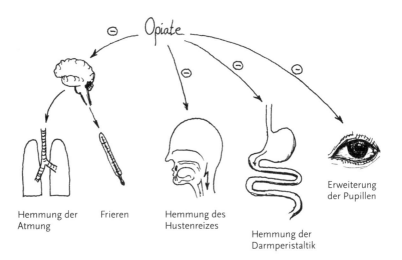

Abb. 6: Körperliche Wirkungen der Opioide.

Aus dem Gleichgewicht gebracht. Toleranz und Entzug

Die Wirkung der Opiate und Opioide auf das »Belohnungssystem« ist indirekt: Sie reduzieren die Freisetzung des hemmenden Transmitters GABA aus Nervenzellen, die mit den Dopamin ausschüttenden Neuronen im Tegmentum in Verbindung stehen. Weniger GABA führt zu erhöhter Aktivität der Neuronen des Tegmentums und damit einer vermehrten Dopaminausschüttung im Limbischen System (Abb. 7a). Darüber hinaus greifen die Opioide auch in einen Mechanismus ein, über den viele Signalstoffe die elektrische Aktivität der Nervenzellen steuern. Sie beeinflussen die Funktion ihrer Zielzellen, indem sie die Konzentration des Botenstoffs cAMP in der Zelle erhöhen. Durch Bindung an Rezeptoren auf der Außenseite der Zelle erzeugen viele Neurotransmitter ein Signal, das das Enzym Adenylat-Cyclase im Zellinneren zur Bildung von cAMP aus ATP anregt (→ Signaltransduktion). cAMP wiederum vermittelt über ein weiteres Enzym, die Protein-Kinase A (PKA) eine erhöhte Empfindlichkeit der Neuronen gegenüber elektrischen Reizen. Binden Opioide an Opioidzezeptoren, hemmt dies die Bildung von cAMP und damit auch die Fähigkeit des Neurons auf elektrische Signale anderer Neuronen zu reagieren. Die analgetischen und Angst lösenden Wirkungen der Opioide beruhen zum Teil auf diesem Effekt (Abb. 7b).

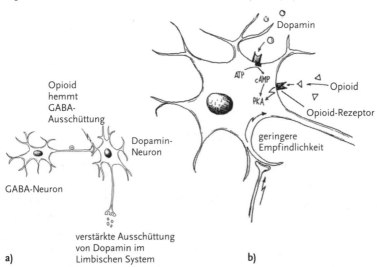

Abb. 7: Molekulare Grundlagen der Opioidwirkung.

Die Biochemie der Toleranz

Bei chronischem Gebrauch von Opioiden kommt es im Gehirn zu einer Gegenreaktion. Die betroffenen Neuronen »bemerken«, dass der cAMP-Spiegel ständig erniedrigt ist, und versuchen, dem entgegenzuwirken, indem sie vermehrt Adenylat-Cyclase und PKA bilden. Das Ganze gleicht einem ständigen Tauziehen. Die Droge zieht in eine Richtung (Verminderung des cAMP-Spiegels), die Zelle hält dagegen (erhöhte cAMP-Bildung und Erhöhung des PKA-Spiegels). Der Drogennutzer spürt die verminderte Wirkung des Opiats und muss, um die gleiche Wirkung zu erzielen, die Drogendosis erhöhen. Dies wiederum verstärkt die Gegenreaktion der Zellen. Eine ständig zunehmende Drogentoleranz stellt sich ein.

Wie beim Tauziehen kommt es auch im Gehirn zu einer Katastrophe, wenn einer der Kontrahenten das Seil plötzlich loslässt. Wird die Droge schlagartig abgesetzt, entfällt die hemmende Wirkung des Opiats, und die Zelle »kippt um«. Alle Systeme zur Bildung von cAMP und zur Umsetzung dieses chemischen Signals sind überstimuliert. Die Zelle ist jetzt elektrisch übererregbar und es kommt zu den typischen Symptomen des Opioidentzugs wie zum Beispiel Schmerzen, Blutdruckerhöhung, Schweißausbrüchen, Tränenfluss, Zittern und Durchfall. Erst Tage nach Absetzen der Droge erreicht der cAMP-Spiegel in den Neuronen des Gehirn wieder den normalen (physiologischen) Wert und die körperlichen Entzugserscheinungen klingen ab. Das System kann aber auch in die andere Richtung kippen: Eine Überdosis der Droge führt im schlimmsten Fall zum Tod durch Atemlähmung. Besonders häufig geschieht dies im Schlaf, wenn sich der Betroffene der Wirkung der Droge auf die Atmung nicht bewusst ist und ihr nicht in ausreichendem Maße entgegenwirken kann.

Krank oder »bloß« willensschwach?

Den biochemischen Wirkungen von Drogen entgeht keiner. Dennoch wird nicht jeder, der Alkohol trinkt oder Heroin probiert, davon süchtig. Ist es einfach nur Charakterschwäche, die einen Menschen zum Drogenabhängigen macht? Viele Untersuchungen weisen darauf hin, dass die Neigung zur Suchtentwicklung wesentlich von der persönlichen Konstitution des Einzelnen abhängt. Manche Personen müssen nach dieser Vorstellung viel mehr Willenskraft und Charakterstärke aufbringen, um abstinent zu bleiben, als andere Menschen, die aufgrund ihrer genetischen Ausstattung für die Droge weniger »empfänglich« sind. So gibt es z. B. Gendefekte, die zur Anreicherung der giftigen Abbauprodukte des Alkohols führen. Menschen mit solchen Defekten erleben die als »Kater« bekannten und gefürchteten Symptome wie Kopfschmerz und Übelkeit nach Alkoholkonsum vielfach stärker als andere. Die Träger des defekten Gens werden demnach für jede Alkoholzufuhr extrem »bestraft« und so daran gehindert, Spaß am Alkoholkonsum zu entwickeln. In Tierversuchen hat man nach Genen gesucht, die die Entstehung von Suchtverhalten fördern. Ein einzelnes Gen dieser Art wurde trotz intensiver Bemühungen nicht gefunden und existiert wahrscheinlich auch nicht. Dafür sind die Wirkungszusammenhänge, die zur Abhängigkeit führen, zu komplex.

Ein wesentlicher Faktor bei der Entstehung von Sucht scheint auch die Art und Weise zu sein, wie Stress empfunden und verarbeitet wird. Diese Fähigkeit wird sicherlich von der Umwelt beeinflusst, könnte aber auch genetisch bedingt sein. Wichtig sind außerdem so genannte *Konditionierungen*. Sie bringen mit sich, dass Drogenhunger durch bestimmte Ereignisse auch dann ausgelöst wird, wenn gar kein akuter Anlass (z. B. Stress) vorliegt. Entwöhnte Raucher oder Alkoholiker erleiden oft noch Jahre nach dem Entzug situationsbedingte Gierattacken, wenn sie z. B. eine bestimmte Tätigkeit beenden, nach der sie früher eine »Zigarettenpause« eingelegt oder einen Drink zu sich genommen hatten. Man kann einen solchen Rückfall in die Drogensucht als Folge eines Lernprozesses erklären, der die betreffende Situation mit der früher als positiv empfundenen Drogenwirkung verknüpft hat.

Interessante Experimente zur Suchtentstehung wurden kürzlich an Ratten durchgeführt. Ein Teil der Tiere hatte die Wahl zwischen reinem Wasser und Wasser, dem Alkohol und Opioide zugesetzt worden waren. Etwa 50 % dieser Tiere wurden süchtig und nahmen nach Monaten erzwungener Abstinenz auch dann noch große Mengen an Drogen zu sich, wenn diese durch Zusätze bitter gemacht wurden, ein Verhalten, das man als Suchtsymptom auffassen kann. Eine andere Gruppe von Ratten erhielt von Beginn an nur drogenhaltiges Wasser. Diese Tiere zeigten zwar nach erzwungener Abstinenz körperliche Entzugserscheinungen, entwickelten aber erstaunlicherweise kein Suchtverhalten (Abb. 8). Diese Beobachtung kann man damit erklären, dass zur Suchtentstehung eine echte Verknüpfung (Assoziation) zwischen dem eigenen Verhalten und der Belohnung nötig ist.

Abb. 8: Soll ich, oder soll ich nicht?

»Was tun?«, sprach Zeus

Sollte es einen universellen Mechanismus geben, der die biochemischen Abläufe bei der Suchtentstehung steuert, wäre dies immerhin eine Chance, Behandlungsansätze zu entwickeln, die bei allen Arten von Drogenabhängigkeit anwendbar sind. Allerdings ist es fraglich, ob es überhaupt wünschenswert ist, mit Medikamenten in einen so komplexen Mechanismus wie das Belohnungssystem einzugreifen.

Solange man Drogenabhängigkeit nicht gezielt behandeln kann, sollte man wenigstens versuchen, die Auswirkungen der Sucht zu lindern. Immer noch kontrovers diskutiert wird die *Substitutionstherapie* von Heroinabhängigen mit der Ersatzdroge Methadon, die im Rahmen strikt kontrollierter Programme von Ärzten kostenlos an die Abhängigen ausgegeben wird. Methadon ist eine synthetische Verbindung mit heroinähnlicher Wirkung. Sie macht bei längerer Anwendung zwar ebenso abhängig wie Heroin, hat aber eine Reihe von Vorteilen in der praktischen Anwendung: Man muss Methadon nicht spritzen, sondern kann es in Saft gelöst einnehmen. Seine Wirkung hält viel länger an als die einer Heroin-Injektion, auch wenn der für Heroin typische »Rush« ausbleibt. Hinzu kommt, dass es für Methadon keinen nennenswerten Schwarzmarkt gibt, weil die Substanz von Laien nicht hergestellt werden kann. Nach einiger Zeit reicht eine Methadon-Gabe pro Tag aus, um die schlimmsten Entzugserscheinungen zu unterdrücken. So erhält der Abhängige die Chance, in ein weit gehend normales Leben ohne extremen Drogenhunger zurückzufinden. Die Substitution lässt, wie es Betroffene formuliert haben, die Abhängigen erst einmal zur Ruhe kommen und befähigt sie so, ihr Leben allmählich wieder in die eigenen Hände zu nehmen.

Die Gegner der Substitutionstherapie wenden ein, dadurch werde die Abhängigkeit lediglich verlagert und verweisen darauf, dass ein hoher Prozentsatz der Patienten wegen der nur schwach euphorisierenden Wirkung des Methadons zu anderen Drogen greift. Weiterhin wird argumentiert, durch die Substitution sinke die Neigung der Betroffenen, den radikalen Opioidentzug ernsthaft anzugehen. Wissenschaftliche Untersuchungen belegen jedoch, dass durch die Substitutionstherapie die Akzeptanz drogenfreier Langzeitprogramme nicht wesentlich sinkt und auch der Gebrauch anderer Drogen zunehmend eingeschränkt oder längerfristig sogar beendet wird. Außerdem wird in der Regel der Gesundheitszustand der Betroffenen stabilisiert und die Gefahr von HIV- und Hepatitisinfektion drastisch gesenkt. Durch den Wegfall der Beschaffungskriminalität wird auch die Wiedereingliederung in Ausbildungsverhältnisse und ins Berufsleben erleichtert. Trotzdem ist die Substitution kein Wundermittel. Für etwa 30 % der Suchtpatienten wird sie auch von Befürwortern der Methode als nicht hilfreich angesehen.

Warum, so könnte man fragen, verabreicht man dann nicht gleich das Original, also Heroin? Solche Überlegungen rufen vielfach die Befürchtung hervor, jeder könne dann auf Staatskosten Drogen konsumieren. Auch eine Portion Neid kommt ins Spiel, wenn argumentiert wird, der arbeitende Teil der Bevölkerung müsse dann das »Laster« anderer finanzieren. In der Schweiz ist die Substitution mit Heroin schon lange ein Bestandteil der öffentlichen Drogenpolitik. In der ersten Phase des Projekts wurde sie bei etwa 1000 Langzeitabhängigen mit gutem Erfolg angewandt. Nur 10 % der Behandelten waren danach in Beschaffungskriminalität verstrickt, während es zu Beginn der Behandlung noch 70 % gewesen waren. Viele Patienten wurden gesundheitlich so weit stabilisiert, dass sie begannen, sich wieder in ein normales Arbeitsleben einzugliedern. Auch in Deutschland läuft ein Versuchsprojekt zur Substitutionstherapie mit Heroin, dessen Ergebnisse jedoch bislang nicht vorliegen.

Soll man das Kind mit dem Bade ausschütten?

Der Konsum von Drogen und die damit verbunden psychischen und physischen Folgen stellen eine massive Bedrohung der Gesundheit dar. Auf der anderen Seite sind dieselben Drogen oftmals die einzige Möglichkeit, das Leid schwerkranker Patienten zu mindern und ihre Lebensqualität zu verbessern. Leider ist unsere Gesellschaft von einem liberalen Umgang mit Drogen noch weit entfernt. In Deutschland sind Ärzte bei der Verschreibung von Drogen mit Suchtpotenzial immer noch sehr zurückhaltend – nicht zuletzt deshalb, weil der Gesetzgeber die Hürden für eine therapeutische Anwendung von Drogen sehr hoch gesetzt hat. Vielen Schmerzpatienten wird deshalb nicht die Behandlung zuteil, die für sie optimal wäre. Eine ganze Reihe von Studien zeigte, dass Opioide, wenn sie bei Krebskranken bedarfsgerecht zur Schmerzbekämpfung angewandt werden, selten zur Sucht führen. Selbstverständlich muss von Fall zu Fall entschieden werden, ob eine solche Behandlung angezeigt ist. Sicher ist jedenfalls, dass viele »austherapierte« Krebspatienten eine schmerzfreie Abhängigkeit einer schmerzerfüllten Drogenfreiheit vorziehen würde. Neuerdings mehren sich auch die Hinweise, dass das im Vergleich zu Opioiden harmlosere Haschisch die Situation chronischer Schmerzpatienten wesentlich verbessern kann. Wiederum ist die Entwicklung im Ausland weiter fortgeschritten als bei uns, wo man gerade erst beginnt, diese Möglichkeit zu diskutieren.

Wie immer man zur Drogenproblematik steht – zu hoffen ist, dass die öffentliche Diskussion sachlicher und differenzierter wird. Davon profitieren wir alle, vor allem aber diejenigen Menschen, die auf Grund ihrer Abhängigkeitserkrankung Gefahr laufen, ihr Leben zu zerstören.

22

Darf's etwas mehr sein?
Mittel zur Stärkung der Potenz

Daniel Handzel

»Seid fruchtbar und mehret euch!« Seit Darwin wissen wir, dass dies der Kern der Evolution ist. Ihr ganzes Sinnen und Trachten gilt der Arterhaltung. Auch wenn wir uns dessen nicht bewusst sind – dies (aber nicht nur dies) ist es, was Männer seit Jahrtausenden nach größerer Potenz und sexueller Leistungsfähigkeit streben lässt. Heute wird in den Medien oft ein so verfälschtes Bild von Sexualität gezeichnet, dass viele Männer an der eigenen Zulänglichkeit zweifeln und meinen, zu Potenzmitteln und Aphrodisiaka greifen zu müssen. Dieses Interesse entspringt allerdings nicht immer dem Wunsch nach »mehr«, sondern in vielen Fällen einem echten Problem, der partiellen oder sogar völligen Unfähigkeit, überhaupt eine Erektion zu bekommen. Neben psychischen Gründen sind es oft organische Störungen, die eine solche »erektile Dysfunktion« nach sich ziehen. Während auf dem Gebiet der Aphrodisiaka jahrtausendelang vor allem der Aberglauben blühte, gibt es heute effiziente Wirkstoffe, die auch in schweren Fällen Hilfe versprechen.

L'elisir d'amore – Aphrodisiaka

Die griechische Liebesgöttin Aphrodite (den Römern als Venus bekannt) war es, die all jenen Tinkturen und Salben für mehr Lust und Liebe ihren Namen lieh. Auf der Suche nach Möglichkeiten, die eigene Manneskraft (oder die Reaktion der Partnerin) in ungeahnte Höhen steigen zu lassen, vertrauen auch heute noch viele Menschen auf Substanzen, die eher in die Hexenküche als in die Apotheke gehören. Trotz berechtigter Skepsis erzielen auch solche Mittel und Mittelchen zuweilen Erfolge, die ihren Ruf bis heute aufrecht erhalten haben. Klar ist aber auch, dass viele Erfolgsmeldungen wohl eher auf dem Placeboeffekt beruhen (s. Kap. 26). Hilft ein Aphrodisiakum dem Kunden bzw. Patienten (ob es aus einem Sexshop stammt oder aus der urologisch-andrologischen Praxis), ist nichts dagegen einzuwenden. Dies gilt allerdings nur, solange der Grundsatz *nil nocere* (lat. »nicht schaden«) gewahrt bleibt und der Preis des Produkts nicht den Tatbestand des Betrugs erfüllt. Endgültig hört der Spaß auf, wenn Nashör-

Abb. 1: Ohne Worte

ner oder Tiger vom Aussterben bedroht sind, weil sie als Lieferanten vermeintlicher Potenzstärker gnadenlos gejagt werden.

Substanzen, die sexuelle Potenz und körperliche Kraft symbolisieren, sind vor allem im asiatischen Raum verbreitet. Dazu gehören Nashornhörner, Antilopengeweihe und Elefantenstoßzähne, die in gemahlener Form angeboten werden. Auch Tigerhoden sind heiß begehrt und entsprechend teuer. Haifischflossen, die meist in einer Suppe serviert werden, erzielen in Hongkong Preise von über 100 € pro Paar. Auch Schlangenblut wird die Fähigkeit nachgesagt, die männliche Libido zu steigern. Die Art der Schlange ist dabei unerheblich, solange sie nur giftig ist. In Malaysia serviert man die Schlangen sogar lebend, so dass das Blut am Tisch »frisch gezapft« werden kann. Im alten Europa spielten Hirschgenitalien eine ähnliche Rolle. Die »Pharmacopoea Wirtenbergensis« empfiehlt noch 1750 *Cervi priapus* gegen Vergiftungen und blutigen Urin, lobt sie aber auch als Mittel zur Stärkung der Potenz. Bei Plinius kann der geneigte Leser nachlesen, wie *Keilergalle* angewendet wird.

Manche Potenzmittel natürlichen Ursprungs enthalten tatsächlich Inhaltsstoffe mit nachweisbarer Wirkungen, z. B. die so genannte »*Spanische Fliege*«, eigentlich ein Käfer (*Cantharis vesicatoria*), der eine Substanz namens Cantharidin enthält. Dabei handelt es sich um ein starkes Gift, das oral aufgenommen die Schleimhäute des Verdauungstraktes reizt. 3 mg Cantharidin wirken bereits toxisch, 15 mg und darüber sind letal. Cantharidin kann schon in sehr geringen Dosen eine Erektion auslösen, die mehrere Stunden anhält. Da es über die Niere ausgeschieden wird, reizt es allerdings auch die Schleimhäute der Harnwege und führt zu Krämpfen und zu Schmerzen beim Wasserlassen. 1772 präparierte der berüchtigte Marquis de Sade Bonbons mit »Spanischer Fliege« und bot sie Prostituierten an, die sich an einer seiner Orgien beteiligten. Statt des erhofften anregenden Effekts befiel die Opfer allerdings starke Übelkeit, und der Marquis wurde wegen Vergiftung vor Gericht gestellt.

Ein weiteres Gift, das in niedrigen Dosen sexuell stimulierend wirken soll, ist Chan Su, das aus der traditionellen chinesischen Medizin stammt und in den 1990er Jahren in New York zur Modedroge wurde. Es wird aus der Haut einer Kröte (*Bufo bufo*) isoliert und enthält herzwirksame Inhaltsstoffe. Durch unsachgemäßem Gebrauch und Fehler bei der Dosierung gab es zwischen 1993 und 1995 mehrere Todesfälle auf Grund von Herzrhythmusstörungen. Therapeutisch eingesetzt wird Yohimbin aus der Rinde des afrikanischen Baumes *Pausinystalia yohimbe*. In einer kleinen, placebokontrollierten Studie bewirkte Yohimbin immerhin bei einem Drittel der Probanden eine signifikante Besserung der psychogenen erektilen Dysfunktion. Zu den unerwünschten Wirkungen gehören Bluthochdruck, Angstzustände, Nervosität und Schlaflosigkeit sowie gesteigerter Harndrang. *Ginseng* schließlich, eine asiatische Wurzel mit dem Zeug zum Allheilmittel, soll sich auch als Aphrodisiakum bewähren. Doch selbst wenn man daran glaubt, braucht es eine regelmäßige und langfristige Anwendung, bevor die Wirkung eintritt.

Wer nun meint, all dies sei inzwischen Geschichte, kann sich im Internet eines Besseren belehren lassen. Die Angebote einschlägiger Spezialitätenshops umfassen of Dutzende von Produkten, die mindestens so obskur oder noch obskurer sind als die bereits aufgeführten.

Liebe geht durch den Magen. Aphrodisierende Nahrungsmittel

Auch wenn sich das Sprichwort mehr auf die Fertigkeiten am Herd bezieht, gibt es zahllose Lebensmittel, denen lustfördernde Wirkungen nachgesagt werden. Dazu gehören Gemüse, die sich schlichteren Gemütern ihrer phallusähnlichen Form wegen als Aphrodisiaka aufdrängen (Karotten, Spargel, Rettich oder Gurke), während andere Luxus und Reichtum implizieren. Dies gilt z. B. für *Meeresfrüchte* wie Hummer, Austern oder Scholle. Die römischen Kaiser wogen Austern mit Gold auf, auch noch im 18. Jahrhundert waren sie Inbegriff sexueller Stimulation bei Tisch. Casanova war ein überzeugter Anhänger des Austern-Kults. Er soll jeden Morgen 50 rohe Austern gefrühstückt haben, während Asiaten zur Stärkung des »Jadestabs« eher auf

Abalone-Muscheln schwören. Ein trivialer Grund für die Beliebtheit von Fisch und Austern »davor« ist ihre Bekömmlichkeit. Nach einem halben Dutzend Austern und einem Glas Wein ist man amourösen Aufgaben eher zugeneigt als nach einem schweren Essen, nach dem man ein Schläfchen vorzieht.

Die Römer kannten die *Trüffel* als wirkungsvolles Aphrodisiakum, wobei arabische Trüffel besonders begehrt waren. Mit dem Untergang des römischen Reiches geriet diese Überlieferung in Vergessenheit, um erst im späten 18. Jahrhundert wieder entdeckt zu werden. Diesmal ging die Welle der Trüffel-Euphorie von Frankreich aus. Das Vertrauen in die Fähigkeiten der Trüffel war sogar noch stärker als zu Zeiten der Antike. Warum diese seltenen Pilze von Trüffelschweinen gesucht und auch gefunden werden, hat übrigens direkt mit den hier beschriebenen Eigenschaften zu tun: Das Trüffelaroma gleicht einem Sexuallockstoff der Schweine.

Ein ebenso altes wie preiswertes Aphrodisiakum ist die *Zwiebel*. Während der pharaonischen Zeit war es Priestern im Zölibat verboten, Zwiebeln zu essen, und für Brahmanen in Indien gilt das im Prinzip noch heute. Martial schrieb einst: »Ist deine Frau alt und dein Glied ermattet, nimm Zwiebeln in Fülle zu dir.« In der arabischen Erzählung »Der duftende Garten« aus dem 16. Jh. wird über eine Erektion berichtet, die 30 Tage anhielt, nachdem ihr Träger zuvor Zwiebeln gegessen hatte. Auch heute noch wird frischvermählten Paaren in Frankreich nach der Hochzeitsnacht Zwiebelsuppe serviert (Abb. 2).

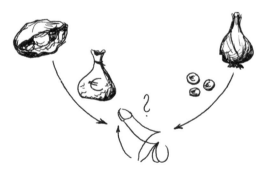

Abb. 2: Für jeden Geldbeutel etwas.

Kleine Scharfmacher: Gewürze

Auch Gewürze spielen in der erotischen Küche eine wichtige Rolle. Fast alle sind sie vertreten, nach dem Motto »Je schärfer, desto besser«. Aus Platzgründen wollen wir uns auf wenige Beispiele beschränken: In ganz Asien, von der Türkei bis China gilt *Ingwer* als kräftiges Aphrodisiakum, das schon Plinius bekannt war. »Der duftende Garten« empfiehlt sowohl innerliche als auch äußerliche Anwendung. In der indischen Literatur wird gegen Impotenz ein Gemisch von Ingwersaft, Honig und weichen Eiern empfohlen, das einen Monat lang jede Nacht eingenommen werden muss. Auch *Senf* soll die Libido beflügeln. Sein Inhaltsstoff Sinigrin fördert die Durchblutung der Beckengegend, und Leonhard Fuchs schrieb darüber: »Des zahmen Senfs Blätter, roh in guter Menge gegessen, reizen zu Unkeuschheit.« *Pfeffer* ist eines der bewährtesten Mittel, der Manneskraft wieder auf die Sprünge zu helfen. Die Rezepturen reichen von stark gewürztem Essen bis zu äußerlichen Anwendung einer Pfeffersalbe direkt auf das Glied. Während nachvollziehbar ist, dass solche Anwendungen das Blut in Wallung bringen, ist fraglich, ob sich beim Anwender immer die richtige Stimmung einstellt.

Es liegt was in der Luft

Überall im Tierreich dienen Düfte (so genannte *Pheromone*) der sexuellen Stimulation. Es handelt sich um hochpotente Moleküle, die selbst in geringsten Konzentrationen auf den Sexualpartner des Aussenders wirken. Von uns unbemerkt, produziert auch der menschliche Körper Geruchsstoffe dieser Art. Wichtige Duftquellen sind Drüsen an der Wurzel der menschlichen Haare, vor allem im Achsel und Genitalbereich (s. Kap. 24). In der Hoffnung, das unwiderstehliche Aphrodisiakum zu finden, versucht die pharmazeutische Industrie mit erheblichem Aufwand, hinter das Geheimnis dieser Stoffe zu kommen, der Durchbruch steht allerdings noch aus. Vielleicht geht's ja auch einfacher: Einem alten amerikanischen Brauch zufolge, soll der Mann beim Tanz ein Taschentuch in der Achsel tragen. Dies übergibt er anschließend seiner Partnerin und harrt dann der Dinge, die da kommen sollen....

Nun mal im Ernst: Anatomie und Physiologie der Erektion

Um der Sache auf den Grund zu gehen, müssen wir uns dem Ding an sich zuwenden, d. h. dem Penis und den Fragen, wie es zur Erektion kommt und welche Möglichkeiten es gibt, sie zu beeinflussen. Wir konzentrieren uns dabei auf den männlichen Part, wollen aber nicht verhehlen, dass es auch bei der Frau anatomische Strukturen gibt, die sich während des Verkehrs mit Blut füllen. Die weibliche Erektion fällt nicht so sehr ins Auge wie die männliche, ist aber für das Gelingen des Ganzen nicht minder wichtig.

Die Erektion des Penis wird durch einen so genannten *Schwellkörperapparat* bewirkt (Abb. 3). Er besteht aus zwei Schwellkörpern, dem *Corpus cavernosum*, das von der Peniswurzel bis an die *Glans* (Eichel) reicht, und dem *Corpus spongiosum*, das die Harnröhre (*Urethra*) umgibt. Die Schwellkörper werden von gefäßähnlichen Hohlräumen (Kavernen) gebildet und sind von starkem Muskelgewebe umgeben. Umschlossen ist das Ganze von einer bindegewebigen Hülle. Die Hohlräume der Schwellkörper werden von kleinen Arterien gespeist, die von tiefen Penisarterien ausgehen, die im Corpus cavernosum verlaufen. Bei der Erektion erschlafft unter dem Einfluss des autonomen Nervensystems (→ Nervensystem) die glatte Muskulatur der Kavernen. Diese erweitern sich, Blut strömt ein und die Hülle der Kavernen wird gespannt. Dies drückt wiederum die abführenden Venen ab, was den Abfluss des Blutes erschwert und zu einem Blutdruckanstieg in den Kavernen und zur Vergrößerung und Versteifung des Penis führt. Das Corpus spongiosum schwillt weniger stark an als das Corpus ca-

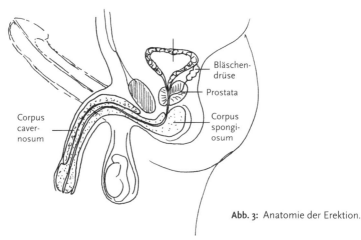

Abb. 3: Anatomie der Erektion.

vernosum. Dies stellt sicher, dass das Ejakulat später die Harnröhre passieren kann.

Eine Erektion kann reflektorisch, d. h. ohne Beteiligung des Gehirns, entstehen. In diesem Fall senden Sensoren in der Eichel oder anderen erogenen Zonen bei Berührung Signale über Nervenfasern zum Erektionszentrum im untersten Bereich des Rückenmarks. Von dort ziehen parasympathische Nervenfasern wieder zurück zu den Schwellkörpern, wo sie die beschriebene Gefäßerweiterung in Gang setzen. Bekanntlich ist dieser Reflexbogen aber nicht die einzige Möglichkeit, eine Erektion zu erzeugen. Sexuell stimulierende Sinneseindrücke oder erotische Vorstellungen sind oft genauso wirksam. In diesen Fällen erzeugt das Gehirn die erektilen Signale. Sie erreichen die Schwellkörper über Nervenbahnen, die zum sympathischen Teil des autonomen Nervensystems gehören (→ Nervensystem). Durch diesen psychisch vermittelten (»psychogenen«) Mechanismus können auch Männer zu Erektionen kommen, bei denen der Erektionsreflex durch Rückenmarksverletzungen ausgefallen ist.

Bevor wir uns wieder näher liegenden Dingen zuwenden, müssen wir uns noch mit der Frage beschäftigen, wie die sympathischen oder parasympathischen Nervensignale zur Erweiterung der Schwellkörper führen. Dies ist wichtig, weil wir sonst die erektionsfördernde Wirkung von Medikamenten wie Viagra® nicht nachvollziehen können. Also, dann ...

Damit Zellen die an sie gerichteten Botschaften des Nervensystems verstehen können, müssen die Nervenreize am Zielort in biochemische Signale übersetzt werden (→ Signaltransduktion). Ein solches Signal ist *Stickstoffmonoxid (NO)*, ein einfach gebautes Molekül aus einem Atom Stickstoff und einem Atom Sauerstoff. Leser, die dieses Buch von vorne nach hinten durcharbeiten, haben NO und seine Rolle bei Herz-Kreislauferkrankungen bereits in Kapitel 11 kennen gelernt. Erreicht ein Nervenimpuls die Kavernen im Schwellkörper, wird dort (über Zwischenstufen, die wir Ihnen ersparen möchten) NO gebildet. NO diffundiert in die glatte Muskulatur des Kavernen und stimuliert dort die Bildung eines weiteren Signalstoffs namens *cGMP*. cGMP seinerseits aktiviert weitere Enzyme, die dafür sorgen, dass sich die glatte Muskulatur entspannt. Dies schließlich führt zum gewünschten Effekt, der Erweiterung der Kavernen und damit zum verstärkten Einstrom von Blut. Die glatte Muskulatur bleibt so lange schlaff, bis das gebildete cGMP wieder abgebaut ist. Auch dafür ist ein spezielles Enzym zuständig, die *Phosphodiesterase* (PDE), genauer: die Variante PDE-5. Alles klar? Dann erst mal zurück in die Praxis.

Wie geht's uns denn heute? Das Gespräch mit dem Arzt

Bei Erektionsstörungen ist die wichtigste Aufgabe des Arztes, den Patienten zunächst aufzuklären und zu beraten. Zunächst sollte sich er sich mit den Lebensgewohnheiten des Patienten und möglichen Vorerkrankungen beschäftigen. Gar nicht selten sind so genannte »Pseudostörungen«, z. B. falsche Vorstellungen des Betroffenen über die Geschlechtsorgane oder den Geschlechtsakt. In anderen Fällen gehen Erektionsstörungen auf bewusste oder unbewusste Konflikte, Schwierigkeiten in der Partnerschaft oder Ängste zurück. *Psychische Ursachen* dieser Art machen etwa 20 % aller Fälle aus. Hier kann eine Beratung durch Sexualtherapeuten oder Psychologen nötig sein.

An die Erörterung der psychischen Situation sollte sich die Betrachtung der *Lebensgewohnheiten* anschließen. Ein geregelter Tagesablauf und die Vermeidung von Stress wirken oft besser als eine medikamentöse Therapie. Auch Genussgifte haben Auswirkungen auf die sexuelle Leistungsfähigkeit. Zigarettenrauchen kann zu arteriosklerotischen Gefäßschäden führen, die wiederum die Penisdurchblutung beeinträchtigen – und nicht erst seit Shakespeares Zeiten ist bekannt, dass Alkohol die Libido steigert, aber dem Vollzug im Wege steht.

Ein weiterer Punkt, der im Gespräch zu klären ist, sind *Vorerkrankungen*. Einer der wichtigsten Risikofaktoren für die erektile Dysfunktion ist der *Diabetes mellitus* (s. Kap. 15). Seine Spätfolgen, vor allem degenerative Veränderungen der Gefäße und der Nerven, betreffen alle Abläufe, die für eine Erektion nötig sind. Rund 30–50 % der Diabetiker sind deshalb von Erektionsstörungen betroffen. Auch andere Gefäßkrankheiten wie Arteriosklerose (Gefäßverkalkung), Hypertonie (Bluthochdruck) oder ein zu hoher Cholesterinspiegel können die Penisdurchblutung beeinträchtigen, während neurologische Erkrankungen wie Multiple Sklerose, Morbus Parkinson oder Rückenmarksschädigungen die Übertragung der Nervensignale stören. Auch Medikamente können die sexuelle Erregbarkeit herabsetzen. Hierzu zählen Antihypertensiva (Mittel gegen Bluthochdruck), Herz-Kreislauf-Mittel, bestimmte Diuretika (harntreibende Mittel), Psychopharmaka, Glucocorticoide und andere mehr. Überstandene Operationen müssen ebenso zur Sprache kommen, denn bei Eingriffen an Prostata, Blase oder Darm können Nerven oder Gefäße verletzt worden sein, die für die Sexualfunktion wichtig sind.

Schau'n mer mal – Die Diagnostik

Spezialisierte Einrichtungen haben vielfältige Möglichkeiten zur Diagnostik von Erektionsstörungen. Zu Beginn steht häufig eine Hormonanalyse und die Erhebung weiterer Stoffwechselwerte. Um zu klären, ob die Erektionsschwierigkeiten auf einer Störung im Blutfluss beruhen, wird mit einer sehr dünnen Kanüle ein gefäßaktives Präparat (Alprostadil) in den Penis injiziert, das meist nach 10–15 Minuten zur Gliedsteife führt. Der Penis wird dabei mit Hilfe der so genannten Doppler-Sonographie beobachtet, einer Ultraschalltechnik, die Aussagen über Blutzu- und -abfluss erlaubt. Auch Röntgendarstellungen der Schwellkörper können hilfreich sein. Auf Grundlage der gewonnenen Erkenntnisse kann dann in Zusammenarbeit mit dem Patienten die Therapie geplant werden.

Störungen des Hormonhaushalts

Das in den Hoden gebildete Hormon Testosteron ist besonders wichtig für die emotionale Befindlichkeit und den Sexualtrieb des Mannes. Es fördert das Wachstum der Fortpflanzungsorgane (Samenleiter, Prostata, Penis) und die Ausbildung der sekundären Geschlechtsmerkmale. Außerdem hat Testosteron positive Auswirkung auf den Muskelaufbau und die Kalkeinlagerung in die Knochen. Tatsächlich ist bei 5–10 % der Patienten ein erniedrigter Testosteronspiegel die Ursache der Erektionsstörung. Dem kann auf einfache Weise durch Testosteronkapseln, Depotinjektionen oder testosteronhaltige Hautpflaster abgeholfen werden.

MUSE und SKAT – nicht jedermanns Sache

Als Alternative zu natürlichen Aphrodisiaka sind seit einiger Zeit auch Medikamente verfügbar, die durch Verstärkung physiologischer Prozesse zuverlässig Erektionen ermöglichen. Sie bewirken direkt oder indirekt die Erweiterung der Gefäße und Kavernen im Schwellkörper und fördern so den Bluteinstrom. Eine der ersten Substanzen dieser Art war Papaverin. Wegen erheblicher Nebenwirkungen ist es kaum noch in Gebrauch. Das bereits erwähnte Alprostadil ist ein synthetisch hergestellter Abkömmling des Signalstoffs *Prostaglandin E$_1$*. Prostaglandine sind hormonähnliche Botenstoffe mit einer Vielzahl von Wirkungen, u. a. auch auf die Gefäße (s. Kap. 1). Alprostadil muss lokal angewendet werden, weil der Wirkstoff schon bei der ersten Leberpassage zu 80 % abgebaut wird (→ Pharmakokinetik) . Zwei Techniken haben sich als besonders praktikabel herausgestellt: Bei der Schwellkörper-Autoinjektions-Therapie (kurz: *SKAT*) wird der Wirkstoff vom Patienten selbst mit einer feinen Nadel in die Schwellkörper injiziert. Verständlicherweise ist dazu eine intensive Schulung notwendig. Neben der unangenehmen Art der Anwendung, die viele Patienten die Therapie abbrechen lässt, treten immer wieder Priapismen auf, d. h. zeitlich übermäßig ausgedehnte Erektionen. Dauern sie mehr als vier Stunden, ist dies ein Notfall, weil durch den gestauten Blutfluss irreversible Schäden auftreten können.

Um die Anwenderfreundlichkeit der lokalen Alprostadiltherapie zu verbessern, wurde *MUSE* entwickelt (*M*edizinisches *U*rethrales *S*ystem zur *E*rektion). Dabei wird ein Röhrchen in die männliche Harnröhre eingeführt, über das per Knopfdruck ein kleines Zäpfchen abgegeben wird. Der Wirkstoff gelangt über die Harnröhrenschleimhaut zu den Schwellkörpern, die nach ca. 5–10 Minuten auf eine Erektion vorbereitet sind. Als Nebenwirkung kann ein Brennen in der Harnröhre auftreten.

Himmelblaue Zeiten – Sildenafil und Verwandte

Ein echter Durchbruch gelang 1998 mit der Einführung des Wirkstoffs Sildenafil, besser bekannt unter dem Handelsnamen Viagra®. Kaum ein Arzneistoff hat von Beginn an so viel Aufmerksamkeit erregt und so viel Gewinn abgeworfen wie dieser. Im ersten Jahr nach der Einführung lag der Umsatz von Sildenafil bereits bei einer Milliarde Dollar, er hat seither kaum nachgelassen. Allein in Deutschland wurden in den ersten fünf Jahren etwa 30 Millionen der blauen Pillen verkauft. Mittlerweile bieten »Trittbrettfahrer« in Junk-Mails und auf zahllosen Internetseiten rezeptfreies Viagra® an. Doch Vorsicht! Bei etlichen dieser Produkte handelt es sich schlicht um Fälschungen, die wenig oder gar keinen Wirkstoff enthalten. Der Gang zum Arzt und in die Apotheke mag beschwerlicher sein – sicherer ist er allemal.

Sildenafil wurde Anfang der 1990er Jahre als Wirkstoff zur Behandlung der koronaren Herzkrankheit entwickelt (s. Kap. II), war aber dafür wenig brauchbar. Im Rahmen der Erprobung verabreichte man den Wirkstoff auch männlichen Testpersonen mit Erektionsstörungen, die darauf hin erfreuliche Nebenwirkungen zu Protokoll gaben. Heute ist Sildenafil (in unveränderter Form, aber mit modifiziertem Einsatzgebiet) das Mittel der Wahl zur Behandlung erektiler Dysfunktionen psychogener wie auch organischer Herkunft. Im Jahre 2003 kamen mit Vardenafil und Tadalafil zwei weitere Substanzen mit ähnlichem Wirkungsmechanismus auf den Markt.

Sildenafil hemmt im Schwellkörper des Penis die bereits erwähnte Phosphodiesterase vom Typ 5 (PDE-5) und damit den Abbau des Signalstoffs cGMP (Abb. 4). Erreicht ein erektionsauslösendes Signal den Schwellkörper, erhöht sich der cGMP-Spiegel in den glatten Muskelzellen stärker als sonst, da der Signalstoff nun nicht mehr so schnell abgebaut wird. So kann mehr Blut in den Schwellkörper fließen und die Erektion verstärkt sich. Da gut' Ding Weile haben will, muss Sildenafil allerdings schon eine Stunde »davor« eingenommen werden. Günstig ist andererseits, dass Sildenafil nicht automatisch eine Erektion auslöst, sondern lediglich eine gewollte Erektion unterstützt – gegenüber MUSE und SKAT ein nicht zu unterschätzender Vorteil.

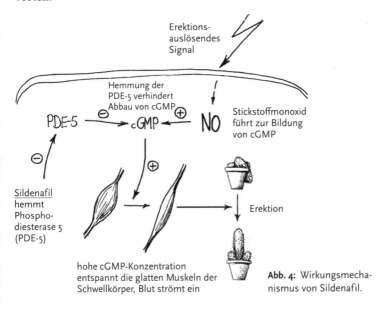

Abb. 4: Wirkungsmechanismus von Sildenafil.

Besonders gut wirkt Sildenafil bei psychisch bedingten Erektionsstörungen. In placebokontrollierten Studien (s. Kap. 28) berichteten mehr als 80 % der Testpersonen, die den Wirkstoff erhalten hatten, über eine deutliche Verbesserung der Situation (allerdings auch 25 % der Personen in der Placebogruppe – ein weiteres schönes Beispiel für den Placeboeffekt, s. Kap. 26). Bei Patienten mit organisch bedingten Störungen der Penisdurchblutung lag die Erfolgsquote von Sildenafil je nach Grunderkrankung bei 40–70 %, während in diesem Fall nur 5–10 % der Personen in der Placebogruppe positive Wirkungen verspürten (Abb. 5).

Wegen der recht selektiven Wirkung von Sildenafil auf Phosphodiesterasen vom Typ 5 ist die Substanz im Allgemeinen gut verträglich. In therapeutischen Dosen hat Sildenafil praktisch keine Wirkung auf die im Herzen wirksame PDE-3 (s. Kap. 11 und 13). Trotzdem können wegen der Erweiterung von Blutgefäßen anderswo im Körper Nebenwirkungen wie Kopfschmerzen, Gesichtsrötung oder leichter Blutdruckabfall auftreten. Auf keinen Fall darf Sildenafil zusammen mit den stark gefäßerweiternden Nitraten (s. Kap. 11) eingenommen werden, weil sonst die blutdrucksenkenden Effekte beider Stoffe einander gefährlich verstärken können. Da auch Phosphodiesterasen vom Typ 6, die am Sehvorgang beteiligt sind, etwas auf Sildenafil ansprechen, treten gelegentlich leichte und vorübergehende Störungen des Farbsehens auf. Patienten mit Herzproblemen sollten bedenken, dass der Geschlechtsverkehr – vor allem, wenn er seit längerer Zeit nicht mehr ausgeübt wurde – eine Belastung darstellt, der das Herz-Kreislauf-System nicht gewachsen sein könnte.

Abb. 5: ... und die Welt blüht auf.

... und die Moral von der Geschicht'?

Die Behandlungserfolge mit Sildenafil und verwandten Wirkstoffen haben unter den Betroffenen zu einer regelrechten Euphorie geführt. Natürlich entbrannte hierzulande sofort eine Diskussion darüber, ob die Krankenkassen die beträchtlichen Kosten einer solchen Therapie übernehmen müssen. Dabei zeigte sich, wie uneins selbst Experten sind, wenn es um die Frage geht, inwieweit die Sexualität zur Gesundheit des Menschen beiträgt oder wie viel davon dem Einzelnen pro Woche zugestanden werden soll. Sicher ist es nicht Aufgabe der Krankenkassen, auf Kosten der Beitragszahler potenzfördernde Mittel an Gesunde abzugeben, die sie zur Aufstellung sexueller Rekorde benutzen wollen. Auf der anderen Seite stehen aber Patienten, denen ihre erektile Dysfunktion psychische Probleme bereitet, die sich nicht nur auf das Selbstwertgefühl und die Partnerschaft, sondern auch auf alle anderen Lebensbereiche auswirken. Es ist also in jedem einzelnen Fall sorgfältig abzuwägen, ob eine Verordnung von Potenzmitteln berechtigt ist.

Das immer noch tabuisierte Krankheitsbild der erektilen Dysfunktion, das lange als nicht therapierbare Alterserkrankung galt, findet heute durch die intensive Berichterstattung in den Medien mehr Akzeptanz. Im gleichen Maße hat sich die Meinung über entsprechende Medikamente gewandelt. Wurden Potenzmittel früher eher mit Scharlatanerie in Verbindung gebracht, ist die Wirksamkeit von Viagra® mittlerweile schon sprichwörtlich. Mit den in Entwicklung befindlichen Medikamenten der zweiten Generation, die durch Kombination mehrerer Substanzen oder gesteigerte Selektivität noch wirksamer sein werden als ihr berühmtes Vorläuferprodukt, wird sich diese Entwicklung weiter fortsetzen.

Wirkstoffe und Handelsnamen

Wirkstoff	Handelsname	Bemerkungen
Alprostadil	Prostavasin®, Caverject®	Prostaglandin
Sildenafil	Viagra®	hemmt PDE-5
Tadalafil	Cialis®	hemmt PDE-5
Vardenafil	Levitra®	hemmt PDE-5

23

Nimmst du die Pille?
Hormonale Empfängnisverhütung

Markus Vogel

»Pille: Arzneimittel in Kügelchenform«, erklärt uns der Duden. Wie weiter zu lesen ist, ging das seit dem 16. Jahrhundert bezeugte Wort aus dem lateinischen »pilula« hervor. Es bedeutet »kleiner Ball, Kügelchen«. Bald erwuchs aus der lateinischen Bedeutung »Kügelchen« die Lesart »Medikament«. So nannte man früher den Hersteller und Verkäufer von Medikamenten, den Apotheker, auch scherzhaft »Pillendreher«.

Doch kurz nach der Mitte des 20. Jahrhunderts wurde die Pille umgangssprachlich ihrer Vielfalt beraubt: Wer heute von der »Pille« redet, meint die »Antibabypille«, ein Medikament zur hormonalen Empfängnisverhütung. Weil die Antibabypille die Folgen einer Liebesnacht verhindern kann, schien für viele eine neue Ära der Sexualität anzubrechen, als das Medikament vor etwa 40 Jahren eingeführt wurde.

Bekanntlich dienen Arzneimittel der Behandlung oder Vorbeugung von Krankheiten. Zur hormonalen Kontrazeption (lat. *contra* = »gegen«, *concipere, conceptus* = »aufnehmen«) hingegen werden Medikamente von Gesunden eingenommen. Dies stellt besondere Anforderungen an den Arzt, der das Rezept ausstellt, und an die Frau, die das Mittel einnimmt. Beide haben Nutzen und Risiken richtig einzuschätzen, da die Einnahme eines Medikaments grundsätzlich auch mit Nebenwirkungen verbunden ist.

Wenn wir das schon früher gewusst hätten ...

Bevor es zur Entwicklung der oralen Kontrazeption kommen konnte, war eine genaue Kenntnis der Funktionsweise der menschlichen Fortpflanzung notwendig – ein langer Weg. So meinten die Ärzte im 3. und 4. Jahrhundert vor Christus, der menschliche Embryo würde aus dem Menstruationsblut gebildet. Vom Samen des Mannes nahm man an, er würde der Menstrualblutung die nötige Struktur geben. Eine Analogie sah man damals im Labferment, einem Enzym aus dem Kälbermagen, das Milch gerinnen lässt. Diese Sicht der Dinge war weit verbreitet und führte beispielsweise zur Tradition der Kindsbräute in Indien. Menstruationsblut vor Eintritt der ersten männlichen Samen zu verlieren (also vor Beginn der ersten Regelblutung nicht geschwängert zu werden) galt als Kindesmord.

Erst spät wurde Biologen und Medizinern klar, dass die Menstruation eben nichts mit einem Kind zu tun hat, sondern vielmehr in Abwesenheit eines Kindes stattfindet. Zunächst glaubte man noch, für die Menstruationsblutung sei die Öffnung der mütterlichen Blutgefäße verantwortlich, die der Ernährung des Embryos dienen; es schien auch plausibel, dass der Embryo während der Schwangerschaft dieses Blut verbraucht und somit die Blutung verhindert. Heute wissen wir, dass bei der schwangeren Frau die Blutung ausbleibt weil der Mutterkuchen (die Plazenta) das Hormon Progesteron abgibt (lat. *pro* = »für«, *gestare* = »schwanger sein«). Anders ausgedrückt: Der erhöhte Progesteronspiegel verhindert die Blutung.

Zur Ernährung des Ungeborenen ist ein kompliziertes Zusammenspiel von mütterlichem und kindlichem Kreislauf nötig. In Erwartung einer Schwangerschaft reagiert der Körper, indem er die Schleimhaut der Gebärmutter (des Uterus) verdickt und gefäßreich macht und sie damit auf die Einnistung der befruchteten Eizelle vorbereitet. Bleibt jedoch eine Schwangerschaft aus, kommt es zum Abbau der verdickten, nun überflüssigen Schleimhaut und zur Menstruationsblutung. Die Vorgänge von Auf- und Abbau der Schleimhaut werden durch Hormone geregelt, die von verschiedenen Hormondrüsen ins Blut abgegeben werden (→ Signalstoffe).

Die Entdeckung der für den Menstruationszyklus verantwortlichen Hormone und die weitere Entschlüsselung des Zusammenspiels zwischen Mutter und ungeborenem Kind boten Ansatzpunkte für die Entwicklung von Medikamenten, die an bestimmten Punkten in die beteiligten Hormonsysteme eingreifen. Ein neugeborenes Mädchen hat ungefähr zwei Millionen Eizellen in seinen Eierstöcken (Ovarien). Davon gehen in den folgenden Jahren etwa 75 % zugrunde, so dass zur Zeit der ersten Regelblutung noch etwa 500 000 Eizellen übrig sind. Von da an beträgt der monatliche Verlust etwa 1000 Zellen. Nach dem 35. Lebensjahr erhöht sich diese Zahl bis zum Erreichen der Menopause, in der der Vorrat erschöpft ist. Die meisten Eizellen gehen jedoch nicht bei der Regelblutung verloren, sondern fallen dem programmierten Zelltod zum Opfer, der Apoptose. Nur ein kleiner Bruchteil der Eizellen – etwa 400 – erreicht die Reife zum Eisprung. Zum Reifen benötigen eine Eizelle und das sie umgebenden Eibläschen drei Monate, um dann zu »springen«. Dies tut dann meist nur eine Eizelle pro Monat.

In der Regel regelmäßig

Der Zyklus der Frau dient der Vorbereitung einer Schwangerschaft. Er beginnt definitionsgemäß mit dem ersten Tag ihrer Regelblutung und dauert etwa 28 Tage. Um die Wirkungsweise der hormonellen Kontrazeption zu verstehen, müssen uns zunächst genauer mit dem Ablauf des Zyklus beschäftigen. Eingeteilt wird er in drei Phasen, die von der Blutung unterbrochen werden; der Ablauf des gesamten Prozesses wird von Hormonen gesteuert:

- Blutung (Tag 1 bis 4)
- follikuläre Phase (etwa Tag 5 bis 14)
- Ovulation (Eisprung) (24 Stunden nach Gipfel der Hormonkonzentration im Blut)
- Gelbkörperphase (14 Tage, vom Eisprung bis zum Tag der ersten Blutung)

Der Follikel (das Eibläschen) entwickelt sich im Ovar (Eierstock) von einem sehr kleinen Stadium mit 0,05 mm Größe bis hin zum reifen Follikel, der kurz vor dem Eisprung eine Größe von etwa 2 cm aufweist! Innerhalb des Eibläschens liegt die Eizelle (Oocyte), die von verschiedenen Zellschichten umgeben ist. Diese Zellen sind Hormonproduzenten. Je größer der Follikel wird, desto mehr des Hormons *Estradiol* (gr. *oistros* = »Leidenschaft, Brunst«) wird gebildet. Estradiol stimuliert u. a. das *Wachstum* der Gebärmutterschleimhaut. Platzt der Follikel, wird die Eizelle freigesetzt und macht sich auf den Weg durch den Eileiter zur Gebärmutter. Der Rest des Follikels wandelt sich zum Gelbkörper (er sieht tatsächlich gelb aus), der nun vorwiegend ein anderes Hormon produziert, nämlich das *Progesteron*. Durch die Bildung von Progesteron im Gelbkörper wird die Gebärmutterschleimhaut für die Einnistung der befruchteten Eizelle vorbereitet; das Hormon bewirkt u. a., dass sich die Schleimhaut dort auflockert und beginnt, Sekret zu produzieren. Dadurch dient Progesteron dem Erhalt einer Schwangerschaft. Zudem hemmen hohe Progesteronkonzentrationen das Heranreifen weiterer Follikel. Wird die Eizelle nicht befruchtet, geht der Gelbkörper zugrunde und seine Progesteronproduktion erlischt. Der sinkende Hormonspiegel führt dann zum Abstoßen der Gebärmutterschleimhaut und es kommt zur Regelblutung.

Wir halten also fest, dass dem äußerlich sichtbaren Ereignis – der Regelblutung – ein unsichtbares Ereignis – der Eisprung – vorausgeht. Dabei spielen zwei Hormone eine Rolle, Estradiol in der zweiten und Progesteron in der vierten Phase. Doch dies ist noch nicht alles: Nun kommen wir zur Steuerung dieser Vorgänge und dem zu Punkt, an dem die Pille angreift.

Botschaften aus dem Schlafgemach

Inmitten des Gehirns liegt eine Struktur, die die alten Anatomen *Thalamus* (lat. »Schlafgemach«) nannten. Direkt darunter liegt der trichterförmige *Hypothalamus* (gr. *hypo* = »darunter«), an dessen Ende sich wiederum die Hirnanhangsdrüse, die *Hypophyse*, befindet. Über Hypothalamus und Hypophyse kontrolliert das Gehirn mit Hilfe von Hormonen die Funktion der im Becken gelegenen Eierstöcke und der Gebärmutter (Abb. 1). Diese wiederum antworten dem Gehirn durch Bildung der schon erwähnten Hormone Estradiol und Progesteron.

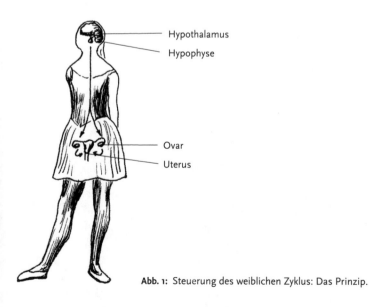

Abb. 1: Steuerung des weiblichen Zyklus: Das Prinzip.

Der Zyklus ohne ...

Die Ereignisse, die während des weiblichen Zyklus ablaufen, sind in Abb. 2 in einer Übersicht zusammengestellt. Wichtig sind dabei vor allem die *Gonadotropine* FSH (follikelstimulierendes Hormon) und LH (luteinisierendes Hormon, Gelbkörper bildendes H.). Die Ausschüttung dieser Hormone aus der *Hypophyse* wird wiederum vom *Hypothalamus* angeregt, der seine Botschaft durch das Hormon GnRH (gonadotropin releasing hormone) übermittelt. Unter dem Einfluss von FSH reifen die Follikel im Eierstock heran und produzieren *Estradiol*. Mit dem Heranwachsen des Follikels in den ersten zwei Zykluswochen steigt auch die Estradiolmenge mit der Folge, dass die Gebärmutterschleimhaut wächst (Proliferationsphase, Abb. 2 unten). In der Hypophyse fördert Estradiol zwar die Produktion und Speicherung von FSH und LH, hemmt aber deren Freisetzung, so dass die Konzentration von FSH im Blut mit der Zeit sinkt.

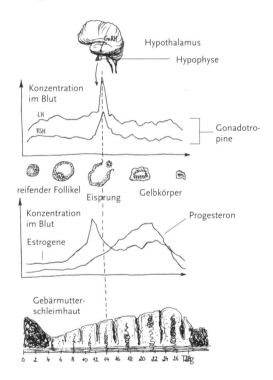

Abb. 2: Steuerung des weiblichen Zyklus: Die Details.

Die Konzentration des Estradiols im Blut wird vom Gehirn laufend gemessen. Beim Erreichen einer bestimmten Schwelle (meist in der Mitte des Zyklus) stößt die Hypophyse schlagartig eine größere Menge an LH und FSH aus. Dies lässt das Eibläschen platzen, d. h. der Eisprung findet statt. Die Wände des leeren Follikels (jetzt zum Gelbkörper geworden) beginnen mit der Bildung von Progesteron. Bleibt die Befruchtung aus, geht der Gelbkörper nach etwa 14 Tagen zugrunde. Findet dagegen eine Befruchtung statt, sorgt die befruchtete Eizelle für eine Erhaltung der Progesteronproduktion, bis die Plazenta die hormonelle Kontrolle übernimmt. Damit wird das Abstoßen der Schleimhaut verhindert und eine Regelblutung bleibt aus.

... und mit »Pille«

Die »Pille« schaltet sich in den Nachrichtenverkehr zwischen Hirn und Geschlechtsorganen ein. In den meisten Kontrazeptiva sind Substanzen enthalten, die den natürlichen Hormonen Progesteron und Estradiol in der Wirkung sehr ähnlich sind. Da diese Substanzen vom Körper langsam wieder abgebaut werden, müssen sie täglich zugeführt werden, um eine konstante Hormonkonzentration im Blut aufrechtzuerhalten. Die in Kontrazeptiva enthaltenen Hormone haben verschiedene Wirkungen:
- Sie blockieren durch *Rückkopplung* die Freisetzung von LH und FSH aus der Hypophyse.
- Sie blockieren die Freisetzung von GnRH aus dem Hypothalamus (Abb. 3) und hemmen dadurch die Reifung des Follikels und den Eisprung.
- Sie verändern die Gebärmutterschleimhaut so, dass die Einnistung einer befruchteten Eizelle verhindert wird.
- Sie machen den Uteruseingang durch Veränderung des Schleims im Muttermund für Spermien unpassierbar (Abb. 4).

Bei manchen Präparaten wird die Einnahme nach jeweils drei Wochen für eine Woche unterbrochen; andere Präparate beinhalten für die letzte Zykluswoche sieben wirkstofffreie »Pillen«. Dies ist beabsichtigt, weil es dadurch – wie am Ende der Gelbkörperphase – nach einigen Tagen zur Abstoßung der Gebärmutterschleimhaut mit einer *Hormonentzugsblutung* oder Pseudomenstruation kommt.

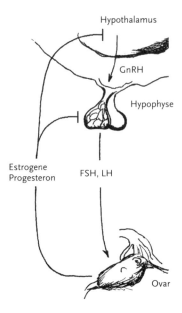

Abb. 3: Rückkopplung.

Verhütung geht durch den Magen

Bereits 1921 wurde beobachtet, dass im Tierexperiment geschlechtsreife weibliche Tieren durch Verpflanzung von Gelbkörpern vorübergehend unfruchtbar wurden. Mitte der 1940er Jahre wurde dann erstmals der Eisprung durch Injektion von Progesteron unterdrückt. Bei oraler Gabe sind die natürlichen Sexualhormone weit gehend unwirksam, weil die so verabreichten Hormone in der Leber inaktiviert werden, noch bevor sie Wirkung zeigen können (s. Kap. 27). Geringfügige chemische Abwandlungen der natürlichen Hormone lösten das Problem. Bereits 1938 wurde das erste oral wirksamen Hormon hergestellt, eine dem Estradiol verwandte Substanz, das Ethinylestradiol. Es ist auch heute noch in vielen Kontrazeptiva enthalten. Anfang der 1950er Jahre wurde ein Patent zur oralen Kontrazeption angemeldet; 1960 wurde »die Pille« erstmals in den USA zugelassen, BRD und DDR folgten 1961 bzw. 1965. Schätzungen zufolge nehmen heute weltweit 2 % aller Frauen »die Pille«!

Pearl – der sichere Index

Der nach dem amerikanischen Biologen Raymond Pearl benannte *Pearl-Index* ist ein Maß für die Sicherheit einer Verhütungsmethode. Er gibt die Zahl ungewollter Schwangerschaften in 100 Frauenjahre an (100 Frauenjahre kommen zusammen, wenn 100 Frauen ein Jahr lang mit der betreffenden Methode verhüten). Die »Pille« erreicht hier sehr niedrige Werte (unter 0,5). Nur Hormonimplantate sind mit einem Index von 0–0,1 noch günstiger. Zum Vergleich: für Kondome werden Werte zwischen 1 und 12 angegeben. Schwangerschaften trotz Kondomgebrauch kommen meist durch Anwendungsfehler zustande. Wird überhaupt nicht verhütet, steigt der Pearl-Index auf 85.

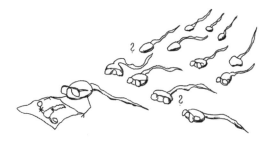

Abb. 4: »Nicht nervös werden, Jungs. Irgendwo kommen wir rein.«

Was frau schluckt

Die verschiedenen Präparate zur hormonellen Kontrazeption unterscheiden sich in der Art und Menge der verwendeten Hormone und der Art der Verabreichung. Nicht nur durch Pillen, sondern auch durch eine Spritze oder ein implantierbares Stäbchen können die Hormone dem Körper zugeführt werden. Die meisten Präparate enthalten Substanzen, die wie Estradiol wirken (so genannte *Estrogene*) und solche, die wie Progesteron wirken (*Gestagene* von lat. *gestare* = »schwanger sein«). Die in der Pille enthaltenen Wirkstoffe sind Abwandlungen (Derivate) der körpereigenen Substanzen, die bei gleicher Wirksamkeit der vorzeitigen Inaktivierung durch die Leber entkommen.

Kombinationspräparate enthalten als Estrogen in der Regel Ethinylestradiol, ein Estradiolderivat mit einer zusätzlichen Ethinylgruppe ($-C\equiv CH$). Es ist so wirksam, dass eine einzelne »Pille« meist nur

20–50 µg (millionstel Gramm) **Ethinylestradiol** enthält. Der Wirkstoff wird im Dünndarm aufgenommen und passiert die Leber unverändert. Die maximale Konzentration im Blut wird 1–2 Stunden nach Einnahme erreicht, dann sinkt sie durch Inaktivierung und Ausscheidung langsam wieder ab (→ Pharmakokinetik). Prinzipiell würde zur Kontrazeption das Estrogen allein ausreichen. Wegen der Nebenwirkungen der Estrogene (s. u.) versucht man, in *Kombinationspräparaten* die notwendige Estrogen-Menge durch zusätzliche Gabe von Gestagenen zu vermindern.

Beim Vergleich verschiedener Präparate sollte das Augenmerk vor allem auf die *Gestagene* gerichtet sein, in denen sie sich vor allem unterscheiden. Seit der ersten »Pille« wurden immer bessere Gestagene mit weniger unerwünschten Wirkungen entwickelt. Sie sollen – wie im normalen Zyklus auch, nur zu einem früheren Zeitpunkt – die Gebärmutterschleimhaut auflockern und zur Bildung von Sekret anregen. Gemeinsam mit dem Estrogen hemmen die Gestagene die Freisetzung von LH und FSH aus dem Gehirn. Mit steigender Dosis kann es allerdings zur Abschwächung oder sogar zur Umkehrung der Wirkung kommen. Insgesamt ist die Wirkung der Gestagene kompliziert und auch von der Menge des zugeführten Estrogens abhängig. So kann der Frauenarzt eine individuelle Verordnung eines Kontrazeptivums vornehmen und die Vor- und Nachteile der verschiedenen Gestagene berücksichtigen. Die neuere Generation von Gestagenen (**Desogestrel**, **Gestoden** und **Norgestimat**) zeigen im Vergleich zu älteren Gestagenen (z. B. **Lynestrenol**, **Levonorgestrel** oder **Norethisteron**) deutlich weniger Nebenwirkungen.

Wie hätten Sie's denn gern, Madame?

In *Einphasenpräparaten* sind Estrogen und Gestagen in einem festen Verhältnis zueinander enthalten. Vom ersten bis zum letzten Tag des Einnahmezeitraumes gleicht also eine »Pille« der anderen. Mit dem Ziel, die natürlichen Veränderungen im Hormonspiegel der Frauen nachzuahmen, wurden *Zweistufen- oder Dreistufenpräparate* entwickelt. Sie enthalten zwei oder drei farblich unterschiedene Arten von »Pillen«, die in der Regel in den ersten Tagen des Einnahmezeitraumes weniger Gestagen enthalten als in späteren Phasen des Zyklus (s. Wirkstofftabelle am Ende des Kapitels). Allerdings wird die »Pille« den natürlichen Zyklus niemals perfekt imitieren können. Das

Kontrazeptivum muss ja – so gut es auch der physiologischen Situation angepasst ist – die natürliche Hormonkonzentrationen beeinflussen, um eine Schwangerschaft sicher zu verhindern.

Die »*Minipille*« enthält lediglich Gestagen und kein Estrogen. Der Eisprung wird nicht gehemmt, da das Gestagen nicht in gleichem Maße wie das Estrogen die Bildung von FSH und LH im Gehirn verhindert. Somit kommen nur die Effekte auf die Gebärmutter zum Tragen. Schleimhaut und Schleim werden verändert und erschweren den Spermien den Zugang zur Eizelle. Die Minipille muss in einem sehr strikten Zeitintervall eingenommen werden. Bereits eine wenige Stunden verzögerte Einnahme kann die Wirkung gefährden!

Der Wunsch nach einer zuverlässigen Schwangerschaftsverhütung ohne den Zwang der täglichen Einnahme und ohne »Vergessensangst« hat zur Entwicklung der *Depotpräparate* geführt. Wie die »Pille« enthalten sie Estrogene und Gestagene, unterscheiden sich aber in der Art der Verabreichung – sie werden gespritzt. Üblich sind bei Kombinationspräparaten Spritzen im monatlichen Abstand oder bei einem reinen Gestagenpräparat im Dreimonatsrhythmus. Leider lässt sich die Freisetzung der Hormone aus dem Depot nicht gut kontrollieren. Deshalb wird der Vorteil der »Pillenfreiheit« mit dem Nachteil größerer Nebenwirkungen erkauft.

Um die kontinuierliche Freisetzung der Wirksubstanz über einen noch längeren Zeitraum zu erreichen, wurde bereits vor 40 Jahren versucht, kleine *Hormondepots* unter die Haut zu pflanzen. Was damals aufgrund schwerwiegender Nebenwirkungen misslang, soll nun mit verbesserter Methodik und neuen Wirkstoffen zum Erfolg führen. Seit 2000 ist in Deutschland ein implantierbares Kunststoffstäbchen zugelassen, das über drei Jahre lang das Gestagen *Etonogestrel* abgibt. Erst nach Ablauf dieser Zeit muss es entfernt und auf Wunsch durch ein neues ersetzt werden.

Wo Licht ist, ist auch Schatten. Unerwünschte Wirkungen

Bisher war die Rede von der schwangerschaftsverhindernden Wirkung der Hormone. Leider gibt es auch eine ganze Reihe von Nebenwirkungen der hormonalen Kontrazeptiva. Die Sache ist kompliziert, da das gleiche Präparat bei verschiedenen Frauen ganz unterschiedliche unerwünschte Wirkungen haben kann. Hier ist die Erfahrung des

Arztes gefragt. Nicht alle Nebenwirkungen sind allerdings negativ zu bewerten, manche lassen sich sogar therapeutisch nutzen (s. u.).

Das Blutgerinnungssystem ist von zahlreichen in der Leber gebildeten Proteinen abhängig. Durch die Wirkung der Kontrazeptiva auf die Leber wird der Umsatz dieser Substanzen so verändert, dass ein *erhöhtes Thromboserisiko* entsteht (s. Kap. 12). Verantwortlich dafür ist besonders **Ethinylestradiol**, während die Gestagene eine eher modulierende Rolle spielen. Allgemein gilt: je mehr Ethinylestradiol, desto größer das Risiko. Andere Stoffe, die Blut und Gefäße schädigen, verstärken diesen Effekt noch. Insbesondere das *Rauchen* erhöht bei gleichzeitiger hormoneller Kontrazeption die Thrombosegefahr überproportional. Dadurch *kann* das Risiko, an Herz- und Kreislauferkrankungen zu sterben, im Vergleich zu Nichtraucherinnen auf das Fünf- bis Zehnfache ansteigen (Abb. 5).

Ältere Berichte, wonach hormonelle Kontrazeptiva das *Brustkrebsrisiko* erhöhen, wurden durch neuere Untersuchungen wieder in Frage gestellt. Der Streit entzündete sich an der Bewertung des Risikos für jüngere und ältere Frauen. Das Problem ist, dass der Beginn einer Krebserkrankung selten fassbar ist (s. Kap. 17). Die Diagnose kann in der Regel erst gestellt werden, wenn die Zeichen eindeutig sind. Eindeutige Schlüsse können aus den vorliegenden Untersuchungen noch nicht gezogen werden. Die Gefahr für eine Krebsentstehung in Gebärmutterschleimhaut und Ovarien wird durch orale Kontrazeptiva dagegen eher vermindert. Andererseits scheint das Krebsrisiko im Bereich des Gebärmutterhalses (Cervix) erhöht zu sein, wobei auch diese Schlussfolgerung statistisch nicht gesichert ist. Die beste Vor-

Abb. 5: »Pille« und Rauchen – besser nicht.

beugung ist auf jeden Fall die jährliche Kontrolluntersuchung beim Frauenarzt – auch für Frauen, die die Pille nicht nehmen!

Die Wirkungen der »Pille« auf die *Psyche* sind ebenfalls schwer zu fassen. Depressionen und andere Stimmungsschwankungen können ebenso durch Veränderungen der natürlichen Hormonspiegel bedingt sein. Trotz zahlreicher Vermutungen wurde bisher auch kein Beweis für einen Einfluss der »Pille« auf die Libido geliefert. *Kopfschmerzen* werden ebenfalls mit der Pille in Verbindung gebracht. Dabei muss man zumindest zwischen *Spannungskopfschmerz* und *Migränekopfschmerz* unterscheiden (s. Kap. 1). Spannungskopfschmerz scheint mit der Pille nicht im Zusammenhang zu stehen. Besteht bereits eine Migräne, verringert die »Pille« – entgegen der landläufigen Meinung – eher die Häufigkeit der Attacken. Migräneattacken während der Menstruation könnten auf den Abfall der Estrogenkonzentration zurückgehen. Der Umstieg auf ein reines Gestagenpräparat oder der Verzicht auf das pillenfreie Intervall kann daher Hilfe bringen. Treten mit der Einnahme von Kontrazeptiva *erstmalig* Kopfschmerzen auf oder *verändert* sich eine bestehende Symptomatik, sollte ein Arzt zu Rate gezogen werden.

Bei einigen Frauen wird nach Einnahme hormoneller Kontrazeptiva eine *Gewichtszunahme* beobachtet. Auch hier steht jedoch der eindeutige Beweis eines Zusammenhangs noch aus. Bei einer Dauerbehandlung mit Depotpräparaten kann besonders der Gestagenanteil der Pille zu einer Rückbildung der Gebärmutterschleimhaut und zum Ausbleiben der Pseudomenstruation führen. Das Problem dabei ist nicht das Ausbleiben der Blutung, sondern dass eine Schwangerschaft ausgeschlossen werden muss. Dies ist allerdings nur denkbar, wenn Einnahmefehler oder andere Unregelmäßigkeiten vorliegen. Für *Zwischenblutungen* während der Einnahme der Pille gibt es ebenfalls Erklärungen; auf jeden Fall sollte ihre Ursache vom Arzt abgeklärt werden. Synthetische Gestagene bewirken im Gegensatz zum natürlichen Progesteron eine Wassereinlagerung in den Brüsten, die zusammen mit der Wachstumsförderung durch das eingenommene Estrogen Beschwerden bereiten kann. Diese Nebenwirkung versucht man, durch Gabe eines estrogenärmeren und gestagenreicheren Präparates zu beseitigen.

Nebenwirkungen einmal anders

Der künstlich erhöhte Hormonspiegel hat, wie bereits erwähnt, auch noch günstige Nebenwirkungen. Dazu gehören die Beseitigung von Zyklusstörungen, die Linderung von Regelbeschwerden, eine Besserung von Akne, ein Schutz vor Ovarialzysten und die Verringerung oder Beseitigung eines Eisenmangels durch den verminderten Blutverlust.

Pillen »danach«

Eine andere Form der hormonellen Behandlung stellt die Gabe von *Interzeptiva* dar. Im Gegensatz zu den Kontrazeptiva verhindern sie eine Schwangerschaft, indem sie das Einnisten der schon befruchteten Eizelle in die Gebärmutterschleimhaut verhindern. Durch die Gabe einer *hohen Konzentration* eines Estrogens, Gestagens oder beider zusammen erfolgt eine schnelle Veränderung der Gebärmutterschleimhaut. Die befruchtete Eizelle kann sich dann nicht einnisten und geht verloren. Die Einnahme der »Pille danach« ist eine Notfallmaßnahme und muss vor der Einnistung der Eizelle erfolgen (Beginn der Einnahme innerhalb 24 bis 36 Stunden nach dem Geschlechtsverkehr). Die Entscheidung zur Einnahme muss also rasch getroffen werden.

Die so genannte *»Abtreibungspille«* enthält die hormonähnliche Substanz Mifepriston (früher: RU 486), die als Anti-Gestagen die Wirkung von Progesteron blockiert. Wenn eine Befruchtung stattgefunden und sich die befruchtete Eizelle im Uterus eingenistet hat, ist ihre Entwicklung von Progesteron abhängig. Blockiert man dessen Wirkung durch Mifepriston, wird die Schwangerschaft abgebrochen. Zusammen mit Prostaglandinen verabreicht, führt der Wirkstoff zur Abstoßung und Austreibung der befruchteten Eizelle samt Schleimhaut. Mifepriston ist seit 1999 in Deutschland zugelassen, darf aber nur in speziellen Kliniken und Arztpraxen angewandt bzw. abgegeben werden. Ein Vertrieb über Apotheken ist damit ausgeschlossen. Leider wird die Problematik von RU 486 häufig mit der allgemeinen Diskussion über die Abtreibung (§218) vermischt (Abb. 6). Aus medizinischer Sicht ist dies nicht besonders sinnvoll. Hat eine Frau die schwere Entscheidung für eine Abtreibung einmal getroffen, ist die Anwendung von Mifepriston möglicherweise weitaus schonender als

Abb. 6: Die Bombe.

das chirurgische Verfahren. Was immer man von der Abtreibung hält – Mifepriston hat mit dem Kern des Problems wenig zu tun.

Warum immer die Frau?

Das ideale Verhütungsmittel sollte preiswert, wirksam, sicher und dennoch reversibel, frei von Nebenwirkungen und von Mann und Frau gleichermaßen anwendbar sein. Wenn man von völliger Enthaltsamkeit einmal absieht, gibt es ein solches Mittel noch nicht. Gleichwohl existieren in den Forschungsabteilungen Ideen und Pläne, das ideale Verhütungsmittel zu entwickeln. Für Männer kam bisher außer dem Kondom nur die *Vasektomie* (Vasoresektion) in Frage. Dabei handelt es sich um die Entfernung eines 2–3 cm langen Stückes aus dem Samenleiter, d. h. um eine (beschränkt umkehrbare) Sterilisation. Oft wird das Fehlen einer »Pille für den Mann« bemängelt. Das Interesse an einer solchen »Pille« war allerdings lange Zeit nicht sehr groß. Mittlerweile hat sich das Bewusstsein vieler Männer geändert, so dass die Industrie beginnt, einen Markt zu sehen. Ansätze zielen auf eine Verhinderung der Spermienproduktion durch Hormone oder eine nicht hormonelle Blockade.

Die harte Tour

Bei der Steuerung der männlichen Sexualfunktionen spielen die *Androgene* die entscheidende Rolle; ihr bekanntester Vertreter ist das *Testosteron*. Injektionen von Testosteron hemmen die Freisetzung von FSH und LH (diese gibt es auch beim Mann), die für die ordnungsgemäße Spermienreifung wichtig sind. Da natürliches Testosteron sehr rasch in der Leber abgebaut wird, hat ein langlebigeres Derivat, *Testosteronenantat*, Eingang in klinische Tests gefunden. Es wird in einen Muskel injiziert und führt bei den meisten Männern zu einer Verminderung der Spermienzahl von 20 bis 200 Millionen/ml Ejakulat auf unter 3 Millionen. Um eine Schwangerschaft zuverlässig zu verhindern, reicht das noch nicht aus, aber schon heute lassen sich mit diesem Verfahren Pearl-Indizes von etwa 1,4 erreichen. Auch hier zeigt die Hormongabe unerwünschte Wirkungen: Die hohen Testosteronspiegel können Reizbarkeit, Störungen im Fettstoffwechsel und vermehrte Akne zur Folge haben. Ein weiterer Nachteil ist, dass die Injektionen in kurzen Abständen wiederholt werden müssen.

Zukunftsmusik? Die »Pille« für den Mann

In der Zukunft könnte auf den Packungen von oralen Kontrazeptiva für Männer *Testosteronundecanoat* zu lesen sein. Allerdings wird durch die Gabe eines Androgens allein die Spermienproduktion nicht zuverlässig genug gehemmt. Deshalb versucht man, ähnlich wie bei Kontrazeptiva für Frauen, das Androgen mit weiteren Substanzen zu kombinieren, z. B. mit Gestagenen. Wenn also in Zukunft Frauen und Männer die Waschzettel ihrer Kontrazeptiva vergleichen, entdecken vielleicht beide »alte Bekannte« wie *Levonorgestrel*, *Desogestrel* oder *Cyproteronacetat*. Die erste echte »Männerpille« (zweimal täglich einzunehmen) könnte zum Beispiel eine Kombination aus *Testosteronundecanoat* und *Cyproteronacetat* enthalten. Bis zur Marktreife müssen diese Medikamente aber noch viele Wirksamkeits- und Verträglichkeitsprüfungen überstehen.

Schon gegen Kinder geimpft?

Wird erfolgreich weiter geforscht, können wir einander diese Frage vielleicht ab 2020 stellen. Die Gabe von *Immunkontrazeptiva* wäre bei Frauen und Männern gleichermaßen wirksam. Die Idee dabei ist, dass der Organismus durch aktive Immunisierung (s. Kap. 9) Antikörper gegen bestimmte für die Fortpflanzung wichtige Proteine bildet. Die Antikörper könnten die Produktion von Hormonen hemmen oder so an Eizellen oder Spermien binden, dass die Befruchtung verhindert wird. Noch hören solche Antikörper auf wenig ansprechende Namen wie FA-1, FA-2, LDH-C_4, oder CS-1. Ob und wann sie zum Einsatz kommen, ist zur Zeit noch nicht absehbar. Die Forschung in diesem Bereich könnte möglicherweise auch als »Nebeneffekt« die Ursachen für die Kinderlosigkeit mancher Paare klären.

Zu guter Letzt ...

Für viele Frauen ist die »Pille« längst Teil ihres Alltags geworden. Sie hat ihnen durch die Entkopplung von Sexualität und Mutterschaft mehr Selbstbestimmung beschert und auch der Gesellschaft die Chance eröffnet, die Rolle der Sexualität neu zu definieren. Trotz dieser Fortschritte (okay, nicht alle sehen das so) sind die Kontrazeptiva in einer Beziehung dem guten alten Kondom unterlegen – sie bieten keinen Schutz gegen sexuell übertragbare Krankheiten.

Viele Männer waren froh, mit der »Pille« die Verantwortung für die Verhütung auf die Frauen abwälzen zu können. Dies könnte sich bald ändern, und dann werden sich auch die Frauen fragen müssen, ob sie einem Partner trauen können, der behauptet, er würde hormonell verhüten. Beiden Geschlechtern bleibt die Verpflichtung, sich ernsthafte Gedanken über das Geschenk des Lebens zu machen, während der Gesellschaft aufgetragen ist, Bedingungen zu schaffen, die es Paaren erleichtern, auch einmal nicht zu verhüten.

Wirkstoffe und Handelsnamen

Wirkstoff/Menge		Handelsname	Bemerkungen
Einphasenpräparate (Beispiele)			
Ethinylestradiol	20 µg	EVE® 20	Kontrazeptivum
Norethisteron	500 µg		
Ethinylestradiol	30 µg	Microgynon®	Kontrazeptivum
Levonorgestrel	150 µg		
Ethinylestradiol	30 µg	Minulet®	Kontrazeptivum
Gestoden	75 µg		
Zweiphasenpräparate (Beispiele)			
1. Ethinylestradiol	50 µg	Sequilar® 21	Kontrazeptivum
Levonorgestrel	50 µg (10×)		
2. Ethinylestradiol	30 µg		
Levonorgestrel	125 µg (11×)		
1. Ethinylestradiol	40 µg	Biviol®	Kontrazeptivum
Desogestrel	25 µg (7×)		
2. Ethinylestradiol	30 µg		
Desogestrel	125 µg (15×)		
Dreiphasenpräparate (Beispiele)			
1. Ethinylestradiol	35 µg	Pramino®	Kontrazeptivum
Norgestimat	180 µg (7×)		
2. Ethinylestradiol	35 µg		
Norgestimat	215 µg (7×)		
3. Ethinylestradiol	35 µg		
Norgestimat	250 µg (7×)		
1. Ethinylestradiol	30 µg	Trisiston®	Kontrazeptivum
Levonorgestrel	50 µg (6×)		
2. Ethinylestradiol	40 µg		
Levonorgestrel	75 µg (6×)		
3. Ethinylestradiol	30 µg		
Levonorgestrel	125 µg (9×)		
Levonorgestrel	30 µg	Microlut®	»Minipille« (Beispiel)
Etonogestrel		Implanon®	Dauerimplantat zur Kontrazeption

24
Für Haut und Haare
Kosmetika

Werner Berens

An Kreativität fehlt es der kosmetischen Industrie gewiss nicht. Es wird großer Forschungsaufwand betrieben, um immer wieder neue Produkte mit innovativem Inhalt auf den Markt zu bringen: körpereigenes Collagen, natürliche Fruchtöle, hautverwandtes Ceramid, Provitamin B_5 und viel Feuchtigkeit – alles mit dem Ziel, die natürlich alternde Haut wieder jung erscheinen zu lassen. Kosmetische Produkte bilden einen riesigen Markt, auf dem jedoch nicht alles Gold ist, was glänzt. Dieses Kapitel versucht zu ergründen, warum unsere Haut oft nicht den Vorstellungen ihres Trägers oder ihrer Trägerin entspricht und was man (frau) dagegen tun kann.

Nicht nur Fassade. Die Haut, anatomisch gesehen

Auch wenn man es nicht glauben mag – die Haut ist das größte und schwerste Organ des menschlichen Körpers. Sie hat bei Erwachsenen eine Oberfläche von 1,5–2 m² und macht etwa 15 % des Körpergewichts aus. Die Anatomen unterteilen die Haut in drei Schichten (Abb. 1) – die *Oberhaut* (Epidermis), die *Lederhaut* (Cutis oder Dermis) und die *Unterhaut* (Subcutis oder Hypodermis).

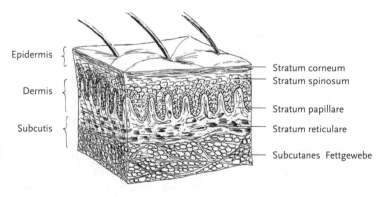

Abb. 1: Aufbau der Haut

Beginnen wir auf der Innenseite: Die am tiefsten gelegene Hautschicht, die *Unterhaut*, besteht zum größten Teil aus lockerem Bindegewebe, in das mehr oder weniger viele (manchmal auch zu viele) Fettzellen eingelagert sind. Die Subcutis ist an verschiedenen Stellen des Körpers unterschiedlich stark ausgeprägt. So finden wir z. B. an der Nase fast keine Unterhaut, am Po dagegen jede Menge. Das Unterhautfett dient als Wärmeisolierung, Fettspeicher für magere Zeiten und als Schutz vor Stößen. Außerdem sorgen die Fetteinlagerungen dafür, dass die Haut gespannt wird. Extrem magere Menschen wirken deshalb oft faltiger als etwas molligere. In der Unterhaut liegen neben diesen »Fettpölsterchen« Blut- und Lymphgefäße, Nerven, Schweißdrüsen und die unteren Teile der Haarwurzeln.

Die Unterhaut geht fließend in die *Lederhaut* über, eine Schicht, die hauptsächlich aus festem Bindegewebe besteht. Dieses wiederum ist aus collagenen, elastischen und retikulären Fasern aufgebaut, die in eine Wasser bindende Grundsubstanz eingebettet sind. Wegen ihrer Faserstruktur ist die Lederhaut für die Elastizität und Spannkraft der Haut insgesamt verantwortlich. Altersbedingte Hautveränderungen, z. B. Falten, gehen vor allem auf Veränderungen im Wasserbindevermögen der Cutis zurück. Collagene Fasern (sie bestehen aus dem Protein Collagen, → Zellen) unterliegen einem Alterungsprozess, bei dem durch zunehmende Vernetzung das Wasserbindevermögen abnimmt. Zudem können degenerierte Fasern nicht mehr nachgebildet werden. Die Haut erschlafft mehr und mehr und bildet schließlich Falten. Weitere Strukturen in der Lederhaut sind Blutgefäße, Nerven, Schweiß- und Talgdrüsen sowie Haarwurzeln.

Die sehr dünne *Oberhaut* (sie ist nur 0,1–0,2 mm dick) macht normalerweise nicht mehr als 10 % der Dicke der Lederhaut aus. Die Epidermis besitzt keine eigenen Blutgefäße und wird von der Lederhaut mitversorgt. In der Oberhaut sind Melanocyten und Immunzellen (so genannte Langerhans-Zellen) angesiedelt. Die *Melanocyten* produzieren den schwarz- oder rotbraunen Farbstoff *Melanin* und spielen deshalb für die Hautfarbe und die Bräunung der Haut bei Bestrahlung die entscheidende Rolle. Die *Langerhans-Zellen* sind so genannte antigenpräsentierende Zellen. Sie verschlingen eingedrungene Krankheitserreger und präsentieren Bruchstücke davon anderen Immunzellen, um die Immunabwehr in Gang zu setzen (→ Immunsystem). Die weitaus häufigsten Zellen der Oberhaut sind jedoch die *Keratinocyten*, die der Haut ihre eigentliche Struktur geben.

Wenn man es genau nehmen will, kann man die Oberhaut weiter unterteilen in eine *Hornschicht* (Stratum corneum), eine *Glanzschicht* (Stratum lucidum), eine *Körnerschicht* (Stratum granulosum) und eine *Keimschicht* (Stratum germinativum). In der Keimschicht werden durch Teilung ständig neue Keratinocyten gebildet. Sie durchwandern die Schichten der Oberhaut und verändern sich dabei. Wenn sie die Hornschicht erreicht haben, nennt man sie Corneocyten. Dieser Teil der Oberhaut wird schließlich in Form von Hautschüppchen abgeschilfert. Die beschriebene Zellwanderung (mit anderen Worten: die Regeneration der Haut) dauert etwa 30 Tage.

Kein Zutritt!

Der Hornschicht kommt die wichtige Rolle einer *Hautbarriere* zu. Die Corneocyten bilden zusammen mit einer Kittsubstanz zwischen den Zellen eine Art Ziegelmauer. Stabilisiert wird die Mauer durch die Keratinfasern in den Corneocyten und die wasserabweisenden Eigenschaften der Kittsubstanz, die größtenteils aus lamellenartig angeordneten Lipid-Doppelschichten mit eingelagertem Wasser besteht. Die Hautbarriere schützt den Körper vor dem Angriff von Wasser, Säuren und Laugen, nicht aber vor organischen Lösungsmitteln wie Benzin oder Nagellackentferner, die Lipide (fettartige Stoffe, → Zellen) aus der Kittsubstanz herauslösen. Ähnlich wirken sich auch Detergenzien (oberflächenaktive Substanzen) aus, wie sie in Geschirrspülmitteln, aber auch in flüssigen Seifen und Duschbädern vorkommen.

Zusätzlich wird die Haut durch eine weitere Schicht, den sogenannten *Hydrolipidfilm*, geschützt, der aus Lipiden aus der Kittsubstanz und der Talgdrüsen sowie aus Bestandteilen des Schweißes besteht. Der Hydrolipidfilm sorgt zusammen mit der Hornschicht dafür, dass die Haut feucht bleibt. Besonders wichtig sind dabei Aminosäuren, die beim Umbau der Keratinocyten zu Corneocyten freigesetzt werden, sowie Harnstoff und Salze aus dem Schweiß. Diese Komponenten sorgen dafür, dass die Wasserabgabe der Haut über die Verdunstung (0,5–0,8 L/Tag), die Speicherung von Feuchtigkeit und die Nachlieferung von Wasser aus den tieferen Hautschichten (die so genannte transepidermale Wasserabgabe) normalerweise im Gleichgewicht stehen. Mit zunehmendem Alter ändert sich allerdings die Zusammensetzung des Hydrolipidfilmes. Verringerte Talg- und Schweißdrüsenaktivität sorgen dann zusammen mit verminderter transepidermaler Wasserabgabe dafür, dass die Hornschicht austrocknet. Die Haut wird rau und rissig, die Hautbarrierefunktion ist gestört, Mikroorganismen können in die Haut eindringen und Entzündungen verursachen.

Eine ausgewogene Zusammensetzung des Hydrolipidfilms ist von entscheidender Bedeutung. Nicht nur Wassermangel und die damit verbundene raue Haut, sondern auch ein Zuviel an Feuchtigkeit, z. B. durch ein Überangebot an Wasser bindenden Substanzen verbunden mit dem Aufquellen der Hornschicht, beeinträchtigt die Barrierefunktion. Eine vermehrte Talgproduktion führt dagegen zu fettiger Haut, was eine vermehrte Besiedlung mit Keimen und die Ausbildung von »Mitessern« nach sich ziehen kann.

Ein intakter Hydrolipidmantel weist als weiteren Schutzmechanismus einen leicht sauren pH-Wert auf. pH-Werte von 5–5,5 sind optimal für die Besiedlung der Haut durch die »erwünschten« Oberflächenbakterien. Diese produzieren zum Teil Antibiotika und hindern dadurch andere, pathogene Bakterien an der Besiedlung der Haut (s. Kap. 4–6). An dieser Stelle kommen die Pflegeprodukte ins Spiel. Richtig angewandt, können sie einen wesentlichen Beitrag zum Erhalt bzw. zur Wiederherstellung des Hydrolipidfilmes der Haut leisten.

Wahre Schönheit kommt von innen

Im Laufe des Lebens ändert sich die Haut zunehmend. Bereits erwähnt wurden der Verlust von Wasser in der Hornschicht und die abnehmende Elastizität der Lederhaut. Zusätzlich regeneriert sich die Haut immer schlechter. Diese natürliche Alterung ist erblich bedingt und setzt früher oder später bei jedem von uns ein. Auch Kosmetika können sie nicht aufhalten. Auch die Ernährungsweise und bestimmte Risikofaktoren beeinflussen den Zeitpunkt, zu dem sich die Alterung der Haut erstmals bemerkbar macht. Das Royal Edinburgh Hospital in Schottland verglich in einer Studie 3000 Frauen, die um zehn Jahre jünger aussahen, als sie waren, mit einer Kontrollgruppe von Frauen, denen man ihr Alter ansah. Die »Junggebliebenen« ernährten sich ausgewogener, trieben mehr Sport, rauchten nicht, waren selten in der Sonne und reagierten auch auf Stress gelassener. Eine ausgewogene Ernährung mit vielen Vitaminen spielt also für den Zustand der Haut eine wichtige Rolle. Das ist nicht verwunderlich, denn die Haut wird ausschließlich über den Blutkreislauf mit Nährstoffen versorgt: Natürliche Schönheit kommt also wirklich von innen.

Die Basis bringt's

Vom dekorativen Aspekt einmal abgesehen, sollte die Aufgabe von Kosmetika darin bestehen, die Schutzfunktion der Haut zu erhalten bzw. wiederherzustellen. Zu den Kosmetika gehören laut Lebensmittel und Bedarfsgegenständegesetz (LMBG)
- dekorative Kosmetika (Lippenstift, Make-up usw.) und
- Pflegemittel (Duschbäder, Cremes, Deos usw.).

Das Wichtigste ist dabei die *Grundlage* der Produkte, auch als Basis bezeichnet. Mit 80 % macht sie sowohl mengenmäßig als auch hinsichtlich der Produktleistung den Hauptanteil aller Kosmetika aus. Für *Emulsionen* (Lotionen und Cremes) werden als Grundlage Wasser, Öle, Wachse und Emulgatoren verwendet, für *Shampoos* oder *Duschgele* Wasser, Tenside und Verdicker. Die restlichen 20 % der Produktleistung entfallen auf die eigentlichen *Wirkstoffe*. Zu dieser zweiten Kategorie zählen unter anderem Befeuchtungs- und Lichtschutzmittel sowie Vitamine.

Als letzte Stoffklasse sind *Hilfs-* und *Duftstoffe* zu nennen. Hilfsstoffe sind für die Stabilität einer kosmetischen Zubereitung verantwortlich. Zu dieser Gruppe gehören z. B. die Konservierungsstoffe und Antioxidanzien. Duftstoffe spielen für die Pflege überhaupt keine Rolle, aber die Nase kauft eben mit.

Der Staat denkt mit

Der Anwendungsspielraum für Kosmetika und Pflegeprodukte ist eng. Das ergibt sich schon aus den gesetzlichen Auflagen. Zum einen dürfen Kosmetika nur äußerlich angewendet werden und müssen gesundheitlich unbedenklich sein. Deshalb beurteilen Dermatologen und Toxikologen alle Produkte, die in die Hände der Verbraucher gelangen sollen. Außerdem regelt eine vom Gesetzgeber herausgegebene Liste (Anhang zum LMBV), welche Zusatzstoffe in kosmetischen Produkten verwendet werden dürfen und bis zu welchen Höchstkonzentrationen.

So ist beispielsweise der Einsatz von Farbstoffen, Konservierungsmitteln und Lichtschutzfiltern gesetzlich über eine Positivliste geregelt.

Zum anderen sind Kosmetika und Pflegemittel keine Heilmittel, d. h. sie dürfen keine Stoffe enthalten, die über die Haut in den Körper aufgenommen werden und in die Blutbahn gelangen (→ Pharmakokinetik). Sind resorbierbare Inhaltsstoffe vorhanden, gelten die Produkte als Arzneimittel und müssen dann noch ausgiebigeren Tests unterzogen werden (s. Kap. 28). Allein aus diesen Vorgaben folgt, dass die in der Werbung vollmundig angepriesenen Wirkstoffe meist nur eine beschränkte Wirkung entfalten können.

Sauber und gepflegt?

Hautreinigung und Hautpflege sind Begriffe, die eigentlich Gegenpole darstellen. Seifen, Syndets (synthetische »Seifen«) und Duschbäder enthalten als reinigende Mittel so genannte *Tenside* (Detergenzien), d. h. Verbindungen, die zwischen fetthaltigem Schmutz und dem Wasser als polarem Lösungsmittel vermitteln. Tenside benetzen Wasser abweisende Schmutzpartikel und machen sie so abwaschbar. Um diese Funktion erfüllen können, bestehen Tensidmoleküle aus einem polaren Anteil, der dem Wasser zugewandt ist, und einem unpolaren Anteil, der an den Schmutz bindet – sie haben *amphipathische Eigenschaften*. Das Problem mit Tensiden ist, dass sie auch körpereigene Fette aus dem Hydrolipidmantel und der Kittsubstanz herauslösen und dadurch die Hautbarriere schädigen. Echte Seifen haben einen weiteren Nachteil: Sie reagieren alkalisch und beeinträchtigen dadurch den Säureschutzmantel der Haut.

Um die Folgen der Tensidanwendung zu mildern, gibt es Lotionen und Cremes, die nach der Körperreinigung die sogenannte *Rückfettung* der Haut bewirken sollen. Zwischen den Seifen auf der einen und Cremes bzw. Lotionen auf der anderen Seite sind Cremeseifen/Cremeduschbäder angesiedelt, die neben Tensiden auch einen

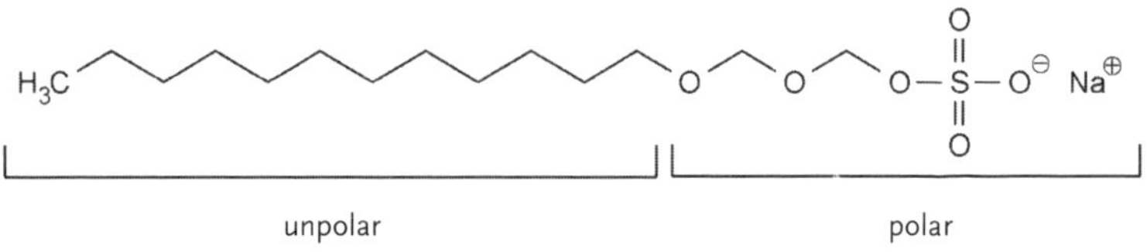

Abb. 2: Sodium Laureth Sulfate, ein häufig verwendetes Tensid.

gewissen Anteil an rückfettenden Substanzen enthalten. Dieser Anteil reicht aber meist nicht aus, um die schädigende Wirkung der Tenside vollständig auszugleichen.

Voll fett

In der Hautpflege unterscheidet man drei Arten von Produkt-Grundlagen. Eine Grundlage auf Wasserbasis, die in Lotionen oder Hautmilch Verwendung findet, wird als *Öl-in-Wasser- (O/W)-Emulsion* bezeichnet, während man bei einer Grundlage auf Fett- bzw. Ölbasis, die für Cremes eingesetzt wird, von einer *Wasser-in-Öl- (W/O)-Emulsion* spricht. Daneben gibt es noch so genannte *Hydrogele*, bei denen in eine netzartige Grundlage Wasser eingelagert ist.

In Emulsionen benötigt man als zusätzliche Bestandteile *Emulgatoren*. Sie sorgen dafür, dass die Rezeptur langfristig stabil bleibt und sich Öl- und Wasserphase nicht trennen. Vom Aufbau her sind Emulgatoren mit einem polaren und einem lipophilen Anteil den Tensiden ähnlich. Die in der Lipidphase eingesetzten Stoffe sollten dabei nach Möglichkeit den Hautfetten ähneln. Diese bestehen aus freien Fettsäuren, Fetten, Cholesterin und seinen Estern, Wachsen, Kohlenwasserstoffen und Steroiden. Als Bestandteile der Lipidphase besonders gut geeignet sind tierische Fette wie Rindertalg oder das Wollwachs Lanolin. Oft setzt man aber Mineralöle wie Paraffinöl ein, die aus Rückständen der Erdolverarbeitung gewonnen werden und damit billig sind. Sie können zu einer Belastung für die Haut werden, wenn sie okklusiv (versiegelnd) wirken.

Schließlich gibt es Siliconöle, vollsynthetisch hergestellte Produkte, deren Eigenschaften der Chemiker beliebig den Ansprüchen verschiedener Präparate anpassen kann und die einen im Vergleich zu den Mineralölen höheren Pflegewert besitzen. Da sie biologisch kaum abbaubar sind, ist ihr Einsatz allerdings vom ökologischen Standpunkt aus bedenklich.

Gute Hautpflegeeigenschaften besitzen auch pflanzliche Öle wie Avocado-, Mandel- oder Olivenöl und Wachse wie Bienenwachs und Jojobaöl, welches trotz seines Namens kein Öl, sondern ein flüssiges Wachs ist. In diesen Substanzen sind schon natürlicherweise Vitamine und andere Wirkstoffe enthalten.

Neben der rückfettenden Lipidphase sind die Wasser bindenden Bestandteile der Pflegemittel besonders wichtig. Sie werden als

Feuchthaltemittel (»Humectant«, »Moisturizer«) eingesetzt. Zu dieser Gruppe zählen die mehrwertigen Alkohole Glycerin und Sorbit sowie natürlich auf der Haut vorkommende Aminosäuren und Harnstoff. Daneben werden Hyaluronsäure, Collagene, Elastin, Seidenkokon-, Aloe-Vera- und Algenextrakte als Moisturizer verwendet. Das aus Häuten, Sehnen und Knochen gewonnene Collagen und auch das Bindegewebsprotein Elastin werden in ihrer Wirksamkeit häufig überschätzt. Da sie als Makromoleküle nicht in die Haut eindringen können, haben sie auf das Bindegewebe der tieferen Schichten keine direkte Wirkung.

Öfter mal was Neues

Obwohl die kosmetische Industrie in ihren Pflegemitteln eine ganze Batterie von Wirkstoffen einsetzt, bleibt häufig unklar, wie diese genau wirken. Bei einem Pflanzenextrakt mit mehreren hundert Inhaltsstoffen ist es kaum möglich, einen Effekt einem bestimmten Bestandteil zuzuschreiben. Anders sieht es aus, wenn Einzelstoffe eingesetzt werden. So dient das fettlösliche Vitamin A (Retinol) einer verbesserten Regeneration der Haut. Das ebenfalls fettlösliche Vitamin E (α-Tocopherol) schützt die Haut vor licht- und sauerstoffbedingten Oxidationsprozessen. Im Verlauf solcher Vorgänge, die vor allem durch UV-Licht ausgelöst werden, entstehen so genannte Radikale, die Hautlipide oxidieren, wodurch diese ihre Schutzfunktion ganz oder teilweise verlieren. Vitamin E ist ein natürliches Antioxidans, das durch UV-Licht entstandene Radikale abfängt, bevor sie Schaden anrichten können.

Häufig wird propagiert, Wirkstoffe könnten besser zu ihrem Wirkort in der Haut gelangen, wenn sie in Vehikel (*Liposomen*) verpackt sind. Liposomen sind kleine, wassergefüllte Lipidbläschen. Je nach Hersteller haben sie unterschiedliche Namen (Liposomen, Nanosomen, Nanosphären etc.) und unterscheiden sich in Aufbau, Größe und Inhalt. Ob diese Partikel die Wirkstoffe tatsächlich immer in tiefere Hautschichten transportieren, ist fraglich. Mit Liposomen geeigneter Zusammensetzung lässt sich jedoch ein guter Pflegewert erzielen.

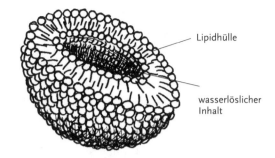

Abb. 3: Schnitt durch ein Liposom.

Ein ganz besond'rer Duft

Jeder Mensch hat einen eigenen mehr oder weniger starken Körpergeruch, der von der Nahrung (Knoblauch etc.) und vom Gesundheitszustand beeinflusst wird. Unangenehmer Körpergeruch entsteht aber vor allem durch die Zersetzung von Schweiß, Hautfetten und anderen Hautbestandteilen. Begünstigt wird die Zersetzung durch Hautbakterien, Feuchtigkeit, Wärme, Luftabschluss und alkalisches Milieu. Zu den Zersetzungsprodukten zählen unter anderem stark riechende kurzkettige Fettsäuren mit vier bis zehn Kohlenstoffatomen (z. B. Buttersäure), Ammoniak, Schwefelwasserstoff, Mercaptane (Thioalkohole) und weitere schwefelhaltige Verbindungen. Verstärkt gebildet werden solche Verbindungen in den Regionen der so genannten apokrinen Schweißdrüsen (Brustgegend, Achselhöhlen, Genital- und Analgegend). Diese Drüsen produzieren einen besonders trüben, fett- und eiweißhaltigen Schweiß.

Zur Bekämpfung dieser unerwünschten Geruchsbildung unterscheidet man *Deodorants* und *Antitranspiranzien*. In Körperpflegeprodukten werden meist beide als Gemisch eingesetzt. Deodorants sollen den unangenehmen Geruch durch »Gegendüfte« überdecken, ihn binden oder ihn bereits vor seiner Entstehung verhindern. Andere Deodorants sind in der Lage, Schweiß- und Körpergeruch zu überdecken, indem sie ihn sozusagen in die eigene Duftkomposition »einbauen«. Eine weitere Möglichkeit ist die Verwendung keimhemmender Parfumöle (z. B. Citral, Nelkenöl). Sie wirken bakteriostatisch, d. h. sie verlangsamen das Wachstum der Hautbakterien. Eine bakterizide (keimtötende) Wirkung ist nicht erwünscht, damit die schützende hauteigene Bakterienflora nicht gefährdet wird. Zusätzlich kommen Hemmstoffe gegen Enzyme zum Einsatz, die an der

Schweißzersetzung beteiligt sind. Ihr Vorteil besteht darin, dass die Bakterienflora der Haut nicht angetastet wird.

Antitranspiranzien sind schweißhemmende Mittel, mit deren Hilfe die Schweißproduktion um 20–40 % gesenkt werden kann. Sie erzielen ihre Wirkung durch Adstringenzien (zusammenziehende Mittel), die Eiweißstoffe denaturieren und so die Ausgänge der Schweißdrüsen verengen. Außerdem wirken sie dem in den Ausführungsgängen der Schweißdrüsen bestehenden Spannungsgefälle (negative Ladung am Ausgang) entgegen, das für den Schweißtransport entscheidend ist. Häufig eingesetzt werden schwach sauer reagierende Aluminiumsalze wie $Al_2(OH)_5Cl$ (Aluminiumhydroxidchlorid), denen neben dem antitranspiranten auch ein desodorierender Effekt zugeschrieben wird. Zusätzlich wirken sie schwach antimikrobiell und enzymhemmend. Wichtiger ist allerdings ihre neutralisierende Wirkung, die basische Zersetzungsprodukte wie Ammoniak in geruchlose Salze umwandelt.

Bei der Verwendung von Antitranspiranzien ist Vorsicht geboten. Sie sollten nach Möglichkeit nur einmal täglich aufgetragen werden, weil sich sonst die Ausführgänge der Schweißdrüsen entzünden können. Außerdem sollte man Deodorants und Antitranspiranzien nie auf bereits entzündete oder gereizte Hautstellen aufbringen.

Das Beste am Mann?

Bekanntlich unterscheidet man zwei Arten von Rasuren, die Nassrasur mit Messer oder Klinge und die Trockenrasur mit den schnell rotierenden Messern eines elektrischen Rasierapparates. Eine Vorbehandlung der Haut ist bei der Trockenrasur in der Regel nicht erforderlich. Bei der Nassrasur hingegen müssen die Barthaare zunächst aufgeweicht werden. Dieses erreicht man durch *Rasierseifen, -cremes und -schäume*, deren Bestandteile den Fettfilm auf den Barthaaren entfernen und die Haare, die zum größten Teil aus hartem Keratin bestehen, aufquellen lassen. Genau wie in anderen Pflegeprodukten sind auch hier Rückfetter und Feuchthaltemittel enthalten. Zum Verschluss von kleineren Wunden nach der Rasur dienen *Rasiersteine*. Sie bestehen hauptsächlich aus geschmolzenem Kaliumaluminiumsulfat (Alaun) oder Aluminiumsulfat. Diese Substanzen denaturieren das Gewebeeiweiß und unterstützen so die Blutgerinnung (s. Kap. 12).

Weil sich bei der Rasur eine mehr oder weniger starke Hautreizung und eine Schädigung der obersten Hautschicht nie ganz vermeiden lässt, gibt es *After-Shave-Präparate*. Sie wirken hautpflegend, sollen die Hautreizung mildern, den über Rasierseifen angegriffenen Säuremantel wiederherstellen, rückfetten, die Bakterienzahl vermindern und erfrischen. Hohe Alkoholgehalte in After-Shave-Lotionen bewirken eine Kühlung der Haut. Gleichzeitig verschließt der Alkohol kleine Verletzungen und desinfiziert sie. Für trockene und empfindliche Haut gibt es auch alkoholfreie Produkte. Zusätzlich werden Heilpflanzenextrakte zur Entzündungshemmung, Aluminiumsalze, schwache Säuren zur Wiederherstellung des Säuremantels, Rückfetter, Feuchthaltemittel und Mittel zur Verstärkung des Kühlungseffektes verwendet (z. B. Menthol und Campher).

Guter Rat beim Sonnenbad

Die meisten Mitmenschen außerhalb Europas und seiner Dependancen haben wenig Verständnis für unsere Sucht, uns ohne Not stundenlang der prallen Sonne auszusetzen. Vom medizinischen Standpunkt aus haben sie Recht. Das Sonnenlicht umfasst ein breites Spektrum elektromagnetischer Strahlung, von dem wir nur ein schmales Band mit Wellenlängen von 400–800 nm (1 nm = 10^{-9} m) sehen können. Etwas längere Wellen gehören zur Wärme- oder Infrarotstrahlung (IR), während die kurzwelligere und damit energiereichere Strahlung von 200–400 nm den Ultraviolett-Bereich (UV) bildet. Der UV-Bereich lässt sich weiter aufspalten in UV-A (320–400 nm), UV-B (280–320 nm) und UV-C (200–280 nm). Als Regel kann man sich merken: Je kurzwelliger das Licht ist, desto mehr schädigt es die Haut.

Die UV-C-Strahlung wird zum Glück komplett von der Ozonschicht der Atmosphäre zurückgehalten; sie würde unsere Haut erheblich schädigen. Künstliches UV-C wird sogar zu Sterilisationszwecken eingesetzt. Auch UV-B-Strahlung, der Hauptverursacher von Sonnenbrand, wird zum größten Teil von der Ozonschicht absorbiert. Der UV-A-Anteil des Sonnenlichts trägt wegen seiner geringeren Energie nur wenig zum Sonnenbrand bei, obwohl er bis zu 20-mal intensiver ist als der UV-B-Anteil. Trotzdem wird angenommen, dass UV-A-Strahlung ursächlich an der Entstehung von Hautkrebs und an der Hautalterung beteiligt ist. Im Gegensatz zum UV-B

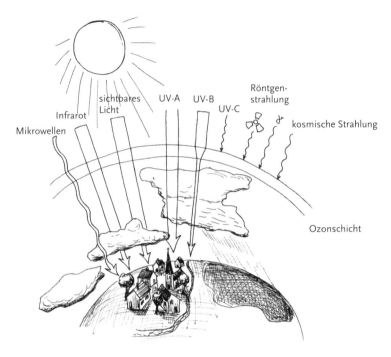

Abb. 4: Durchlässigkeit der Atmosphäre für elektromagnetische Strahlung.

dringt UV-A nämlich bis in die Lederhaut vor und kann dort Collagen- und andere Bindegewebsfasern angreifen. Die UV-Strahlung hat aber auch positive Seiten – wie immer kommt es auf die richtige (niedrige) Dosis an. Ein gewisses Maß an UV-Strahlung steigert das Wohlbefinden und die Leistungsfähigkeit und regt die Vitamin-D-Synthese an (dies ist für den Calciumhaushalt des Körpers von Bedeutung). Gleichzeitig baut sich ein natürlicher Strahlungsschutz auf. Dazu zählen die *Bräunung* (Synthese des braunen Farbstoffs Melanin), die Verdickung der Hornschicht (Lichtschwiele) und die Synthese des natürlichen Sonnenschutzmittels Urocansäure.

Neben diesen Mechanismen sind in der Haut zwei weitere *Schutzsysteme* gegen UV-Strahlung aktiv, das Antioxidans-Schutzsystem, das die durch UV-Strahlung entstehenden Radikale unschädlich macht, und ein Schutzsystem für die Erbsubstanz (DNA). Die DNA (→ Zellen) im Kern von Hautzellen wird ständig durch UV-Strahlung geschädigt. Zelleigene Reparaturmechanismen sorgen dafür, dass sich keine Fehler anhäufen, die zu Hautkrebs führen können. Besonders wichtig ist dies für die Keratinocyten der Keimschicht, die sich sehr häufig teilen. Bei chronischer UV-Bestrahlung und vor allem nach wiederholten Sonnenbränden stoßen unsere Reparatursysteme allerdings rasch an ihre Grenzen.

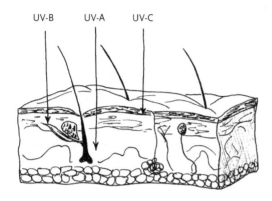

Abb. 5: Eindringtiefe von UV-Strahlen.

Die wirksamste Methode zur Vermeidung von frühzeitiger Hautalterung und Hautkrebs ist auch die einfachste: Gehen Sie nicht zu viel in die Sonne (oder auf die Sonnenbank). Wenn Sie es trotzdem nicht lassen können oder wollen, benutzen Sie *Sonnenschutzmittel*. Ihre Wirkung beruht auf Lichtschutzstoffen, die die UV-Strahlung entweder absorbieren oder reflektieren.

Organische UV-Filter (z. B. Octylmethoxyzimtsäure) absorbieren die energiereiche UV-Strahlung und wandeln sie in längerwellige und damit energieärmere Strahlung um. Dies geht nicht spurlos an den Filtern vorbei. Früher oder später werden sie durch die Lichtabsorption photochemisch verändert. Sie verlieren dann an Schutzwirkung und können zu Allergien führen. Gute Filtersubstanzen müssen sich deshalb durch eine hohe Photostabilität auszeichnen.

Anorganische Pigmente wie Titandioxid (TiO_2) und Zinkoxid (ZnO) werden in Sonnenschutzmitteln in fein verteilter Form als so genannte Mikropigmente eingesetzt. Sie ergänzen die Wirkung von UV-Filtern, indem sie einen Teil der UV-Strahlung reflektieren. Ihre Mengen in Sonnenschutzmitteln sind begrenzt, denn sie beeinflussen als nicht lösliche Bestandteile das Streichverhalten des Mittels und legen sich als mehr oder weniger gut sichtbare Schicht auf die Haut. Lösliche UV-Filter ziehen dagegen in die Haut ein.

Wie hoch ist Ihr LSF?

Wie wirksam ist nun eine Sonnencreme? Eine Aussage darüber trifft der so genannte Lichtschutzfaktor (LSF). Er gibt an, um welchen Zeitfaktor Sie ein Sonnenbad im Vergleich zum ungeschützten Zustand verlängern können, ohne sich einen Sonnenbrand zuzuziehen. Doch Vorsicht: Der LSF bezieht sich prinzipiell nur auf den Schutz vor einem Sonnenbrand, also vor der UV-B-Strahlung. Ob UV-A-Filter in diesem Zusammenhag überhaupt eine Rolle spielen, bleibt unklar. Um auf der sicheren Seite zu sein, sollte man deshalb den LSF nicht ausschöpfen oder von vornherein einen höheren LSF verwenden. Ein LSF über 30 ist nicht unbedingt sinnvoll. Die Lichtschutzwirkung erhöht bei noch höheren Werten nur noch unwesentlich, während die Wahrscheinlichkeit von phototoxischen Reaktionen auf der Haut wegen der höheren Wirkstoffkonzentration deutlich zunimmt.

Hauptsache: Haare und Haarpflege

Mit Ausnahme der Handinnenflächen, Fußsohlen und Lippen ist die gesamte Körperoberfläche mit Haaren bedeckt. Unterschieden werden zwei Arten von Behaarung, die flaumartige Körperbehaarung – das Vellushaar – und das dickere, gut sichtbare Terminalhaar von Kopf, Achseln und Schambereich. Im Alter bilden sich viele Terminalhaare, besonders die des Kopfes, wieder zu Vellushaaren zurück. Eine weitere altersbedingte Veränderung ist der Verlust von Kopfhaaren. Die Gesamtzahl der Kopfhaare liegt zwischen 90 000 und 150 000, wobei die Haardichte etwa 200 pro cm^2 beträgt.

Das Haar wird in sogenannten Follikeln (Haarwurzeln) innerhalb der Haut gebildet (Abb. 5) . Es ist zwischen 0,04 und 0,12 mm dick und besteht aus verschiedenen Schichten. Die äußerste Schicht ist die Schuppenschicht (Cuticula). Sie wird aus sieben fest miteinander verklebten Lagen abgestorbener Zellen gebildet und gibt dem Haar seine optischen Eigenschaften wie z. B. den Glanz. Die nächst tiefere Schicht ist die Faserschicht, die für die hohe Zugfestigkeit des Haares verantwortlich ist und ihm durch die eingelagerten Pigmentkörnchen seine Farbe verleiht. Die Fasern bestehen vor allem aus *Keratin*, einem Protein, das besonders reich an der schwefelhaltigen Aminosäure Cystein ist (→ Zellen). Im Zentrum des Haares befindet sich das

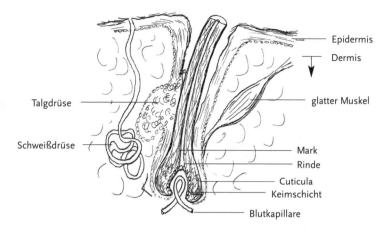

Abb. 6: Haarwurzeln und Hautdrüsen.

Mark, dessen Funktion nicht genau bekannt ist. Um es gleich hier zu betonen: Nur in der Haarwurzel gibt es lebende Zellen. Alles, was aus der Haut herausragt, ist totes Material, das sich durch kein Mittel der Welt »revitalisieren« lässt. »Gesundes« Haar (soweit etwas Totes gesund sein kann) hat eine Cuticula, die glatt ist und fest an der Faserschicht haftet. Bei rauem und trockenem Haar ist diese Schicht geschädigt, und von »Spliss« spricht man, wenn durch vollständige Ablösung der Cuticula an den Haarenden die Faserschicht frei liegt.

Glänzende Idee

Ein *Shampoo* ähnelt einem Duschbad, enthält aber zusätzliche haarpflegende Inhaltsstoffe. Neben der Grundlage (Basis) und rückfettenden Substanzen werden vor allem *Conditioner* (Konditionierungsmittel) eingesetzt. Indem sie dem Haar Glanz verleihen, verhindern sie, dass das Haar nach dem Waschen durch die Wirkung der Tenside stumpf wirkt. Sie bilden über positiv geladene Gruppen eine Art Film auf der negativ geladenen Haaroberfläche. Dieser Film hat den zusätzlichen Vorteil, dass sich das Haar leichter kämmen lässt und sich im trockenen Zustand weniger stark elektrisch auflädt. Auf dem Markt gibt es eine ganze Reihe konditionierender Wirkstoffe, darunter Mineralöle, synthetische Öle, pflanzliche und tierische Öle und Fette, aber auch Proteine oder Fruchtwachse. Conditioner sind auch die Hauptkomponenten von *Spülungen, Kuren, Packungen* und dergleichen. Was immer die Werbung behauptet – Conditioner können Haarschäden wie Spliss nur überdecken, nicht aber reparieren. Man kann geschädigtes Haar mit einem rissigen Kletterseil vergleichen. Durch eine Siliconschicht ließe es sich äußerlich glätten und sähe dann auch besser aus. Seine alte Zugfestigkeit würde es dadurch aber nicht mehr erreichen.

Shampoos werden heute für die verschiedensten Einsatzbereiche hergestellt. Neben Shampoos für trockenes oder rasch fettendes Haar (wegen zu geringer bzw. zu hoher Aktivität der Talgdrüsen) gibt es Produkte, die gegen Schuppen helfen sollen. Diesen Shampoos sind Wirkstoffe zugefügt, die Kopfhautschuppen lösen, die Neubildung von Schuppen verlangsamen und das Wachstum von Mikroorganismen hemmen, die für den Juckreiz auf der Kopfhaut verantwortlich sind.

Einige Kosmetikhersteller vertreiben Haarpflegeprodukte, die zur Kräftigung des Haares und zur Förderung des Wachstums Keratin enthalten. So schön das klingt – Keratin (ein Makromolekül aus zahlreichen Aminosäuren) kann von außen nicht in die Faserschicht gelangen. Würde man es einnehmen, könnte es nicht verdaut werden und bliebe ebenfalls wirkungslos. Auch die Zellen der Haarfollikel sind an fertigem Keratin nicht interessiert. Sie synthetisieren das Protein aus Aminosäuren, die im Blut reichlich vorhanden sind.

Und tschüss ...

Jedes Haar hat eine Lebensgeschichte. Kopfhaar wächst normalerweise fünf bis sieben Jahre lang (um ca. 1 cm im Monat), danach bildet sich der Haarfollikel zurück und verharrt drei bis neun Monate lang in Ruhe. Anschließend wird ein neues Haar angelegt, das das alte verdrängt. Auf diese Weise fallen natürlicherweise 50 bis 100 Haare pro Tag aus.

Bei jedem dritten Mann verstärkt sich der Haarausfall schon in jungen Jahren, bei jedem zweiten später im Leben. Der frühzeitige Haarverlust ist meist erblich bedingt und beruht auf dem Einfluss männlicher Sexualhormone (Androgene, → Signalstoffe) auf besondere Steuerungszellen am Grunde der Haarwurzel. Entscheidend ist dabei nicht die Hormonmenge, sondern die Empfindlichkeit der Steuerzellen auf die Androgene, welche auch vererbt wird. Durch Androgene werden die Steuerzellen dazu veranlasst, weniger Wachstumsfaktoren zu bilden. Dies verlängert die Ruhephase, und das Haar wird innerhalb eines Zyklus nicht mehr so dick. Das Ganze wiederholt sich über mehrere Zyklen, bis das Haar ganz dünn (Flaumhaar) und schließlich gar nicht mehr nachgebildet wird.

Auf dem Markt gibt es eine Reihe von Produkten, die die Glatzenbildung stoppen sollen. Sie enthalten eine ganze Palette von unterschiedlichen Wirkstoffen und haben eines gemeinsam: Ihre Wirkung ist, wenn überhaupt vorhanden, sehr gering. Am wirksamsten sind noch Präparate, die durch weibliche Hormone die Androgenwirkung herabsetzen. Ihre Attraktivität wird allerdings durch mögliche Nebenwirkungen wie Brustvergrößerung und Impotenz deutlich beeinträchtigt. Künstliches Haar, Toupets, Eigenhaartransplantationen und Kunsthaarimplantationen sind effektive Methoden, um eine Glatze zu verbergen. Die beste Lösung ist gleichzeitig auch die einfachste und preiswerteste: Mut zur Glatze!

Die Kehrseite: Hautreizung und Allergien

Bei der Anwendung von Kosmetika sind unerwünschte Nebenwirkungen nicht selten. Sie beginnen mit leichten Hautirritationen und reichen über phototoxische Reaktionen bis zu schweren Kontaktallergien (s. Kap. 16). Genauso breit ist das Spektrum der allergenen Stoffe. Die Hitliste der Kontaktallergene wird angeführt vom Metall Nickel, das in vielen Augen-Make-up-Produkten eingesetzt wird. Vordere Plätze belegen auch verschiedene (eigentlich überflüssige) Duftstoffe und bestimmte Konservierungsmittel. Durchaus nicht alle Allergene sind synthetisch, auch Naturstoffe wie ätherische Öle gehören dazu. Ob ein Stoff allergen wirkt oder nicht, lässt sich kaum vorhersehen. Prinzipiell kann jeder Stoff zum Allergen werden. Phototoxische Reaktionen treten nicht nur im Zusammenhang mit UV-Filtern auf, auch viele weitere Stoffe, darunter Parfumöle und Konservierungsmittel, werden durch UV-Licht verändert. So hinterlässt Bergamotteöl unter UV-Einfluss braune Flecken auf der Haut.

Hautirritationen wie Mitesser oder akneähnliche Ekzeme weisen auf eine empfindliche Haut und/oder auf die Verwendung falscher Produkte hin. Empfindliche Menschen sollten nach Möglichkeit zu hautverträglichen Zusammensetzungen greifen, die keine bekanntermaßen allergen wirkenden Stoffe enthalten. Mittlerweile gibt es eine ganze Reihe von Pflegeprodukten, bei denen dies weit gehend verwirklicht ist. Sie tragen meist den Hinweis »hypoallergen«.

25

Natürlich natürlich?
Sinn und Unsinn von Naturheilmitteln

Karolin Stegmann

Die Natur hat Konjunktur in unserer hochtechnisierten Welt. Alles ist »Bio«: der Joghurt mit speziellen Bakterien, die pflanzengefärbte Naturfaser-Hose und das Kinderspielzeug aus unbehandeltem Holz. Auch bei der Behandlung von Krankheiten geht der Trend zu »natürlichen« Mitteln. Immer mehr Menschen nutzen »alternative« Verfahren, von Kräuterheilkunde und Aromatherapie, Homöopathie und Akupunktur bis zu Ayurveda und Zen-Meditation. Alternative Heilmethoden sind auf dem Vormarsch. Während einerseits immer mehr Menschen mit Überzeugung Alternativmedizin verwenden, wird sie von anderen strikt abgelehnt. Der Streit der beiden Parteien ist oft heftig und emotionsgeladen und nur langsam findet eine Annäherung statt. Eine abwägende, vorurteilsfreie Haltung irgendwo zwischen der oft allzu arroganten oder sogar ignoranten Haltung der Schulmedizin einerseits und der unkritischen Gläubigkeit der »Alternativen« andererseits ist selten und Kritik von beiden Seiten ausgesetzt. Ziel dieses Kapitel ist es, die Naturheilmittel anhand von Beispielen zu erläutern und aus naturwissenschaftlicher Sicht zu beleuchten.

Die Schule und die Alternativen

»Alternativ« sind alle Methoden, die nicht Teil der Schulmedizin sind. Der Begriff »Schulmedizin« war ursprünglich abwertend gemeint. Er wurde Ende des 19. Jahrhunderts von Homöopathen geprägt, die sich (schon damals!) in einem heftigen ideologischen Streit mit der offiziellen Medizin befanden. Heute hat der Begriff immer noch einen leicht diskriminierenden Beigeschmack, wird aber meist neutral für die allgemein anerkannte und an den Hochschulen gelehrte Medizin gebraucht. In diesem Sinne ist die Bezeichnung »Schulmedizin« eher als Auszeichnung zu verstehen. Sie bezeichnet eine Medizin, die auf wissenschaftlichen Prinzipien beruht und deren Wirksamkeit nachgewiesen ist. Ihr haben wir die überwältigenden medizinischen Erfolge der jüngeren Vergangenheit zu verdanken.

Die Schulmedizin ist kein unveränderliches, starres Gebäude. Sie entwickelt sich ständig weiter. So kann es durchaus vorkommen, dass frühere Außenseitermethoden im Lauf der Zeit in die Schulmedizin übernommen werden. Ein Beispiel ist die *Chirotherapie*, bei der Störungen des Bewegungsapparates, insbesondere der Wirbelsäule, mit den Händen behandelt werden. Bis in die 1970er Jahre galt sie als typische Außenseitermethode und wurde von der Schulmedizin abgelehnt. Inzwischen hat sie sich bewährt und man hat eine wissenschaftliche Erklärung für ihre Wirksamkeit entwickelt. Bei der Übernahme in die Schulmedizin gab man der Chirotherapie allerdings einen neuen Namen: Sie heißt jetzt »Manuelle Medizin« und statt von »einrenken« spricht man von »manipulieren«.

Ebenso wie die Schulmedizin im Lauf der Zeit einzelne Außenseitermethoden übernimmt, gibt sie umgekehrt Methoden auf, die ihr nicht mehr sinnvoll erscheinen. So waren Aderlass und Schröpfen jahrhundertelang wichtige Verfahren der Schulmedizin. Sie beruhten auf der antiken Säftelehre, die alle Krankheiten auf ein Ungleichgewicht zwischen den vier postulierten Körpersäften (Blut, Schleim, gelbe und schwarze Galle) zurückführte. Im 19. Jahrhundert brach die Medizin vollständig mit dieser Theorie. Das Schröpfen ist heute mit Ausnahme weniger Krankheiten zu einer Außenseitermethode geworden.

Der Blick in die Geschichte macht also klar: Was wir heute unter Schulmedizin verstehen, ist nicht das Gleiche wie vor hundert Jahren. Natürlich vollzieht sich der Wandel nur langsam, denn die Medizin ist – wie jede Wissenschaft – zunächst einmal kritisch allem Neuen

Naturheilkunde
Lehre von den Naturheilmitteln und Naturheilverfahren

Naturheilmittel
Stoffe und Prozesse aus der natürlichen Umwelt, die zur Therapie eingesetzt werden, z. B. Heilpflanzen, Wärme, Wasser.

Naturheilverfahren
Therapie mit Naturheilmitteln

Abb. 1: Zur Definition.

gegenüber. Erst nach sorgfältiger Prüfung und nach Klärung seiner theoretischen Grundlage kann ein Verfahren in die Schulmedizin übernommen werden. Auf diese Weise ist gewährleistet, dass nicht unsinnige, wirkungslose oder gar schädliche Methoden Eingang in die offizielle Medizin finden.

Natürlich gut?

Die zunehmende Beliebtheit von Naturheilverfahren entspricht einem allgemeinen, an Natur und Ökologie orientierten Trend unserer Zeit. Immer mehr Menschen sind skeptisch gegenüber chemisch-synthetischen Mitteln und greifen lieber auf etwas »Natürliches« zurück, das »sanfter« wirken soll. In bestimmten Fällen kann das sehr vernünftig sein. So können pflanzliche Arzneimittel bei einer Erkältung oder einer Magenverstimmung sehr gut helfen, ohne Nebenwirkungen zu zeigen. Problematisch ist aber eine unkritische Romantisierung der Natur. Manche Verfechter von Naturheilverfahren tendieren dazu, alles Natürliche für gut und unschädlich zu halten. Das ist nicht der Fall! Natürliche Produkte sind nicht zwangsläufig immer gut, sie können auch schädlich, ja gefährlich sein. Die Pflanzen hatten keinerlei Grund, im Laufe ihrer Evolution nur solche Stoffe zu bilden, die Tieren gut tun. Ganz im Gegenteil: Viele der so genannten *sekundären Pflanzenstoffe* dienen dazu, Fressfeinden – also eben Tieren – zu schaden und sie dadurch abzuschrecken. Beispielsweise haben Wissenschaftler herausgefunden, dass Abführmittel, die Extrakte aus Aloe oder Sennesblättern enthalten, bei längerer Anwendung das Risiko von Dickdarmkrebs erhöhen können. Sie enthalten als Wirkstoff Anthrachinone, die bewirken, dass im Darm mehr Wasser zurückbleibt, was den Stuhl weicher macht und abführend wirkt. Beim Abbau dieser Anthrachinone entstehen freie Radikale, die die Körperzellen angreifen und so zur Krebsentstehung beitragen.

Hinter dem Zulauf zu Naturheilmitteln steckt aber noch mehr als nur ein modischer Trend zur Natur. Es gibt einen verbreiteten Wunsch nach Berücksichtigung des *ganzen* Menschen und eine Sehnsucht nach Spiritualität – Bedürfnisse, denen die heutige Schulmedizin nicht gerecht wird. Viele empfinden die Schulmedizin als kalte Apparatemedizin, die nur die Krankheit, nicht den kranken Menschen behandelt. Paradoxerweise ist dieses Defizit der Schulmedizin eine Folge ihrer modernen naturwissenschaftlichen Vorgehensweise, die ihre Erfolge erst ermöglicht hat. Im 19. Jahrhundert führten die bahnbrechenden Erkenntnisse in Biochemie, Physiologie und Immunologie zu einer neuen Auffassung von Krankheit. Zum ersten Mal verstand man Krankheit als etwas, das sich anatomisch im Körper lokalisieren lässt, eine Therapie sollte eben diese betroffenen Teile behandeln. Das war revolutionär und die Grundlage unserer modernen Medizin. Gleichzeitig ergab sich daraus aber auch der Verlust einer ganzheitlichen Sicht von Krankheit und Gesundheit. Die Wahrnehmung des Patienten verengte sich auf das erkrankte Organ.

Ein buntes Bild: Alternative Verfahren

Unter dem Begriff »alternative Heilverfahren« versammeln sich ganz unterschiedliche Behandlungsmethoden, deren einzige Gemeinsamkeit es ist, nicht zur anerkannten Schulmedizin zu gehören. Die Glaubwürdigkeit und Seriosität der verschiedenen Methoden ist aus der Sicht eines abwägenden Schulmediziners recht unterschiedlich (Abb. 2). Es gibt alternative Verfahren, die als wissenschaftlich gesichert gelten und von den meisten akzeptiert werden. Dazu zählen klassische Naturheilverfahren wie die Kräuterheilkunde (*Phytotherapie*). Ihre theoretischen Grundlagen und Erklärungsmodelle erscheinen plausibel, ihre Wirkung ist zum Teil in wissenschaftlichen Studien belegt. Andere Verfahren gehören zwar schon länger zum Arsenal alternativer Methoden, sind aber noch immer umstritten, wie *Homöopathie* und *Akupunktur*. Studien zur Wirksamkeit dieser Verfahren sind widersprüchlich. Viele Untersuchungen weisen gravierende methodische Mängel auf, so dass sie nicht als Wirksamkeitsnachweis gelten können. Im Gegensatz zu den klassischen Naturheilverfahren beruhen sie auf Konzepten, die sich nicht ohne weiteres mit der naturwissenschaftlichen Theorie vereinbaren lassen. Trotzdem sind die Homöopathie und anthroposophische Medizin neben der Phytotherapie als so genannte »besondere Therapierichtungen« offiziell anerkannt, die Krankenkassen übernehmen teilweise ihre Kosten. Eine dritte Sparte sind die Außenseiterverfahren, die aus schulmedizinischer Sicht kaum oder gar keine Glaubwürdigkeit besitzen. Es handelt sich um eine bunte Palette verschiedenster Verfahren, von *Bach-Blütentherapie* und *Reflexzonenmassage* bis hin zu *Irisdiagnostik* und *Reinkarnationstherapie*. Während sich diese Verfahren in der Öffentlichkeit wachsender Beliebtheit erfreuen, werden sie von

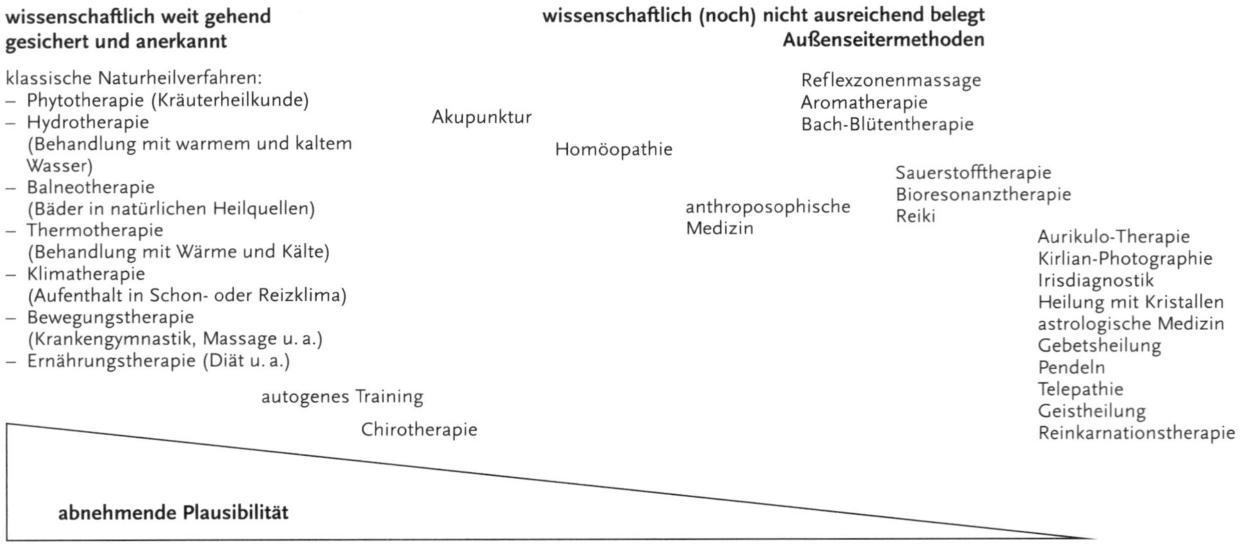

wissenschaftlich weit gehend gesichert und anerkannt

klassische Naturheilverfahren:
- Phytotherapie (Kräuterheilkunde)
- Hydrotherapie
  (Behandlung mit warmem und kaltem Wasser)
- Balneotherapie
  (Bäder in natürlichen Heilquellen)
- Thermotherapie
  (Behandlung mit Wärme und Kälte)
- Klimatherapie
  (Aufenthalt in Schon- oder Reizklima)
- Bewegungstherapie
  (Krankengymnastik, Massage u. a.)
- Ernährungstherapie (Diät u. a.)

autogenes Training

Chirotherapie

Akupunktur

Homöopathie

wissenschaftlich (noch) nicht ausreichend belegt Außenseitermethoden

Reflexzonenmassage
Aromatherapie
Bach-Blütentherapie

Sauerstofftherapie
Bioresonanztherapie
Reiki

anthroposophische Medizin

Aurikulo-Therapie
Kirlian-Photographie
Irisdiagnostik
Heilung mit Kristallen
astrologische Medizin
Gebetsheilung
Pendeln
Telepathie
Geistheilung
Reinkarnationstherapie

abnehmende Plausibilität

Abb. 2: Alternative Heilverfahren aus der Sicht eines Schulmediziners.

Schulmedizinern und überwiegend auch von klassischen Naturkundlern abgelehnt. Ihre Wirksamkeit ist nicht nachgewiesen und sie fußen zum Teil auf unhaltbaren theoretischen Grundlagen. Der Übergang zu Esoterik und Okkultismus ist fließend. Häufig liegt der Verdacht nahe, dass Scharlatane und Geschäftemacher hier das spirituelle Bedürfnis unserer modernen Zivilisation auf fragwürdige Weise befriedigen. Man muss deshalb befürchten, dass viele Patienten nicht die gewünschte Heilung erlangen, sondern vielmehr in die Abhängigkeit von einem Guru geraten.

Es grünt so grün ... die Kräuterheilkunde

Mehr als die Hälfte aller Deutschen verwendet pflanzliche Arzneimittel. Über vier Milliarden Mark werden in Deutschland jedes Jahr mit Phytotherapeutika umgesetzt. Die heutige *Phytotherapie* ist in zwei Lager gespalten. Zu dem einen gehören die Verfasser populärmedizinischer Kräuterbücher (z. B. Maria Treben:»Gesundheit aus der Apotheke Gottes«, Gottfried Hertzka:»Große Hildegard-Apotheke«), die sich als Bewahrer der volksheilkundlichen Tradition sehen. Im anderen Lager trifft man naturwissenschaftlich orientierte Phytotherapeuten, die sich um eine Integration der Kräuterheilkunde in die Schulmedizin bemühen und nicht in die alternative Ecke gestellt werden wollen. In letzter Zeit sind Stiftungen (z. B. die Karl-und-Veronika-Carstens-Stiftung) und Ärztevereinigungen (z. B. die Hufeland-Gesellschaft für Gesamtmedizin) entstanden, die sich für eine stärkere Berücksichtigung der Phytotherapie sowohl in der medizinischen Praxis als auch in der Arzneimittelforschung einsetzen.

Die älteste Medizin

Die erste Medizin, die der Mensch kannte, waren Kräuter. Pflanzen dienten unseren Vorfahren schon immer als Nahrungsmittel; dabei entdeckten sie vermutlich auch ihre Heilkräfte. Sie machten sich die Wirkungen zunutze und gaben ihr Wissen darüber zuerst mündlich, später schriftlich von Generation zu Generation weiter. Seit Jahrtausenden sind Kräuterbücher in China, Indien und Europa bekannt. In der griechischen Antike trug Dioskurides das heilkundliche Wissen seiner Zeit zusammen. In einer Sammlung von fünf Bänden («De materia medica») beschrieb er über 800 Heilpflanzen, ihre Wirkung und Verwendung. Alle späteren Verfasser von Kräuterbüchern, wie Hildegard von Bingen im Mittelalter und Paracelsus in der Renaissance, orientierten sich an diesem Werk.

Pflanzen waren nicht nur die *erste*, sondern auch sehr lange, bis weit ins 19. Jahrhundert hinein, die *einzige* Medizin. Erst im 20. Jahrhundert begann man, einzelne Wirkstoffe aus den Pflanzen zu isolieren, chemisch zu analysieren und zu verändern. Viele Medikamente, die wir heute verwenden, sind pflanzlichen Ursprungs. Auch Aspirin® (Acetylsalicylsäure, ASS) stammt schließlich von einem Pflanzenstoff ab, der Salicylsäure aus der Weidenrinde (s. Kap. 1). Die Isolierung der eigentlichen Wirksubstanz aus dem Cocktail chemischer Stoffe, die eine Pflanze enthält, stellte einen großen Fortschritt dar. Auf diese Weise konnte man zum ersten Mal gezielt eine Wirkung hervorrufen, ohne die Nebenwirkungen durch die pflanzlichen Begleitstoffe in Kauf nehmen zu müssen. Außerdem wurde erst dadurch eine exakte Dosierung des Wirkstoffs möglich, denn im Gegensatz zu industriell hergestellten Fertigarzneimitteln schwankt die Wirkstoffmenge in einer Pflanze. Wie viel Wirkstoff sie enthält, ist abhängig von ihrem Standort, der Witterung, dem Erntezeitpunkt und der Aufbereitung. Die Vermeidung solcher Schwankungen ist besonders wichtig bei Stoffen, die bei Überdosierung giftig wirken, also eine geringe therapeutische Breite haben (→ Pharmakodynamik). Ein Beispiel sind herzwirksame Glycoside aus dem Fingerhut. In therapeutischer Dosis steigern sie die Herzkraft; überschreitet man diese Dosis nur geringfügig, kommt es zu lebensgefährlichen Herzrhythmusstörungen. Ein »Zurück zur Natur« wäre daher in diesem Fall ein verheerender Rückschritt (s. Kap. 11).

Die meisten pflanzlichen Arzneimittel werden heute nicht mehr aus dem eigenen Kräutergarten sondern aus der Apotheke bezogen. Dort kann man sie in den gleichen Verabreichungsformen kaufen wie chemisch-synthetische Präparate (Tabletten, Dragees, Tropfen, Cremes usw., s. Kap. 27). Der Vorteil ist, dass ihre Herstellung kontrolliert und ihr Wirkstoffanteil standardisiert wird. Am häufigsten gefragt sind Kamille, Salbei, Brennnessel, Rosmarin und Baldrian.

Das steckt also drin

Pflanzen enthalten eine große Zahl chemischer Stoffe mit unterschiedlichen Eigenschaften. Darunter sind stark wirksame Substanzen wie das Atropin der Tollkirsche (ein Alkaloid) und schwach wirksame wie das Apigenin der Kamille (ein Flavonoid). Im Gegensatz zu Medikamenten aus nur einem Wirkstoff enthält jedes pflanzliche Präparat eine komplexe Mischung verschiedener Stoffe. Neben dem eigentlichen Wirkstoff gibt es Begleitstoffe, die selber zwar keine (oder kaum eine) Wirkung haben, aber trotzdem die Gesamtwirkung entscheidend beeinflussen. Anhänger der Pflanzenheilkunde sehen gerade in diesem Zusammenspiel verschiedener Stoffe den entscheidenden Vorteil gegenüber der Therapie mit einem chemisch-synthetischen Einzelstoff. Durch »Synergieeffekte« würde die pflanzliche Arznei eine größere Wirksamkeit erreichen. Tatsächlich ließ sich zum Beispiel bei Baldrian, der als Beruhigungs- und Schlafmittel wirkt, bisher keine Einzelsubstanz ausmachen, die für die Wirkung verantwortlich ist. Nur die komplexe Mischung verschiedener Stoffe, wie sie in der Baldrianwurzel vorkommen, hatte den gewünschten Effekt.

Die Wirkstoffe einer Heilpflanze sind Produkte des so genannten *Sekundärstoffwechsels* und machen nur einen Bruchteil des Pflanzengewichts aus. Über ihre Funktionen in der Pflanze ist noch nicht viel bekannt. Man vermutet, dass sie der Anlockung von Insekten, dem Schutz vor Schädlingsbefall und der Wachstumskontrolle dienen. Häufig sind es wohl auch einfach Abfallstoffe, die die Pflanze nicht mehr benötigt und aus ihrem Stoffwechsel ausschleust. Da Pflanzen keine Ausscheidungsorgane haben, lagern sie die Stoffe einfach ein. Manche Stoffgruppen sind sehr verbreitet. So sind ätherische Öle in fast allen Pflanzen enthalten. Neben ihrer Heilwirkung haben sie einen meist angenehmen Geruch. Manche Heilpflanzen wie Anis, Fenchel und Salbei sind deshalb auch als aromatisches Gewürz beliebt.

Gegen manches ist ein Kraut gewachsen

Bei leichten Erkrankungen können pflanzliche Arzneimittel oft gute Hilfe leisten. Sie haben manchmal sogar Vorteile gegenüber synthetischen Mitteln. Die vielleicht wichtigste Indikation für pflanzliche Arzneimittel ist die banale Erkältung (s. Kap. 8). Pflanzen mit ätherischen Ölen (z. B. Eukalyptus und Fenchel) erleichtern das Atmen und fördern das Abhusten. Andere Pflanzen haben auch eine hustendämpfende Wirkung. Synthetischen Mitteln überlegen sind insbesondere Pflanzen, die durch ihr spezifisches Wirkstoffgemisch beide Effekte kombinieren, wie z. B. Efeu. Auch bei vielen Magen-Darm-Beschwerden helfen pflanzliche Mittel. Eine Verstopfung sollte man zuerst mit Leinsamen behandeln, bevor man zu synthetischen Mitteln greift, die in einen Teufelskreis führen und abhängig machen können (s. Kap. 16). Auch eine unkomplizierte Harnwegsinfektion lässt sich statt mit Antibiotika häufig auch ausschließlich mit reichlich Tee aus Bärentraube, Goldrute und Brennnessel behandeln. Bei Einschlafstörungen ist Baldrian ein bewährtes Mittel. Er hat im Gegensatz zu anderen Mitteln kein Suchtpotenzial und wirkt nicht bis in den nächsten Tag hinein (s. Kap. 18).

Obwohl also die Natur viele Heilkräuter liefert, ist gegen manche Krankheiten einfach »kein Kraut gewachsen«. Insbesondere bei ernsten Krankheitszuständen (schwere Infektionen, Herz-Kreislauf-Erkrankungen, Krebs) können pflanzliche Mittel die konventionellen Medikamente auf keinen Fall ersetzen, sondern bestenfalls unterstützen.

Nebenwirkungsarm, aber nicht nebenwirkungsfrei

Bei richtiger Dosierung sind die meisten Heilpflanzen gut verträglich und haben kaum Nebenwirkungen. Besonders die Mittel zur Behandlung von Erkältung, Verdauungsproblemen und Einschlafstörungen sind daher zur Selbstmedikation geeignet. Hält die Erkrankung länger an, sollte man aber auf jeden Fall zum Arzt gehen. Die häufigsten Nebenwirkungen bei pflanzlichen Mitteln sind allergische Reaktionen. Sie können in seltenen Fällen allerdings gefährlich, z. T. lebensbedrohlich werden. So sind bei Echinacin in der Vergangenheit sehr starke, in Einzelfällen tödliche Allergien aufgetreten, insbesondere wenn es gespritzt wurde. Echinacin ist ein Extrakt aus dem roten Sonnenhut (*Echinacea purpurea*) und soll die Abwehrkräfte stärken. Es führt aber nicht zu einer spezifischen Steigerung der Widerstandskraft, wie manchmal versprochen wird, sondern provoziert durch seinen Gehalt an Glycoproteinen (→ Zellen) den Körper zu einer unspezifischen Immunantwort auf Fremdeiweiß. Auf diese Weise kann es auch zu Überreaktionen mit Schüttelfrost und Erbrechen bis zum tödlichen Schocksyndrom kommen (s. Kap. 10). Man sollte deshalb unbedingt dem Hinweis auf dem Beipackzettel folgen und Echinacin nicht länger als acht Wochen einnehmen.

Heilpflanzen unter der Lupe

Nur wenige Heilpflanzen sind wissenschaftlich gut untersucht. Zu den wenigen, deren Wirksamkeit bisher in klinischen Studien nachgewiesen ist, gehören Artischocke, Ginkgo und Knoblauch. Bei Ginseng und Johanniskraut hat man sogar den Wirkungsmechanismus aufgeklärt. Der Name Ginseng kommt aus dem Chinesischen und bezeichnet ein in Ost-Asien vorkommendes Araliengewächs (*Panax ginseng*). In der chinesischen Volksmedizin wird der Extrakt der rübenförmigen Ginsengwurzel schon seit über 2000 Jahren als Beruhigungs- und Allheilmittel eingesetzt. Seine Wirkung ähnelt der von Opioiden (s. Kap. 1), ist jedoch wesentlich schwächer. Vor kurzem haben Wissenschaftler den Inhaltsstoff identifiziert, der für die besänftigende Wirkung der Wurzel verantwortlich ist. Es handelt sich um einen seifenartigen Stoff, ein Saponin mit Steroidstruktur. Dieser Wirkstoff (Ginsenosid Rb) kommt in der Ginsengwurzel nur in äußerst geringen Mengen vor. Im Körper hemmt er Calciumkanäle an sensorischen Nervenzellen. Dadurch verhindert er das Ausschütten von Neurotransmittern und damit die Kommunikation zwischen bestimmten Neuronen (→ Nervensystem). Diese Wirkungsweise ähnelt der von Opioiden, kommt aber anders zustande, da das Ginsenosid nicht an den Opioidrezeptoren angreift. Bei den üblicherweise aufgenommenen niedrigen Konzentrationen scheint das Ginsenosid frei von Nebenwirkungen zu sein.

Auch bei einem anderen Pflanzenmittel, dem Johanniskraut (*Hypericum perforatum*), sind Wissenschaftler dem pharmakologischen Wirkungsmechanismus auf die Spur gekommen. Johanniskraut-Präparate sind in letzter Zeit in Deutschland als Mittel gegen Depression immer beliebter geworden und werden inzwischen viermal häufiger verordnet als Fluoxetin (s. Kap. 20). Kontrollierte klinische Studien haben die Wirksamkeit von Johanniskraut belegt. Depressionen entstehen vermutlich, wenn bestimmte Nervenzellen des Gehirns, die durch den Botenstoff Serotonin miteinander kommunizieren, nur noch vermindert »funken«. Wissenschaftler haben jetzt herausgefunden, dass das im Johanniskraut-Extrakt enthaltene Hyperforin den Rücktransport von Serotonin ins Nerveninnere verzögert, indem es das Enzym Monoaminooxidase hemmt. Dadurch wird die Konzentration des Botenstoffs an den Kontaktstellen zwischen zwei Nervenzellen erhöht und so das stimmungsaufhellende Signal intensiviert und verlängert. Auf die gleiche Weise wirken auch die synthetischen Antidepressiva (s. Kap. 20). Das Naturmittel könnte ihnen allerdings überlegen sein, da es außerdem noch die an einer Depression wahrscheinlich ebenfalls beteiligten Botenstoffe Noradrenalin, Dopamin und γ-Aminobuttersäure steuert. Schwere Depressionen lassen sich aber nicht mit Johanniskraut behandeln.

Die systematische wissenschaftliche Erforschung der Heilpflanzen steckt noch in den Anfängen. In manchen Fällen finden althergebrachte Hausmittel dadurch eine – manchmal überraschende – wissenschaftliche Erklärung. Die Untersuchung überlieferter Naturheilmittel trägt damit zum Fortschritt in der Medizin bei, denn so lassen sich sinnvolle von nicht sinnvollen Naturprodukten trennen und möglicherweise auch neue Medikamente entwickeln.

Die Homöopathie – ein heißes Eisen

Kaum ein anderes alternatives Verfahren ist so heftig umstritten wie die Homöopathie. Seit sie vor etwa 200 Jahren von dem deutschen Arzt Samuel Hahnemann begründet wurde, wird sie von der Schulmedizin bekämpft. Zum jüngsten Höhepunkt der Auseinandersetzung kam es 1993, als die Homöopathie zum Lehr- und Prüfungsgegenstand im Medizinstudium wurde. Die Wellen der Empörung seitens der Schulmedizin schlugen hoch. In einer Stellungnahme, die als »Marburger Erklärung« in die Geschichte einging, bezeichneten 16 Marburger Medizinprofessoren die Homöopathie als »Irrlehre« und »Täuschung des Patienten«. Etwaige Wirkungen seien nichts als Placebo-Effekte (s. Kap. 26). Wutentbrannt meldeten sich daraufhin die Homöopathen zu Wort und verteidigten ihre Lehre. Ein Kompromiss scheint bis heute nicht möglich. Zwar ist die Homöopathie inzwischen an vielen deutschen Universitäten Bestandteil des offiziellen Lehrangebots, doch handelt es sich dabei nur um einzelne Lehraufträge. Einen eigenen Lehrstuhl für Homöopathie gibt es in Deutschland nicht. Die meisten Schulmediziner lehnen die Homöopathie weiterhin mehr oder weniger vehement ab.

Was ist Homöopathie? Und warum löst sie bei der Schulmedizin eine derart heftige Ablehnung aus?

Grundlegend für die Homöopathie ist das *Ähnlichkeitsprinzip* (Simile-Prinzip). Danach soll eine Krankheit mit dem Arzneimittel behandelt werden, das beim Gesunden möglichst ähnliche Symptome hervorruft («*similia similibus curentur*«). Auf diese Regel kam Hahnemann durch einen Selbstversuch. Nach der Einnahme von Chinarinde entwickelte er Symptome von Malaria. Daraus folgerte er: »China erregt bei Gesunden, was sie beim Kranken heilt.« Diese Regel hat auch zur Bezeichnung »Homöopathie« geführt (gr. *homoios* = »ähnlich«, *pathos* = »das Leiden«), in Abgrenzung zur Allopathie (*allos* = »anders«) für die Schulmedizin, bei der Medikamente Gegenmittel sind. Hinter der Ähnlichkeitsregel steckt die Vorstellung, dass so die Selbstheilungskräfte des Organismus angeregt werden. Indem der Körper sich mit dem homöopathischen Arzneimittel auseinander setzt, soll er für eine Reaktion auf die Krankheit gestärkt werden. Deshalb ist eine Voraussetzung für eine erfolgreiche homöopathische Therapie, dass der kranke Körper noch auf den Arzneireiz reagieren kann.

Hauptstreitpunkt zwischen Schulmedizinern und Homöopathen ist jedoch meist ein weiteres Grundprinzip der Homöopathie: die sogenannte *Potenzierung*. Homöopathische Arzneimittel werden durch Verdünnen aus einer Ur-Tinktur, einem Extrakt aus Pflanzen, Mineralien oder tierischen Produkten, hergestellt (Abb. 3). Verdünnt wird in 10-er Schritten (D_1, D_2 usw.) oder 100-er Schritten (C_1, C_2 usw.). Das Potenzierungs-Prinzip lautet nun: Je höher die Verdünnung, umso stärker die Wirkung. Nach Hahnemann soll der Verdünnungsprozess zu einer »Dynamisierung« führen, die die Wirksamkeit potenziert. Dieses Prinzip ist mit dem schulmedizinischen Weltbild völlig unvereinbar, ja es ist geradezu die Umkehrung der naturwissenschaftlich gesicherten Tatsache, dass Verdünnung Abschwächung bedeutet. Kritiker der Homöopathie haben darauf hingewiesen, dass in den Hochpotenzen (ab D_{23} bzw. C_{12}) weniger als ein Molekül pro Liter in der Arznei schwimmt! Nach naturwissenschaftlich-medizinischer Vorstellung muss diese Substanz deshalb unwirksam sein. Simile- und Potenzierungsprinzip bilden einen konträren Gegensatz zum Konzept der Schulmedizin und sind der Grund für ihre Ablehnung. Dass die Homöopathie zudem noch mit einem empirisch-wissenschaftlichen Anspruch auftritt und sich nicht so einfach als unhaltbare esoterische Spinnerei abtun lässt, erklärt vielleicht die besondere Heftigkeit der Ablehnung.

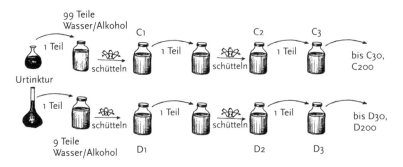

Abb. 3: »Potenzieren« in der Homöopathie.

Mancher mag sich nun fragen, warum man nicht einfach eine von beiden Seiten anerkannte Wirksamkeitsstudie durchführt, die eine objektive Entscheidung ermöglicht. Das Problem ist, dass herkömmliche Studienverfahren (placebokontrollierte randomisierte Doppelblindstudien, s. Kap. 26 und 28) bei homöopathischen Mitteln schwer anzuwenden sind. In der Homöopathie ist die Arzneiverschreibung stark auf den individuellen Patienten abgestimmt. Erst nach einer sehr detaillierten Erhebung der Krankengeschichte, einer genauen Bestimmung der Krankheit und ihrer spezifischen Ausprägung im Einzelfall entscheidet der homöopathische Arzt, welches Mittel in welcher Verdünnungsstufe geeignet ist. Deshalb sind auch auf den Beipackzetteln »potenzierter« Medikamente keine Indikationen angegeben. Die fast unübersehbare Vielfalt der homöopathischen Mittel, ihrer Zubereitungen und individuellen Indikationen lässt sich kaum angemessen in eine Studie einbringen. Daher ist man jetzt dabei, ein neues Studienschema zu entwerfen, das den Besonderheiten der Homöopathie besser gerecht wird. Man darf gespannt sein, ob auf diesem Weg der alte Streit zwischen Schulmedizin und Homöopathie zu schlichten ist.

Kein Grund zur Stichelei? Akupunktur

Unter den Naturheilverfahren ist die Akupunktur vergleichsweise gut erforscht. Inzwischen hat man sogar ein neurophysiologisches Erklärungsmodell für die schmerzdämpfende Wirkung der Akupunktur entwickelt. Danach aktiviert der gezielte Reiz der Akupunkturnadel über verschiedene Neurone und ihre Verschaltungen ein körpereigenes System der Schmerzunterdrückung, das so genannte antinocizeptive System (s. Kap. 1). Gute Erfolge mit Akupunktur erzielt man vor allem bei schmerzhaften Erkrankungen (Migräne, chronische Kopfschmerzen, Neuralgien) und chronischen, psychosomatischen Erkrankungen (Asthma, Magengeschwür, Schlafstörungen). Nach neueren Schätzungen gibt es in Deutschland 10 000–20 000 Akupunkteure. Die Kosten einer Akupunkturbehandlung werden teilweise auch von den Krankenkassen erstattet.

Die Akupunktur stammt aus der traditionellen chinesischen Medizin, die den Menschen und den Kosmos von den beiden Urkräften *Yin* (weiblich, dunkel, kalt) und *Yang* (männlich, hell, warm) bestimmt sieht. Bei einer Krankheit sind diese beiden Kräfte aus dem Gleichgewicht geraten und die Lebensenergie *Qi* kann nicht mehr ungestört fließen. Nach chinesischer Vorstellung gibt es 14 Meridiane, an denen 361 genau festgelegte Akupunkturpunkte liegen. Das Einstechen der Nadeln an diesen Punkten soll das gestaute Qi in Fluss bringen und die Harmonie von Yin und Yang wieder herstellen. Wie schon im Falle der Homöopathie fällt es naturwissenschaftlich orientierten Betrachtern schwer, die der Akupunktur zugrunde liegende Theorie zu akzeptieren. Vielleicht sollte man sich davon aber nicht stören lassen und mehr auf die Wirkung achten, denn »die Hauptsache ist der Effekt«.

Voll alternativ. Außenseitermedizin

Die *anthroposophische Medizin* wird oft in die Nähe der Homöopathie gestellt. Bei genauerem Hinsehen zeigen sich aber große Unterschiede. Im Gegensatz zu Hahnemann, der vom Ansatz her ein Empiriker war, lehnte Rudolf Steiner das Experiment als Grundlage der Heilmittellehre ausdrücklich ab. Er strebte nach einem spirituellen Begreifen des Menschen als Leib-Seele-Geist-Einheit, die in den dynamischen Kosmos eingebunden ist. Ebenso wie die Homöopathie ist die anthroposophische Medizin als »besondere Therapierichtung« anerkannt, das bedeutet, dass für den Wirksamkeitsnachweis anthroposophischer Medikamente Sonderregelungen gelten.

Die *Bach-Blütentherapie* wurde vor 60 Jahren von dem englischen Arzt Edward Bach entworfen. Geprägt von C. G. Jungs psychoanalytischem Konzept definierte Bach 38 Persönlichkeitstypen und leitete daraus die verschiedenen Krankheiten ab. Die als Medizin verwendeten Pflanzenessenzen sollen heilen, indem sie das seelische Gleichgewicht wiederherstellen. Wissenschaftlich ist die Bach-Blütentheorie bisher noch nicht untersucht. Die *Aromatherapie* benutzt aus Pflanzen gewonnene ätherische Öle. Sie werden entweder in einer Duftlampe verdampft oder zum Beispiel einem Vollbad zugesetzt. Innerhalb der Aromatherapie gibt es wiederum verschiedene Ausprägungen. Esoterisch orientierte Therapeuten sprechen den benutzten ätherischen Ölen eine »Seele« zu und glauben, dass sie die körpereigenen »kranken Schwingungen« harmonisieren. Es gibt aber auch mehr naturwissenschaftlich ausgerichtete Ansätze, die den Zusammenhang zwischen Duftstoffen und körperlichen Reaktionen erforschen. So haben Untersuchungen ergeben, dass die beruhigende Wirkung von Lavendelöl bei Stress und Angst darauf beruht, dass es die Ausschüttung von Serotonin stimuliert.

Exotisch. Ethnomedizin

Auf der Suche nach mehr Spiritualität, die sie in der sachlichen westlichen Schulmedizin nicht finden, wenden sich viele Menschen der traditionellen Medizin anderer Kulturen zu. Insbesondere die traditionelle chinesische Medizin (Akupunktur, Meditation, Schattenboxen) und die traditionelle indische Medizin (Ayurveda, Yoga) sind beliebt. Viele sind fasziniert von den exotischen Bräuchen und versprechen sich von dieser fremden Medizin, die geistigen Ursachen von Krankheiten und die Eingebundenheit des Menschen in den Kosmos stärker zu berücksichtigen. Dabei besteht sicherlich die Gefahr, dass man eigene Wünsche und Vorstellungen in die fremde Kultur projiziert. Bei der Übernahme einzelner Elemente werden diese allerdings meist aus dem komplexen philosophischen Gedankengebäude herausgelöst, in das sie in ihren Heimatländern eingebettet sind. Die importierten Formen in westlichen Ländern haben oft mit den traditionellen nicht mehr viel gemein. Das Mystisch-Geheimnisvolle der Traditionsmedizin anderer Kulturen, das einige so anzieht, stößt andere wiederum ab. Ebenso problematisch wie eine unkritisch-verklärende Haltung ist die Überzeugung von der ausnahmslosen Überlegenheit der westlichen Medizin. Das Beispiel Akupunktur zeigt, dass die westliche Schulmedizin von der Traditionsmedizin anderer Länder lernen kann. Auf diese Weise kann die Medizin anderer Kulturen für unsere Schulmedizin eine Bereicherung sein. Sie ist aber weder in allem besser noch in allem schlechter.

Natürlich natürlich?

Natur ist ein Gegensatz zu Kultur; sie bezeichnet das nicht vom Menschen Gemachte. In diesem Sinn ist Natur das, was wir schon vorfinden, ohne eingegriffen zu haben. Unter Naturheilverfahren verstand man daher ursprünglich Therapien ohne Arzneistoffe oder andere künstliche Mittel, sondern mit den reinen, möglichst unveränderten Kräften der Natur (Kälte, Wärme, Wasser, Licht, Luft). Heute hat sich der Begriff ausgedehnt und umfasst einen großen Teil der alternativen Heilmethoden. Die Mittel dazu findet man nicht einfach so in der Natur. Ob es sich um Pflanzenextrakte, Akupunkturnadeln oder homöopathische Mittel handelt, sie alle müssen – in einem manchmal komplizierten Verfahren – erst hergestellt werden. Sie sind nicht Teil der Natur sondern der Kultur. Streng genommen müsste es daher bei den meisten, insbesondere bei den heute populären Naturheilmitteln heißen: Natürlich kultürlich!

26

Alles nichts, oder?
Placebos

Stefan Mohr

Wer schon einmal in Schullandheimen oder bei Jugendfreizeiten Kindergruppen betreut hat, kennt den Placeboeffekt. Wenn ein Kind bitterlich weinend vor einem steht, greift man tief in die Wundermittelkiste und holt sie heraus: die »Pille gegen Heimweh«. In der Tat ist es erstaunlich, dass man mit einem solchen Scheinpräparat einem heimwehkranken Kind oft auf einfache Weise helfen kann. Dabei spielt es keine Rolle, woraus die »Heimwehpille« besteht oder ob sie blau oder gelb ist – sie muss dem kleinen Patienten einfach nur mit Souveränität und Überzeugungskraft verabreicht werden.

Den Placeboeffekt macht man sich auch in der Medizin zunutze, allerdings nicht ohne ethische Bedenken. Unter einem Placebo versteht man ein Medikament, das keinen Wirkstoff enthält, zum Beispiel eine Zuckerlösung. Der Placeboeffekt ist die vom Patienten wahrgenommene Wirkung, d. h. eine empfundene oder tatsächliche Verbesserung der Symptome. Da sich ein Placeboeffekt mit den heutigen biochemischen und physiologischen Kenntnissen kaum erklären lässt, gibt es hitzige Diskussionen über die tatsächliche Wirksamkeit von Placebos. Im obigen Beispiel liegt es nahe, die Wirkung der »Heimwehpille« auf die Leichtgläubigkeit der Kinder zurückzuführen. Natürlich ist Heimweh ein Gefühl der Einsamkeit, das allein schon durch die Fürsorge und Aufmerksamkeit »behandelt« wird, die das Kind durch den Betreuer erfährt. Trotzdem ist es die Pille, die hilft – oder?

Vom »Heuchler« zum Medikament: Placebos im Fokus der Wissenschaft

Nicht nur Kinder werden in ihrer Krankheitsempfindung durch Fürsorge und den Glauben an eine Heilung beeinflusst. Solche und weitere »unwägbare« Faktoren bei der Behandlung von Patienten aller Altersstufen sind heute Gegenstand wissenschaftlicher Untersuchungen. Dabei ist der Placeboeffekt durchaus keine Erfindung des 20. Jahrhunderts. »Placebo« heißt, aus dem Lateinischen übersetzt, »ich werde gefallen«. Mit diesem Wort aus dem 116. Psalm begann im Mittelalter der Gesang bei Totenmessen. Einige Menschen bereicherten sich damals, indem sie den Trauergesang gegen bare Münze zum Besten gaben, auch wenn sie den Verstorbenen gar nicht gekannt hatten. Von da an stand »Placebo singen« für solche Heuchler und ihr Verhalten. Seit Ende des 18. Jahrhunderts versteht man unter einem Placebo eine Maßnahme, die ein Arzt ergreift, um den Patienten zufrieden zu stellen, ohne von ihrer Wirksamkeit überzeugt zu sein.

Als 1945 eine Notiz veröffentlicht wurde, wonach bis dato keinerlei wissenschaftliche Erkenntnisse über Placebos existierten, geriet eine Lawine ins Rollen. Bereits ein Jahr später wurde eine Cornell Conference zu diesem Thema einberufen und plötzlich galt die Erforschung des Placebos als wichtiger Beitrag zur medizinischen Therapie. Die Placebogabe wurde nun thematisiert, nachdem sie unbewusst seit Jahrhunderten praktiziert worden war, und das Problem der Öffentlichkeit zugänglich gemacht. Es folgte eine Flut von Publikationen, wobei die Einschätzungen der Placebotherapie von »powerful« (mächtig) bis »minimal wirksam« reichten. Als H. K. Beecher 1955 in seiner wichtigen Arbeit »The powerful placebo« den Placeboeffekt mit einer »Wirksamkeit von 35 %« auch quantitativ einstufte, schien der Effekt bewiesen. Auch wenn Beechers Studie heute als wenig aussagekräftig gilt, ist es ihr zu verdanken, dass die placebokontrollierte Doppelblindstudie bei der Erprobung neuer Medikamente und Verfahren bis heute als *Goldstandard* gilt, also als bester möglicher Ansatz (s. Kap. 29).

Wie wirkt etwas, was nicht wirkt?

Die Biochemie

Um die Wirkungsmechanismen von Placebos zu verstehen, kann man bis zu Plato zurückgehen. Er stellte in seiner Theorie zur Therapie von Krankheiten die These auf, die Behandlung bestehe aus drei verschiedenen Aspekten, nämlich erstens dem heilenden Effekt der Behandlung selbst, zweitens der heilenden Kraft der Natur und drittens der heilenden Kraft der Einbildung, also dem, was wir heute als Placeboeffekt bezeichnen. Meist wird versucht, den Wirkungsmechanismus der Placebos über die Wechselwirkungen zwischen Psyche, Geist oder Gehirn einerseits und dem Körper andererseits zu erklären. Dennoch gibt es eine Vielzahl weiterer Erklärungsansätze. Ein biochemischer Ansatz geht davon aus, dass die Placebowirkung durch die Ausschüttung körpereigener schmerzlindernder Substanzen (endogene Opioide, s. Kap. 1) im Zentralnervensystem zu erklären ist. Nach einer zahnärztlichen Behandlung wurden Patienten zur Linderung der Schmerzen Placebos verabreicht; in der Tat wirkte das Scheinmedikament. Daraufhin gab man Naloxon, einen Gegenspieler der körpereigenen Opioide, der deren Wirkungen aufhebt. Die Schmerzen wurden wieder stärker. War das die Erklärung der biochemischen Wirkung von Placebos? Sicher nicht in vollem Umfang, denn dieses Experiment kann vielleicht die schmerzlindernde Wirkung von Placebos erklären, nicht aber ihre Wirkung bei der Behandlung bestimmter Krankheiten.

Das Ritual

Einig sind sich die Placeboforscher dahingehend, dass der Arzt für die Placebowirkung eine sehr große Rolle, vielleicht sogar die Hauptrolle spielt. Das Placebo dient dabei nur als »Vermittler« für Suggestionen. Man kann sogar noch weiter gehen und die gesamte schulmedizinische Behandlung in diesen Kontext stellen (Abb. 1). Bewirken vielleicht schon Rituale wie die Zuhilfenahme komplizierter medizinischer Apparate eine Besserung? Provoziert die fremdartige, lateinisch-griechische Mischsprache der Mediziner beim Patienten nicht auch das Gefühl ritueller und spiritueller Handlungen? Ist die so genannte »Schulmedizin« nur eine moderne Variante des Handauflegens der alten Schamanen? Diese Fragen bleiben in der Diskussion.

Abb. 1: Moderne Behandlungsrituale: Apparate und eine fremde Sprache.

Die Psyche
Sicher ist, dass psychosoziale Faktoren für den Placeboeffekt wesentlich sind. Am wichtigsten scheint dabei die Beziehung zwischen Arzt und Patient zu sein, die man in diesem Zusammenhang auch als *therapeutisches Bündnis* bezeichnet. So wirken Placebos am besten, wenn die Beziehung vertrauensvoll ist, wenn sich der Therapeut viel Zeit nimmt, Optimismus ausstrahlt und empathisch ist, also die Fähigkeit besitzt, sich in den Patienten einzufühlen. Beispielsweise lag bei Patienten mit Dünndarmgeschwüren der Erfolg einer Schmerzbehandlung durch ein Placebo nur bei 25 %, wenn es durch Krankenschwestern injiziert wurde, die sich nicht zur Wirkung des Präparates äußerten. Ein Arzt, der den Patienten eine Wirkung versprach, erreichte dagegen mit dem gleichen Placebo bei 75 % der Patienten eine Schmerzlinderung. Auch das Wesen und die Art des Patienten spielt bei der Behandlung mit Placebos eine wichtige Rolle. Patienten, die kooperativ, kommunikativ und sozial verantwortungsvoll sind, aber auch ängstliche und plötzlich schwer erkrankte Patienten sprechen besser auf Placebos an.

Wie aus dem nachfolgenden Beispiel hervorgeht, ist der Einfluss des Arztes auf den Patienten nicht zu unterschätzen und birgt auch Gefahren in sich. Ein Arzt bildete einmal zwei Patientengruppen, wobei er den Patienten der ersten Gruppe ihre Diagnose erklärte und ihnen versicherte, sie würden sich bald erholen. In der anderen Gruppe erklärte er, er wisse nicht genau, was ihnen fehle und sie sollten wiederkommen, wenn die Beschwerden sich nicht besserten. Nach zwei Wochen ging es 64 % der Patienten der ersten Gruppe besser, dagegen nur 39 % der zweiten.

Auch in umgekehrtem Sinne lassen sich solche Experimente durchführen. So versicherte man Patienten bei der Gabe eines Beruhigungsmittels, es handle sich um ein Placebo. Dies hatte zur Folge, dass sich bei den Patienten kein beruhigender Effekt feststellen ließ, obwohl sie eigentlich ein wirksames Medikament erhalten hatten. Das legt den Schluss nahe, dass der Arzt an sich schon ein Placebo darstellt. Der britische Mediziner J. N. Blau hat dies in einer Fachzeitschrift auf den Punkt gebracht: »Der Arzt, der keinen Placeboeffekt bei seinem Patienten bewirkt, sollte lieber Anästhesist oder Pathologe werden, d. h. wenn der Patient sich durch Ihre Konsultation nicht besser fühlt, dann sollten Sie sich einen anderen Beruf suchen.«

Die Konditionierung

Andere Ansätze versuchen, die Placebowirkung durch *Konditionierung* zu erklären. »Konditionierung« bedeutet, dass die Wirkung des Placebos durch den Patienten »erlernt« werden kann. Ein Experiment mit Ratten verdeutlicht dies: Bei jeder Fütterung erhielten die Tiere Zuckerwasser zusammen mit einem Medikament, das die Immunantwort unterdrückt. Nachdem das Medikament abgesetzt und nur noch Zuckerwasser verabreicht wurde, blieb die Immunantwort auf ein injiziertes Antigen vermindert. Hatte das Immunsystem gelernt, das Zuckerwasser in Zusammenhang mit einer verminderten Immunantwort zu bringen? Das Experiment bleibt umstritten; schließlich wurde zumindest zu Beginn des Versuchs kein Placebo verabreicht, sondern ein echter Wirkstoff.

Die Darreichungsform

Auch die Charakteristika der Medikamente und der Behandlung haben Einfluss auf die Wirksamkeit der Therapie. Dabei spielt unter anderem die Farbe der Arznei eine wichtige Rolle. Experimente zeigten: Bunte Placebos wirken besser als weiße, Injektionen von Kochsalzlösungen haben eine bessere Wirkung als Zuckertabletten. Am erfolgreichsten war die Injektion von purpurrotem Vitamin B_{12} in den »Allerwertesten« (Abb. 2). Die Kraft der Suggestion reicht aber noch weiter. In einem anderen Experiment verteilte man geschmacksneutrale Coffeintabletten und bitter schmeckende Placebos. Die Mehrzahl der Patienten waren überzeugt, die bitteren Pillen seien die Coffeintabletten.

Die Gesellschaft

Neben den bereits genannten Faktoren spielt auch die Gesellschaft, in der Arzt und Patient leben, eine entscheidende Rolle beim Zustandekommen des Placeboeffekts. In Deutschland »funktioniert« der Placeboeffekt recht gut, da deutsche Ärzte in der Regel Autorität aus-

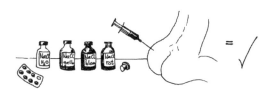

Abb. 2: Die Farbe macht's. Rote Placebos wirken am besten.

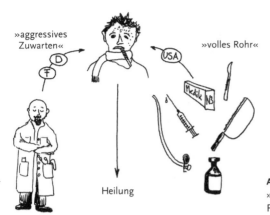

Abb. 3: Die »harte« und die »weiche« Tour. Therapie als Frage der Nationalität?

strahlen, die deutsche Patienten häufig in unreflektierter Weise akzeptieren und ihrem Arzt blind vertrauen. Die Zuständigkeiten sind dabei klar verteilt: Der Arzt stellt die Diagnose, gibt die Behandlung vor und entscheidet, was mit dem Patienten geschieht. Dies wird auch von manchen Patienten so gefordert. Solche Patienten erscheinen dabei beinahe unmündig: Sie verhalten sich wie Kinder, die bei einem »höheren Wesen« Rat suchen. Für die Behandlung aber kann dies durchaus von Vorteil sein, denn es fällt dem Arzt leichter, Patienten etwas zu suggerieren, die in einer solchen Abhängigkeit stehen. Weiterhin glaubt man in Deutschland wie auch in Frankreich daran, der eigene Körper müsse mit einer Krankheit selbst fertig werden. In den Vereinigten Staaten herrscht ein anderes Grundverständnis von Krankheit: Man sieht diese eher als etwas von außen Aufgezwungenes und erwartet dementsprechend von Beginn an eine aggressive Therapie (Abb. 3). In diesem Falle ist es für den Arzt weitaus schwieriger, den Zustand des Patienten durch Suggestion zu beeinflussen.

Von »nichts« kommt doch was:
Wo werden Placebos angewandt?

Placebos werden vor allem in zwei Bereichen verwendet: bei der Erprobung medizinischer Therapiemaßnahmen und neuer Medikamente (s. Kap. 29) sowie in der Therapie und Psychotherapie selbst. Während Sinn und Zweck im erstgenannten Umfeld unumstritten sind, gibt es gegen den gezielten Einsatz von Placebos zu therapeutischen Zwecken erhebliche ethische Bedenken.

In der Testphase vor der Einführung neuer Medikamente ist der Einsatz von Placebos sogar gesetzlich vorgeschriebener Bestandteil des Zulassungsverfahrens. Man spricht in diesem Zusammenhang von einer placebokontrollierten Doppelblindstudie. »Placebokontrolliert« bedeutet dabei, dass Patienten mit ähnlichen Symptomen in zufälliger Weise entweder mit einem Placebo oder mit dem zu testenden Medikament behandelt werden. Als »Doppelblindstudie« bezeichnet man eine Studie, bei der weder der Patient noch der verabreichende Arzt wissen, ob es sich bei dem verabreichten Medikament um das Placebo handelt oder um das zu prüfende Präparat (Abb. 4). Als *Placebo* dient im einfachsten Fall eine Tablette ohne Wirkpotenzial, die sich äußerlich nicht von dem zu testenden Medikament, dem *Verum*, unterscheidet. Doppelblindstudien dieser Art ermöglichen es, die Wirksamkeit des neuen Medikaments in wissenschaftlich aussagekräftige Zahlen zu fassen.

Da in Deutschland aus ethischen Gründen die teilnehmenden Patienten über den Aufbau und Ablauf der Studie informiert werden müssen, ist die Aussagekraft auch solcher Studien nicht ganz unkritisch zu sehen. Der Patient weiß ja, dass er möglicherweise ein Placebo verabreicht bekommt und nicht den Wirkstoff. Andererseits stellt sich die Frage, ob man einem ernsthaft kranken Patienten eine Placebobehandlung überhaupt zumuten darf. Probleme dieser Art werden im letzten Abschnitt des Kapitels noch einmal aufgegriffen.

Abb. 4: Doppelblindstudie.

Theorie und Praxis: Klärung bringt die klinische Studie

Die Entwicklung kontrollierter klinischer Studien war für die Medizin ein Meilenstein auf dem Weg zur objektiven Beurteilung von Medikamenten. Wie sich an vielen Beispielen zeigte, kann der Unterschied zwischen Theorie und Praxis immens sein. Medikamente, die in experimentellen Modellsystemen sehr spezifisch wirken, sind oft nicht in der Lage, den Gesundheitszustand der Patienten wirklich zu verbessern. In anderen Fällen ist die klinische Wirksamkeit gut, aber das Medikament zeigt so gravierende Nebenwirkungen, dass sein Einsatz nicht zu rechtfertigen ist. 1991 wurde zum Beispiel ein neuer Wirkstoff gegen Herzmuskelschwäche getestet. Eine Studie ergab jedoch, dass bei Behandlung mit dem Verum die Sterblichkeit höher war als unter dem Placebo.

Auch klinische Studien mit Placebokontrollen stoßen oft an ihre Grenzen. Problematisch wird ihr Einsatz zum Beispiel in der Psychotherapie oder bei alternativen Heilverfahren wie der Akupunktur. In diesen Fällen ist es nicht einfach, überhaupt ein Placebo zu finden, das keine eigene Wirkung hat, aber vom Patienten nicht sofort als Placebo erkannt wird. Besonders schwierig ist die Überprüfung chirurgischer Therapien. Das Problem liegt darin, eine Placebotherapie zu finden, die der eigentlichen Therapie ausreichend ähnlich ist. Will man z. B. die Marknagelung bei Unterschenkelbrüchen placebokontrolliert testen, wäre ein denkbares Placebo, nur einen Hautschnitt durchzuführen, ohne den Marknagel zur Stabilisierung in den Knochen zu schieben. Andererseits würde es dem Patienten mit Sicherheit auffallen, dass sein Unterschenkel noch immer instabil ist und schmerzt. Ein anderes Beispiel: Nachdem ein Arzt bei einigen Patienten eine *Angina pectoris* (s. Kap. 11) durch Unterbinden einer Arterie in der Brustwand erfolgreich behandelt hatte, machte er bei anderen Patienten nur einen Hautschnitt, um vorzutäuschen, er habe den Eingriff ebenfalls durchgeführt. Dabei zeigte sich, dass der Erfolg des Hautschnitts in derselben Größenordnung lag wie der des kompletten Eingriffs.

Im Bereich der Akupunktur gibt es bereits verschiedene Wirksamkeitsstudien, bei denen man als Placebo die Nadeln nicht in, sondern nahe an den eigentlichen Akupunkturpunkt setzte (Abb. 5). Hier ergaben sich bei verschiedenen Studien ganz unterschiedliche Beurteilungen der Wirksamkeit. In der Psychotherapie gestaltet sich der Einsatz von Placebos zur Therapiekontrolle noch schwieriger, da ein Pla-

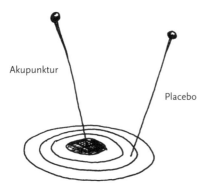

Abb. 5: Der feine Unterschied.

cebo gefunden werden muss, das einem therapeutischen Gespräch gegenübergestellt werden kann. Diese Placebotherapie darf zwar keine spezifische Wirkung haben, muss aber dennoch für den Patienten glaubwürdig sein. Man greift deshalb auf Entspannungsübungen oder die *Bibliotherapie* (Bearbeiten von Texten und Büchern, die für die Krankheit relevant sind) zurück.

In der medikamentösen Therapie psychischer Erkrankungen (s. Kap. 20) vergleicht man neue Wirkstoffe in der Regel mit der bisher üblichen Standardtherapie, soweit eine solche vorhanden ist. Der Placeboeinsatz ist hier nicht ungefährlich; zum Beispiel war in einer placebokontrollierten Studie über ein neues Antidepressivum die Suizidrate unter den Depressiven in der Placebogruppe erhöht.

Für Placebogaben während der Therapie gibt es verschiedene Indikationen. So kann ein Placebo sinnvoll sein, wenn der Patient an einer unheilbaren Krankheit leidet und der Arzt ihm nicht das Gefühl geben will, nichts mehr für ihn tun zu können. Ein Placebo kann auch die Zeit bis zur Diagnosefindung überbrücken, wenn der Patient schon vorher nach einer Therapie verlangt. Schließlich können mit Hilfe von Placebos Patienten von Medikamenten entwöhnt werden, deren Indikation nicht mehr gegeben ist.

Im Krankenhaus ist die Verabreichung von Placebos weitaus einfacher als für den niedergelassenen Arzt, da man in der Klinik die Tabletten im Plastikbecher und nicht in der Originalverpackung verteilt. Der niedergelassene Arzt hat nur die Möglichkeit, »unreine« Placebos wie zu Beispiel Vitaminpräparate zu verschreiben, da es »reine« Placebos auf Rezept nicht gibt. »Unreine« Placebos enthalten zwar Wirkstoffe, aber nicht solche, die gegen die betreffende Krankheit wirksam sind. Was sollte man auch in dem Beipackzettel eines echten Placebos vermerken, etwa »Bitte lesen Sie diesen Zettel nicht, da das Präparat sowieso keine Wirkung hat«?

Homöopathen wird häufig vorgeworfen, der Placeboeffekt sei das einzig Wirksame in der Homöopathie (s. Kap. 26). Diese entgegnen darauf, die Frage lasse sich gar nicht klären, weil der Homöopath nicht gegen jedes Leiden dasselbe Medikament empfehle, sondern seine Therapie individuell auf der Persönlichkeit und Vorgeschichte des Patienten aufbaue. Nicht jeder Patient erhalte also etwa bei Husten dasselbe Medikament. Allein die Auswahl des richtigen Medikaments aus vielen Möglichkeiten sei für den Therapieerfolg ausschlaggebend. Eben weil man die wirksame Substanz nie mit Sicherheit allgemein gültig angeben könne, seien Placebokontrollen sinnlos. Zutreffend ist sicherlich, dass in der Homöopathie die Arzt-Patient-Beziehung einen hohen Stellenwert hat und ihr Funktionieren als wesentliche Voraussetzung für den Behandlungserfolg gesehen wird.

Heiligt der Zweck die Mittel? Ethische Aspekte der Placebobehandlung

Wie bereits erwähnt, wirft der Einsatz von Placebos sowohl in der Therapie als auch in klinischen Studien erhebliche ethische Probleme auf. Bei therapeutischen Anwendungen gilt die Regel, dass die Placebogabe nur erfolgen darf, wenn man sich hiervon einen wirklichen Erfolg verspricht. Demnach sind Herzinfarkte und andere lebensbedrohende Notfällen ausgeschlossen. Doch die zentrale Frage bleibt bestehen: Handelt es sich bei der Placebogabe um eine Täuschung des Patienten, die ethisch nicht vertretbar ist, oder heiligt der Zweck das Mittel? In einer Deklaration des Weltärztebundes wird dem Arzt zwar die Freiheit gewährt, neue diagnostische und therapeutische Maßnahmen zum Wohl des Patienten anzuwenden, gleichzeitig aber soll das Interesse der Wissenschaft und der Gesellschaft niemals Vorrang vor Erwägungen haben, die das Wohlbefinden der Versuchsperson betreffen. Welcher mögliche diagnostische oder therapeutische Wert aber rechtfertigt es, einen Patienten in eine wissenschaftliche Untersuchung einzubeziehen?

Der Arzt ist verpflichtet, seinen Patienten mit allen verfügbaren Mitteln zu helfen. In einer placebokontrollierten Studie jedoch teilt er die Patienten zufällig in eine Kontroll-(Placebo-)Gruppe und eine Verum-Gruppe ein und enthält damit möglicherweise den Patienten aus der Kontrollgruppe eine wirksame Therapie vor. Dies könnte im schlimmsten Fall juristisch als Körperverletzung oder sogar als Tötung interpretiert werden. Deshalb wurde gesetzlich festgelegt, dass in Deutschland Patienten über placebokontrollierte Studien aufgeklärt werden müssen und selbst entscheiden können, ob sie daran teilnehmen wollen. Dies hat wiederum eine empfindliche Einschränkung der wissenschaftlichen Aussage dieser Studien zur Folge, da die teilnehmenden Patienten bereits wissen, dass sie möglicherweise Placebos erhalten und somit voreingenommen sind. Außerdem kommt es zu einer Selektion der Versuchspersonen, weil die Patienten selbst entscheiden, ob sie an der Studie teilnehmen möchten. Nur Personen, die in dem Bewusstsein handeln, anderen helfen zu können, werden sich zu der Studie bereit erklären. Unter diesen Umständen kann man dann nur noch bedingt von einer generellen Gültigkeit der Studie sprechen.

»Nichts« macht müde, elend und schwindlig

Es klingt erstaunlich, aber auch für Placebos wurden Nebenwirkungen beschrieben. Dazu gehören Schläfrigkeit, Schlaflosigkeit, Übelkeit, Durchfall, Schwindel, Sehstörungen oder Mundtrockenheit. So wird von einem Arzt berichtet, der einer unter Neurosen leidenden Patientin Placebos verordnete. Beim nächsten Besuch der Sprechstunde klagte sie über starke Nebenwirkungen wie Brechreiz, Benommenheit und Schreianfälle. Als der Arzt sie über die Natur des Medikamentes aufklärte, hielt sie daran fest, das Medikament sei wirksam und habe die Nebenwirkungen ausgelöst. Erst nachdem der Arzt alle restlichen Tabletten auf einmal schluckte, glaubte sie ihm. Ob dieser Effekt durch das Placebo oder die eigentliche Grunderkrankung ausgelöst wurde, sei dahingestellt. Trotzdem wird die Anekdote in der Literatur angeführt, um darauf hinzuweisen, dass auch Placebos Nebenwirkungen haben können. Placebos mit solchen Folgen werden als *Nocebos* («ich werde schaden«) bezeichnet. Die Ursachen für diese Nebenwirkungen sind unbekannt, aber auch hier dürften psychische Faktoren eine wichtige Rolle spielen. Die Vermutung liegt nahe, dass jedes Medikament einen Noceboeffekt hervorrufen kann. Die Lektüre des Arzneimittelbeipackzettels ist ein gutes Beispiel für einen solchen Effekt. Die gesamte Palette von Wechselwirkungen und Nebenwirkungen eines Medikaments nur zur Kenntnis zu nehmen, verursacht schon ein ungutes Gefühl und stärkt nicht unbedingt den Glauben an die Wirksamkeit.

Wirkung auch ohne Tabletten, Tropfen und Tinkturen

Placebo- und Noceboeffekte können sogar ohne die Einnahme von Tabletten, Tropfen oder Tinkturen auftreten. In der Literatur gibt es erstaunliche Beispiele dafür. Einige sind im Folgenden aufgeführt.

Eine Frau litt unter schweren, schmerzhaften *Raynaud-Attacken*, bei denen die Blutgefäße der Hand stark kontrahieren, wenn sie Kälte ausgesetzt werden. Diese Attacken waren mit Angstgefühlen verbunden. Später traten sie auch ohne Kälteexposition auf, wenn die Frau sich ängstigte. Sie erlernte eine Entspannungsübung, mit deren Hilfe sie über ein Jahr beschwerdefrei blieb. In einem Experiment sollte sie sich danach vorstellen, ihre Hand in ein Eisfach zu legen und wieder herauszuziehen. Allein dadurch ließ sich ein apparativ messbarer Raynaud-Anfall auslösen.

Magengeschwüre werden teilweise durch eine abnorm hohe Bildung von Magensäure hervorgerufen (s. Kap. 16). Bei einer Patientin mit einem solchen Geschwür ließ sich dagegen so gut wie keine Produktion von Magensäure nachweisen, auch durch die Gabe von Medikamenten war sie nicht zu provozieren. Nach einer ausführlichen Anamnese stellte sich heraus, dass die Frau seit Jahren familiäre Probleme hatte. Als sie darauf direkt angesprochen wurde, reagierte sie spontan und plötzlich mit stark erhöhter Säurebildung.

H. K. Beecher brachte in seiner schon zitierten Arbeit eine Anekdote über Aborigines in Queensland mit dem Placeboeffekt in Verbindung. Ein Eingeborener kam zum Arzt und erklärte, er müsse sterben, weil der Medizinmann mit einem Knochen auf ihn gezeigt habe. In der Tat verschlechterte sich sein Zustand zunehmend, so dass der Arzt dem Medizinmann drohte, er bekomme keine Nahrungsmittel mehr, wenn er den Fluch nicht rückgängig mache. Nachdem dieser dem Patienten erklärt hatte, er habe nicht wirklich mit einem Knochen auf ihn gezeigt, begann der Verfluchte zu gesunden.

Dass bei der Erklärung des Placeboeffekts spirituelle Einflüsse nicht außer Acht gelassen werden dürfen, zeigte auch die folgende Studie: Rheumapatienten wurden ohne ihr Wissen zufällig in zwei

Gruppen eingeteilt. Im Beten erfahrene Personen sprachen nun eine Reihe von Fürbitten für die Patienten der einen Gruppe, während sie für die andere Gruppe nicht beteten. Das Ergebnis schien verblüffend: Zunächst besserten sich die Beschwerden der Patienten, für die gebetet wurde, mehr und mehr, und es sah so aus, als sei man dabei, die Wirkung des »Placebos Gott« beweisen zu können (Abb. 6). Kurz vor Erreichen der Signifikanzgrenze verschlechterte sich jedoch der Zustand dieser Patienten wieder, so dass am Ende doch keine statistisch haltbaren Aussagen möglich waren. Man interpretierte dies als »Lachen Gottes«. Offenbar lässt Er sich wirklich nicht ins Handwerk pfuschen...

Abb. 6: Placebos.

Dass Placebos durchaus nicht immer harmlos sind, zeigte die Behandlung psychisch kranker Patienten. Bei einigen rief das Placebo die klassischen Abhängigkeitssymptome einer Sucht hervor: ein Unvermögen, ohne das Placebo auszukommen, und die typische Entwicklung von Toleranz (s. Kap. 21).

Und was lernen wir daraus?

Dass es das Phänomen Placebo gibt, ist unumstritten. Der Einsatz »wirkungsloser Wirkstoffe« ist bei klinischen Studien nicht mehr wegzudenken. Viele Erklärungsansätze zur Wirkung von Placebos wurden diskutiert. Dennoch bleibt die Frage offen: Kann ein Placebo heilen? Hier scheiden sich nach wie vor die Geister. Ob Sie als Leser an den Placeboeffekt glauben oder nicht, bleibt Ihnen überlassen. Aber vergessen Sie nicht: »Heimwehpillen« bewirken bei Kindern Wunder; und irgendwie steckt in uns allen noch das Kind von damals.

27
Nicht alle Wege führen nach Rom
Arzneimittel im Körper

Michael Soldan

Am Anfang ist das Übel. Irgendeine Krankheit, ein Unwohlsein oder auch nur eine Befindlichkeitsstörung veranlasst uns, ein Arzneimittel zu nehmen, das uns möglichst rasch wieder zu alter Form und Frische verhelfen soll. Grundsätzlich gibt es mehrere Möglichkeiten, an ein Medikament zu gelangen: Entweder lässt man sich vom Arzt einen Wirkstoff verordnen, oder man erwirbt, bestärkt durch Erfahrungen oder Empfehlungen von Bekannten, ein frei verkäufliches Arzneimittel in der Apotheke. Dort fragt man vielleicht noch den Apotheker – und schon kann man als Selbsttherapeut in Aktion treten. Ist erst die richtige Pille gefunden, braucht man sie eigentlich nur noch zu schlucken...

Leider ist es häufig nicht so einfach. Warum müssen zum Beispiel Diabetiker täglich die Unannehmlichkeit mehrerer Insulin-Injektionen auf sich nehmen? Ist es wirklich notwendig, Hämorrhoiden mit Zäpfchen zu Leibe zu rücken? Das Ziel jeder medikamentösen Behandlung ist es, den Arzneistoff möglichst unverändert an den Ort im Körper zu dirigieren, wo er seine Wirksamkeit entfalten soll, und ihn dort möglichst lange wirksam zu halten. Betrachtet man den Körper allerdings genauer, stellt man fest, dass dies eine schwierige Aufgabe ist.

Helden

Den meisten Medikamenten geht es wie dem Helden eines Computerspiels, der durch unwegsame Gänge und Verliese zu einem Schatz gelangen möchte und dabei von allen Seiten attackiert wird, ehe er (hoffentlich) ans Ziel gelangt. Starten wir also das Spiel und schauen, was uns erwartet (Abb. 1).

Schon beim ersten Körperkontakt im Mund kann es vorkommen, dass der Wirkstoff durch *Enzyme* im Speichel (→ Enzyme) angegriffen und inaktiviert wird. Erfreulicherweise trifft dies für den meisten Arzneistoffe nicht zu, aber mit jedem Zentimeter, den der Wirkstoff tiefer in den Körper gelangt, steigt die Gefahr der Inaktivierung. Nach

Abb. 1: Am Start.

dem Schlucken und dem Weg durch die Speiseröhre landet der Arzneistoff zunächst im *Magen*, einer für viele Substanzen äußerst unwirtlichen Umgebung (s. Kap. 16).

Der Weg in die Tiefe

Der Magen ist mit starker Säure und mit Verdauungsenzymen bestückt, die säurelabilen und proteinartigen Arzneistoffen mächtig zusetzen können (Abb. 2, s. auch Kap. 16). So würde es z. B. auch dem Hormon Insulin ergehen (s. Kap. 15). Als Peptid wird es durch die Magensäure rasch inaktiviert und dann von Verdauungsenzymen in Stücke geschnitten. Keine gute Idee also, Insulin zu schlucken. Andererseits bildet der Magen für Arzneistoffe, die dieses Milieu lieben, mit

Abb. 2: Saurer Regen.

seiner Schleimhaut auch eine geeignete Pforte zum Eintritt in die Blutbahn. Wirkstoffe, die durch starke Säuren abgebaut werden, schwachen Säuren jedoch standhalten, lassen sich durch einen einfachen Trick vor der Zersetzung bewahren: Wird die Säure im Magen durch eine kurz zuvor eingenommene Mahlzeit soweit abgebunden, dass der pH-Wert steigt, überleben viele säureempfindliche Wirkstoffe die Passage durch den Magen. Dies ist meist der Grund, wenn es heißt: »Einnahme des Medikaments zu oder nach Mahlzeiten."

Einen noch wirksamerer Schutz vor der zerstörerischen Kraft der Magensäure bietet die Verpackung des Arzneistoffs in eine gegen Magensaft widerstandsfähige Schutzhülle. Dazu wird der Stoff zusammen mit Hilfsstoffen in Tablettenform gepresst und anschließend mit säureresistentem Lack überzogen. So überlebt die Tablette unbeschadet den Durchgang durch den Magen und löst sich erst im weniger sauren Milieu des Dünndarms auf. Der gut durchblutete Dünndarm mit seiner großen Oberfläche ist für die meisten Arzneistoffe der bevorzugte Ort der Aufnahme in die Blutbahn.

Es kommt noch schlimmer

Könnte man nicht auch Insulin in eine Tablette pressen und magensaftresistent überziehen? Dann hätte man doch den Magen mit seiner starken Säure und den Verdauungsenzymen umgangen! Leider finden die meisten Wirkstoffe mit Peptid- oder Proteincharakter auch im Dünndarm keine geeignete Umgebung. Wie schon im Magen werden sie dort durch weitere proteinspaltende Enzyme in kleine Stücke zerschnitten und so inaktiviert. Auch Insulin wäre im Dünndarm eine leichte Beute dieser Enzyme – also doch lieber nicht schlucken (Abb. 3).

Der Abbau des Insulins im Darm ist zwar bei der Therapie von Diabetes sehr lästig, da man das Hormon ins Unterhautfettgewebe injizieren muss, er hat aber auch positive Seiten. Würde Insulin über den Darm aufgenommen, bestünde die Gefahr, dass es unbewusst mit der Nahrung zugeführt wird. Obwohl sich Schweine- und Rinderinsulin vom menschlichen Hormon geringfügig unterscheiden, sind sie auch beim Menschen gut wirksam (s. Kap. 15). Deshalb wäre es möglich, z. B. beim Genuss eines großen, nur leicht angebratenen Rindersteaks beträchtliche Mengen Insulin aufzunehmen. Entgleisungen des Kohlenhydrat-Stoffwechsels wären die Folge.

Abb. 3: Enzyme greifen an.

Gefangen!

Zwar ist unser Held nun in der gegnerischen Burg (dem Inneren unseres Körpers) angelangt, am Ziel ist er aber noch lange nicht. Die meisten Medikamente müssen nach Aufnahme aus dem Darm zunächst über die Blutbahn zu ihrem Wirkort transportiert werden (→ Blut). Im Blut werden viele Stoffe sofort an Proteine (so genannte Plasmaproteine) gebunden, die dort in vielen Arten vorkommen (Abb. 4). Welcher Prozentsatz eines Arzneistoffs in Proteinbindung gefangen gehalten wird, ist von Fall zu Fall verschieden; gelegentlich sind es bis zu 99 %. Proteingebundene Substanzen können nicht in die Zellen eindringen und daher auch keine Wirkung entfalten. Zwar werden sie nach und nach aus der Bindung entlassen, doch ist ihre Wirkung über einen langen Zeitraum verteilt und deshalb stark abgeschwächt.

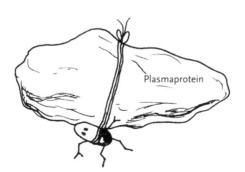

Abb. 4: Gefangen!

Nicht alle Wege führen nach Rom.

Neugeborene zeigen häufig eine erhöhte Empfindlichkeit gegenüber Arzneistoffen, die zu einer Bindung an Proteine neigen, da kurz nach der Geburt die Ausstattung mit Plasmaproteinen noch nicht voll entwickelt ist. Aus diesem Grunde müssen solche Wirkstoffe bei Neugeborenen besonders vorsichtig dosiert werden.

Kammer des Schreckens

Auch wenn es für manchen Arzneistoff schon schwierig ist, unbeschadet bis zu diesem Punkt zu gelangen: Das Schlimmste kommt noch! Im Darm aufgenommene Wirkstoffe gelangen in der Regel in die so genannte Pfortader, ein großes Blutgefäß, das vom Darm geradewegs zur Leber führt. Die *Leber*, das für Arzneistoffe wohl gefährlichste Organ, arbeitet wie ein großer Reaktor, in dem viele verschiedene Enzyme tätig sind. Unter anderem dienen sie dazu, körperfremde Stoffe zu inaktivieren und für die Ausscheidung aus dem Körper vorbereiten (→ Pharmakokinetik). Zu den betroffenen körperfremden Substanzen gehören natürlich auch die Arzneistoffe.

Der *Biotransformation* in der Leber fällt oft ein erheblicher Teil der Wirkstoff-Moleküle zum Opfer, bevor sie überhaupt Gelegenheit hatten, ihr Ziel zu erreichen. Durch enzymatische Reaktionen (z. B. durch Oxidation oder Reduktion) und durch Verknüpfung mit Aminosäuren, Zuckern oder Sulfat-Resten entstehen Umwandlungsprodukte, sogenannte Metabolite, die in der Regel nicht mehr aktiv sind (→ Pharmakokinetik). Da die Biotransformation bereits bei der ersten Leberpassage des Blutes nach Aufnahme aus dem Darm einsetzt, wird dieser gefürchtete Vorgang auch als »*First-Pass-Effekt*« bezeichnet. Nicht immer muss dies allerdings den Verlust der Wirksamkeit bedeuten. Viele Metabolite sind genauso effektiv wie der Ausgangsstoff; manche Arzneistoffe werden durch die Biotransformation sogar erst in ihre aktive Form umgewandelt (Abb. 5).

In welchem Ausmaß ein Wirkstoff durch Biotransformation verändert wird, hängt unter anderem vom Alter des Empfängers ab. Ältere Menschen können Arzneistoffe oft nicht mehr so effektiv umwandeln wie jüngere, da die Funktion ihrer Leber schon eingeschränkt ist. Das Gleiche gilt für Menschen mit Lebererkrankungen. Dies kann für die richtige Dosierung ein entscheidender Faktor sein: Verabreicht man Patienten mit Leberschäden oder mit altersbedingter Leberinsuffizienz Dosierungen, wie sie für junge, gesunde Perso-

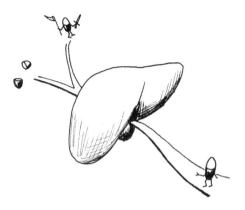

Abb. 5: Durch die Leber.

nen üblich sind, kann es durch den eingeschränkten »First-Pass-Effekt« zu schweren Überdosierungen kommen.

Kein Zutritt

Hat ein Arzneistoff es tatsächlich geschafft, die Leber unbeschadet zu verlassen, besitzt er gute Chancen, über den Blutweg zu seinem vorgesehenen Wirkort zu gelangen – auch wenn auf dieser letzten Wegstrecke weitere Hindernisse auftauchen können. So ist das zentrale Nervensystem vom Rest des Körpers besonders gut abgeschirmt (→ Nervensystem). Arzneistoffe, die ihre Wirkung im Gehirn entfalten sollen, müssen in der Lage sein, diese *Blut-Hirn-Schranke* zu überwinden (Abb. 6). Auch zum Übertritt vom Blut in andere Zellen muss

Abb. 6: Blut-Hirn-Schranke.

Nicht alle Wege führen nach Rom.

die Substanz bestimmte Voraussetzungen erfüllen – so darf sie nicht zu wasserfreundlich (hydrophil) sein, sonst kann er die äußere Zellmembran nicht durchdringen. Damit aber nicht genug: Arzneistoffe, die vor Ort angekommen sind, werden von den Zellen nicht selten als »fremd« erkannt und durch spezialisierte Transportproteine umgehend wieder nach draußen befördert. Dies widerfährt zum Beispiel einigen Medikamenten zur Behandlung von Krebserkrankungen (Cytostatika, s. Kap. 17).

Der Schlüssel zum Erfolg

Der Held unseres Spiels ist nun endlich am Ziel angekommen. Er hat sich gegen alle Angriffe erfolgreich gewehrt und muss nur noch die Schatzkammer öffnen. Gut für ihn, wenn er den passenden Schlüssel hat (Abb. 7 und 8)!

Das anschauliche Bild von Schlüssel und Schloss beschreibt die wirklichen Verhältnisse recht gut. Ein Arzneistoff entfaltet seine Wirkung in der Regel dadurch, dass er in der Zelle an ein bestimmtes Zielprotein (sein »Target«) bindet. Die Wechselwirkung zwischen Wirkstoff und Target beruht auf dem *Schlüssel-Schloss-Prinzip*, das der Chemiker Emil Fischer vor 100 Jahren als Erster formuliert hat. Der Arzneistoff (ein molekularer Schlüssel) passt genau zum Schloss (dem Target), er verändert dessen Eigenschaften und setzt so eine Reaktion der Zielzellen in Gang, die – hoffentlich – das Leiden bessert.

Abb. 7: Schlüssel-Schloss-Prinzip.

Abb. 8: Am Ziel.

Im Buch wird dieser Zusammenhang an vielen Beispielen im Einzelnen beschrieben.

Einmal ist keinmal

So unterschiedlich wie die Wirkung eines Arzneimittels, so unterschiedlich kann auch seine Wirkdauer sein. Von wenigen Sekunden bis zu mehreren Monaten ist alles möglich. Daher ist es wichtig, exakt zu ermitteln, wie lange ein Medikament wirkt. Bevor ein Präparat auf den Markt kommt, wird dies in klinischen Studien an freiwilligen Versuchspersonen erforscht (s. Kap. 29). Dazu gehört auch das so genannte »Drug Monitoring«: Den Versuchspersonen werden nach Verabreichung des Medikaments laufend Blutproben entnommen, um zu überprüfen, wie hoch der Gehalt an Arzneistoff im Körper gerade ist. Hat der Organismus die Wirksubstanz schließlich ausgeschieden, kann man wichtige Kenngrößen errechnen. Dazu gehört zum Beispiel die *Plasmahalbwertszeit* (die Zeit, nach der die Hälfte des Stoffs wieder aus dem Blut verschwunden ist). Die Disziplin, die Arzneistoffbewegungen im Körper untersucht, nennt man *Pharmakokinetik* (→ Pharmakokinetik). Nur durch Bestimmung der pharmakokinetischen Kenngrößen lässt sich genau sagen, in welchem Zeitabstand die jeweils nächste Dosis eingenommen werden muss, um die Arzneistoffwirkung zu erhalten. Warum ist das so wichtig? Merkt man denn nicht von selbst, wenn die Wirkung einer Tablette nachlässt?

Gut erklären lässt sich das Problem am Beispiel der Antibiotika (s. Kap. 4–6). Wer kennt das nicht: Es ist Herbst, alle Welt hustet und niest, man steckt sich an und wird die Erkältung einfach nicht mehr los. Also auf zum Arzt. Der stellt nach der Untersuchung fest, dass ein Antibiotikum gegen eine bakterielle Infektion nötig ist. In der Apotheke weist man noch einmal darauf hin, dass die Tabletten alle acht Stunden einzunehmen sind und die Packung vollständig verbraucht werden muss, auch wenn der Infekt schon überwunden scheint. Der Grund für diese präzisen Angaben ist, dass ein genügend hoher Antibiotikum-Blutspiegel erhalten bleiben muss, um die Erreger vollständig abzutöten. Nimmt man die Tabletten unregelmäßig ein oder vergisst sie hin und wieder ganz, sinkt der Wirkstoffgehalt im Blut so weit ab, dass Mikroorganismen überleben und eine Resistenz gegen das Antibiotikum entwickeln können (s. Kap. 4). Das Gleiche kann geschehen, wenn das Medikament zu früh abgesetzt wird. Um die Resistenzbildung zu vermeiden, muss man wissen, wie schnell der Gehalt an Antibiotikum im Blut absinkt, und genau dies lässt sich durch die pharmakokinetischen Messungen und Berechnungen bestimmen.

Wirkstoffe ade ....

Wohin verschwindet der Arzneistoff eigentlich? Klare Antwort: Der Körper scheidet ihn aus. Sowohl der unveränderte Arzneistoff als auch seine Umwandlungsprodukte (die Metabolite) verlassen den Körper mit dem Urin über die Niere, mit der Galle über die Leber, mit dem Stuhl über den Darm oder mit der Atemluft über die Lunge. Manche Arzneistoffe werden auch über die Haut oder über Schleimhäute ausgeschieden, diese Wege sind jedoch von untergeordneter Bedeutung. Den höchsten Stellenwert hat die Ausscheidung über den Urin. Da manche Wirkstoffe auch in die Muttermilch und damit in den kindlichen Organismus übergehen können, ist bei der Behandlung stillender Mütter besondere Vorsicht geboten. Womit wir beim interessanten Thema »Nebenwirkungen« wären.

UAW: Nicht jede Wirkung ist erwünscht

Bei manchen Arzneimitteln ist der Beipackzettel zum großen Teil mit der Beschreibung möglicher Nebenwirkungen ausgefüllt. Man fragt sich dann natürlich, was man bei einer solchen Therapie in Kauf nimmt und ob man nicht dadurch eventuell noch kränker wird. Manche Arzneimitteltherapien sind tatsächlich sehr belastend, und es ist deshalb unerlässlich, ihren Nutzen gegen das Krankheitsrisiko abzuwägen. Die verbreitete Furcht, all das zu bekommen, was im Beipackzettel unter Nebenwirkungen beschrieben wird, ist aber unberechtigt. Viele der aufgeführten *unerwünschten Arzneimittelwirkungen*

(«*UAW*») kommen nur einmal in einer Million Fälle vor und sind damit sicher anders einzuschätzen als Nebenwirkungen, die bei jedem zehnten Patienten auftreten. Wenn man unsicher ist, sollte man sich beraten lassen: *Zu Risiken oder Nebenwirkungen fragen sie Ihren Arzt oder Apotheker.*

Bei neu eingeführten Arzneimitteln sind UAW auch von Fachleuten nur bedingt vorhersehbar; sie treten auch nicht alle gleich nach der Markteinführung auf. Oftmals dauert es Jahre, bis der Zusammenhang zwischen einer unerwünschten Wirkung und einem bestimmten Medikament erkannt wird. Aus diesem Grund unterliegen neu eingeführte Medikamente zunächst der Verschreibungspflicht durch den Arzt, bis man besser einschätzen kann, ob eine Selbstmedikation durch den Patienten vertretbar ist (s. Kap. 29).

Bei *Nebenwirkungen* unterscheidet man zwischen toxischen («giftigen») und allergischen Wirkungen. (Abb. 2) Das Ausmaß toxischer Effekte hängt vom jeweiligen Arzneistoff ab und nimmt mit steigender Dosis zu. Wie der Körper auf toxische Wirkungen eines Medikaments reagiert, hängt auch von der individuellen Empfindlichkeit und der genetischen Ausstattung ab. Ein besonders trauriges Beispiel ist das Schlafmittel Contergan® (s. Kap. 29). Toxische Wirkungen auf das ungeborene Kind werden im Fachjargon als *Teratogenität* bezeichnet und sind besonders gefürchtet, weil sie sich auch durch sorgfältige Prüfungen des Wirkstoffs an Versuchstieren nicht immer vorhersehen lassen.

Allergische Reaktionen beschränken sich nicht auf lästige, aber eher harmlose Wirkungen wie Rötungen der Haut und Juckreiz, son-

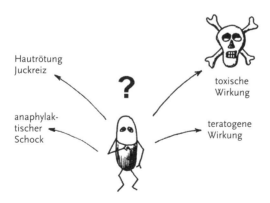

Abb. 9: Au weia!

dern können bei manchen Wirkstoffen auch zum lebensbedrohlichen *anaphylaktischen Schock* führen (s. Kap. 16). Die Haut und die Schleimhaut der Atemwege sind anfälliger auf allergische Reaktionen als etwa der Magen-Darm-Trakt. Durch den ersten Kontakt mit dem Arzneistoff wird der Organismus sensibilisiert und antwortet dann bei der nächsten Zufuhr mit allergischen Reaktionen. Je häufiger sich also ein Allergiker den Arzneistoff zuführt, umso mehr steigt das Allergierisiko.

Mix it, Baby

Zur Therapie komplexerer Erkrankungen reicht ein einzelner Arzneistoff oft nicht aus. Dies gilt vor allem, wenn mehrere Krankheitserscheinungen gleichzeitig behandelt werden müssen. In den meisten Fällen ist das kein Problem, weil man die eingesetzten Wirkstoffe aufeinander abstimmen kann. Werden sie gezielt eingesetzt, kann man ihre Wirkung verstärken und dadurch eine Therapie optimieren. Grundsätzlich kann also die Einnahme von mehreren gleichsinnig (*synergistisch*) wirkenden Medikamenten sinnvoll sein. In der Therapie des Bluthochdrucks (s. Kap. 13) oder bei der Bekämpfung von Krebserkrankungen durch Chemotherapie (s. Kap. 17) macht man sich die positiven Möglichkeiten der Arzneistoff-Kombination zunutze und erreicht damit wesentlich bessere Ergebnisse, als dies bei der Gabe eines einzelnen Wirkstoffs möglich wäre.

Nicht alle Arzneistoffe lassen sich allerdings problemlos kombinieren (Abb. 10). Eine Wechselwirkung zwischen zwei oder mehreren Arzneistoffen kann zu Unverträglichkeiten, zur Verstärkung der Nebenwirkungen oder auch zur Einschränkung ihrer jeweiligen Wirksamkeit führen. Ein drastisches Beispiel für eine solche negative Wechselwirkung ist der Eintritt einer ungewollten Schwangerschaft, weil die hormonale Verhütung mit der »Pille« (s. Kap. 23) nicht richtig geklappt hat. Auf Grund von Wechselwirkungen mit einem gleichzeitig eingenommenen zweiten Medikament reicht manchmal die Dosierung der Hormone in der »Pille« nicht mehr aus, weil diese zu schnell abgebaut werden. Bekannt sind solche Effekte z. B. von Barbituraten, Antibiotika wie **Rifampicin**, Antiepileptika wie **Carbamazepin**, aber auch von frei verkäuflichen Mitteln wie hochdosiertem Johanniskrautöl.

Abb. 10: Wechselwirkungen.

Auch Alkohol und bestimmte Nahrungsmittel können die Wirksamkeit von Medikamenten erheblich beeinflussen. Gerade bei Suchtkranken ist die Mischung von Psychopharmaka mit Alkohol sehr beliebt, da Alkohol die Wirksamkeit der Pharmaka verstärkt (s. Kap. 20). Antibiotika wie Tetracyclin sollten nicht zusammen mit calcium- oder magnesiumreichen Nahrungsmitteln geschluckt werden, da das Antibiotikum sonst vom Körper nicht in ausreichendem Maße aufgenommen werden kann. Zu den calciumreichsten Nahrungsmitteln gehören Milchprodukte, die man deshalb besser erst einige Zeit nach dem Medikament zu sich nimmt.

Viele Wechselwirkungen zwischen Arzneimitteln und Nahrungsmitteln sind noch gar nicht genau bekannt. Die bekannten müssen jedenfalls im Beipackzettel stehen. Kein Wunder also, dass die Beipackzettel manchmal mehrere Seiten lang sind!

Gut verpackt!

Nehmen wir an, die Dosierungsempfehlung lautet: 3-mal täglich 5 mg. Wie sollte man eine so kleine Dosis einnehmen, wenn sie nicht sinnvoll verpackt wäre? Mit Verpackung ist dabei nicht die Schachtel gemeint, sondern die beigefügten *Hilfsstoffe* und die Form, in die die Mischung aus Wirkstoff und Hilfsstoffen gebracht wird (Abb. 11).

Angenommen, unser Wirkstoff ist fest, also ein Pulver. Das einfachste Verfahren wäre dann, so viel Hilfsstoff (z. B. Milchzucker) beizumischen, dass sich für jede gewünschte Dosis eine Menge ergibt,

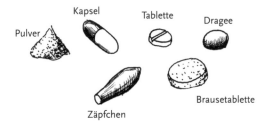

Abb. 11: Darreichungsformen.

die sich bequem in ein Briefchen abpacken lässt. Jedes dieser *Briefchen* enthält dann z. B. 5 mg Arzneistoff und 95 mg Hilfsstoff. Die Methode ist einfach, aber nicht optimal. So bleiben nach dem Auflösen in Wasser und der Einnahme Reste in der Tüte oder im Glas zurück. Vielleicht schmeckt das Pulver auch noch grauenhaft. Ein weiterer Nachteil ist, dass die Mischung in Tütchen Umwelteinflüssen wie Luftfeuchtigkeit und Luftsauerstoff ausgesetzt ist und dadurch in Gefahr gerät, schnell an Wirksamkeit zu verlieren.

Wie könnte man den Arzneistoff (und die Geschmacksnerven) besser schützen? Eine Möglichkeit ist die Verpackung in einer Hartgelatinehülle, also einer *Kapsel*. Viele Hartgelatinekapseln bestehen aus zwei Teilen, einem unteren, in den die Arzneistoffmischung sehr genau dosiert eingefüllt werden kann, und einem oberen, der sich auf den unteren Teil aufschieben lässt und so die Kapsel fest und luftdicht verschließt. Wenn der Inhaltsstoff säureempfindlich ist, kann man ihn auch noch mit einem magensaftresistenten Lack überziehen, der sich erst im Dünndarm auflöst. Der Nachteil von Kapseln ist, dass auch sie Feuchtigkeit aus der Luft aufnehmen und brüchig werden können.

Eine weitere Möglichkeit, die präzise Dosierungen erlaubt und den Geschmackssinn schont, ist das Verpressen eines Pulvers zu *Tabletten*. Das Pulver in Tablettenform kann man dann in vielfältiger Weise weiterbehandeln und den jeweiligen Bedürfnissen anpassen. Eine besondere Form ist die *Retardtablette*. Sie bietet die Möglichkeit, Arzneistoffe mit kurzer Wirkdauer so zu verpacken, dass eine kontinuierliche, zeitverzögerte Freigabe des Arzneistoffs aus der Tablette zu einer wesentlich längeren Wirkung im Organismus führt. Müsste man einen solchen Arzneistoff normal verpackt 5- bis 6-mal täglich nehmen, genügt in Retardform eine 1- bis 2-malige Einnahme. Sowohl die Retardtablette als auch die magensaftresistente Tablette sind technisch aufwendige Produkte, die genau auf den vorgesehenen Wirkort eingestellt sind. Sie sollten aus offensichtlichen Gründen nicht geteilt werden.

Andere Spezialformen der Tablette sind z. B. das *Dragee*, eine überzogene Tablettenform mit glatter Oberfläche, die sich leicht einnehmen lässt und dazu alle positiven Eigenschaften der Tablette besitzt, oder die *Brausetablette*, mit der man wasserlösliche Arzneistoffe leichter in Lösung bringen kann, was wiederum schnellere Aufnahme und Wirksamkeit nach sich zieht.

Elixiere postmodern

Nicht jeder Arzneistoff ist fest; viele sind flüssig oder überhaupt nur in flüssiger Form stabil. Begriffe wie *Tropfen*, *Tinkturen*, *Elixiere*, *Mixturen* oder *Sirupe* hat fast jeder schon einmal gehört. Was aber steckt dahinter?

Unterscheiden sollte man zunächst zwischen Lösungen, die durch *Injektion* mit einer Spritze oder durch *Infusion* verabreicht werden, und solchen, die getrunken (also *oral* eingenommen) werden. Zubereitungen für Anwendungen am Auge oder zur Injektion bzw. Infusion müssen *steril* (keimfrei) sein, da sonst schlimme Infektionen entstehen können, und werden unter besonderer Überwachung hergestellt. Da Bakterien und Pilze in Lösungen oftmals gute Nährböden finden, ist eine steril verpackte Zubereitung nur so lange wirklich steril, bis sie geöffnet wird. Wird sie dann nicht sofort aufgebraucht, so muss ein Konservierungsmittel enthalten sein, das das Wachstum der Mikroorganismen wirksam unterdrückt. Dies gilt z. B. auch für mehrfach verwendbare Augentropfen. Ist die Packung erst einmal geöffnet, gilt auch das Verfallsdatum nicht mehr. Im angebrochenen Zustand ist die Möglichkeit einer Verunreinigung mit Mikroorganismen so hoch, dass nach einigen Wochen auch ein Konservierungsmittel keinen ausreichenden Schutz mehr bietet. Dann gibt es nur noch eins: Entsorgen, statt sich zu infizieren.

Für die *orale Einnahme* von Wirkstoffen stehen als Zubereitungen hauptsächlich Tropfen, Sirupe, Elixiere oder Mixturen zur Verfügung. *Tropfen* sind konzentrierte Arzneistofflösungen, die über die Tropfenzahl dosiert werden. Der Arzneistoff kann in wässriger, alkoholischer oder öliger Lösung gelöst sein. Vorsicht also bei Alkoholkranken! Hier sollte man lieber erst prüfen, worin der Arzneistoff gelöst ist (der Alkoholgehalt ist in der Packungsbeilage angegeben). *Sirupe* (man denke an leckeren, süßen Hustensaft) sind Lösungen mit einem hohen Anteil an Zucker oder Süßstoffen. Sie sind bestens für Kinder geeignet, können aber auch Alkohol enthalten. Hier hilft ebenfalls der Blick in den Beipackzettel.

«Elixier« und »Mixtur« sind Begriffe, die Bilder mittelalterlicher Alchemisten heraufbeschwören. In dunklen Gewölben war man damals auf der Suche nach dem Lebenselixier, einem Trank, der ewiges Leben verleihen sollte ... Technisch-nüchtern gesehen sind *Elixiere* eigentlich nur alkoholische, stark süße und häufig aromatisierte Lösungen. *Mixturen* enthalten anstelle von Alkohol Wasser und sind im Übrigen ebenfalls sehr süß und aromatisiert. Welche flüssige Verarbeitung für den entsprechenden Zweck am besten geeignet ist, muss von Fall zu Fall entschieden werden.

»Vor Gebrauch schütteln«

Dieses Etikett auf einem Medikament deutet meist auf eine Suspension oder eine Emulsion hin. *Suspensionen* sind Flüssigkeiten, in denen ein fester Arzneistoff fein verteilt aber nicht gelöst vorliegt. Das klingt erst mal nicht sehr vertrauenerweckend. Der Trick, der diese Zubereitung trotzdem zu einem gut dosierbaren und sicheren Medikament macht, ist physikalischer Natur. Setzt sich der Arzneistoff nach dem Aufschütteln zu schnell am Boden ab, ist er natürlich nicht mehr gleichmäßig in der Flüssigkeit verteilt und eine genaue Dosierung ist kaum möglich. Daher kommt es darauf an, die Arzneistoffteilchen so lange wie möglich in der Schwebe zu halten. Das funktioniert besonders gut, wenn sie sehr klein sind, oder wenn die Flüssigkeit sehr zähflüssig ist. Die Zeit, bis sich der Arzneistoff nach dem Ausschütteln wieder abgesetzt hat, wird dann so lang, dass man das Medikament in aller Ruhe genau dosieren kann.

Auch bei einer *Emulsion* löst sich etwas nicht auf, nämlich eine Flüssigkeit in einer zweiten. Wir alle kennen das Problem von der Salatsoße. Verrührt man Essig und Öl miteinander, entsteht zunächst eine mehr oder weniger gleichmäßig (homogen) aussehende Mischung. Lässt man die Soße dann lange genug stehen, bilden sich wieder eine Öl- und eine Essigschicht. Spült man nach dem Salatgenuss die Schüssel und gibt etwas Spülmittel dazu, so vermischen sich Essig und Öl wieder zu einer homogenen Flüssigkeit. Das ist schon das ganze Geheimnis. Arbeitet man eine kleinere Menge wässriger Arzneistofflösung in ein größeres Volumen öliger Flüssigkeit ein, entsteht eine *Wasser-in-Öl-Emulsion*. Im umgekehrten Fall (kleine Menge öliger Arzneistofflösung in größerer Menge wässriger Flüssigkeit) nennt man das Produkt eine *Öl-in-Wasser-Emulsion*. Wie bei der Salatsoße kann man heftig rühren, bis sich alles homogen mischt, oder man gibt einen *Emulgator* dazu, der – wie das Spülmittel – die Mischbarkeit der beiden Flüssigkeiten dauerhaft verbessert.

Emulsionen gibt es zur inneren und äußeren Anwendung sowie zur Infusion. Vor allem in der Therapie von Hauterkrankungen und der Kosmetik werden sie gern eingesetzt. Bei eher trockener Haut eignet sich eine Wasser-in-Öl-Emulsion (W/O), bei normaler und fettiger Haut eher eine Öl-in-Wasser-Emulsion (O/W). Unter den äußeren Anwendungen von Arzneistoffen und in der Kosmetik darf natürlich die *Salbe* nicht fehlen. Salben bilden eine hervorragende Grundlage für feste oder flüssige Arzneistoffe. Wird eine wässrige Arzneistofflösung eingearbeitet, so wird aus der Salbe eine *Creme*, wird dagegen ein hoher Feststoffanteil eingearbeitet, entsteht aus der Salbe eine *Paste*.

Wo ein Wille ist ....

Zäpfchen, in der Fachsprache auch Suppositorien genannt, sind Arzneiformen zur Einführung in den Enddarm (rektal) oder auch in die Scheide (vaginal). In dieser Form kann sowohl ein lokal (z. B. bei Hämorrhoiden) als auch ein systemisch (im ganzen Körper) wirkender Stoff, z. B. ein Schmerzmittel, enthalten sein. Zäpfchen sind bevorzugte Arzneistoffträger, wenn man Tabletten oder einen Saft nicht schlucken kann. Dies kann bei schwerkranken Kindern der Fall sein oder bei bewusstlosen Patienten. Auch wenn einem so übel ist, dass man ständig erbrechen muss und der Arzneistoff daher keine Chance hat, über den Magen-Darm-Trakt aufgenommen zu werden, sind Zäpfchen hilfreich. Bei Migräne mit Übelkeit, Erbrechen und starken Schmerzen eignen sie sich besonders gut. Ein Nachteil von Zäpfchen ist, dass die Aufnahme so verabreichter Wirkstoffe in den Blutkreislauf langsam und unvollständig ist. Hinzu kommt noch, dass nach rektalen Gebrauch von Zäpfchen ein plötzlicher Stuhldrang entsteht. Gibt man diesem Drang nach, so hat es sich mit der Wirksamkeit erledigt, da der Arzneistoff in der Zwischenzeit meist nicht in genügender Menge vom Körper aufgenommen werden konnte.

Zu guter Letzt

Die Entwicklung neuer, hochwirksamer Arzneistoffträger hat in den letzten Jahren große Fortschritte gemacht. Arzneistoffe wie Cortison (s. Kap. 4) werden bei Asthma über *Dosieraerosole* in feinst verteilten Feststoffpartikeln direkt in die Lunge appliziert. Damit lässt sich ein Großteil der Nebenwirkungen umgehen. *Transdermalpflaster*, die einen Wirkstoff über Tage genau dosiert durch die Haut in den Körper abgeben, werden zur Verabreichung von Hormonen benutzt. Solche und viele neue Trägersysteme werden für die Zukunft immer wichtiger, denn die nächste große Herausforderung steht vor der Tür: die Therapie von Erkrankungen durch Gene aus dem menschlichen Erbgut.

28

Vertrauen ist gut, Kontrolle ist besser
Entwicklung und Zulassung von Arzneimitteln

Imme Krüger

Einer der schlimmsten Arzneimittelskandale der Geschichte liegt inzwischen mehr als vier Jahrzehnte zurück. In den Jahren 1958 bis 1961 wurden weltweit etwa 10 000 Kinder mit schweren Missbildungen geboren. Ihre nichts ahnenden Mütter hatten während der Schwangerschaft das bis dahin als unbedenklich geltende Schlaf- und Beruhigungsmittel Contergan® eingenommen. Was niemand wusste: Thalidomid, der Wirkstoff im Contergan®, stört in einer kurzen Phase der frühen Schwangerschaft die Entwicklung der Extremitäten und anderer Organe des Embryos. Nach der Geburt zeigten sich die Folgen: Die Säuglinge hatten missgebildete, zumeist extrem verkürzte Arme und Beine. Contergan® war damals rezeptfrei in Apotheken erhältlich und wurde Schwangeren ausdrücklich empfohlen.

Ein Skandal rüttelt wach ...

Wie konnte es zu solch einer katastrophalen Fehleinschätzung kommen? Bis zum Beginn der 1960er Jahre war die Herstellung von Arzneimitteln in Deutschland gesetzlich so gut wie nicht geregelt. Es mussten weder Angaben über die *Giftigkeit* (Toxizität) eines Arzneimittels noch über die fachliche Qualifikation des Herstellers (Sachkunde-Nachweis) gemacht werden. Erst 1961 – übrigens noch vor Bekanntwerden des Contergan-Skandals – trat in Deutschland das erste moderne Arzneimittelgesetz in Kraft (»Gesetz über den Verkehr mit Arzneimitteln«). Es führte zwei wesentliche Neuerungen ein: Arzneimittel durften nur noch mit einer Genehmigung hergestellt werden, die ausschließlich an sachkundige Personen vergeben wird. Außerdem mussten alle Arzneimittel bei den zuständigen Bundesbehörden registriert werden. Diese Vorschriften dienten vor allem der Verbesserung der *pharmazeutischen Qualität*. Aussagen über die Wirksamkeit des Medikaments gegen eine bestimmte Krankheit oder über eventuelle Nebenwirkungen wurden von der ersten Gesetzesfassung noch nicht gefordert. Angaben darüber lagen zunächst im Ermessen des Herstellers.

Nach dem Contergan-Skandal kam ein Denkprozess in Gang, der – allerdings erst 1978 – zur völligen Neugestaltung des Arzneimittelrechts führte («Gesetz zur Neuordnung des Arzneimittelrechtes»). Die formelle Registrierung von Arzneimitteln wurde durch ein umfassendes Zulassungsverfahren ersetzt, in dessen Verlauf drei Säulen einer gesicherten Arzneimittelversorgung belegt werden müssen: die *pharmazeutische Qualität*, die *therapeutische Wirksamkeit* und die *Unbedenklichkeit* eines neuen Medikaments. Nur wenn diese drei Eigenschaften eines Arzneimittels vom Hersteller durch Experimente und Studien ausreichend untermauert werden können, ist die Zulassung möglich.

Die Nadeln im Heuhaufen: Wirkstoffe

Bevor ein neues Arzneimittel entwickelt werden kann, muss zunächst der Wirkstoff bekannt sein, auf dessen Effekt die Therapie für eine Krankheit basieren soll. Tatsächlich gibt es überall Wirkstoffe, man muss sie nur finden (Abb. 1). Die Natur hat unzählige Stoffe mit biologischer Wirksamkeit erfunden, von denen die meisten allerdings noch gar nicht bekannt sind. Die Suche nach neuen Substanzen konzentriert sich in der Regel auf Mikroorganismen und Pflanzen, die Stoffe mit pharmakologischer Wirksamkeit produzieren (beispielsweise Taxan, einen aus der Eibe gewonnenen Wirkstoff, s. Kap. 17). Wertvolle Hinweise liefern oft traditionelle Hausmittel, aber auch der schlichte Zufall kann manchmal helfen, wenn es darum geht, neue Wirkstoffe zu entdecken (siehe etwa Kap. 5).

Die systematische Suche nach Wirkstoffen wird als *Screening* bezeichnet. Mit einem experimentellen Test (einem *Assay*) können wirksame Substanzen aufgedeckt werden. Gescreent werden nicht nur

Abb. 1: Ein Wirkstoff wird geboren.

Pflanzenextrakte und andere natürliche Quellen, sondern auch vorgefertigte »Bibliotheken« aus zigtausenden chemischen Verbindungen, die nach dem Zufallsprinzip zusammengetragen worden sind. Durch Automatisierung des Screening-Verfahrens ist es heute möglich, nach dem Motto »Blind, aber schnell« in einer einzigen Woche 100 000 Verbindungen auf eine bestimmte Wirkung hin zu testen.

Wirkstoffe aus dem Computer

Ein intelligenterer (wenn auch nicht immer erfolgreicher) Ansatz zur Wirkstoffsuche stützt sich auf detaillierte Strukturinformationen von Molekülen. Bei den Zielmolekülen (so genannte »Targets«), die mit dem Wirkstoff beeinflusst werden sollen, handelt es sich in der Regel um Proteine, zum Beispiel um Enzyme, Rezeptoren oder Transportproteine (→ Enzyme, Signaltransduktion, Membranen). Ist die räumliche Struktur des Targets im Detail bekannt, können am Computer chemische Verbindungen entworfen werden, die nach dem »Schlüssel-Schloss-Prinzip« (s. auch Kap. 27) genau zu dieser passen. Sind bereits Substanzen bekannt, die an das Zielprotein binden, können diese *Leitstrukturen* mit Hilfe des Computermodells weiter verbessert werden. Die so entworfenen *Derivate* (Abkömmlinge) sollten noch besser ins »Schloss« passen und deshalb noch stärker wirken; sie werden entweder neu synthetisiert oder können einer Substanzbibliothek entnommen werden. Mit einem geeigneten Assay muss dann natürlich noch überprüft werden, ob die Vorhersagen des Modells wirklich zutreffen.

Unerwünschte Nebenwirkung?

Nicht zuletzt sind auch die oft geschmähten Nebenwirkungen von Medikamenten eine reiche Quelle für die Entwicklung neuer Wirkstoffe oder Therapieansätze. Ein gutes Beispiel dafür ist das Schmerzmittel Aspirin®. Sein Wirkstoff Acetylsalicylsäure lindert nicht nur Schmerzen und Entzündungen (s. Kap. 1) sondern hemmt auch die Blutgerinnung, indem er die Aggregation von Blutplättchen verhindert (s. Kap. 12). Deshalb sollte Aspirin® nicht unmittelbar vor oder nach Operationen oder dem Ziehen eines Zahnes eingenommen werden, denn seine »blutverdünnende« Nebenwirkung kann Blutungen verlängern und die Wundheilung verzögern. Andererseits kann Acetylsalicylsäure aufgrund dieser »Nebenwirkung« auch nutzbringend zur Vorbeugung von Herzinfarkt und Schlaganfall eingesetzt werden, indem es die Gefahr einer Thrombose (Gefäßverstopfung) reduziert.

Wunsch und Wirklichkeit: Die präklinische Prüfung

Für das Massenscreening möglicher neuer Wirkstoffe sind nur sehr einfache Assays geeignet, die in der Regel lediglich die Bindung der Wirkstoffkandidaten an das Zielprotein oder Änderungen seiner biologischen Aktivität messen. Um die Brauchbarkeit potenzieller Wirkstoffe unter Ernstfallbedingungen zu überprüfen, müssen diese stets in komplexeren Systemen getestet werden.

Chemische Vorgänge im Zielgewebe des Wirkstoffs werden zunächst in Zellkultur-Experimenten imitiert. Mit Hilfe von isolierten menschlichen Einzelzellen, die in Schalen mit Nährflüssigkeit wachsen, werden mögliche Probleme untersucht: Es kann geprüft werden, ob die Wirkstoffmoleküle die Zellmembran passieren und das richtige Zellkompartiment erreichen können, um auf das gewünschte Target zu treffen (→ Zellen). Weiterhin kann verfolgt werden, ob ein Wirkstoff von zelleigenen Enzymen inaktiviert oder abgebaut wird (s. Kap. 27). Viele Substanzen erweisen sich bereits in Zellkultur-Versuchen als giftig (cytotoxisch), weil sie auch andere Moleküle als das eigentliche Zielprotein beeinflussen und die Zellen dadurch absterben.

Erkenntnisse aus diesen ersten Versuchen liefern zwar die ersten grundsätzlichen Informationen über Wirkung und Toxizität, doch reichen diese nicht aus, um ein Medikament mit diesem Wirkstoff herzustellen. Zellkulturen und selbst isolierte Organe spiegeln niemals die komplexen biologischen Abläufe in einem Organismus vollständig wider. Deshalb können zahlreiche essenzielle Informationen über die erwünschten und unerwünschten Wirkungen einer neuen Substanz nur durch Versuche am lebenden Organismus gewonnen werden. Tierversuche sind in diesem Stadium der Arzneimittelentwicklung meist unersetzlich, da Versuche am Menschen ohne grundlegende Erkenntnisse über dosisabhängige Wirkungen und Nebenwirkungen in einem vollständigen biologischen Organismus unverantwortlich wären. Dauer und Umfang dieser Experimente sollen dabei so gering wie möglich gehalten werden, ohne jedoch die Aussagekraft der Ergebnisse zu mindern. Zu drei wesentlichen Fragestellungen müssen Informationen am lebenden Organismus gesammelt werden: Erstens muss die *Dosis-Wirkungs-Beziehung* für Hauptwirkung, Nebenwirkungen und toxische Effekte beurteilt werden. Es muss also herausgefunden werden, mit welcher Menge des Wirkstoffs der gewünschte Effekt erzielt wird, ab welcher Dosis vermehrt Nebenwirkungen auftreten und ab wann die Substanz giftig für einen Organismus ist. Ziel muss es sein, mit möglichst wenig Substanz die gewünschte Wirkung zu erzielen (→ Pharmakodynamik).

Zweitens werden *Aufnahme* (Resorption), *Verteilung* und *Verstoffwechselung* des Wirkstoffs im Organismus untersucht (→ Pharmakokinetik, Stoffwechsel). Im Zusammenhang mit der zu verabreichenden Dosis ist es wichtig zu wissen, wann wie viel des Wirkstoffs vom Körper abgebaut wird. Der Applikationsweg (Darreichung) sollte so gewählt sein, dass der Körper die Substanz schnell und möglichst vollständig aufnimmt und die Wirkstoffmoleküle das Zielgewebe erreichen. Je geringere Mengen eines Stoffs eingesetzt werden müssen, desto weniger muss der Körper, speziell die Leber, verstoffwechseln und ausscheiden, desto geringer ist folglich die Belastung für den Körper. Für jeden Wirkstoff, der für eine spezielle Therapie vorgesehen ist, muss individuell die effektivste Darreichungsform ermittelt werden, die in einer schützenden Verpackung möglichst stabil und haltbar aufbewahrt werden kann (s. Kap. 27).

Aus dem reinen Wirkstoff muss also ein Arzneimittel entwickelt werden. Außer dem Wirkstoff enthält ein Arzneimittel in der Regel Hilfsstoffe (z. B. Aromastoffe) und Konservierungsmittel. All diese Parameter werden unter dem Begriff der *pharmazeutischen Qualität* eines Arzneimittels zusammengefasst. Diese war früher bestimmt durch das Geschick des Apothekers; heute ist eine »Wissenschaft für sich«, die Pharmazeutischen Technologie, dafür zuständig. Weitere Aspekte der Arzneimittelentwicklung werden in Kapitel 27 ausführlicher behandelt.

Die dritte Frage, jene nach *Mutagenität, karzinogenem Potenzial* und *Teratogenität*, lenkt ein besonderes Augenmerk auf mögliche *Langzeitwirkungen*. Ob eine Substanz Erbgut schädigend (*mutagen*) oder Krebs auslösend (*karzinogen*) ist, kann nur in langfristigen Untersuchungen am tierischen Organismus geklärt werden. Wie der Contergan-Skandal auf erschreckende Weise deutlich machte, ist es ebenso wichtig, mögliche Störungen der Embryonalentwicklung (*teratogene Wirkungen*) frühzeitig zu erkennen.

Nun wird's ernst. Die klinische Prüfung

Nach Abschluss der präklinischen Studien an Zellen, Organsystemen und schließlich an Tieren können die Studien zur Anwendung am Menschen beginnen. Die klinische Prüfung von Arzneimitteln ist gesetzlich streng geregelt. Grundlagen zu Planung und Ablauf klinischer Studien («good clinical practice») sind in der *Deklaration von Helsinki* des Weltärztebundes aus dem Jahre 1975 verankert. Die strenge Einhaltung dieser Kriterien dient in erster Linie der Sicherheit der Testpersonen, die an den Studien teilnehmen.

Während der klinischen Prüfung durchläuft ein neu entwickeltes Medikament vier Phasen, von denen die letzte erst nach der Zulassung beginnt (Abb. 2). Die klinische Prüfung soll die vorhandenen Erkenntnisse über Wirksamkeit, Nebenwirkungen und Unbedenklichkeit sowie Dosierung und Darreichung verfeinern mit dem Ziel, ein wirksames und sicheres Medikament am Markt einführen zu können.

In *Phase I* der klinischen Prüfung wird vor allem die *Verträglichkeit des Wirkstoffs* in verschiedenen Dosen an *gesunden* Menschen geprüft. In diesem Abschnitt der Prüfung steht nicht die Wirkung, sondern die *Unbedenklichkeit* der Substanz im Vordergrund. Da die Anwendung stark toxischer Arzneimittel wie z. B. Cytostatika (s. Kap. 17) bei gesunden Probanden nicht vertretbar wäre, findet in diesen Fällen die erste Erprobung an Patienten statt, für deren Behandlung keine therapeutischen Alternativen mehr bestehen.

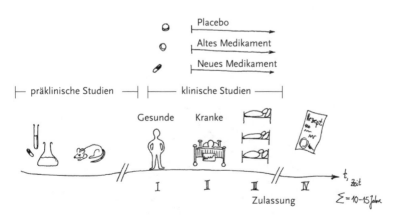

Abb. 2: Der lange Weg zum Medikament.

Mit *Phase II* wird das potenzielle Arzneimittel zum ersten Mal bei einigen hundert ausgewählten Patienten gegen diejenige Krankheit eingesetzt, für deren Therapie es gedacht ist. Dabei geht es um die optimale *Dosierung* und die *Verträglichkeit* bei *kranken* Probanden. Nur wenn sich bei vertretbaren Nebenwirkungen eine klare therapeutische Wirksamkeit belegen lässt, kann die klinische Prüfung fortgesetzt werden.

In *Phase III* wird das Medikament einer größeren Anzahl Patienten verabreicht (bis zu mehreren Tausend). Es werden kontrollierte Vergleichsstudien mit verschiedenen Patientengruppen durchgeführt, in denen die *Wirksamkeit* des Arzneimittels sowohl mit der bisher angewendeten Standardtherapie als auch mit Placebogaben verglichen werden kann (s. Kap. 26). Mehr als 30 Einzelstudien an verschiedenen Orten sind in dieser Phase keine Seltenheit.

Ziel der klinischen Prüfungen ist es, eine *Nutzen-Risiko-Abschätzung* des potenziellen Arzneimittels erstellen zu können. Insbesondere muss geklärt werden, ob das so genannte *therapeutische Fenster*, also die Spanne zwischen der Wirkstoffdosis, die die gewünschte therapeutische Wirkung erzielt, und einer Dosis, die zu schwerwiegenden Nebenwirkungen führt, für eine sichere Arzneitherapie breit genug ist (Abb. 3, → Pharmakodynamik). Ein Maß hierfür ist der therapeutische Index. So besagt ein therapeutischer Index von 1 : 100, dass erst beim Hundertfachen der therapeutisch notwendigen Dosis mit schweren toxischen Nebenwirkungen zu rechnen ist. Nur wenn der Nutzen, das heißt die Wirksamkeit, die Risiken eindeutig überwiegt, kann ein Arzneimittel zugelassen werden (Abb. 4).

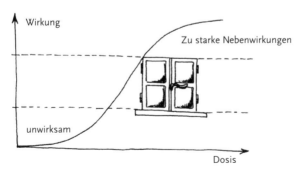

Abb. 3: Das therapeutische Fenster.

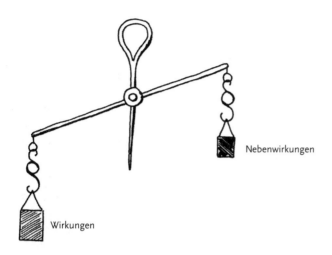

Abb. 4: Die „Zulassungswaage"

Gut Ding will Weile haben

Während die Wirkstoffsuche meist nur 1–2 Jahre dauert, ist – auch bedingt durch ständig steigende gesundheitspolitische Anforderungen – die Entwicklungszeit für völlig neue Arzneimittel auf mittlerweile 12–15 Jahre angestiegen. Glaubt man den Herstellern, entstehen in dieser Zeit Entwicklungskosten von 500 Millionen Euro und darüber. Am Ende der Entwicklung steht das *Zulassungsverfahren*, in dem anhand der durchgeführten Studien die bereits genannten Kriterien belegt werden müssen:

- die pharmazeutische Qualität,
- die therapeutische Wirksamkeit und
- die Unbedenklichkeit.

Die Zulassung kann nur dann erteilt werden, wenn sich aus den eingereichten Daten eine positive Nutzen-Risiko-Abschätzung ergibt. Der formale Antrag auf Zulassung muss deshalb alle Daten und Ergebnisse aus der gesamten Forschungs- und Erprobungszeit des neuen Arzneimittels enthalten. Man kann sich leicht vorstellen, dass ein solcher Zulassungsantrag auf 100 000 Seiten anwächst. Die aufwendige Überprüfung eines neuen Medikamentes im Rahmen der Zulassung bildet also ein Gegenstück zu der bis 1978 geltenden formellen Registrierung von Arzneimitteln.

Mit dem Ziel, das Zulassungsverfahren in den Mitgliedstaaten der EU anzugleichen, kann heute in Europa die Zulassung für ein neues Medikament über drei unterschiedliche Verfahren beantragt werden. Mit dem *zentralen Verfahren* wird die unmittelbare Zulassung für alle Mitgliedstaaten erreicht. Der Antrag auf Zulassung wird dafür bei der European Agency for the Evaluation of Medical Products (EMEA) in London gestellt, dort zentral für alle Mitgliedsstaaten bearbeitet und verbindlich entschieden. Alternativ kann ein Medikament in einem Verfahren der gegenseitigen Anerkennung zunächst in einem einzelnen EU-Staat zugelassen werden. Nach der ersten erteilten Zulassung kann dann ein gegenseitiges Anerkennungsverfahren in anderen EU-Staaten erfolgen. Wird die Zulassung dagegen von vornherein nur in einem europäischen Land angestrebt, so sind lediglich dessen nationale Behörden zuständig. In Deutschland sind dies das Bundesinstitut für Arzneimittel und Medizinprodukte (BfArM, ehemals Bundesgesundheitsamt) sowie für Sera, Impfstoffe und Blutprodukte das Paul-Ehrlich-Institut (s. auch Kap. 9). Das Zulassungsverfahren dauert in allen drei Fällen ungefähr ein Jahr.

Ergibt die Prüfung der eingereichten Antragsunterlagen, dass das neue Arzneimittel alle Voraussetzungen des Arzneimittelgesetzes erfüllt, so wird die Zulassung erteilt. Damit erhält das neue Medikament einen *Handelsnamen*. Zusammen mit dem Medikament werden die *Fachinformationen* für Ärzte und Apotheker sowie die Patienteninformation in Form des *Beipackzettels* veröffentlicht. Kernpunkte darin sind Angaben zu den Anwendungsgebieten des Medikaments (Indikation und Kontraindikation), Nebenwirkungen sowie Wechselwirkungen mit anderen Arzneimitteln oder Nahrungsbestandteilen. Informationen zur Zusammensetzung des Arzneimittels (Wirkstoffe, Hilfsstoffe), den verfügbaren Darreichungsformen, zur Dosierung, Lagerung und Haltbarkeit gehören ebenfalls dazu. Wie am Beispiel des Contergan-Skandals deutlich wird, sind Hinweise für die Verabreichung während der Schwangerschaft und Stillzeit essenziell.

Der Praxistest

Vom Zeitpunkt der Zulassung an können Ärzte das neue Medikament ihren Patienten verschreiben. Damit beginnt die *Phase IV* der klinischen Prüfung. In dieser Zeit werden von Ärzten, Patienten und Apothekern weitere Erkenntnisse und Beobachtungen gesammelt, über die der Hersteller den zuständigen Behörden halbjährlich berichten muss. Nach den Studien durch den Hersteller (Phase I–III) ist dieser letzte Abschnitt der Überprüfung die einzige Möglichkeit, verlässliche Daten über selten auftretende Nebenwirkungen zu erhalten. Selbst im Vergleich zur Phase III der klinischen Prüfung nehmen dabei deutlich mehr Patienten das Medikament ein. Außerdem besteht erst mit der Markteinführung die Möglichkeit, Langzeiteffekte der Einnahme sowie Erfahrungen aus dem »wirklichen Leben« zu beobachten. Im Alltag ist die Lage anders als in klinischen Studien: Alle Altersgruppen vom Teenager bis zum Greis verwenden das Medikament, Tabletteneinnahmen werden vergessen oder kumuliert, eine Fettleber soll den neuen Wirkstoff metabolisieren und eine »Raucherlunge« das Asthmaspray aufnehmen. All dies sind Konstellationen, die in der klinischen Prüfung weit gehend ausgeschlossen sind.

Nach fünf Jahren bewertet der Hersteller gemeinsam mit der zuständigen Bundesbehörde erneut die Nutzen-Risiko-Relation und damit auch die Zulassungsvoraussetzungen. Um weiterhin eine ärztlich kontrollierte Anwendung zu gewährleisten, kann die zunächst auf die ersten fünf Jahre nach der Zulassung beschränkte ärztliche *Verschreibungspflicht* verlängert werden. Stellt sich in der Einführungsphase heraus, dass das neue Medikament in der Anwendung sicher ist und auch bei unkontrollierter Anwendung keine unvertretbaren Risiken zu erwarten sind, besteht bei bestimmten Arzneimitteln die Möglichkeit, die Verschreibungspflicht aufzuheben. Das Medikament bleibt jedoch weiterhin apothekenpflichtig, der Patient kann es also ohne Rezept, aber nur in Apotheken kaufen.

Abgucken erlaubt ...

Ein neu entwickelter Wirkstoff wird vom pharmazeutischen Hersteller normalerweise zum *Patent* angemeldet. Ist das erste Arzneimittel mit dem neuen Wirkstoff (das »Erstanmeldepräparat« oder auch »Originalpräparat«) zugelassen, bleibt der Wirkstoff etwa 15 Jahre lang patentrechtlich geschützt. Nach Ablauf des Patents können andere Hersteller eigene Arzneimittel mit dem gleichen Wirkstoff entwickeln. Ist der Wirkstoff qualitativ und quantitativ identisch mit dem im Originalpräparat, bezeichnet man diese Zweitanmelderpräparate als *Generika*. Wie die Originalpräparate durchlaufen auch Generika das aufwendige Zulassungsverfahren. Da die Prüfungen zur Pharmakologie, Toxikologie und therapeutischen Wirksamkeit jedoch bereits für das Erstanmelderpräparat durchgeführt wurden, kann der Generikahersteller auf diese Ergebnisse Bezug nehmen. Eine Wiederholung der Studien, die schon aus ethischen Gründen unvertretbar wäre, entfällt damit, wodurch natürlich die Entwicklung von Generika beschleunigt wird (auf höchstens fünf statt 15 Jahre). Dieser verkürzte Entwicklungsaufwand schlägt sich unmittelbar im Preis nieder: Generika können bei vergleichbarer Qualität in der Regel wesentlich günstiger angeboten werden als die Originalpräparate. Für das Gesundheitssystem eröffnet dies ein enormes Einsparpotenzial, da gleichwertige Medikamente zu wesentlich niedrigeren Kosten verfügbar sind. Im Jahr 2000 beispielsweise konnten die gesetzlichen Krankenkassen durch die Verordnung patentfreier Medikamente mindestens 4,6 Mrd. DM einsparen. Generika erkennt man häufig daran, dass sie statt eines eigenen Handelsnamens den Freinamen des Wirkstoffs (den sogenannten INN, International Nonproperty Name) in Kombination mit dem Herstellernamen tragen. Ein bekanntes Generikum heißt beispielsweise ASS-ratiopharm®. ASS ist dabei die Abkürzung des Freinamens (Acetylsalicylsäure, s. Kap. 1), »ratiopharm« ist der Name des Herstellers. So klar die Vorteile von Generika auch auf der Hand liegen, die Entwicklung wirklich innovativer Medikamente bedeutet für die Hersteller immer einen enormen zeitlichen und finanziellen Aufwand. Neuerungen auf dem Arzneimittelmarkt sind also nur zu erwarten, wenn die Pharmahersteller auch weiterhin bereit und in der Lage sind, diesen Aufwand in Kauf zu nehmen.

Renaissance für Thalidomid

Nach dem Contergan-Skandal in den 1960er Jahren erfährt der damals eingesetzte Wirkstoff *Thalidomid* heute erneut vielfach Beachtung. Die entzündungshemmende (antiinflammatorische) Wirkung sowie die Hemmung der Blutgefässbildung (antiangiogenetischer Effekt) sind die grundlegenden Ideen für neue Therapieansätze mit

Thalidomid. Der entzündungshemmende Effekt könnte beispielsweise nach Organtransplantationen genutzt werden, um einer Abstoßung des transplantierten Organs durch den Empfänger-Organismus vorzubeugen. Ebenfalls aufgrund seiner entzündungshemmenden Wirkung ist Thalidomid seit 1998 in den USA wieder zugelassen, um Begleiterscheinungen der Lepra zu behandeln.

Die Unterbindung der Blutgefäßentwicklung (eine Ursache der teratogenen Auswirkungen) spielt heute bei der Entwicklung neuer Krebstherapien eine wichtige Rolle (s. Kap. 17). Tatsächlich werden Thalidomid und ähnliche Verbindungen bereits in mehreren Studien zur Tumorbehandlung eingesetzt.

Die lange und kontroverse Geschichte des Wirkstoffs Thalidomid spiegelt auch die Geschichte der Arzneimittelentwicklung wider. Einerseits sind immer aufwendigere Kontrollen notwendig, um den stetig steigenden Ansprüchen an die Arzneimittelentwicklung gerecht zu werden. Andererseits birgt nur diese moderne Art von Forschung das Potenzial, neue Wirkprinzipien und somit neue Arzneimittel zu entwickeln.

29

Glossar

Pharmakodynamik

Die **Pharmakologie** (gr. *pharmakon* = »Arzneimittel«, *logos* = »Lehre«) ist die Wissenschaft von den Arzneimittelwirkungen im Körper. Innerhalb der Pharmakologie unterscheidet man mehrere Zweige:

- Die *Pharmakodynamik* konzentriert sich auf die Wirkungen, die Arzneistoffe auf biochemische und physiologische Vorgänge im Organismus haben.
- Die *Pharmakokinetik* (→ Pharmakokinetik) interessiert sich für das Schicksal des Arzneistoffs im Körper von der Einnahme bis zur Ausscheidung.
- Die *Arzneimittel-Toxikologie* beschäftigt sich mit der toxischen Wirkung von Arzneimitteln.

Um besser zu verstehen, wie Pharmaka die Abläufe im Körper verändern, und um *Hauptwirkungen*, *Nebenwirkungen* und *unerwünschte Arzneimittelwirkungen* (UAW) einschätzen zu können, legt die pharmazeutische Industrie viel Wert auf die Erforschung der **Pharmakodynamik**. Neben der Aufklärung des *Wirkungsmechanismus* werden auch Ort und Art der Wirkung sowie die *Wirkstärke* der einzelnen Substanzen untersucht. Das Ziel ist die Entwicklung von Medikamenten, die spezifisch wirken und möglichst keine oder nur geringe Nebenwirkungen haben.
Eine wichtige Kenngröße ist dabei die **Dosis-Wirkungs-Beziehung**. Bei pharmakokinetischen Untersuchungen (→ Pharmakokinetik) dient sie der Dosisfindung und wird als »*effektive Dosis*« (ED) angegeben. Vor der Zulassung eines Arzneimittels muss diese Größe u. a. in Tierversuchen ermittelt werden. Sie beschreibt den Zusammenhang zwischen der Dosis eines Medikaments und dem Prozentsatz der Versuchstiere, bei denen die erwünschte Wirkung eingetreten ist. Im Tierversuch wird als Kenngröße für unerwünschte Wirkungen einer Substanz außerdem die *letale Dosis* (LD) bestimmt. Analog zur ED verknüpft sie die Wirkstoff-Dosis mit Prozentsatz der Versuchstiere, bei denen diese Konzentration zum Tode führt. Im Dosis-Wirkungs-Diagramm entsteht so je eine Kurve für ED und LD (s. Abb.). Ihr Abstand voneinander (z. B. bei einem Wert von 50 %) wird als *thera-*

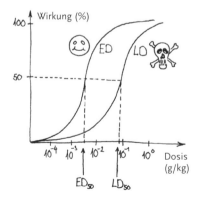

peutische Breite bezeichnet. Ist für ein gegebenes Medikament der Abstand der beiden Kurven groß, hat das Arzneimittel eine große therapeutische Breite, d. h. bei einer mäßigen Überdosierung ist nicht mit schwerwiegenden Nebenwirkungen zu rechnen. Ist die therapeutische Breite gering (wie z. B. bei den Herzglycosiden, s. Kap. 11), kann schon eine leichte Überdosis zu ernsten Nebenwirkungen führen. Da die Dosis-Wirkungs-Beziehungen für erwünschte und unerwünschte Wirkungen oft nicht parallel verlaufen, wird zur Sicherheit der *therapeutische Index*, der Quotient LD_5/ED_{95}, angegeben.

Früher wurden Pharmakodynamik und die Pharmakokinetik unabhängig voneinander untersucht. Es hat sich aber gezeigt, dass es zur Optimierung der Dosisfindung günstiger ist, beides zu kombinieren. Diese neue Strategie findet sich heute im *Pharmacokinetic/Pharmacodynamic-Modeling* (PK/PD-Modeling) wieder, bei dem die zeitabhängige Änderung der Wirkstoffkonzentration mit seiner Wirkung verknüpft wird.

Pharmakokinetik

Die **Pharmakokinetik** beschreibt das Schicksal von Arzneistoffen im Körper. Entscheidend ist, dass der Arzneistoff schnell und »wohlbehalten« in die Blutbahn gelangt, um dann in ausreichender Konzentration seinen Wirkungsort zu erreichen. Dies wird mit dem Begriff *Bioverfügbarkeit* beschrieben. Ob einmalig oder mehrmals gegeben stets muss eine ausreichende Menge des Medikaments im Körper verfügbar sein. Die Problematik ist auch in Kapitel 27 ausführlich dargestellt.

Bei der Entwicklung neuer Medikamente ist die *Dosisfindung* sehr wichtig, da so die erwünschten Wirkungen optimiert und unerwünschte minimiert werden. Der zeitliche Verlauf der Arzneimittelkonzentration im Körper hängt von der Aufnahme (*Invasion*) und Ausscheidung (*Elimination*) des Wirkstoffs ab. Zum besseren Verständnis und um verschiedene Substanzen vergleichen zu können, geben Pharmakologen meist die *Halbwertszeit* an, d. h. die Zeit, die verstreicht, bis sich – nach zunächst vollständiger Aufnahme – die Arzneimittelkonzentration im Blut halbiert hat. Um die Übersicht über die komplexen Abläufe der Pharmakokinetik zu erleichtern, bedient man sich des Kunstwortes **ADME** (A = Absorption oder Aufnahme, D = Distribution oder Verteilung, M = Metabolismus oder Verstoffwechselung, E = Elimination oder Ausscheidung).

Absorption: Damit ein Arzneistoff wirken kann, muss er vom Körper aufgenommen (*absorbiert*) werden. Um dies zu gewährleisten, werden Arzneimittel grundsätzlich so verabreicht, dass die Resorption (engl. *absorption*) optimal ist. Die meisten Medikamente werden oral aufgenommen und im Magen-Darm-Trakt (*enteral*) resorbiert. Dabei spielen Molekülgröße, Löslichkeit und Ladungszustand des Medikaments, aber auch der Zustand des Magen-Darm-Trakts (Durchblutung, pH-Wert, Füllungszustand) eine große Rolle. Die *parenterale* Applikation wird angewendet, wenn das Medikament die Magen-Darm-Passage nicht überstehen würde. Dies ist z. B. beim Insulin der Fall, welches als Protein verdaut werden würde und deshalb beim Diabetiker *subkutan* injiziert werden muss (s. Kap. 15). Säureempfindliche Medikamente werden häufig in Magensaft-resistente Kapseln verpackt oder bei der Herstellung mit einem Schutzfilm überzogen, sodass der Wirkstoff frühestens im Dünndarm freigesetzt wird. Ein großes Problem bei der enteralen Resorption ist der *first past effect*. Dies betrifft den Teil einer Arzneimittel-Dosis, der nach Resorption mit dem Blut direkt in die Leber gelangt und dort verstoffwechselt wird, ohne jemals den Wirkort erreicht zu haben.

Distribution: Über das Blut verteilt sich ein Pharmakon je nach seiner Fettlöslichkeit (*Lipophilie*) in die verschiedenen Körpergewebe (*Kompartimente*). Hier beeinflussen die Durchblutung oder der Lipidanteil eines gegebenen Gewebes die Anreicherung (*Akkumulation*) des Medikaments. Für jede Substanz lässt sich ein so genanntes *Verteilungsvolumen* berechnen. Lipophile Stoffe akkumulieren in fettreichen Geweben stärker als hydrophile. Andererseits gelangen stark hydrophile Substanzen selten in das Gehirn, weil sie die lipophile *Blut-Hirn-Schranke* nicht passieren können. Während der Umverteilung über das Blut werden viele Pharmaka an Plasmaproteine wie z. B. Albumin gebunden. Diese *Proteinbindung* kann bei stark lipophilen Substanzen eine Depotwirkung hervorrufen und muss bei der Dosisberechnung berücksichtigt werden.

Metabolimus: Bei der (Um-)Verteilung geraten die Medikamente auch in Gewebe bzw. Körperzellen, in denen sie durch Enzyme chemisch verändert werden. Meist werden sie inaktiviert, in einigen Fällen werden aber auch inaktive Vorstufen von Pharmaka im Körper enzymatisch aktiviert. Im Prinzip sind alle Körpergewebe zum *Metabolismus* bzw. zur *Biotransformation* von Arzneimitteln befähigt, am wichtigsten ist jedoch die Leber. Die enzymatischen Reaktionen werden in zwei Phasen unterteilt.

Die *Phase 1* ist eine so genannte *Funktionalisierungsreaktion*, bei der im Wirkstoff durch Oxidation, Reduktion oder Hydrolyse funktionelle Gruppen (z. B. OH-Gruppen) eingeführt oder freigelegt werden. In der *Phase 2* werden an diese funktionellen Gruppen durch *Konjugation* körpereigene Moleküle (Aminosäuren, Glutathion, Glucuronsäure, Sulfat) angefügt, um lipophile Stoffe wasserlöslicher und damit besser ausscheidbar zu machen.

Elimination: Letztendlich können vom Körper nur wasserlösliche Stoffe ausgeschieden werden. Das geschieht über die Niere und den Urin einerseits und über Leber, Galle und Darm andererseits (*renale* und *hepatische Clearance*). Welchen Weg ein Arzneistoff nimmt, hängt vorwiegend von seiner Größe ab. Stoffe mit einer molekularen Masse unter 500 werden vorwiegend über die Niere ausgeschieden, größere hauptsächlich über den Darm. Ein interessantes Phänomen ist der so genann-

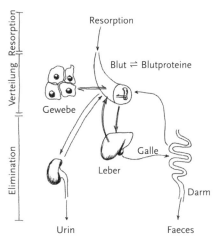

te *enterohepatische Kreislauf*. Medikamente, die über die Biotransformation in der Leber konjugiert worden sind und mit der Galle den Dünndarm erreicht haben, können hier auf Enzyme treffen, die von Bakterien der Darmflora gebildet werden und die Konjugate wieder spalten. Diese Stoffe erlangen dadurch ihre Lipophilie zurück und werden im Dünndarm resorbiert, als seien sie gerade über den Magen in den Dünndarm gekommen.

Zu den lokalen Applikationen von Arzneimitteln gehören das Auftragen auf die Haut oder Schleimhäute (Antibiotika, Antihistaminika), die Inhalation über die Atemwege (Broncholytika) oder die Injektion lokal wirksamer Medikamente (Lokalanästhetika, Glucocorticoide). Auch hier gelangen kleine Mengen über das Blut in den gesamten Körper, doch sind die resultierenden Konzentrationen im Regelfall zu klein, um nennenswerte Wirkungen nach sich zu ziehen.

Zellen und Zellbestandteile

Zellen sind die kleinsten Einheiten lebender Organismen. Bei Einzellern, z. B. Bakterien (→ Krankheitserreger), bildet eine einzige Zelle den ganzen Organismus. Komplexe Organismen wie der Mensch bestehen dagegen aus hunderten verschiedener Zellarten mit unterschiedlichen Funktionen. **Gewebe** (z. B. Nervengewebe oder Fettgewebe) sind Verbände gleichartiger Zellen, während abgegrenzte größere Strukturen mit Anteilen unterschiedlicher Gewebe als **Organe** bezeichnet werden (z. B. Gehirn oder Leber). Da sich die heute lebenden Organismen von gemeinsamen Vorstufen ableiten, haben alle Zellen trotz ihrer unterschiedlichen Form und Zusammensetzung eine Reihe gemeinsamer Eigenschaften:

- Sie enthalten Erbinformation in Form von DNA (→ Molekulare Genetik),
- sie können sich durch Teilung vermehren (→ Zellvermehrung),
- sie betreiben Stoffwechsel, d. h. sie sind in der Lage, mit Hilfe von Enzymen chemische Verbindungen auf-, ab- und umzubauen und chemische Energie zu erzeugen (→ Stoffwechsel, Enzyme).

Auch die chemischen Bestandteile sind in allen Zellen ähnlich. Die Tabelle gibt eine knappe Übersicht über die wichtigsten Biomoleküle, ihren Aufbau und ihre Funktionen. Nach der Molekülgröße unterscheidet man zwei Gruppen von Verbindungen: **Makromoleküle** sind, wie der Name sagt, sehr große Moleküle aus kleineren Bausteinen, die zu langen Ketten verknüpft sind. So gibt es z. B. vier verschiedene DNA-Bausteine (Desoxyribonucleotide). Sechs Milliarden dieser Bausteine, verteilt auf 46 einzelne **DNA**-Moleküle, bilden das Erbgut der menschlichen Körperzellen (→ Molekulare Genetik). **Proteine** sind Ketten aus 20 verschiedenen Aminosäure-Bausteinen. Obwohl Proteinmoleküle nur aus 100–3000 Bausteinen bestehen, ist ihre Vielfalt wegen der Vielzahl *verschiedener* Bausteine enorm groß. Da Proteine an fast allen Vorgängen in der Zelle und im Organismus beteiligt sind, bilden sie bevorzugte Ziele für Arzneistoffe. Die **Polysaccharide** sind polymere Kohlenhydrate aus Zuckerbausteinen.

Die wichtigste niedermolekulare Substanz ist **Wasser**. Abgesehen von den **Lipiden**, fettähnlichen Stoffen,

Tabelle 1: Übersicht über die Zellbestandteile.

Bestandteil	Anteil in %	Chemische Struktur	Funktionen
Makromoleküle			
Proteine	15	Polymere aus Aminosäuren	Strukturproteine, Transporter, Rezeptoren, Enzyme, Immunglobuline u. v. a.
Polysaccharide	1	Polymere aus Zuckern	Baustoffe, Kohlenhydratreserve
Nucleinsäuren (DNA, RNA)	10	Polymere aus Ribonucleotiden (RNA) oder Desoxyribonucleotiden (DNA)	Speicherung der Erbinformation (DNA); Ablesung und Verdopplung der Erbinformation, Proteinsynthese (RNA)
Niedermolekulare Substanzen			
Wasser	70	H_2O	Lösungsmittel
Lipide	2–3	sehr unterschiedlich (alle wasserunlöslich)	Membranbestandteile, Energiereserve (Fett), Signalstoffe u. v. a.
Metabolite	1–2	sehr unterschiedlich	Carbonsäuren, Amine, Aminosäuren, Zucker, Nucleotide u. v. a.
Coenzyme und Signalstoffe	<0,1	sehr unterschiedlich	Hilfsstoffe bei der Enzymkatalyse, Übertragung chemischer Signale
Anorganische Ionen	1	Na^+, K^+, Ca^{2+}, Mg^{2+} Cl^-, SO_4^{2-}, $H_2PO_4^-/HPO_4^{2-}$ und Spurenelemente	Bestandteile des Knochens (Ca^{2+}, Phosphat), Bestandteile der Körperflüssigkeiten, Nervenleitung (Na^+, K^+) Cofaktoren von Enzymen u. v. a.

die überwiegend wasserfeindlich (hydrophob) sind, und bestimmten Makromolekülen, die sich auf Grund ihrer Größe oder ihrer Struktur nicht lösen, sind alle anderen Biomoleküle im wässrigen Zellsaft oder in der extrazellulären Flüssigkeit gelöst. Zu den gelösten niedermolekularen Bestandteilen gehören Nährstoffe, Zwischenstufen des Stoffwechsels (**Metabolite**, → Stoffwechsel) sowie **Coenzyme** (→ Enzyme) und viele **Signalstoffe**, z. B. Hormone (→ Signaltransduktion).

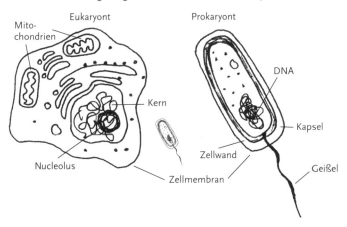

Alle Zellen sind nach außen von einer **Plasmamembran** abgegrenzt, die aus Lipiden und eingelagerten Proteinen besteht (→ Membranen). Bei höheren Zellen (den so genannten **Eukaryonten**) ist auch das Zellinnere durch Membranen in Reaktionsräume (**Kompartimente**) gegliedert. Größere Kompartimente mit besonderen Funktionen bezeichnet man auch als **Zellorganellen** (»kleine Organe«). Dazu gehören z. B. der *Zellkern*, die *Mitochondrien* oder das *endoplasmatische Retikulum*. Das Innere tierischer Zellen ist zudem von einem Netzwerk aus langen Proteinfasern durchzogen, die zusammen das **Cytoskelett** bilden. Das Cytoskelett verleiht Zellen ihre charakteristische Form und ermöglicht Bewegungen innerhalb der Zelle, z. B. die Verlagerung von Zellorganellen. Manche Zellen sind durch ihr Cytoskelett auch zu selbstständigen Kriechbewegungen befähigt. Dies gilt z. B. für Makrophagen und andere »Fresszellen«, die dadurch Krankheitserreger verfolgen und vernichten können (→ Immunsystem).

Molekulare Genetik

Bei den meisten Prozessen innerhalb und außerhalb der Zellen spielen **Proteine** die entscheidende Rolle. Eine Aufzählung aller Funktionen, die von Proteinen wahrgenommen werden, würde mehrere Seiten dieses Buches füllen. Um nur die wichtigsten zu nennen: Proteine bilden als *Cytoskelett* das innere Gerüst der Zellen (→ Zellen) und geben als *Fasern* Knochen, Sehnen und Bändern ihre Stabilität. Proteine beschleunigen und steuern als *Enzyme* Stoffwechselprozesse (→ Enzyme), sie dienen als *Antikörper* dem Schutz und der Abwehr (→ Immunsystem), sie schleusen als *Transporter* Stoffe durch Membranen oder transportieren sie von einem Organ zu einem anderen (→ Blut, Membranen), und sie dienen als *Signalstoffe* und *Rezeptoren* der Steuerung und Regelung zahlloser Abläufe im Körper (→ Signalstoffe).

Die Informationen über den Zusammenbau der zahlreichen Proteine, die eine Zelle braucht (nach neuesten Schätzungen sind es über 10 000) speichert sie in verschlüsselter Form als **DNA** im Zellkern (→ Zellen). Die DNA (engl. d̲eoxyribon̲ucleic a̲cid) ist ein Makromolekül, das aus vier Bausteinen, so genannten *Nucleotiden*, aufgebaut ist. Die Nucleotide, die jeweils aus Phosphat, Zucker und einer Base bestehen, unterscheiden sich lediglich in der Art der Basen (*Adenin*, *Thymin*, *Guanin* oder *Cytosin* – kurz: A, T, G und C) und sind über die Phosphatreste miteinander verknüpft. Bedingt durch Wechselwirkungen zwischen den Basen, sind jeweils zwei DNA-Ketten gegenläufig zu einer *Doppelhelix* zusammengelagert. Dabei paart sich stets Adenin mit Thymin und Guanin mit Cytosin. Die Basenabfolge des einen Stranges bestimmt demnach immer auch die des anderen; man sagt die Stränge sind *komplementär*. Die Erbinformation ist in der »DNA-Sprache« durch die Reihenfolge der Basen festgelegt.

Einen DNA-Abschnitt, der für ein bestimmtes Protein codiert, bezeichnet man als **Gen** und die Gesamtheit aller Gene als **Genom**. Der Zusammenbau der Proteine, die **Trans-**

lation, findet nicht im Zellkern statt, wo sich die DNA befindet, sondern im Cytoplasma. Diese räumliche Trennung macht es erforderlich, dass von der Information auf der DNA zunächst eine Zwischenkopie angelegt wird. Als Kopie dient eine weitere Nucleinsäure, eine *m-RNA* (engl. *messenger* = »Bote«; → Zellen). Das Umschreiben eines Gens in die entsprechende m-RNA bezeichnet man als **Transkription**. Dazu bedient sich die Zelle ähnlicher Mechanismen, wie sie auch bei der Verdopplung des Erbguts, der **Replikation,** ablaufen (→ Zellvermehrung): Die Nucleotide der m-RNA werden mit Hilfe eines Enzyms entsprechend der DNA-Vorlage zu langen einzelsträngigen Molekülen verknüpft.

Welche Gene in einer bestimmten Situation transkribiert werden und welche nicht, wird von **Transkriptionsfaktoren** festgelegt. Diese Faktoren (ebenfalls Proteine) werden als Antwort auf von außen kommende Signale aktiviert oder inaktiviert. So sorgt zum Beispiel das Hormon Insulin (s. Kap. 15) für die Aktivierung bestimmter Transkriptionsfaktoren, die ihrerseits die Transkription von Genen anstoßen, deren Genprodukte im Zuckerstoffwechsel benötigt werden.

Nachdem die m-RNA vom Zellkern ins Cytoplasma gewandert ist, kann dort die **Translation** beginnen, d. h. das Umschreiben des Gens in die richtige Abfolge von Aminosäuren. Jeweils drei aufeinander folgende Basen der DNA bzw. ihrer Kopie der m-RNA (ein Triplett) bilden das Codewort (**Codon**) für eine bestimmte Aminosäure. So codiert z. B. das DNA-Triplett ATG (bzw. AUG auf der mRNA) für die Aminosäure Methionin (s. Abb.). *Ribosomen* (große Komplexe aus RNA und zahlreichen

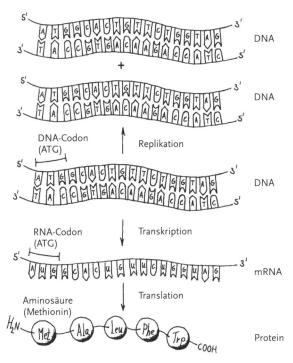

Proteinen) und *t-RNAs* (transfer-RNAs) setzen das Protein entsprechend der Basenfolge auf der m-RNA zusammen. Dabei sind die t-RNA Moleküle die eigentlichen »Übersetzer« des genetischen Codes. Mit einem Ende erkennen sie ein bestimmtes Codon der m-RNA, am anderen tragen sie diejenige Aminosäure, die nach dem genetischen Code dem Basentriplett zugeordnet ist. Das Ribosom sorgt dann für die Verknüpfung der einzelnen Aminosäuren.

Das fertige Protein kann nach der Translation (posttranslational) noch weiter verändert werden, z. B. durch Phosphorylierung (Verknüpfung mit Phosphatresten) und Glycosylierung (Verknüpfung von Zuckerresten).

Bei *Prokaryonten,* z. B. Bakterien, laufen Transkription und Translation nach dem gleichen Prinzip ab wie bei *Eukaryonten* (Pilzen, Pflanzen und Tieren). Allerdings gibt es geringe Unterschiede, die Bakterien für *Antibiotika* anfällig machen (s. Kap. 4–6).

Zellvermehrung

Als Ersatz für zu Grunde gegangene Zellen oder beim Wachstum von Geweben entstehen neue Körperzellen aus bereits vorhandenen Zellen durch **Teilung**. Der Ablauf der Zellteilung, die bei tierischen Zellen etwa einen Tag dauert, ist streng geregelt. Man unterscheidet vier Phasen, die zusammen genommen den **Zellzyklus** bilden. In der ersten Phase, der *G1-Phase* (engl. *gap* = »Lücke«), nimmt die Zelle an Größe zu und zeigt eine verstärkte Synthese von Proteinen. Diese Phase kann lange dauern, bei manchen Zellen (z. B. Nervenzellen) ihr ganzes Leben lang. In diesem Fall spricht man von der *G0-Phase* (Ruhephase). Entscheidet sich die Zelle jedoch zur Teilung, tritt sie in die *S-Phase* (Synthesephase) ein. Nun gibt es kein Zurück mehr: der *point of no return* ist überschritten.

In den folgenden 5–10 Stunden beginnt die Zelle mit der Verdopplung (**Replikation**) ihres Erbguts (→ Molekulare Genetik). Zu Beginn der Replikation werden die beiden komplementären DNA-Stränge mit Hilfe von Enzymen voneinander getrennt. An die ungepaarten Basen lagern sich passende (komplementäre) Nucleotide an, die mit Hilfe des Enzyms *DNA-Polymerase* zu einem neuen komplementären Strang verbunden werden. So entstehen aus einem DNA-Doppelstrang *zwei* neue, identische Doppelstränge. Anschließend bereitet sich die Zelle auf die **Mitose** (Teilung in zwei Tochterzellen) vor. Diese Phase bezeichnet man als *G2-Phase*. Die darauf folgende *M-Phase* (Mitose-Phase) vollendet schließlich die Zellteilung.

Erst kurz vor der Mitose verdichten sich die DNA-Stränge zu eng gepackten *Chromosomen* aus je zwei identischen *Chromatiden*, und die Kernmembran löst sich auf (*Prophase* der Mitose). Die Chromosomen ordnen sich in der Mitte der Zelle an (*Metaphase* der Mitose), ihre Chromatiden werden mit Hilfe des *Spindelapparates* voneinander getrennt und zu den entgegen gesetzten Zellpolen gezogen (*Anaphase* der Mitose). Zuletzt erfolgt die Abschnürung der Zelle in der Mittelebene (*Telophase* der Mitose) und die Teilung in zwei Tochterzellen, die in die G1-Phase zurückkehren.

Jeder Mensch erbt sowohl einen *Chromosomensatz* der Mutter als auch einen Chromosomensatz des Vaters (*diploider* Chromosomensatz). Bei einer Verschmelzung von Eizelle und Spermium käme es so zu einer Vervierfachung des Chromosomensatzes. Um dem entgegenzuwirken, ist bei der Entwicklung der Ei- und Samenzellen eine besondere Art der Zellteilung erforderlich, die **Meiose** (Reduktionsteilung). Während der Meiose wird zuerst der diploide Chromosomensatz (2× 23 Chromosomen) auf den *haploiden* (1× 23 Chromosomen) reduziert (1.*Reifeteilung*). Danach erfolgt eine mitotische Teilung, bei der die Chromatiden voneinander getrennt werden (2. *Reifeteilung*).

Die Regulation des Zellzyklus und seiner vier Phasen wird von Proteinen, den *Cyclinen*, gesteuert. Diese verbinden sich mit bestimmten Enzymen, den *cyclinabhängigen Kinasen* (CDK), und versetzen sie in die Lage, andere Proteine (z. B. *Transkriptionsfaktoren*) zu phosphorylieren. Die so veränderten Transkriptionsfaktoren können an die DNA binden und die Synthese von Proteinen aktivieren, die für die Teilung notwendig sind. Bei Krebszellen kommt es zu Fehlern im Ablauf dieses Regelkreises mit der Folge, dass sie sich unkontrolliert vermehren. In solchen Fällen versucht man, durch Cytostatika hemmend in den Zellzyklus einzugreifen (s. Kap. 17).

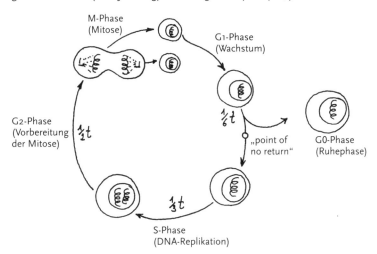

Der Zellzyklus; t entspricht der Gesamtdauer des Zyklus (10–24 Stunden).

Krankheitserreger

Der Mensch teilt sich die Erde mit Tieren, Pflanzen, Pilzen und Bakterien. Mehr als zwei Millionen verschiedene Arten sind schon katalogisiert; viele weitere gilt es noch zu entdecken. Mit den meisten Erdbewohnern ist – aus unserer Sicht – das Zusammenleben friedlich, etliche liefern uns sogar Nahrung oder Bekleidung. Nur wenige Organismen sind direkte Nahrungskonkurrenten, z. B. die Insekten, oder bedrohen unsere Gesundheit. Diese letzte Gruppe, die Krankheitserreger, sind das Ziel medikamentöser Behandlung. Zu den Krankheitserregern gehören tierische Parasiten, außerdem Pilze und Bakterien, die zu den Mikroorganismen zählen, und viele Viren.

Unter den **tierischen Parasiten** des Menschen sind vor allem *Protozoen* (z. B. die Erreger von Tropenkrankheiten wie Malaria oder Schlafkrankheit) und verschiedene *Würmer* zu nennen. Ihr Lebenszyklus ist meist recht kompliziert. **Pilze** sind hoch spezialisierte, meist vielzellige Organismen, die sich (wie der Mensch auch) von energiereichen Nahrungsstoffen ernähren, die sie der Umgebung entnehmen (heterotrophe Lebensweise). Die etwa 300 000 Pilzarten kommen in ganz unterschiedlichen Formen vor. Eine besonders hoch entwickelte Form der »echten Pilze« sind die Speisepilze. Die »niederen Pilze« sind dagegen mikroskopisch klein. Einige von ihnen sind sehr nützlich. So schätzen Wein- und Bierfreunde die Arbeit von *Saccharomyces cerevisiae*, der Bier- oder Bäckerhefe, die in Zuckerlösungen wächst und dabei als Abfallprodukt Alkohol bildet. Unter den niederen Pilzen finden sich aber auch Krankheitserreger. Wenn sie als Parasiten im Menschen oder auf seiner Haut leben, können sie Mykosen auslösen. Manche Pilze sind auch wegen ihrer Gifte (Mykotoxine) gefürchtet. Die Sporen von Pilzen können Allergien auslösen. **Bakterien** sind mikroskopisch kleine, überwiegend kugel- oder stäbchenförmige Einzeller (Größe 1–10 µm). Wir haben Grund zu der Annahme, dass das Leben vor drei bis vier Milliarden Jahren aus bakterienähnlichen Formen entstanden ist. Die Bakterien und ihre Verwandten, die Archea, bilden zusammen die Gruppe der **Prokaryonten**, da sie im Unterschied zu anderen Lebewesen (den **Eukaryonten**) weder einen Zellkern noch andere Zellorganellen besitzen und auch in Bau und Stoffwechsel Unterschiede aufweisen (→ Zellen). Weil die Bakterien sehr anpassungsfähig sind und sich schnell teilen – manche mehrmals pro Stunde –, sind sie überall in der Biosphäre zu finden, wo sie die Lebensbedingungen entscheidend beeinflussen.

Viren sind kleine, subzelluläre Partikel, die sich nur innerhalb ihrer Wirtszellen vermehren können. Im Gegensatz zu den Pilzen und Bakterien haben sie keinen eigenen Stoffwechsel und sind deshalb keine eigenständigen Organismen (s. Kap. 7). Die einfachsten Viren bestehen nur aus einer Nucleinsäure (DNA oder RNA), die die Erbinformation trägt, und aus einer Hülle aus Proteinen, dem Capsid. Wenn sich Viren stark vermehren (die Wirte reichen von Bakterien bis zum Menschen), können sie ihre Wirtszellen schädigen und wirken dann als Krankheitserreger.

Will man mit Medikamenten gegen die Krankheitserreger vorgehen, muss man die Unterschiede im Bau und im Stoffwechsel nutzen, die sie im Vergleich zu menschlichen Zellen zeigen. Gegen Bakterien werden häufig Antibiotika verabreicht (s. Kap.

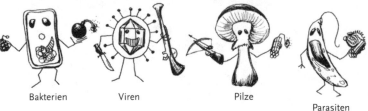

Bakterien   Viren   Pilze
                                         Parasiten

4–6), Wirkstoffe natürlichen Ursprungs, die Mikroorganismen im Kampf untereinander einsetzen. Die medikamentöse Bekämpfung von Viren ist besonders schwierig, weil die meisten Teilschritte ihrer Vermehrung von Enzymen des Wirts (also unseren eigenen Enzymen) durchgeführt werden. Trotzdem gibt es heute einige Virustatika, die recht selektiv wirken (s. Kap. 8).

Stoffwechsel

Um unseren Organismus mit Energie und Baustoffen versorgen zu können, müssen wir mit der Nahrung ständig organische *Nährstoffe* aufnehmen. Außerdem benötigen wir zum Abbau dieser Substanzen *Sauerstoff*, den wir der Atemluft entnehmen. Die Inhaltsstoffe der Nahrung werden zunächst im Magen-Darm-Trakt in ihre Bausteine gespalten (s. Kap. 16), die vom Darm ins Blut gelangen und sich über den Blutkreislauf im Körper verteilen. Im Inneren der Zellen werden verwertbare Nährstoffe in vielen Einzelschritten chemisch umgewandelt oder oxidativ abgebaut. Überflüssige Endprodukte wie *Kohlendioxid* oder *Harnstoff* werden ausgeschieden. Durch diese Reaktionen gewinnt der Organismus die Energie, die er zum Leben braucht. Außerdem werden so Bausteine für den Ersatz oder den Neuaufbau von Geweben gebildet. Die Gesamtheit aller Umwandlungsprozesse bezeichnet man als **Stoffwechsel** (Metabolismus).

Fast alle Reaktionsschritte im Stoffwechsel werden durch **Enzyme** katalysiert (→ Enzyme). Dies sind Proteine, die dafür sorgen, dass von den vielen möglichen chemischen Reaktionen der Metabolite nur ganz bestimmte stattfinden und dass die-

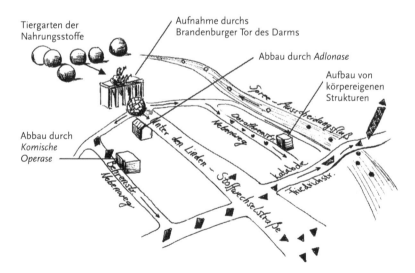

Abb.: Stoffwechselwege am Beispiel von Berlin.

se stark beschleunigt werden. Die Enzyme sind dafür verantwortlich, dass geordnete Abfolgen chemischer Reaktionen, so genannte **Stoffwechselwege**, zustande kommen. Die zentralen Stoffwechselwege sind – bildlich gesprochen –»Hauptstraßen« des Stoffwechsels zur Herstellung oder zum Abbau wichtiger Stoffwechselprodukte (**Metabolite**). Außerdem gibt es viele kleine Nebenwege für besondere Aufgaben. Stoffwechselwege, die körpereigene Stoffe aufbauen, nennt man **anabole** und solche, die Metabolite abbauen, **katabole** Wege. Auf den anabolen Stoffwechselwegen bauen wir Inhaltsstoffe der Nahrung zu allen möglichen benötigten Substanzen um, z. B. zu den Proteinen unserer Haare. Katabole Reaktionswege stellen Vorstufen für anabole Wege bereit und sorgen durch die Oxidation von Nährstoffen für die Bereitstellung chemischer Energie.
Auch Arzneistoffe unterliegen einem Stoffwechsel. In der Regel werden sie genauso umgewandelt oder abgebaut wie andere Metabolite auch und schließlich über die Niere oder mit der Galle ausgeschieden. Am Stoffwechsel von Arzneistoffen ist die Leber maßgeblich beteiligt. Durch die Umwandlungen im Körper verlieren die Substanzen meist ihre Wirksamkeit; in einigen Fällen werden sie durch metabolische Reaktionen aber auch erst wirksam (→ Pharmakokinetik). Der Stoffwechsel der Medikamente ist eines der Arbeitsgebiete der Pharmakologen: Sie interessieren sich u. a. dafür, in welche Metabolite Arzneistoffe umgewandelt werden und mit welcher Geschwindigkeit das geschieht (→ Pharmakokinetik).

Enzyme

Enzyme sind umfangreiche, kompliziert gebaute Proteinmoleküle (→ Zellen) mit der Funktion von **Biokatalysatoren**. Sie kommen in allen Zellen in großer Zahl vor, können aber auch extrazellulär aktiv sein, z. B. im Magen-Darm-Trakt. Ohne Enzyme wäre das Leben nicht denkbar – und zwar aus mehreren Gründen:

- Wie alle Katalysatoren *beschleunigen* Enzyme schon in kleinsten Mengen *chemische Reaktionen* und dies weitaus effektiver als chemische Katalysatoren. So gibt es Enzyme, die die Geschwindigkeit »ihrer« Reaktion auf mehr als das 1 000 000 000 000-fache erhöhen! Tatsächlich läuft in unseren Zellen nur eine Hand voll Reaktionen unkatalysiert ab.
- Enzyme wirken in der Regel *spezifisch*. Sie katalysieren meist nur eine Art von Reaktion und akzeptieren dabei nur ganz bestimmte Verbindungen, ihre **Substrate**. Auf Grund ihrer Aktivität und Spezifität bahnen die Enzyme Wege (Stoffwechselwege) durch den Dschungel der zahllosen chemischen Reaktionen, die in der Zelle möglich sind (→ Stoffwechsel).
- Enzyme *steuern den Stoffwechsel*, indem sie ihre katalytische Aktivität unter dem Einfluss von Signalstoffen und anderen Biomolekülen verändern und so den Stoffwechsel der jeweiligen Situation anpassen. Welche chemischen Leistungen eine Zelle vollbringen kann und welche nicht, hängt ausschließlich von ihrer Enzymaus-

stattung ab, die wiederum durch ihr Erbgut (die DNA) festgelegt ist.

Enzyme sind wichtige **Zielmoleküle** (»Targets«) **für Arzneistoffe**, weil man durch gezielte Hemmung oder Aktivierung wichtiger Enzyme die Bildung oder den Abbau von Substanzen in den Zellen unterbinden (oder steigern) und damit den Stoffwechsel tief greifend beeinflussen kann. Dafür finden Sie in diesem Buch viele Beispiele: So wirkt Acetylsalicylsäure schmerzlindernd, Fieber senkend und gerinnungshemmend, weil sie die Herstellung einer Gruppe von Signalstoffen verhindert, die an der Entstehung von Schmerz und Fieber und an der Zusammenballung von Blutplättchen beteiligt ist (s. Kap. 1 und 13). Viele *Cytostatika* hemmen das Wachstum von Tumoren, indem sie Enzyme blockieren, die Vorstufen der DNA-Synthese herstellen und damit für die Zellteilung unentbehrlich sind (s. Kap. 17).

Die Spezifität der Enzyme beruht auf dem »Schlüssel-Schloss-Prinzip«: Moleküle, deren Umsetzung durch das Enzym beschleunigt wird, passen in eine »Tasche« im Enzymmolekül wie ein Schlüssel ins Schloss (s. auch Kap. 27). Die Bindung und Fixierung der Substrate im **aktiven Zentrum** des Enzyms erleichtert außerdem die chemische Reaktion zwischen ihnen und ist wesentlich für die hohe katalytischen Wirksamkeit der Enzyme verantwortlich. Viele Enzyme brauchen zusätzlich Hilfsmoleküle, so genannte **Coenzyme**, mit denen sie während der Reaktion chemische Gruppen austauschen.

Arzneistoffe, mit denen ein Enzym gehemmt werden soll, werden häufig den Substraten des betreffenden Enzyms »nachgebaut« und dabei so verändert, dass sie zwar im aktiven Zentrum binden, aber nicht umgesetzt werden können. Solche **Substratanaloge** blockieren reversibel (umkehrbar) einen Teil der vorhandenen Enzymmoleküle und behindern dadurch die Katalyse. Andere Hemmstoffe gehen eine irreversible (nicht umkehrbare) Reaktion mit ihrem Zielenzym ein und legen es für alle Zeiten lahm. Auf diese Weise verhindern z. B. die Prazole die Säurebildung im Magen (Kap. 16).

Enzyme sind aber nicht nur Zielmoleküle von Arzneistoffen, manche dienen auch selbst als Medikamente. Dies gilt z. B. für die Plasminogen-Aktivatoren, die Blutgerinnsel auflösen können (s. Kap. 13), oder für das Enzym Asparaginase, das gegen bestimmte Arten von Leukämie wirksam ist (s. Kap. 17).

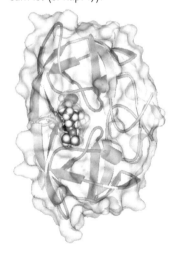

Signalstoffe

Als »Signalstoffe« bezeichnen wir chemische Substanzen, die der Organismus nutzt, um Informationen zu übertragen. Sie werden von spezialisierten Zellen gebildet und abgegeben und verteilen sich dann in der näheren oder weiteren Umgebung ihres Bildungsorts. Zellen, die passende *Rezeptoren* besitzen und den Signalstoff binden können, sind in der Lage, das Signal zu »lesen«. Im Inneren dieser Zielzellen löst das Signal eine von Fall zu Fall unterschiedliche Reaktion aus. Zu den Signalstoffen gehören die **Hormone** (s. u.), viele **hormonähnliche Substanzen** und die **Neurotransmitter** (→ Neurotransmitter).

Eine besonders wichtige Gruppe von Signalmolekülen bilden die **Hormone**. Einige von ihnen steuern den Stoffwechsel, andere kontrollieren die körperliche Entwicklung und wieder andere regulieren die Fortpflanzung. Viele Hormone dienen dazu, im Körper optimale Bedingungen für Lebensprozesse aufrecht zu erhalten, sie sorgen für eine »Homöostase«, indem sie z. B. im Blut die Konzentrationen des Blutzuckers und der Mineralstoffe kontrollieren oder den Blutdruck überwachen. Es gibt sogar hormonähnliche Stoffe, die als »Todessignale« Zellen zum kontrollierten Absterben zwingen, wenn dies notwendig ist. Bei dieser Funktionsvielfalt ist es kein Wunder, dass allein im Menschen über 100 verschiedene Hormone ihren Dienst versehen. Hormone werden meist in besonderen Drüsen gebildet und von dort ins Blut ausgeschüttet. Bekannte Hormondrüsen sind die Bauchspeicheldrüse, die u. a. das Hormon Insulin produziert, die Schilddrüse oder die Hoden, die das männliche Sexualhormon Testosteron bilden. Das Blut verteilt die Hormone im Körper, so dass sie alle Zellen erreichen. In einigen Fällen gibt es im Blut hormonbindende Proteine, die den Transport erleichtern und Schwankungen der Hormonkonzentrationen ausgleichen.

Nicht alle Zellen des Körpers reagieren auf ein gegebenes Hormon. Dem Hormonsignal »gehorchen« nur Zellen, die in der Lage sind, das vorbeischwimmende Hormon mit Hilfe von **Rezeptoren** auf ihrer Oberfläche zu binden (→ Membranen). Die Bindung eines wasserlöslichen (hydrophilen) Hormons an »seinen« Rezeptor startet dann eine Kaskade von Reaktionen, die dafür sorgt, dass die Zielzelle programmgemäß auf

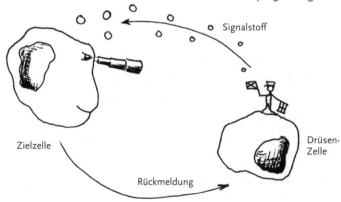

das Hormon reagiert (→ Signaltransduktion). Einige Hormone, z. B. die wasserunlöslichen (lipophilen) *Steroidhormone* wie das oben genannte Testosteron, finden ihre Rezeptoren erst im Inneren der Zelle. Die Steroidhormone und ihre Verwandten steuern über ihre Rezeptoren die Transkription bestimmter Gene (→ Molekulare Genetik). Es liegt auf der Hand, dass Hormone auch wieder abgebaut und ausgeschieden werden müssen. Der Abbau erfolgt häufig in der Leber, manchmal auch in der Niere oder im Blut selbst. Hormone werden meist über die Niere ausgeschieden.

Angesichts der Bedeutung der Hormone für die Kontrolle der Körperfunktionen ist klar, dass Störungen im Hormonsystem oder gar der Ausfall eines Hormons schwere Erkrankungen hervorrufen können. Heute ist es möglich, fehlende Hormone durch synthetisch oder gentechnisch hergestellte identische Produkte zu ersetzen (*Hormonsubstitution*). Dies gilt zum Beispiel für das Insulin, dessen Fehlen zum Diabetes mellitus führt (s. Kap. 13). Vielfach werden auch abgewandelte Hormone verabreicht, etwa synthetische Glucocorticoide zur Behandlung von Entzündungen (s. Kap. 3) oder Abkömmlinge der weiblichen Sexualhormone als Bestandteile der »Antibabypille« (s. Kap. 24). Andere Arzneistoffe greifen in die Signalübertragung durch Hormone ein, indem sie den Hormonrezeptor blockieren. Auf diese Weise lässt sich z. B. der Blutdruck senken oder das Herz in einen »Schongang« versetzen (s. Kap. 11 und 13).

Membranen

Biologische Membranen grenzen Zellen nach außen ab und gliedern bei Eukaryonten auch das Zellinnere in verschiedene Räume (Kompartimente; → Zellen). Membranen bestehen aus einer durchgehenden, etwa 5 nm dicken Doppelschicht aus fettähnlichen Molekülen (Lipiden), in die Proteine eingebettet sind. In einigen Membranen finden sich zusätzlich Zuckerreste (Kohlenhydrate), die an Lipide und Proteine gebunden sind und auf der Außenseite der Zellen die so genannte *Glycocalix* bilden. Die Anteile von Lipid, Protein und Kohlenhydrat sind für jeden Zell- und Membrantyp verschieden. Drei Klassen von Lipiden sind typisch für Membranen: **Phospholipide**, **Cholesterol** und **Glycolipide**, wobei Cholesterol vor allem in eukaryotischen, insbesondere tierischen Membranen vorkommt. Die Membranlipide sind *amphipathisch*: Ein Ende des Moleküls ist hydrophil (wasserfreundlich), das andere hydrophob (wasserabstoßend). In Membranen sind die Lipide so angeordnet, dass die hydrophoben Teile nach innen und die hydrophilen nach außen zeigen. **Membranproteine** können auf unterschiedliche Weise in die Membran eingelagert sein. *Transmembran-Proteine* durchspannen die Membran ein- oder mehrfach, während *periphere Membranproteine* auf der Membran »schwimmen« oder lose mit ihr verbunden sind. Membranen sind nicht starr, sondern – je nach Temperatur und Zusammensetzung – mehr oder weniger flüssig, d. h. die Lipide und Proteine sind in ständiger Bewegung.

Membranen haben ganz unterschiedliche Aufgaben. Sie ermöglichen eine Abtrennung von Zellen und Organellen und schaffen somit Raum für biochemische Reaktionen (z. B. Enzymreaktionen des Stoffwechsels). Gleichzeitig kann das innere Milieu einer Zelle reguliert und aufrechterhalten werden. Über spezielle Kontaktstellen in der Plasmamembran kommunizieren Zellen miteinander und mit dem Extrazellularraum. Besonders wichtig ist, dass Membranen einen kontrollierten **Stofftransport** ermöglichen. Nur für Gase wie Sauerstoff (O_2) oder Stickstoff (N_2) und einige kleine ungeladenen Moleküle stellt die Membran keine Barriere dar. Große Moleküle und Ionen können die Membran hingegen nur mit Hilfe besonderer Membranproteine passieren. **Kanalproteine** bilden einfache Poren in der Membran, durch die bestimmte Stoffe ins Zellinnere »rutschen«. **Transporter** binden ihre Ladung auf der einen Seite der Membran und setzen sie auf der anderen wieder frei. Voraussetzung für diesen **passiven Transport** ist ein Konzentrationsgefälle (unterschiedliche Konzentrationen des zu transportierenden Stoffs auf beiden Seiten der Membran). Bestimmte Transportproteine können Stoffe auch *gegen* den Konzentrationsgradienten über die Membran transportieren (**aktiver Transport**). Weil die dazu notwendige Energie aus der Spaltung von ATP gewonnen wird, werden diese Transporter auch als *Transport-ATPasen* bezeichnet. Die bekannteste Transport-ATPase ist die »Natrium-Kalium-Pumpe«. Sie baut über der Membran aller Zellen ein Membranpotenzial auf und ermöglicht es Nervenzellen, Reize in Form von Aktionspotenzialen weiterzuleiten (→ Nervensystem).

Eine weitere wichtige Gruppe von Membranproteinen sind **Rezeptoren** für Signalstoffe, die meist als Transmembranproteine in die äußere Plasmamembran eingelagert sind. Bindet ein Signalstoff auf der Außenseite der Zelle, werden im Zellinneren Vorgänge ausgelöst, die die Zelle zur Reaktion auf das eingegangene Signal veranlassen (→ Signaltransduktion).

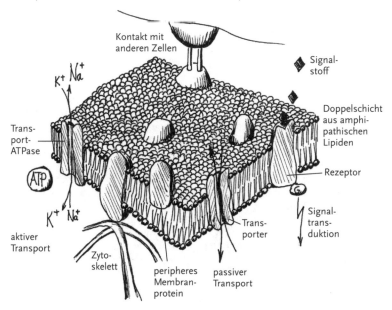

Membranen

Signaltransduktion

Als **Signaltransduktion** bezeichnet man Vorgänge, die dazu dienen, extrazelluläre Signale (Signalmoleküle oder physikalische Reize) innerhalb der Zielzelle wirksam werden lassen. Physikalische Reize sind Licht, Schall, Berührung, Wärme und Kälte. Zu den chemischen Signalen gehören Hormone und hormonähnliche Stoffe sowie Neurotransmitter (→ Signalstoffe). An Signaltransduktionsprozessen sind stets mehrere Komponenten beteiligt: *Rezeptoren*, die das Signal aufnehmen, und nachgeschaltete (*sekundäre*) Moleküle, die vom Rezeptor aktiviert werden und das Signal weitergeben.

Rezeptoren sind in der Regel als Transmembranproteine (→ Membranen) so in die Plasmamembran der Zelle eingebaut, dass Teile des Moleküls nach außen und andere nach innen ragen. Ähnlich wie Enzyme (→ Enzyme) erkennen und binden die Rezeptoren auf der Außenseite bestimmte Moleküle, ihre *Liganden*. Anders als bei Enzymen bleibt der Ligand jedoch chemisch unverändert. Er beeinflusst aber den Zustand des Rezeptors so, dass auf der Innenseite der Membran ein zweites Signal ausgelöst wird. Nach ihrer Wirkungsweise unterscheidet man drei Arten von Rezeptoren:

Rezeptoren vom Typ I sind gleichzeitig Enzyme, die nach Aktivierung durch einen Liganden innerhalb der Zelle sich selbst und andere Proteine in der Zelle phosphorylieren, d. h. kovalent mit Phosphatresten verknüpfen. Die Phosphorylierung und der umgekehrte Vorgang, die Dephosphorylierung, sind wichtige Mechanismen zur Aktivierung und Inaktivierung von Proteinen. Ein bekannter Typ I-Rezeptor ist der *Insulinrezeptor*. Nach Bindung des Liganden Insulin beginnt eine Kaskade von Reaktionen, die u. a. den Stoffwechsel der Zielzellen umsteuern (s. Kap. 15).

Rezeptoren vom Typ II sind *Ionenkanäle* (→ Membranen), die durch Bindung von Signalstoffen ihren Öffnungszustand ändern. Einen solchen Mechanismus nutzen viele Neurotransmitter, z. B. Acetylcholin. Sie binden an Rezeptoren in der postsynaptischen Membran und machen sie durchlässig für Na^+-Ionen. Dies löst ein *Aktionspotenzial* aus, das vom postsynaptischen Neuron fortgeleitet wird (→ Neurotransmitter).

Rezeptoren vom Typ III übertragen ihre Signale mit Hilfe so genannter *G-Proteine*. Diese sitzen auf der Innenseite der Membran und zerfallen nach Aktivierung des Rezeptors unter Energieverbrauch in zwei Untereinheiten. Die so genannte α–Untereinheit kann, je nach Typ des G-Proteins, vier verschiedene Wirkungen haben, die alle zur Bildung von *Second Messengern* (nachgeschalteten intrazellulären Signalstoffen) führen:

- Die α-Untereinheit aktiviert das Enzym *Adenylat-Cyclase*, welches daraufhin ATP in den *Second Messenger* cAMP umwandelt. cAMP bindet an und aktiviert damit Proteinkinasen, die ihrerseits weitere Proteine durch Phosphorylierung aktivieren oder inaktivieren.
- Die α-Untereinheit aktiviert das Enzym *Phosphodiesterase*, welches den Second Messenger cGMP in GMP umwandelt. Diese Wirkung ist z. B. für den Sehvorgang im Auge und die Regulation der Blutgefäßweite von Bedeutung.
- Die α–Untereinheit bindet an einen Ionenkanal und öffnet diesen. Solche Vorgänge sind z. B. an der Signalübertragung zwischen Nervenzellen beteiligt.

- Die α–Untereinheit aktiviert das Enzym *Phospholipase C*, welches bestimmte Membranlipide in die beiden Second Messenger $InsP_3$ und *DAG* spaltet. $InsP_3$ bewirkt die Freisetzung von Ca^{2+} aus intrazellulären Speichern, während DAG die *Proteinkinase C* aktiviert, die dann in Gegenwart von Ca^{2+} weitere Proteine phosphoryliert und damit in ihrer Funktion verändert.

Eine weitere wichtige Klasse von Rezeptoren binden ihre Liganden (lipophile Hormone, → Signalstoffe) im Zellinneren. Der Hormon-Rezeptor-Komplex kann nun an bestimmte Sequenzen (*hormon response elements*) auf der DNA binden und die Transkription eines Gens aktivieren oder inaktivieren (→ Molekulare Genetik).

Viele Arzneistoffe sind gegen Rezeptoren gerichtet. **Rezeptor-Antagonisten** besetzen Rezeptoren, ohne ein Signal auszulösen, und verhindern so die Wirkung der körpereigenen Signalstoffe. Zu dieser Gruppe gehören z. B. die zur Blutdrucksenkung eingesetzten *β-Blocker* und AT_1-*Antagonisten* (s. Kap. 11 und 13). **Rezeptor-Agonisten** (z. B. die α-*Sympathomimetika*, s. Kap. 8) lösen dagegen die gleiche Wirkung aus wie das körpereigene Signal. Andere Wirkstoffe greifen nicht am Rezeptor an, sondern beeinflussen nachgelagerte Vorgänge. So hemmt das erektionsfördernde Sildenafil eine Phosphodiesterase und erhöht dadurch die intrazelluläre cGMP-Konzentration (s. Kap. 22).

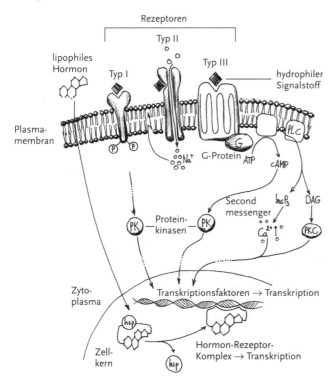

Signaltransduktion

Blut

Das Blut macht ca. 8 % des Gewichts eines Menschen aus. Bei Erwachsenen entspricht dies einem Volumen von fünf bis sechs Litern. Das Blut besteht aus **Zellen** (Erythrocyten, Leukocyten und Thrombocyten), die in einer wässrigen Lösung schwimmen, dem **Plasma**. Den nach der Blutgerinnung (s. Kap. 12) noch vorhandenen Anteil des Plasmas nennt man *Serum*.

Die **Zellen** im Blut übernehmen unterschiedliche Aufgaben. Die kernlosen **Erythrocyten** (rote Blutkörperchen) sind für den Transport von *Sauerstoff* (O_2) und *Kohlendioxid* (CO_2) verantwortlich. Für beide Prozesse ist das *Hämoglobin* entscheidend, ein Protein aus vier Polypeptidketten, die jeweils eine intensiv rot gefärbte, eisenhaltige *Häm-Gruppe* tragen. Das Eisenatom der Häm-Gruppe lagert in der Lunge Sauerstoff an und gibt ihn im Gewebe wieder ab. Kohlendioxid wird in Form des besser löslichen *Hydrogencarbonats* vom Gewebe in die Lunge transportiert und dort als gasförmiges CO_2 abgegeben. Bei Erwachsenen werden die Erythrocyten im Knochenmark gebildet. Ihre Lebensdauer beträgt etwa 120 Tage, danach werden sie in der Milz, der Leber und im Knochenmark abgebaut. Die Häm-Gruppe wird zu *Bilirubin* verstoffwechselt und über die Leber ausgeschieden. Zu den **Leukocyten** (weißen Blutkörperchen) gehören verschiedene Arten von *Granulocyten*, *Monocyten* und *Lymphocyten*. Sie dienen der Abwehr von Krankheitserregern und körperfremden Stoffen und sind an Entzündungsprozessen beteiligt (→ Immunsystem, Entzündung). Alle Leukocyten gehen aus gemeinsamen *Stammzellen* im Knochenmark hervor. Leukocyten sind normale, kernhaltige Zellen, die kein Hämoglobin enthalten (gr. *leukos* = »weiß«). **Thrombocyten** (Blutplättchen) sind Zellbruchstücke, die sich im Knochenmark aus großen Vorläuferzellen, den *Megakaryocyten*, abschnüren. Ihre wichtigste Aufgabe ist die Förderung der *Blutgerinnung* durch *Blutplättchenaggregation* (s. Kap. 13). Die kernlosen Thrombocyten zirkulieren 1–2 Wochen im Blut, bevor sie in Milz und Leber abgebaut werden.

Das **Plasma**, der flüssige Anteil des Bluts, ist eine Lösung sehr unterschiedlicher Stoffe. Dazu gehören *Ionen* (Natrium, Calcium, Chlorid usw.) und *Metabolite* (Zucker, Aminosäuren, Vitamine und Abfallprodukte wie Harnstoff und Harnsäure). Zusätzlich enthält das Blutplasma mehr als 100 verschiedene **Plasmaproteine**. Das mengenmäßig wichtigste Plasmaprotein ist das *Albumin*. Es transportiert Fettsäuren und andere Stoffe und sorgt zudem für eine ausgeglichene Wasserverteilung zwischen Gefäßsystem und Geweben. Auch viele andere Proteine im Blut haben Transportfunktionen, z. B. *Lipoproteine* (s. Kap. 14) oder Hormoncarrier, die wasserunlösliche Hormone zu ihren Bestimmungsorten bringen. Zu den Plasmaproteinen gehören auch die Proteine der Blutgerinnung (*Gerinnungsfaktoren*, s. Kap. 12) und viele Immunproteine, z. B. *Antikörper* (→ Immunsystem).

Die Anteile der einzelnen Blutbestandteile geben wichtige Hinweise auf den Gesundheitszustand des Menschen. Deshalb spielen Blutuntersuchungen in der medizinischen Diagnostik eine zentrale Rolle. Von besonderem Interesse sind die Anzahl der Blutzellen (das »*Blutbild*«) sowie die Konzentration löslicher Blutbestandteile. Eine wichtige Kenngröße im Zusammenhang mit dem

Diabetes mellitus ist der Blutzuckerspiegel (die Konzentration der Glucose im Serum, s. Kap. 15). Auch die Mengen mancher Plasmaproteine sind von diagnostischem Interesse. So geben die Konzentrationen der Lipoproteine Auskunft über den Zustand des Fettstoffwechsels (s. Kap. 14), das Auftauchen bestimmter Enzyme im Serum lässt auf Organschäden schließen und die Anwesenheit von Antikörpern gibt Hinweise auf bestehende Infekte oder Allergien.

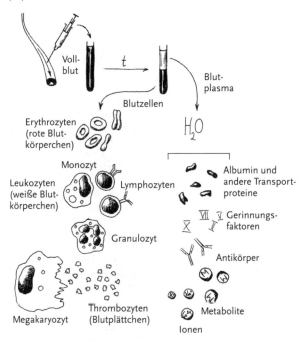

Immunsystem

Das **Immunsystem** ist ein Abwehrsystem, das uns vor Krankheitserregern und der Ausbreitung von Krebszellen schützen und die Integrität des Körpers bewahren soll. Zum Immunsystem gehören besondere **Gewebe**, die an den Eintrittspforten für potenzielle Angreifer angesiedelt sind. Dies sind die Rachen- und Gaumenmandeln im Mund, spezialisierte Zellinseln in der Darmwand und besondere, stark verzweigte Immunzellen in der Haut. Hauptträger der Immunantwort sind aber die weißen Blutkörperchen (**Leukocyten**), die diese Gewebe und die überall im Körper verteilten Lymphknoten bevölkern und auch in Blut und Lymphe zirkulieren.

Eindringlingen begegnet das Immunsystem zunächst mit einer **unspezifischen (angeborenen) Abwehr**: *Fresszellen* (Makrophagen) nehmen Bakterien und Fremdstoffe auf und machen sie durch Abbau unschädlich. Diese Zellen werden von einer Gruppe von Proteinen (dem *Komplementsystem*) unterstützt, die

u. a. in der Lage sind, die Zellmembran von Bakterien und anderen Eindringlingen anzugreifen und zu durchlöchern. Durch die unspezifische Abwehr wird in der ersten Verteidigungslinie bereits ein Großteil der Angreifer neutralisiert. Die große Vielfalt bedrohlicher Krankheitserreger macht es aber erforderlich, dass das Immunsystem auch gezielt auf seine Umwelt reagieren kann.

Die **spezifische (erworbene) Immunabwehr** wird hauptsächlich von Lymphocyten getragen, einer Untergruppe der Leukocyten. Die aus dem Knochenmark stammenden **B-Lymphocyten** weisen an ihrer Oberfläche Rezeptoren auf (→ Signaltransduktion), die körperfremde chemische Strukturen, so genannte *Antigene*, erkennen können. Wird ein Antigen an diese Rezeptoren gebunden, geben die B-Lymphocyten in großen Mengen *Antikörper* ab, lösliche Formen des betreffenden Rezeptors, die ebenfalls Antigen binden. Dies erleichtert die Aufnahme der Erreger durch Makrophagen und ihre Zerstörung durch das Komplementsystem.

Die B-Lymphocyten werden bei ihrer Tätigkeit von **T-Lymphocyten** unterstützt, die ebenfalls antigenspezifische Rezeptoren besitzen. Diese *T-Helferzellen* (T_H) koordinieren und kontrollieren den Ablauf der Immunantwort. Nach ihrer Aktivierung durch präsentierte Antigene geben sie Signalstoffe (Interleukine) ab, die B-Lymphocyten oder Makrophagen aktivieren und weitere Immunzellen an den Ort des Geschehens locken. Bei AIDS-Patienten werden durch das HI-Virus vor allem T-Helferzellen zerstört und so das Immunsystem geschwächt (s. Kap. 7). *T-Killerzellen* (T_C) besitzen die Fähigkeit, Krankheitserreger oder infizierte körpereigene Zellen zu erkennen und abzutöten. Andere T-Lymphocyten (Gedächtniszellen) »merken« sich die Antigene auf Krankheitserregern, um bei einem erneuten Angriff schneller und wirksamer reagieren zu können.

Die von Zellen vermittelte Immunabwehr heißt auch **zellulär** – im Gegensatz zum **humoralen** Teil des Immunsystems, das auf löslichen Proteinen (Antikörpern und Komplementproteinen) beruht (s. Abbildung). Die Universalität der Immunantwort befähigt uns zwar, mit vielen verschiedenen Krankheitserregern fertig zu werden, sie birgt aber auch die Gefahr, dass das Immunsystem »versehentlich« körpereigene Strukturen angreift (Autoimmunkrankheiten, s. Kap. 3) oder dass eine Überreaktion des Immunsystems zu Allergien führt (s. Kap. 10).

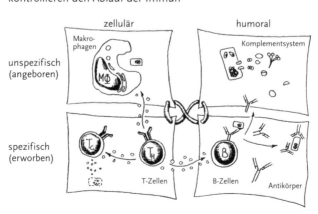

Entzündung

Als »Entzündung« bezeichnet man eine örtlich begrenzte **Abwehrreaktion** des Organismus, die durch Krankheitserreger, durch physikalische und chemische Einflüsse oder eine Überreaktion des Immunsystems ausgelöst sein kann. Die lateinischen Begriffe *dolor* (Schmerz), *rubor* (Rötung), *calor* (Hitze) und *tumor* (Schwellung) beschreiben die Symptome einer Entzündung sehr anschaulich. Der Ursprung jeder Entzündung ist eine (wenn auch noch so kleine) Verletzung eines Blutgefäßes. Das *Blutgerinnungssystem* wird aktiviert und es bildet sich ein kleiner Blutpfropf aus *Fibrin* und *Thrombocyten* (s. Kap. 12). Diese locken durch Ausschüttung von Signalstoffen **Immunzellen** (→ Immunsystem) zum Ort der Entzündung. Wenn *Makrophagen* dort auf Bakterien treffen, fressen sie diese durch *Phagocytose* auf und setzen dabei weitere Signalstoffe frei, vor allem *Tumornekrosefaktor α* (TNFα). TNFα verbessert zusammen mit *Histamin*, das von Gewebsmastzellen ausgeschüttet wird (s. Kap. 10), die Durchblutung des Gewebes rund um die geschädigte Stelle und erhöht die Durchlässigkeit der Blutgefäßwände. Dadurch sammelt sich im Gewebe Flüssigkeit an, mit der Folge, dass giftige Substanzen verdünnt werden und Antikörper sowie Proteine des Komplementsystems (→ Immunsystem) besser zum Ort des Geschehens vordringen können. Die in das Gewebe übergetretene Flüssigkeit schwemmt außerdem die Erreger und die mit Erregern »vollgefressenen« Makrophagen über das *Lymphsystem* zu nahe liegenden *Lymphknoten*, wo sie abgebaut werden. Rötung, Erwärmung und Schwellung der entzündeten Stelle gehen ebenfalls auf die verstärkte Durchblutung zurück.

Durch TNFα werden die Zellen der Blutgefäßwand (*Endothelzellen*) zur Bildung so genannter *Adhäsionsmoleküle* angeregt, die – ähnlich wie Signalstoffe – den im Blut zirkulierenden *Leukocyten* den Weg zur Entzündung weisen. Zusätzlich beginnen die Mastzellen mit der Synthese und Freisetzung von *Prostaglandinen*. Diese Signalstoffe erhöhen die Schmerzempfindlichkeit (daher »dolor«, s. auch Kap. 1), aktivieren weitere Entzündungszellen und lösen, zusammen mit dem von Makrophagen ausgeschütteten *Interleukin-6*, **Fieber** aus. Fieber unterstützt die Immunantwort, da die Reaktionen des Immunsystems bei höherer Temperatur schneller ablaufen. Außerdem vermehren sich manche Erreger unter diesen Bedingungen langsamer. Interleukin-6 sorgt außerdem dafür, dass in der Leber das *C-reaktive Protein* (*CRP*) gebildet wird, welches an die Oberfläche von Mikroorganismen bindet und sie so den Makrophagen oder dem Komplementsystem als mögliche Opfer markiert. Die Konzentration des C-reaktiven Proteins im Blut ist ein Maß für die Stärke der Entzündungsaktivitäten im Körper.

Lebensbedrohlich wird eine Entzündungsreaktion, wenn sie nicht mehr lokal im Gewebe abläuft, sondern sich auf das Blut ausdehnt. Dann kommt es zu einer **Sepsis** (»Blutvergiftung«), bei der durch Makrophagen im gesamten Organismus TNFα freigesetzt wird. Die Durchlässigkeit der Blutgefäße erhöht sich schlagartig und große Mengen von Blutflüssigkeit (*Plasma*; → Blut) treten ins Gewebe über. Dieser Flüssigkeitsverlust führt zum *Schock* und zum Versagen lebenswichtiger Organe, wie Niere, Leber, Herz und Lunge. Durch Gabe von

Antikörpern gegen TNFα wird versucht, den Schock unter Kontrolle zu bringen.

Im Gegensatz zur **akuten Entzündung** ist das Immunsystem bei einer **chronischen Entzündung** nicht mehr in der Lage, seine eigene Aktivität zeitlich und örtlich zu begrenzen. Verantwortlich sind wahrscheinlich *T-Lymphocyten* (→ Immunsystem), die durch Makrophagen aktiviert wurden und den Entzündungsprozess ständig aufrechterhalten, auch wenn gar keine Krankheitserreger zu bekämpfen sind. Akute Entzündungen lassen sich mit NSARs behandeln, die die Prostaglandinsynthese hemmen (s. Kap. 1).

Da Entzündungen normale Abwehrreaktionen sind, ist dies jedoch nur sinnvoll, wenn die Schmerzen oder das Fieber den Patienten zu sehr schwächen. Zur Therapie schwerer chronischer Entzündungen wie *Arthritis* oder *Asthma* nutzt man häufig die immunsuppressiven Eigenschaften der Corticoide (s. Kap. 3).

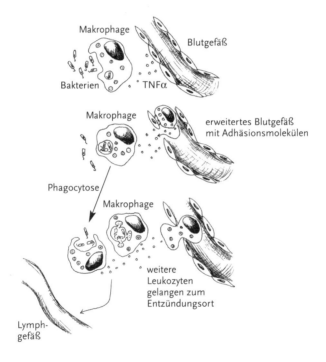

Nervensystem

Das *Nervensystem*, ein Netzwerk aus etwa 300 Milliarden spezialisierter Zellen, dient der Kommunikation innerhalb des Organismus. Das **Zentralnervensystem** (ZNS), bestehend aus *Gehirn* und *Rückenmark*, empfängt über das **periphere Nervensystem** (PNS) ständig Sinneseindrücke und andere Signale aus allen Teilen des Körpers. Das ZNS verarbeitet diese Informationen und erzeugt als Reaktion auf die eingehenden (*afferenten*) Nervenimpulse ausgehende (*efferente*) Signale, die über das PNS den Muskeln und anderen *Erfolgsorganen* zugeleitet werden. Dadurch sind wir in der Lage, auf Umwelteindrücke und Signale unseres Körpers gezielt und sinnvoll zu reagieren (s. Abbildung). Nach der Funktion unterscheidet man das **somatische** (bewusste) vom **vegetativen** (autonomen) **Nervensystem**. Wie der Name sagt, arbeitet das autonome Nervensystem weit gehend selbstständig. Es steuert und koordiniert die Funktion der inneren Organe, ohne dass wir uns dessen bewusst sind. Das vegetative Nervensystem besteht im Wesentlichen aus zwei Anteilen: Der *Sympathikus* bereitet den Körper auf Stress- und Notfallsituationen vor (*fight or flight*), während der *Parasympathikus* in stressarmen Phasen überwiegt (*rest and digest*). Die gegenläufigen Wirkungen von Sympathikus und Parasympathikus wirken sich auf viele Vorgänge im Körper aus, z. B. auf die Herzleistung, die Weite von Blutgefäßen und Bronchien, die Funktion des Verdauungstraktes und die Sekretion von Schleim und Speichel. Viele Arzneistoffe greifen in das vegetative Nervensystem ein und beeinflussen damit z. B. den Blutdruck (s. Kap. 13), die Säurebildung im Magen (s. Kap. 16) oder eine erkältungsbedingt »verstopfte« Nase (s. Kap. 8).

Nervengewebe enthält überwiegend zwei Zelltypen, die eigentlichen Nervenzellen (*Neuronen*) und Hilfszellen (*Gliazellen*), die die Neuronen ernähren, schützen und sie wie bei einem elektrischen Kabel isolieren. **Neuronen** sind besonders leicht erregbare Zellen, die Signale aufnehmen und weitergeben. Sie bestehen aus einem Zellkörper und zahlreichen Fortsätzen, über die sie mit vielen anderen Neuronen in Kontakt stehen. Zellfortsätze, die Signale aufnehmen, bezeichnet man als *Dendriten*, zur Weiterleitung des Reizes dient ein einziges langes *Axon*. An seinem Ende befinden sich Kontaktstellen (*Synapsen*), die Verbindungen zu einem anderen Neuron oder zu einer Muskelzelle herstellen (→ Neurotransmitter). Von Bindegewebe umhüllte Bündel aus zahlreichen Nervenfasern mit eingelagerten Blutgefäßen bezeichnet man als **Nerven**. Während Nervensignale in Dendriten und Axonen durch elektrische Impulse weitergeleitet werden, beruht die Signalübertragung an Synapsen auf rein chemischen Vorgängen: Im Endköpfchen des Axons sind in kleinen Bläschen (*Vesikeln*) Signalmoleküle gespeichert, die man als *Neurotransmitter* bezeichnet (→ Neurotransmitter). Erreicht ein elektrisches Signal die Synapse, wird der Inhalt der Vesikel in den Spalt zwischen den beiden Neuronen (den *synaptischen Spalt*) entleert. Die ausgeschütteten Transmittermoleküle gelangen rasch zur Oberfläche des nachgeschalteten (*postsynaptischen*) Neurons und binden dort an spezifische *Rezeptoren*. Je nach Art der Synapse kann dies unterschiedliche Folgen haben: Entweder kommt es im postsynaptischen Neuron zur Öffnung von *Ionenkanälen* und damit zum Einstrom positiv oder negativ geladener Teilchen (→ Membranen), oder es wird eine *Signaltransduktionskaskade* in Gang gesetzt (→ Signaltransduktion), über die die Erregbarkeit des nachgeschalteten Neurons und damit die Weiterleitung des elektrischen Signals verändert wird. Viele Arzneistoffe, Drogen und Gifte beeinflussen die Funktion des Nervensystems, indem sie in die oben geschilderten Prozesse eingreifen. Beispielsweise können Arzneistoffe die Bildung, die Ausschüttung und den Abbau von Neurotransmittern hemmen oder fördern. Andere Wirkstoffe binden als *Agonisten* oder *Antagonisten* an Rezeptoren für Neurotransmitter oder unterdrücken den Transport von Transmittern zurück in das präsynaptische Neuron. Auf dieser Grundlage lassen sich Schmerzen (Kap. 1 und 2), neurologische Ausfälle (Kap. 19), Schlafstörungen (Kap. 18) und psychiatrische Erkrankungen (Kap. 20) behandeln. Auch die Wirkung fast aller Rauschdrogen (Kap. 21) beruht auf Eingriffen in den Stoffwechsel bestimmter Neurotransmitter.

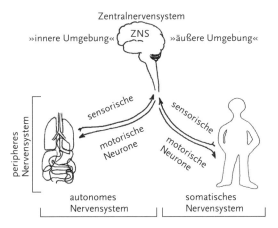

Neurotransmitter

Als **Neurotransmitter** bezeichnet man eine große Gruppe von Signalstoffen (→ Signalstoffe) mit sehr unterschiedlicher chemischer Struktur, aber vergleichbarer Funktion. Wie ihr Name sagt, dienen Neurotransmitter der Informationsübertragung zwischen Nervenzellen (*Neuronen*). Sie wirken an besonderen Kontaktstellen, den *Synapsen*, an denen das Axon eines Neurons mit den Dendriten oder dem Zellkörper eines anderen in Kontakt steht (→ Nervensystem). Erreicht ein elektrisches Signal (ein so genanntes »Aktionspotenzial«) das Axonende des *präsynaptischen Neurons*, werden Transmittermoleküle ausgeschüttet, die zum nachgeschalteten (*postsynaptischen*) Neuron wandern und dort an *Rezeptoren* binden, die das Signal weitergeben. Viele Rezeptoren sind *Ionenkanäle* (→ Membranen), die sich nach Bindung des Transmitters öffnen und Na^+-Ionen einströmen lassen. Dies erzeugt in der postsynaptischen Zelle ein neues Aktionspotenzial. Andere Rezeptoren beeinflussen über *G-Proteine* Enzyme im postsynaptischen Neuron, die durch

Phosphorylierung weiterer Proteine die Zellantwort vermitteln (→ Signaltransduktion). Nach ihrer Wirkung auf das postsynaptische Neuron unterscheidet man anregende (*exzitatorische*) und hemmende (*inhibitorische*) Neurotransmitter. **Anregende Transmitter** verstärken die elektrische Aktivität des nachgeschalteten Neurons. Zu dieser Gruppe gehören Acetylcholin und die Aminosäure Glutamat. **Hemmende Transmitter**, z. B. die Aminosäure Glycin und der Aminosäureabkömmling GABA, dämpfen die Aktivität des postsynaptischen Neurons. Alkohol und einige Arzneistoffe mit beruhigender Wirkung, z. B. die Benzodiazepine (s. Kap. 18), verstärken die Aktivität des *GABA-Rezeptors*. Weitere Wirkungen des Alkohols, so der als »Blackout« bekannte vorübergehende Verlust des Erinnerungsvermögens, beruhen auf einer Hemmung von Glutamat-Rezeptoren (s. Kap. 21).

Andere Neurotransmitter sind am Zustandekommen höherer Gehirnfunktionen beteiligt. So sind das subjektive Wohlgefühl, die Stimmungslage und der Antrieb zu gezielten Handlungen u. a. von den Transmittern Dopamin, Serotonin und Noradrenalin abhängig. Veränderungen im Stoffwechsel dieser Transmitter können deshalb zu psychiatrischen Erkrankungen führen (s. Kap. 20). Mit Hilfe von *Psychopharmaka* wird versucht, solchen Störungen entgegenzuwirken. Die meisten *Rauschdrogen* verändern ebenfalls die Konzentrationen von Transmittern in bestimmten Teilen des Gehirns. Wiederum spielen Dopamin und Serotonin die entscheidende Rolle (s. Kap. 21).

Dopamin im Zusammenspiel mit Acetylcholin ist auch an der Koordination von Bewegungen beteiligt. Der Ausfall einer kleinen Gruppe von Neuronen im Mittelhirn kann zu einem lokalen Mangel an Dopamin und dadurch zur *Parkinson'schen Krankheit* führen (s. Kap. 19). Bei medikamentösen Eingriffen in den Neurotransmitterstoffwechsel ist zu beachten, dass die meisten Neurotransmitter im Gehirn ganz unterschiedliche Aufgaben wahrnehmen. Deshalb ist es fast unmöglich, bei der Anwendung von Psychopharmaka unerwünschte Arzneimittelwirkungen zu vermeiden.

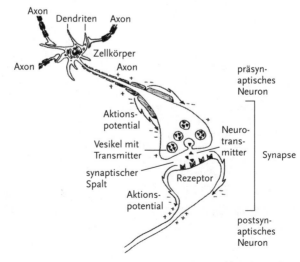

30

Der Beipackzettel

Zu Nebenwirkungen fragen Sie unsere Autorencrew

Bade, Sascha (Kap. 18) Sascha Bade erblickte 1974 in Sulingen, einer kleinen Stadt in Niedersachsen das Licht der Welt. Nach dem Abitur folgte ein Medizinstudium an der Philipps-Universität in Marburg. Betreut durch Prof. Volker Kretschmer beschäftigte er sich im Rahmen seiner Promotion experimentell mit der Blutgerinnung, insbesondere der Funktion von Blutplättchen. Zur Zeit befindet er sich in der Facharztausbildung zum Internisten am Klinikum Links der Weser in Bremen.

Bajorat, Tido (Kap. 11) Tido Peter Bajorat ist ein Nordlicht aus Preetz nahe der Ostsee. Schon früh zeigte sich seine ausgesprochene Experimentierfreudigkeit, bei der es keine Grenze zwischen Naturwissenschaft und Technik gab. Ein Austauschjahr in den USA erweiterte seinen Blick in neue Richtungen, so daß er Sprachen und Wirtschaft in Kiel studierte. Danach wurde er Medizin-Student an der Philipps-Universität in Marburg und fand so manche genetische Mutation für seine Doktorarbeit im Labor der Marburger Kinderklinik. Neben dem Studium arbeitete er als Dozent bei einem Unternehmen für medizinische Repetitorien und entdeckte so sein Interesse an medizinischer Didaktik. Nach seinem Studium zog es ihn in die Schweiz, um dort als Arzt zu arbeiten.

Bartels, Cornelia, Dr. (Kap. 1, 5, 12, 15) Cornelia Bartels ist in Bremen geboren und aufgewachsen. Ihr naturwissenschaftliches Interesse spiegelte sich bereits an der Wahl ihrer Leistungskurse Biologie und Chemie wider. Nach dem Abitur studierte sie an der Philipps-Universität in Marburg Humanbiologie. Im Verlauf ihres Studiums und der anschließenden Promotion, die sie im Labor von Prof. Reinhard Lührmann am MPI für biophysikalische Chemie in Göttingen durchgeführt hat, beschäftigte sie sich mit der »großen Welt der RNA«. Seit Anfang 2004 arbeitet sie in Frankfurt im Bereich »Medical Education und Pharmakommunikation« (IntraMedic GmbH).

Berens, Werner, Dr. (Kap. 25) Werner Berens wuchs in dem kleinen Dorf Thuine im Emsland auf. Nach einer Ausbildung zum Chemikanten entschied er sich gegen eine Ingenieurskarriere und für den Studiengang Humanbiologie in Marburg. Als Diplom-Humanbiologe promovierte er bei der Beiersdorf AG in Hamburg zum Thema Hautpigmentierung. Nach einer zweijährigen Postdoc-Zeit am National Cancer Institute in Bethesda, Maryland, USA arbeitet er zur Zeit als freier Mitarbeiter für die Beierdorf AG im Bereich Forschung Haut.

Demir, Yilmaz (Kap. 10) Yilmaz Demir ist in Altenheerse aufgewachsen, einem kleinen Ort am Teutoburger Wald in Ostwestfalen. Nach dem Abitur im benachbarten Neuenheerse begann er schließlich in Marburg sein Medizinstudium. Im Rahmen der Doktorarbeit arbeitete er während eines einjährigen Forschungsaufenthalts in der Immunologie in Cleveland, USA. Dort untersuchte er an herztransplantierten Mäusen die Mechanismen der Antigenpräsentation und wurde dabei betreut von Prof. Heeger und Prof. Renz. Inzwischen ist er zur Universität Göttingen gewechselt und schließt dort im Frühjahr 2005 sein Studium ab.

Emmel, Jörg   (Kap. 15) Jörg Emmel wurde in Hadamar im Westerwald geboren. Aufgewachsen ist er in Elz bei Limburg an der Lahn. Sein Interesse an der Medizin entdeckte er schon früh im Rahmen eines Ferienprojektes. Nach dem Abitur studierte er an der Philipps-Universität zu Marburg Humanmedizin. Sein praktisches Jahr leistete er in den Lehrkrankenhäusern in Kassel ab. Derzeit beendet er seine Promotion unter Prof. Dr. Harald Renz im Bereich der Neuro-Immunologie und Klinischen Chemie des Universitäts-Klinikums Marburg. Seit Januar 2005 arbeitet er im Klinikum Fulda als Assistenzarzt in der Gynäkologie und Geburtshilfe.

Geisel, Tobias   (Kap. 8) Tobias Geisel studierte Humanmedizin an der Philipps-Universität Marburg. Seine ärztliche Tätigkeit begann er im Diakonie-Krankenhaus in Wehrda (Innere Medizin). Zur Zeit befindet er sich in der Weiterbildung zum Strahlentherapeuten wieder im Klinikum der Philipps-Universität Marburg, Abteilung Strahlenmedizin.

Göllner, Heike, Dr.   (Kap. 2, 17, 19) Heike Göllner wurde 1973 in Stuttgart-Bad Cannstatt geboren. Nach zwei Jahren Kunst-Leistungskurs hat sie sich nach dem Abitur doch entschieden etwas Anständiges zu lernen und studierte in Marburg an der Philipps-Universität Humanbiologie. Während der Promotion in der Arbeitsgruppe von Prof. Dr. Guntram Suske am Institut für Molekularbiologie und Tumorforschung beschäftigte sie sich mit Mäusen, Genen und Transkriptionsfaktoren (s. Box molekulare Genetik). Seit 2002 ist sie Sachverständige für forensische DNA-Analytik am Landeskriminalamt in Berlin und kämpft mit den Waffen einer Molekularbiologin gegen Mord, Totschlag und Verbrechen.

Handzel, Daniel   (Kap. 22) Daniel Handzel wurde 1977 in Frankfurt/Main geboren. Nach seiner Schulzeit in der Barockstadt Fulda studierte er Humanmedizin in Marburg und München. Als Assistenzarzt in der Universitäts-Augenklinik in Bonn strebt er nun den Facharzt an. Nach der Arbeit sucht er Entspannung beim Chorgesang oder beim Fliegenfischen.

Hedderich, Esther   (Kap. 20) Esther Hedderich wurde 1969 in Marburg geboren. Da sie ein ausgeprägtes Interesse für Naturwissenschaften hatte, lag das Studium der Humanbiologie in jeder Hinsicht nahe. Nach Abschluss des Studiums entschloss sie sich dann, ihre andere große Leidenschaft – die Bücher – zu ihrem Beruf zu machen. Sie absolvierte eine Lehre als Buchhändlerin und arbeitete danach in einer Universitätsbuchhandlung als Leiterin der Medizinisch-Naturwissenschaftlichen Abteilung. Zurzeit ist sie in Elternzeit (oder wie es früher so schön hieß Erziehungsurlaub) und betreut ihre zwei Kinder Jonathan (3 Jahre) und Rebecca (1,5 Jahre).

Jung, Nadja   (Kap. 13) Nadja Jung wurde 1977 in Nürnberg geboren und ist in Neumarkt in der Oberpfalz aufgewachsen. Von 1996 bis 2001 studierte sie Biotechnologie an der Fachhochschule Weihenstephan in Freising, wo sie durch ein Praxissemester am Scripps Research Institute in San Diego, CA, USA, ihre Leidenschaft für die Wissenschaft entdeckte. Ihre Diplomarbeit absolvierte sie am Jackson Lab in Bar Harbor, Maine, USA, in der Immunologie. 2001 ist sie dem internationalen Master/Ph.D. Programm für Molekularbiologie an der International Max Planck Research School in Göttingen beigetreten, hat ihre Master-Arbeit mit einer Studie über Vesikeltransport abgeschlossen und beschäftigt sich seit Oktober 2002 im Rahmen ihrer Promotion mit synaptischen Proteinen in der Abteilung von Professor Volker Haucke an der Freien Universität Berlin.

Kleinschmidt, Markus (Kap. 7) Markus Kleinschmidt erblickte 1977 in Wuppertal das Licht der Welt und wusste erst nicht, dass es nirgendwo sonst eine Schwebebahn gibt. In Radevormwald, einer Kleinstadt im Bergischen Land, machte er sein Abitur, ohne der Biologie größere Beachtung geschenkt zu haben. Sein Zivildienst auf Hallig Hooge brachte ungeahnte Einblicke in die Natur und den Wunsch, mehr über sie zu erfahren. Das Studium der Biologie absolvierte er in Greifswald und Marburg, wo er 2002 seine Diplomarbeit am Fachbereich Genetik vorlegte. Derzeit promoviert er am Institut für Molekularbiologie und Tumorforschung (IMT) in Marburg. Wenn er einmal im Jahr Schwebebahn fährt, vergisst er gerne, dass es sie nur in Wuppertal gibt.

Koolman, Jan, Prof. Dr. Jan Koolman ist in Lübeck geboren und mit dem Seewind von der Ostsee aufgewachsen. Der Besuch eines humanistischen Gymnasiums der Hansestadt hat in ihm manche Spuren hinterlassen. Er hat an der Eberhard-Karls-Universität in Tübingen Biochemie studiert. Für eine Promotion bei dem Biochemiker Peter Karlson ging er nach Marburg. Dort begann er, sich mit der Biochemie der Insekten und anderer Evertebraten zu beschäftigen. Er habilitierte im Fachbereich Humanmedizin. Heute ist er Professor am Institut für Physiologische Chemie der Philipps-Universität Marburg. Sein Arbeitsgebiet ist die biochemische Endokrinologie. Weitere Interessen hat er in der Didaktik der Biochemie.

Krüger, Imme (Kap. 28) Imme Krüger ist in Helmstedt, einem kleinen Städtchen an der damaligen innerdeutschen Grenze, aufgewachsen. Nach dem Abitur im Jahre 1997 lockte sie das Studium der Humanbiologie in die hessische Studentenmetropole Marburg, der Abschluss mit dem Hauptfach Molekularbiologie folgte 2002. Derzeit arbeitet sie an ihrer Promotion in der Arbeitsgruppe von Prof. Dr. Suske am Institut für Molekularbiologie und Tumorforschung der Philipps-Universität Marburg. Außerhalb des Labors ist sie aktives Mitglied im Studenten-Sinfonie-Orchester Marburg und beim Hockey-Unisport.

Krüger, Karen Dr. (Kap. 2) Karen Krüger wurde 1969 geboren. Sie studierte Zahnheilkunde in Berlin und Marburg. Dort promovierte sie 1999 am Institut der Pharmakologie und Toxikologie. Seit 1999 ist sie als selbständige Zahnärztin in Jesberg, Hessen, tätig.

Kusch, Björn (Kap. 12) Björn Kusch wurde Anfang der 70er Jahre im Herzen Ostwestfalens geboren, wo er auch Kindheit und Jugend verbrachte. Ein Stipendium noch vor dem Abitur verschlug ihn für ein Jahr ins wunderschöne Oregon an die amerikanische Westküste. Nach der Rückkehr folgten Abitur, Zivildienst und das Humanmedizinstudium in Marburg. Für mehr als vier Jahre arbeitete Björn Kusch neben dem Studium als Nachtdienst-Laborant in der Universitäts-Blutbank. Sein großes Interesse gilt heute der Kopf-Hals-Chirurgie und der Forschung. Seit zwei Jahren arbeitet er als Assistenzarzt an der Klinik für Mund-Kiefer- und Gesichtschirurgie und studiert z.Zt. noch parallel Zahnmedizin. Einer universitären Laufbahn steht er sehr aufgeschlossen gegenüber.

Lindner, Holger, Dr. (Kap. 4) Holger Lindner ging in seiner Geburtsstadt Marburg zur Schule und studierte an der Philipps-Universität, zunächst zwei Semester Chemie, dann Humanbiologie. Für diesen Studiengang war er von 1993 bis '96 studentischer Studienberater. Nach dem Diplom und der Promotion im Fach Biochemie bei Prof. Dr. Klaus-Heinrich Röhm zog er im Jahre 2000 auf eine Insel im Sankt Lorenz-Strom. Seither halten ihn dort wissenschaftliche Fragen zur Rolle verschiedener Enzyme bei Krebs, Alzheimer und Schnupfen und das savoir-vivre der Montréaler am Institut de Recherche en Biotechnologie des National Research Council of Canada fest.

Maser, Edmund, Prof. Dr. Edmund Maser ist in Dorla (bei Kassel) geboren. Nach dem Realschulabschluss und einer kaufmännischen Lehre in Frankenberg (Hessen) bekam er während einer mehrjährigen Russisch-Ausbildung bei der Bundeswehr (wieder) Spaß am Lernen und holte auf dem Abendgymnasium in Marburg das Abitur nach. Er studierte in Marburg zunächst Biologie, Sport und Russisch und absolvierte danach den Aufbaustudiengang Humanbiologie. Hier begann er, sich für die Pharmakologie und Toxikologie zu interessieren, und promovierte und habilitierte in diesem Fach in Marburg bei Karl Netter. Heute ist er Professor und Lehrstuhlinhaber des Instituts für Toxikologie und Pharmakologie für Naturwissenschaftler im Universitätsklinikum Schleswig-Holstein in Kiel. Sein wissenschaftliches Interesse gilt der Schnittstelle im Stoffwechsel von Steroiden und der Metabolisierung toxischer Substanzen auf biochemischer und molekularer Ebene.

Mohr, Stefan (Kap. 26) Stefan Mohr hatte sich nach dem Abitur zunächst in den Kopf gesetzt, Gymnasiallehrer für Mathematik und Physik zu werden. Nach nur 2 Monaten Analysis & Algebra in Kassel war jedoch klar, dass ein Medizinstudium in Marburg deutlich mehr Abwechslung versprechen würde. Aus dem ländlichen Nordhessen stammend (Battenberg/Eder), zog es ihn für sein letztes medizinisches Ausbildungsjahr nach Durban/Südafrika und Bern/Schweiz. Der Geschmack der schweizer Schoggi und die Berner Altstadt haben ihn zum Bleiben bewegt, er arbeitet derzeit im Inselspital auf dem chirurgischen Notfall als Assistenzarzt. Seine Dissertation schreibt er über Didaktik im Marburger Studiengang Physiotherapie.

Pauligk, Claudia, Dr. (Kap. 3) Claudia Pauligk stammt aus Weilburg an der Lahn und zog nach dem Abitur flussaufwärts nach Marburg. Hier studierte sie Humanbiologie mit dem Hauptfach Immunologie an der Philipps-Universität. Ihre Promotion bei Prof. Diethard Gemsa beschäftigte sich mit den Wechselwirkungen zwischen Influenza A Viren und humanen Monozyten auf molekularer und zellulärer Ebene. Seit 2003 arbeitet sie als wissenschaftliche Mitarbeiterin im onkologischen Forschungslabor bei Prof. Elke Jäger im Krankenhaus Nordwest Frankfurt/M., thematischer Schwerpunkt ist hier die Charakterisierung von Tumorantigenen mit dem Ziel der Entwicklung von Impftherapien.

Röhm, Klaus-Heinrich, Prof. Dr.
Klaus-Heinrich Röhm stammt aus Stuttgart. Nach einem Diplomstudium der Biochemie in Tübingen wechselte er als Doktorand an die Universität Marburg, wo er – von einigen Auslandsaufenthalten abgesehen – bis heute geblieben ist. Nach seiner Promotion bei Friedhelm Schneider und der Habilitation im Fach Biochemie wurde er 1986 zum Honorarprofessor am Fachbereich Medizin ernannt. Sein Forschungsgebiet ist der Aminosäure- und Proteinstoffwechsel, wobei ihn vor allem die Beziehungen zwischen Struktur und Funktion diverser Enzyme interessieren.

Röhm, Mechthild, Dr. (Kap. 21)
Mechthild Röhm ist examinierte Lehrerin. Nach einer Kinderpause fand sie zurück zum Studium der Biologie an der Universität Marburg. Nach Diplom und Promotion arbeitete sie längere Zeit in der pflanzenphysiologischen Forschung mit dem Schwerpunkt Stickstoff-Fixierung. Heute ist sie in der Erwachsenenbildung tätig und unterrichtet an den unterschiedlichsten Institutionen eine breit gestreute Klientel in Biologie, Chemie, Anatomie und Physiologie.

Schaffert, Nina (Kap. 16) Nina Schaffert, geb. Dobriczikowski wuchs in der hessischen Kur- und Festspielstadt Bad Hersfeld auf. Nach ihrem Abitur zog es sie in den hohen Norden, um nach einem Praktikum in der Seehundstation in Friedrichskoog in Oldenburg Biologie zu studieren. Nach dem Grundstudium kehrte sie jedoch wieder in etwas heimatlichere Gefilde zurück. In Göttingen beendete sie ihr Studium an der Georg-August-Universität und promovierte anschließend am MPI für biophysikalische Chemie in Göttingen über »kleine RNAs von großer Bedeutung«. Seit kurzem arbeitet sie nun an der Schnittstelle zwischen Wissenschaft und Öffentlichkeit im Bereich »Pharmakommunikation« bei der IntraMedic GmbH in Frankfurt.

Schneider, Verena, Dr. (Kap. 3)
Verena Schneider stammt aus der Odenwälder Weininsel Groß-Umstadt. Sie studierte 2 Semester Humanbiologie und dann Medizin in Marburg und promovierte bei Prof. Dr. Monika Löffler am Institut für physiologische Chemie. Anschließend war sie zunächst in Schottland und Tübingen als Ärztin im Praktikum tätig, dann folgte sie ihrem Interesse an Arzneimitteln neckarabwärts in den Bereich Pharmakoepidemiologie der Klinischen Pharmakologie des Universitätsklinikums Heidelberg. Dort erhielt sie im Jahr 2002 ihre Approbation als Ärztin. Ihre wissenschaftliche Arbeit führte sie schließlich zur Aufnahme des Masterstudiengangs in Epidemiologie und Biostatistik an die McGill University in Montréal, Kanada. In ihrer Masterarbeit ermittelt sie mit Hilfe von Datenbanken das Risiko einer häufig gebrauchten Arzneimittelgruppe auf Bevölkerungsebene.

Soldan, Michael (Kap. 27) Michael Soldan ist in Marburg geboren und im Oberhessischen aufgewachsen. Nach dem Abitur studierte er an der Philipps-Universität in Marburg Pharmazie. In Koblenz arbeitete er danach einige Jahre in einer öffentlichen Apotheke und entschloss sich dann wieder für die Uni und das Ergänzungsstudium der Humanbiologie. Die Promotion wurde am Institut für Pharmakologie und Toxikologie bei Prof. Netter in Marburg mit dem Schwerpunkt Zytostatika-Resistenz an Tumorzellen durchgeführt. 1998 wechselte er in die pharmazeutische Industrie und arbeitete an biotechnologischen Produkten und Impfstoffen. Seit Anfang 2005 leitet er die Zulassungsabteilung der Firma Grünenthal GmbH in Aachen.

Stegmann, Karolin, Dr. (Kap. 24)
Karolin Stegmann ist 1970 in Hamburg geboren. Nach dem Abitur hat sie in Marburg Humanbiologie und Philosophie studiert. Ihre Dissertation führte sie am Institut für Humangenetik durch. Nach ihrer Zeit an der Universität reizte sie der Schritt in die Wirtschaft: sie ging als Unternehmensberaterin zu McKinsey & Comp. Dort hat sie an vielfältigen Projekten in verschiedenen Sektoren (Banken und Versicherungen, Public Sector, Chemieindustrie) mitgearbeitet und ist inzwischen Projektleiterin. Ihr besonderes Interesse gilt der Herausforderung, Unternehmen, d. h. Menschen wirklich zu verändern. In ihrer Freizeit wandert und fotografiert sie gerne und liest mit Leidenschaft zeitgenössische Literatur.

Sulzer, Jan, Dr. (Kap. 9) Jan Sulzer ist in Essen geboren und im »Alten Land« südlich von Hamburg aufgewachsen. Nach dem naturwissenschaftlich geprägten Abitur studierte er Medizin an der Philipps-Universität Marburg. Im Studium engagierte er sich zusätzlich in der Universitätspolitik und der studentischen Lehre. Nach Abschluss des Studiums und Promotion bei Prof. v. Wichert folgten knapp dreieinhalb Lehrjahre in Innerer Medizin bei Prof. Morr in Greifenstein (Pulmologie) und Prof. Kentsch in Itzehoe (Kardiologie/Gastroenterologie). Danach ging er für ein Jahr an die Charite – Campus Benjamin Franklin in die operative Intensivmedizin bei Prof. Buhr. Aktuell arbeitet er als Weiterbildungsassistent in der Allgemeinmedizin.

Ulrichs, Timo, Dr. (Kap. 6) Timo Ulrichs stammt aus Fulda und hat in Marburg Medizin studiert und dort auch promoviert. Bereits während des AiP in der Rheumatologie der Charité in Berlin arbeitete er wissenschaftlich am MPI für Infektionsbiologie an der Immunantwort bei Tuberkulose und Mykobakteriosen. Nach einem Forschungsaufenthalt in Boston und in New York ist er seit 2001 wieder zurück in Berlin und setzt dort seine Arbeiten fort, u.a. in enger Zusammenarbeit mit Kooperationspartnern in Russland und im Kaukasus, wo er auch die TB-Diagnostik betreut. Gleichzeitig schließt er seine Facharztausbildung zum Mikrobiologen ab. Als Autor oder Illustrator wirkte er bereits an mehreren Buchprojekten mit.

Vogel, Markus, Dr. (Kap. 23)
Markus Vogel ist in Berlin geboren und dort aufgewachsen. Nach den üblichen teils beschwerlichen Wegen durch die Schule studierte er seinen für Mensch und Maschine gleichermaßen vorhandenen Interessen folgend Medizintechnik im Fachbereich Maschinenbau an der Technischen Universität Berlin. Da das Interesse am Lebendigen eindeutig überwog, beendete er das technische Studium nach dem Vordiplom, um ein Medizinstudium an der Philipps-Universität Marburg zu beginnen und an der Universität zu Köln zu beenden. Seit 2002 ist der promovierte Arzt an der Klinik für Allgemeine Pädiatrie der Heinrich-Heine-Universität Düsseldorf tätig.

von Stillfried, Falko (Kap. 14)
Falko von Stillfried ist in Hagen geboren und aufgewachsen. Nach dem Besuch des Theodor-Heuss Gymnasiums studierte er Humanmedizin an der Philipps-Universität in Marburg. Im Jahr 2000 begann er seine Promotion bei Prof. Jan Koolman im Institut für Physiologische Chemie und beschäftigte sich mit der Entwicklung von Biochemie-Kursen für das Internet. Im Frühjahr 2004 begann er seine Weiterbildung zum Facharzt für Unfallchirurgie und Orthopädie in der Klinik für Unfallchirurgie am Klinikum Kassel.

Wolf, Nikolaus (Kap. 19) Nikolaus Wolf wollte eigentlich Astronom werden und kam eher zufällig zur Biochemie. Auch heute noch sind seine Interessen und Neigungen so zahlreich, dass er es auf keinem Gebiet so weit gebracht hat, wie ihm das ursprünglich vorschwebte. Als Autor eines Kapitels in »Kaffee, Käse, Karies. Biochemie im Alltag« wurde er von den Herausgebern gebeten, auch zum vorliegenden Buch einen Beitrag zu leisten, was er gern getan hat.